国家自然科学基金项目（41661038）
第二次青藏高原综合科学考察研究项目（2019QZKK1005）资助



城市社会空间研究书系

主编　冯健

# 高原城市社会空间结构研究
# ——以西宁为例

**Research on Urban Socio-spatial Structure in Plateau**
**— Taking Xining City as an Example**

张海峰　著

中国建筑工业出版社

图书在版编目（CIP）数据

高原城市社会空间结构研究：以西宁为例 = Research on Urban Socio-spatial Structure in Plateau—Taking Xining City as an Example / 张海峰著 . — 北京：中国建筑工业出版社，2023.9
（城市社会空间研究书系 / 冯健主编）
ISBN 978-7-112-29145-8

Ⅰ . ①高…　Ⅱ . ①张…　Ⅲ . ①城市空间—空间结构—研究—西宁　Ⅳ . ① TU984.244.1

中国国家版本馆 CIP 数据核字（2023）第 174978 号

责任编辑：李　东　徐昌强　陈夕涛　徐　浩
责任校对：张　颖
校对整理：赵　菲

城市社会空间研究书系
主编　冯健
高原城市社会空间结构研究——以西宁为例
Research on Urban Socio-spatial Structure in Plateau—Taking Xining City as an Example
张海峰　著
*
中国建筑工业出版社出版、发行（北京海淀三里河路9号）
各地新华书店、建筑书店经销
北京点击世代文化传媒有限公司制版
建工社（河北）印刷有限公司印刷
*
开本：787毫米×1092毫米　1/16　印张：21　字数：490千字
2023年9月第一版　2023年9月第一次印刷
定价：92.00元
ISBN 978-7-112-29145-8
（41226）

电话：（010）58337283　QQ：2885381756
（地址：北京海淀三里河路 9 号中国建筑工业出版社 604 室　邮政编码：100037）

# PREFACE | 总　序

我想利用这个为“城市社会空间研究书系”丛书撰写总序的机会，重点说清楚三个问题。

一是，这套丛书出版的背景。这包括两个层面的内涵，即现实背景和学术背景。

现实背景是在中国快速城镇化发展进程中，尤其是在大都市用地扩张和人口高度集聚的同时，促进了社会空间的发育，催生了社会组织的成长，同时也伴生了一系列社会问题的出现。特别是当经济发展到一定程度后，城市居民的各种社会性需求充分显现，需要得到空间上硬件设施合理布局的保障以及社会关系网络的支撑。这样，“社会”和“空间”便产生频繁联系，进而相互影响和制约，西方学者称之为“社会空间辩证法（Socio-spatial Dialectic）”，这属于地理学家的研究范畴。与此同时，中国的城市规划建设出现了前所未有的繁盛局面，城市规划需要应对大量的社会层面的新趋势、新现象和新问题，而地理学家所重视的空间思维与空间分析方法与城市规划中的“空间”内涵有着天然的契合关系。因此，围绕“城市社会空间”的主题，召集以地理学家为主的创作群体并出版系列研究成果，对于体现城市规划的“时代性”具有重要意义。

学术背景是，西方的城市社会空间研究肇始于20世纪20年代，可以追溯到著名的“芝加哥学派”，而国内的同类研究出现在20世纪80年代中后期。国内的城市社会空间研究经过30年的实证研究积累和学术发展，目前已经到了建设学科、形成有中国特色的系统理论以及把相关核心问题放大并开展系列研究的阶段了。在这个阶段，策划出版有关城市社会空间系列丛书、扩大研究的社会影响，无疑是促进相关学科发展的重要手段。

二是，为什么策划出版这套丛书。一句话，就是要促进城市地理的社会化发展，通过这套丛书，高举“城市地理社会化”的大旗，切实推进新时期中国城市地理研究迈向一个新的台阶。

城市地理学是人文地理学中最有生命力、从事研究的人员数量最多、与城市规划关系最为密切的重要分支学科。一般而言，城市地理学的主要构成框架包括四个部分，即城市发展史（城市历史地理）、城镇化、城镇体系和城市内部结构。城市内部结构属于城市社会地理学范畴，而城市社会空间是其最主要的研究内容。西方的城市地理学研究，对城市发展史、城镇化和城镇体系的研究早已十分成熟，难以再产生新的理论，所以目前的情况是以城市内部结构为主要研究内容。我曾统计过美国的权威期刊Urban Geography 近年某一年内所发表的论文，发现四分之三以上的论文主题属于城市内部结构方面，而只有不到四分之一的论文属于城市地理的另外三个方向。如前所述，国内学术界对城市内部结构或城市社会空间研究的关注，至今不超过 40 年时间，而尤以近 20 年来的研究最为热门，取得的研究成果也最多。事实表明，中国城市社会空间研究已经成为城市地理研究理论创新最多的领域。因此，国内的城市地理研究，要强化对“城市地理社会化”的认识，让城市内部结构成为未来一段时间内中国城市地理和城市规划理论创新和实践应用最广泛的研究方向之一。

三是，这套丛书的特点。这套丛书最大的特点就是通过强调“社会空间和文化生态”的理念和视角，实现地理学的“人文关怀”，包括对行为主体——人的关怀、对行为主体集聚体——社会的关怀和对行为主体活动的载体——空间的关怀。

目前已经列入丛书出版计划的著作已经有 10 本，这些著作多数是博士论文或是国家自然科学基金课题的研究成果，作者以中青年学者为主。这一方面，保证了本套丛书的写作质量；另一方面，相对年轻化的作者年龄结构特点，更容易激发学术创新的火花。当然，今后还可以继续吸纳一些前沿的研究成果纳入本套丛书的出版。

这套丛书在论证选题时，本着“趣味性”“前沿性”和“学术性”并重的理念，旨在吸引更广泛的读者群。这套丛书可供城乡规划、地理学、社会学、区域经济与管理等研究领域的人员以及政府有关部门的决策人员、房地产开发与经营管理者和高校师生参考使用。

兹为序。

冯健

中国地理学会城市地理专业委员会副主任
北京大学城市与经济地理系主任、研究员

2022 年 10 月

# PREFACE | 前 言

城市是人类文明的结晶，也是人类文明传承和发展的重要场所。21世纪是城市的世纪，是世界城市化高度发展的世纪。联合国人居署在《2022年世界城市报告：展望城市未来》中指出，全球城市人口比例1950年为25%，到2020年达到约50%，预计到2050年，全球城镇人口的占比将从2021年的56%上升至68%。预计从2020年到2070年，低收入国家的城市数量将增加76%，高收入和中低收入国家的城市数量将增加约20%，中高收入国家的城市数量将增加6%；城市化仍然是21世纪一个明显的趋势，人类的未来无疑是在城市，但并不完全是在大都市地区。在我国，城镇人口从1978年的17245万人增长到2022年的92071万人，增长了74826万人，这一增量超过欧洲人口总和。中国常住人口城镇化率从1978年的17.92%，增长到2022年的65.2%，40多年提升超47个百分点，英美等不少发达国家实现同等水平城镇化率跃升用时是中国的2倍以上。1996年中国常住人口城镇化率达到30.48%，首次迈入被认为是城镇化快速发展区间的30%—70%，经过20多年发展，中国城镇化率正在逐步接近70%，未来中国城镇化仍然有相当大的空间。改革开放以来，中国经济取得了举世瞩目的成就，作为世界第一人口大国，世界第二大经济体，中国经济发展无疑为全球经济增长注入了有益增量；伴随着经济的发展，中国在基础设施建设、人类减贫、科技进步及城镇化等方面同样取得了令世界瞩目的成就，中国城镇化经历了世界上规模最大、速度最快的城镇化进程。回顾历史，从封建社会的旧中国到新时代现代化的新中国，充分印证了“城镇化是现代化必由之路”的论断。回顾世界城市化历程，为什么越来越多的人更喜欢居住在城市？早在古希腊时代，哲学家亚里士多德就预见性地从人的角度给出了回答，“人们为了更美好的生活来到了城市”；2400年后，上海世博会的主题——“城市，让生活更美好”，对于这个问题从城市的角度给出了中国答案，“better city，better life”，这既是城市存在的意义，也是城市发展的终极目标，更是城市文明演进的动力和源泉所在。城市因人而兴，因地而异，因时而变。不同时代的城市有不同时代的印记，不同国家的城市有不同国家的烙印，不同时代的人们有不同时代城市的记忆。小时候在乡下生活，总是盘算着“城里的日子”，想象着“城市的世界”，随着城市生活阅历的增长，虽然首次看到大城市带给自己的震撼和刚进城时都市生活带给自己的新奇新鲜早已消失不见，但城市的进步和成长却是看在眼里，感受在生活里，乡下的恬静与悠闲终究抵不过城市的万家灯火和繁花似锦，比起柴米油盐酱醋茶的寻常人生，城市的教育、医疗更是人们的刚性需求，城市的“诗与远方”“阳春白雪”更具有诱惑力。我们重视城市，并不意味着我们忘记了乡村，相反，我们对乡村的重视达到了历史空前的高度，2004—2023 年中央连续 20 年发布“一号文件”聚焦“三农”问题，党的十九大报告中提出乡村振兴与可持续发展战略是全面建成小康社会的重要战略，体现出国家对城乡关系在中国发展新阶段的新认识。追溯城市的起源，乡村终究是城市的“根”，城市的形成离不开乡村，城市的发展更不能没有乡村，更不能不重视“城”与“乡”扯不断的联系。在漫长的历史长河中，城市的发展遵循着自己的轨迹，“一朝城市梦，半部人类史”，城市承载着人类文明，随着历史的车轮不断滚滚向前，在这个过程中，城市不断进行着自我革新，这是城市恒久保持魅力的秘诀所在，也是城市研究的价值所在。城市是包罗万象的，城市也是千差万别的，城市的发展是永不停歇的，关于城市的研究更是永无止境的，城市社会空间是城市中与“人”的一切相联系的空间，其研究同样是永无止境的。城市空间是一个宏大的研究主题。从物质空间，到功能空间，再到社会空间；从空间的生产，到空间的分异，再到空间的解构与重构，众多学者在不同时期，从不同视角对不同城市的空间进行解读。本书以西宁市为例，探究了高原城市社会空间的基本特征和演变规律，关于研究背景、意义、内容、方法、结论与展望，本书正文中已有阐述，这里不再赘述。

全书由张海峰负责书稿框架设计和研究内容、研究思路的确定，并进行统稿。参加本书编写的人员，按照章节顺序为：第一章，张海峰；第二章，张海峰，高子轶；第三章，张海峰，孙鹜，马晓帆，姜维旗；第四章，张海峰；第五章，张海峰，孙鹜；第六章，张海峰，马晓帆；第七章，张海峰，姜维旗；第八章，张海峰，高子轶；第九章，张海峰。

本书的研究和出版得到国家自然科学基金项目（41661038）和第二次青藏高原综合科学考察研究项目（2019QZKK1005）给予经费资助，在此表示衷心的感谢！

本书出版过程中得到了北京大学冯健老师的悉心帮助和指导，多次提出宝贵修改意见；中国建筑工业出版社李东编辑为本书的出版做了许多工作，在此一并表示最真挚的感谢！

本书在撰写过程中参阅和引用了大量国内外相关文献、资料和数据，在此对被引用文献的作者表示感谢！引用的相关文献虽然标明了出处，但恐有遗漏之处，还望见谅！本书是首次系统地对西宁市社会空间结构进行研究分析，由于时间仓促，书中难免有不足之处，请广大同仁批评指正！

张海峰

2023 年 6 月 2 日于西宁

# CONTENTS | 目 录

# 第一章 绪论 ONE

# 1.1　本书的选题背景及研究意义

## 1.1.1　选题背景

本书之所以选择“高原城市社会空间结构”这一题目开展研究，基于以下三个方面的原因：

**一、在理论价值方面，城市社会空间结构是城市社会地理学的重要研究内容**

“空间”概念，在西方文明中经历了从绝对空间到功能空间，再到社会空间的认识演变（Lefebvre，1974）。城市社会空间，是指城市在社会与经济方面呈现的空间状态或特征。城市社会空间结构一直是西方城市社会地理学的重要研究内容。人文地理学近 30 年来社会—文化转型的实践标志之一是建立了城市社会地理学，该学科以创立城市社会空间结构体系为标志构成其基本理论框架，该框架不但构成了新的区域地理学核心（R.J. Johnston，1986），而且为其他分支学科的研究提供了分析思路与出发点（R.J. Johnston，1999）。

国外对于城市社会空间结构的研究起步较早。从理论构建来看，自芝加哥学派提出城市社会空间结构的三大经典模式，即伯吉斯（Burgess，1925）的同心圆模式、霍伊特（Hoyt，1939）的扇形模式、哈里斯和乌尔曼（Harris & Ullman，1945）的多核心模式以来，形成了众多研究学派，如人类生态学派、新古典主义学派、行为学派、新马克思主义学派、制度学派等，建立了较为完善的理论体系，出版了一系列专著和教材（Knox、Pinch，2000）。在实证研究方面，主要集中在对发达资本主义国家城市社会空间结构的研究，对于发展中国家和社会主义国家城市社会空间结构的研究较少。资本主义国家城市研究案例主要有对芝加哥（Burgess，1925；Rees，1969）、多伦多（Murdie，1969）、哥本哈根（Pederson，1967）、札幌（Yamaguchi，1970）、布法罗（Salins，1971）、加尔各答（Rees，1972）、阿克拉（Brand，1972）、温尼伯（Herbert，1961）、蒙特利尔（Le Bourdais、Beaudry，1988）等城市的研究。社会主义国家城市社会空间结构的研究主要集中在对原苏联和东中欧地区，且案例较少，主要有对布拉格（Matejü，1979）、华沙（Weclawowicz，1979；Dangschat、Blasius，1987）、莫斯科（Barbash、Gutnov，1980；Mozolin，1994）、匈牙利布达佩斯和塞格德（Szelényi，1983）等城市的研究；在研究时段上，主要集中在对社会主义计划经济时期城市社会空间结构的研究，而对于由计划经济向市场经济体制转变的转型期的实证研究没有广泛开展，但已经引起了国外相关学者的关注。

从研究方法来看，国际上从早期的社会区方法到 20 世纪六七十年代应用计量革命的成果，普遍采用生态因子分析方法。20 世纪 70—80 年代，实证主义、人本主义、结构主义、生态学派、新古典主义学派、行为学派、文化伦理分析等新的方法论兴起。20 世纪 90 年代以后，将 GIS、RS、现代地理数学方法等新技术和方法应用到城市社会空间研究中，同时调查研究方法也得到广泛应用。在理论、对象、研究要素上早期关注土地、人口居住等个别要素。20 世纪七八十年代进入多元研究阶段，研究要素从物质层面扩展到非物质层面，研究内容呈多元化、系统化的特征。20 世纪 90 年代以来，注重制度、权利、冲突和空间之间的关系以及社会主体与空间关系的研究，新马克思主义与新韦伯主义成为主流理论及方法，形成了集社会学、经济学、人类学、生态学、制度经济学、计量学等多学科理论与方法在一起的综合性研究体系。

从研究结果来看，资本主义城市的研究结果表明：北美城市具有比较相似的社会空间结构形式，社会经济地位的空间分异是城市社会空间结构最重要的表征因素，空间分布形式为扇形模式；其次是家庭状况，其空间分布形式呈现同心圆模式；然后是种族状况，其空间分布形式为多核心模式（Herbert，1972；唐自来，1997）。不同地域城市的比较表明，家庭状况和社会经济地位是欧美、日本城市的普遍因子；种族状况是北美城市特有因子，西欧和日本的城市则不明显；英国城市与北美不同，呈现独特的生态结构；印度加尔各答和埃及开罗社会经济地位和家庭状况并不像北美城市那样显著，主要是土地利用、宗教等其他影响因子（顾朝林，2002）。社会主义城市的研究结果表明：城市存在社会空间分异，但不如资本主义城市明显；社会空间分异主要由对前社会主义空间模式的继承、社会主义时期新建住房的差异性和住房分配的不平等造成（Sýkora，1999），与北美和欧洲大陆城市空间模型相比具有本质差异。特别是 20 世纪 80 年代以来，中东欧和苏联等原社会主义国家普遍经历着由计划经济向市场经济的转型，并伴随着深刻的政治和社会转型，由此引发的城市社会空间重构引起了国外学者的密切关注（Sýkora，1999；Lee、Struyk，1996；Dingsdale，1999；Ruoppila、Kährik，2003），提出了后社会主义城市土地利用与社会区空间模型，对于我国相关研究具有很高的参考价值。

与国外相比，国内关于城市社会空间的研究起步较晚，大陆学术界真正对城市社会空间结构问题产生重视并开展研究，始于 20 世纪 80 年代末。早期主要是介绍国外城市社会空间研究的概念和理论（李小健，1987；许学强等，1988；崔功豪等，1992；王兴中，1992；李永文，1996），实证研究不多。但是，随着城市土地使用制度改革、住房制度改革的推进，城市社会阶层分化和社会空间分异日益明显，城市社会空间逐渐成为城市地理学界、城市规划学界的热点研究领域，研究成果不断涌现。根据研究的具体内容，可以进一步细分为城市社会空间结构、城市居住空间、城市生活空间、城市特定阶层等方面。其中：城市社会空间研究主要包括城市社会空间因子识别、社会空间类型划分和概念模型构建。研究案例主要集中在上海（虞蔚，1986、1987；祝俊明，1995；李志刚、吴缚龙，2004）、广州（许学强、胡华颖、叶嘉安，1989；郑静、许学强等，1995；周春山、刘洋、朱红，2006；魏立华、闫小培、刘玉亭，2008）、北京（薛凤旋，1995、1999；冯健、周一星，2003；顾朝林、克斯特洛德，1997；顾朝林、王法辉、刘贵利，2003）、南京（徐昀、汪珠、朱喜钢等，2009；宋伟轩、吴启焰、朱喜钢，2010；曾文、张小林、向梨丽等，2016）、南昌（吴俊莲，2003、2005）、西安（王兴中，2000；暴向平、薛东前、马蓓蓓等，2015）、乌鲁木齐（张利、雷军、张小雷等，2012）等大城市。城市居住空间研究主要包括居住空间结构研究（张兵，1993、1995；田文祝，1999；吴起焰，2002；陈清明，2002；黄怡，2001；卢为民，2002；刘长岐，2003；邢兰芹，2004；周春山，2005）、居住区研究（杜德斌，1996；张文忠，2001；张文忠、刘旺，2004；郑思齐、符育明等，2004）、居住环境评价研究（朱锡金，1980；陈青慧等，1987；宁越敏，1999；李王鸣等，1999；王茂军，2002、2003；刘旺、张文忠，2004；张文忠等，2005）和居民迁居研究（唐自来，1986；周春山，1996；柴彦威，2000、2002；周一星等，2000；王兴中，2000；义峥，2003）四个方面。城市生活空间研究主要包括对西安（柴彦威，1996；潘秋玲、王兴中，1997、2000；李九全、王兴中，1997；孙峰华、王兴中，2002；王兴中、张宁，2003、2004）及杭州（王伟武，2005）的研究。此外，还有针对城市特定阶层的研究，如对北京新富裕阶层（顾朝林，1999；胡秀红等，1998、2001）、南京贫困阶层（陈果，2004；刘玉亭，2003；王侠、孔令达，2004）、北京外来人口（宋迎昌、武伟，1997；邱良友、陈田，2001）、深圳边缘群体族群（饶小军，2001）及单位社区演化的系统分析（柴彦威，1996）。

近年来，中国城市地理学在城市化、城市体系等方面的研究取得了重大理论进展，与之相比，中国城市社会地理研究尽管成果不断增多，但由于起步较晚，与城市地理学上述研究领域相比，研究成果偏少，缺乏系统的理论总结；与西方的研究相比，也存在较大差距，尚未形成一个成熟的城市社会地理学理论体系（冯健，2004）。实证案例过于集中，尚未普遍展开，主要集中在特大城市和大城市，如广州、北京、上海、深圳、南京、西安、兰州、乌鲁木齐等，中小城市研究较为缺乏。案例城市主要集中于东部发达地区，广大中西部地区和欠发达地区研究较少，特别是西部民族地区相关研究更少。在研究方法方面，社会区研究、因子生态法成为主要定量分析方法，但受方法的局限，研究深度难以推进。研究体系以"自上而下"的演绎式为主，结论容易受既有研究成果的影响，缺少"自下而上"的归纳式的研究体系。

**二、在社会背景方面，中国当前处于快速的社会、经济转型期**

改革开放40多年来，中国经济发展取得了举世瞩目的伟大成就。随着经济的快速发展，中国城市的发展经历了巨大变化，由计划经济向市场经济的体制转型，带来了城市社会与空间的深刻变革。城市空间作为区域人口聚居中心和经济与社会活动中心，必然反映复杂转型过程中的种种表征，并且受到其深刻的影响。改革开放前中国城市规划和建设受政府干预较大，严格的户籍管理制度限制了城乡人口的自由流动，中国城市发展的计划经济色彩强烈。改革开放以后，中国经济步入转型期，市场机制在塑造城市空间方面逐渐发挥了主导作用，原来一些刚性制度的柔化、土地使用制度改革、住房分配制度改革和城市户籍管理制度的松动，以及科技创新等政策，使城市得到了飞速发展，同时也给城市空间结构带来了显著变化（冯健，2004）。城市空间作为经济社会的物质载体，必然反映和制约着社会经济的变化；而社会经济的转型，也必然重塑城市空间以满足和适应变革的需求。已有的研究成果表明，中国北京、上海、西安等大城市已存在明显的社会空间分异现象（王兴中等，2000；Gu C.L.、Wang F.H.、Liu G.L.，2005；冯健、周一星，2003；冯健，2004；李志刚、吴缚龙，2006；周春山、刘洋、朱红，2006）。在这种背景下，要形成具有中国特色的、比较完备的城市社会地理学理论体系，首先需要更多的实证研究，而且西方业已形成的城市空间结构理论中没有也不可能包括史无前例的中国实践。研究改革开放后中国城市社会空间分异重构的过程、特征、机制与模式，对丰富和发展国际城市内部空间结构理论具有重要的价值。因此，众多学者都认为从中国实际出发，加强我国城市社会地理（特别是城市社会空间）研究是中国城市地理研究的努力方向之一（顾朝林，1999；许学强等，2003；冯健等，2003；阎小培等，2004）。

**三、在区域实证研究方面，青藏高原城市社会空间结构研究相对薄弱**

西宁市位于青藏高原东北部，2015 年辖城东、城中、城西、城北四区以及大通、湟中、湟源三县，总面积 7649km$^2$，其中市区面积 510km$^2$。2015 年末常住人口达到 231.08 万人，约占全省总人口的 2/5，其中市区人口 122.46 万人。西宁市作为青藏高原区域中心城市和西部欠发达地区的省会城市，其空间结构研究具有典型性和独特性。首先，青藏高原特殊的自然地理条件孕育了其丰富而独特的人文地理现象。西宁市是一个多民族聚居的城市，少数民族比重较大，有汉、土、藏、回、撒拉等 30 多个民族，少数民族约占总人口的四分之一。独特的文化和历史背景决定了西宁市社会空间分异的特殊性。其次，西宁市是青藏高原人口分布最集中和最适宜居住的城市。在青藏高原，受高寒缺氧等自然条件的影响，人口及城镇主要集中分布于河谷中。西宁市作为青藏高原区域性中心城市，既是青藏高原的东大门及物资集散中心，也是青藏高原与内地联系的重要门户。作为省会，西宁市是青海省政治、经济、文化、科技、交通中心及主要工业基地，具有较为完善的基础设施及较好的社会生活服务设施，而且其较好的区位条件及相对优越的自然地理条件（如较低的海拔等）决定了它是青海省乃至青藏高原最适宜居住的城市。事实上，西宁市已发展成为青海省乃至青藏高原人口最密集的地区，它以占全省 1.06% 的面积承载了全省 40% 的人口。近年来，随着城市经济的发展和城市住宅商品化的全面推行，西宁城市居民的居住水平和居住分布发生了分化；同时，许多在州县工作的领导干部、普通民众（包括部分牧民）都在西宁购房置家，成为“候鸟”一族，居住空间结构分异日趋明显，而且这种居住空间分异与其他社会空间分异相伴而行。最后，西宁市处于欠发达地区，经济发展水平低，社会发育程度低，决定了社会空间分异的滞后性。那么，西宁市的城市社会空间结构及其演化究竟与发达地区的大城市相比有何不同？基于上述原因，本研究希望在理论上通过探讨西宁市城市社会空间分异特点、影响因素与作用机制，更深入地理解青藏高原这一特殊地域人与空间的互动关系，丰富和发展中国城市空间结构演变的基本理论；挖掘青藏高原城市空间分化与重构的一般性与特殊性过程，丰富西部欠发达地区城市空间结构演变的相关认识；在方法方面，尝试基于社区尺度、微观个体行为的视角透视城市空间重构的研究方法，为研究范式提供启示。在实践上，通过对西宁市城市空间分化与重构的研究，为西宁市实现“以人为本”的城市空间优化、人居环境改善、居民生活品质提升及相关政策调整提供参考和决策依据，同时希望为我国其他高原多民族地区城市社会空间结构研究提供经验案例和成功启示。

### 1.1.2 研究意义

本书的研究意义在于以下两方面：

一是在理论上，借助社会空间辩证理论、社会分层理论、居住空间分异理论、推拉理论以及族群边界理论，从综合的视角研究西宁市社会空间结构，构建“格局—特征—过程—机制—

问题与优化”的研究思路，此研究可以更深入理解青藏高原这一特殊地域人与空间的互动关系，挖掘青藏高原城市社会空间分化与重构的一般性与特殊性过程，丰富对西部欠发达地区城市社会空间结构演变的相关认识，借此补充与完善我国城市社会空间研究的理论体系。

二是在实践上，西宁市因拥有相对优越的居住环境和生活设施而在青海省独树一帜，吸引着青海省内各州县甚至外省的居民迁居于此，承接了青海省乃至青藏高原的部分社会服务。人口的快速增长为城市添加活力的同时，势必给城市管理带来诸多压力，城市治安和社会秩序运转难度加大。通过对西宁市社会空间结构的研究，可以识别不同群体的空间分异格局及生活方式，发现社会空间发展过程中存在的问题，相关研究可以更好地服务于城市空间布局，引导社会资源的合理配置，缩小不同群体的社会空间分异，提升居民的生活水平，提高居民的获得感、幸福感、满意度，还可以为我国其他高原多民族城市社会空间结构的研究提供借鉴。



## 1.2 本书的研究目标及内容

### 1.2.1 研究目标

本书基于历史地图、遥感影像、统计资料及人口普查等数据，结合地方志、地方规划文件等文献，分析西宁市 60 多年（1949—2014）的城市扩张过程及特点，城市土地利用变化与功能转化的空间过程及其与城市空间扩张的耦合关系；结合实地考察、问卷调查、相关部门或居民个人访谈等方法，通过对西宁市典型区域（如城市内部老工业区、旧商业中心、老旧单位社区，城市外围新产业区、居住区，城市新型商品房与政策性住房区等）的案例研究，探讨西宁城市居住空间结构、产业空间结构及社会空间结构分异与重构特点及演变机制，揭示西宁市空间结构变迁对城市扩张的响应规律，为该区域城市规划、管理及可持续发展提供借鉴，为城市地理学相关研究提供必要的理论和经验启示。

本书研究区域是西宁市主城区，包含城东区、城西区、城中区、城北区。湟中区由于撤县设区较晚（2019 年 11 月），调查研究不涉及。其周边有西宁市大通回族土族自治县以及海东市互助土族自治县。

### 1.2.2 本书的框架及主要内容

本书框架结构如图 1—1 所示。主要研究内容如下：

第一章，绪论，介绍本书的研究背景及意义、研究目标及内容、研究方法及技术方案。

第二章，从人类生态学派、新古典经济学派、行为主义学派、新马克思主义学派及制度学派等方面梳理了城市社会空间理论发展脉络；从城市居住空间分异、行为空间分异、感知空间分异、流动人口社会空间特征及少数民族社会空间特征方面概况了城市社会空间分异的研究进展。

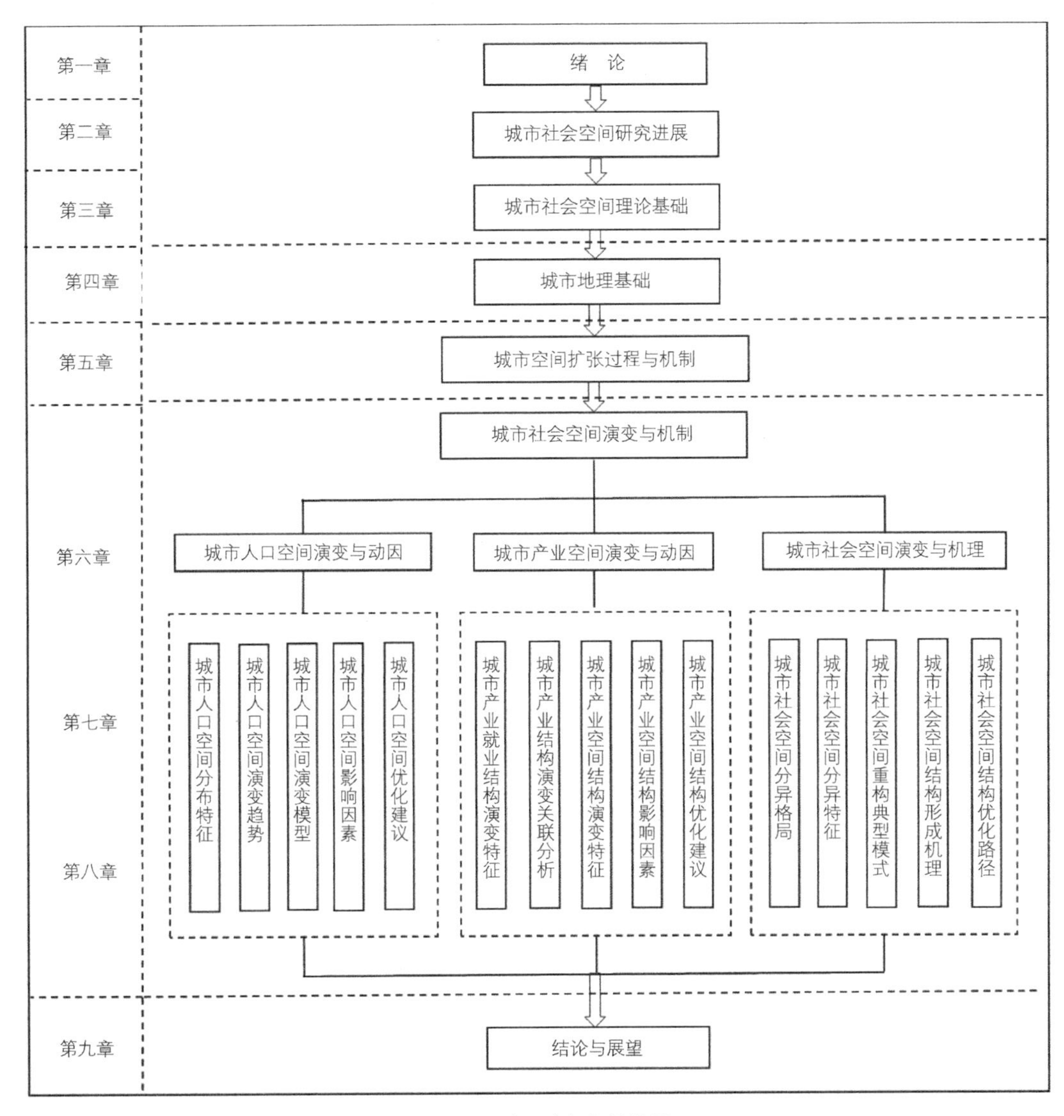


**图 1—1 本研究框架结构图**

第三章，主要对城市空间扩张、城市人口空间、城市产业空间相关的基本概念及基本理论进行表述，包括主城区、中心城区、建设用地、领域、城市扩张、城市蔓延、新城市主义、精明增长、紧凑城市、配第克拉克定理等核心概念及理论。本章不包括城市社会空间的基本概念及理论，相关内容已在第二章作了介绍。

第四章，主要概述区位条件、环境基础（包括地质基础、地形地貌、气候条件、河流水文、土壤植被）、资源基础（包括土地资源、水资源、矿产资源、旅游资源）、历史基础、经济基础、基础设施、人口与劳动力条件、社会文化基础、政策制度等地理基础要素与城市发展的相互影响和作用，并对高原城市西宁的地理基础及其与城市的相互影响进行简要定性分析说明。

第五章，是本书实证研究的第一个重点。城市社会结构的变迁必然受制于城市物质基础——城市建成区扩张的约束，这是第六、七、八章研究内容的基础。在简述西宁市发展历程的基础上，基于遥感影像提取了西宁市1986—2020年典型年份建成区面积，采用建成区面积、开发强度指数、景观格局指数等指标测度了西宁市在扩张规模、扩张强度、扩张方向及城市景观格局四个维度的特征，解析了西宁市扩张演化过程及特征，总结了西宁市不同扩张阶段的特征及模式；从自然、经济、人口、基础设施、政策等因素分析了西宁市扩张的影响机制，构建了高原河谷型城市空间扩张的理论框架；并采用情景分析对西宁市2030、2040、2050年的空间格局进行模拟，最后提出西宁市空间扩张策略及建议。

第六章，是本书研究的第二个重点。利用西宁市1982、2000、2010年人口普查数据和2015年人口普查1%抽样数据，采用重心法、标准差椭圆、地理空间分析等方法，结合空间计量模型分析了西宁市区县空间尺度、街道乡镇尺度人口分布格局及演变特征；以1982、2000、2010年人口普查数据和2015年人口普查1%抽样数据为基础，以城市人口密度为主要指标，分别构建了相应年份西宁市人口空间分布的Clark模型、Smeed模型、对数模型、Quadraic模型、Cubic模型、Newling模型及compound模型，进行了人口分布的单中心和多中心拟合分析，探究西宁市人口空间分布特征在不同尺度上的演变特征。在此基础上，对影响西宁市人口空间分布的因素进行定性和定量分析，利用POI兴趣点数据、遥感影像数据、行政区划数据、dem数据等，采用地理加权回归建模拟合人口空间分布，最后针对人口分布特征及问题，提出了人口分布优化调控的对策建议。

第七章，是本书研究的第三个重点。在分析西宁市产业结构、就业结构基本特征的基础上，采用产业结构熵、产业结构相似度指数、就业产业结构偏离度等指标结合偏离—份额分析、灰色关联分析等方法分析了2000—2017年西宁市主城区三次产业及其内部产业结构的变化；在GIS软件的支持下，基于土地利用数据、统计数据、兴趣点（POI）数据、经济普查数据和产业调查数据等分析了2000年以来西宁市第一产业、第二产业和第三产业（包括住宿和餐饮业、房地产业、金融业、科学研究、技术服务和地质勘察业、交通运输、仓储和邮政业、信息传输、计算机服务和软件业）空间结构的演变，并探讨了影响西宁市主城区产业空间结构演变的因素，最后提出了相关对策建议。

第八章，是本书研究内容的第四个重点，也是本书的核心章节。以社会分层理论、居住空间分异理论、社会空间辩证理论、推拉理论和族群边界理论为基础，遵循“格局—特征—过程—机制—问题与优化”的研究思路，借助统计数据、问卷调查和深度访谈数据、社会调查数据和POI数据，利用统计分析法、空间分析法、社会调查法、深度访谈与实地观察等方法，从居住空间、通勤空间、购物空间、休闲空间、教育空间、医疗空间及邻里交往等行为空间、感知空间等维度对西宁市社会空间的分异格局及特征进行分析，对高原城市社会空间结构的典型模式进行解析，并对不同社会空间的相互作用、影响因素及形成机理进行解析，最后针对西宁市社会空间结构问题提出了优化策略。

第九章，结论与展望部分，总结了本书的主要成果，对下一步研究进行展望。

本书的核心研究内容及关键问题如下：

（1）西宁市城市空间扩张动态及机制

基于不同时期专题地图、地形图及遥感影像等，分析西宁市 60 多年（1949—2014）的城市扩张过程及特点，探讨城市土地利用变化的空间过程及其原因与机制。

- 西宁市城市空间扩张动态序列
- 西宁市城市空间扩张驱动机制

（2）西宁市城市社会空间结构演变研究

结合文献研究、人口普查资料、实地考察、问卷调查、相关部门或居民个人访谈等方法，从居住、产业、社会等不同视角对西宁市空间重构的特点与影响因素进行描述和分析，探究城市空间重构的过程及其机制。

- 西宁市城市空间扩张与居住空间响应与重构
- 西宁市城市空间扩张与产业空间响应与重构
- 西宁市城市空间扩张与社会空间响应与重构

（3）西宁市城市空间扩张与社会空间结构演变的耦合研究

针对计划经济时期和转型时期不同历史阶段，从耦合影响因素、耦合特征及耦合结构模式等方面对西宁市城市空间扩张与社会空间结构耦合演变规律进行重点研究。

- 西宁市城市空间扩张与城市空间结构耦合演变特征与影响因素分析
- 西宁市城市空间扩张与城市空间结构耦合演变机制与规律研究

（4）拟解决的关键问题

- 西宁市社会空间结构分异与重构特征与动态
- 西宁市社会空间结构分异与重构影响因子识别与机制分析
- 西宁市空间扩张与社会空间结构演化的耦合关系

## 1.3 本书的研究方法及方案

### 1.3.1 研究方法

地理统计分析：因子生态分析一直是西方城市社会空间结构研究的有效手段。20 世纪 90 年代以来该方法在中国也有许多应用，而且中国最近两次人口普查的详细数据为该方法的使用提供了便利条件。本研究在社会区分析、因子生态分析等传统方法的基础上，结合数理统计技术，如方差分析、空间回归分析、主成分分析等研究城市社会空间结构。此外，还可应用灰关联分析、模糊聚类分析、空间探索性数据分析（ESDA）等定量分析方法。

地理空间分析：采用 GIS、遥感、卫星定位系统等现代技术方法，实现西宁城市扩张及土地利用演变格局的重建，分析城市扩张与土地利用格局变化的关系。采用人口、经济、社会等方面的绝对值、增长速度、位序变化、集中度、分布中心等指标描述城市基本格局演变及过程。利用高分辨率遥感影像和街道办事处的人口统计数据为属性数据，分析模拟城市土地、城市人口等的空间分布格局及其演化。

社会调查方法：针对人口普查未包含的必要社会福利、人口收入等重要信息采取问卷调查获取；对于需要从微观视角进行“深度”研究的问题采用实地考察、与相关部门及个人访谈等质性研究方法进行分析。

### 1.3.2 技术方案

（1）宏观尺度——城市空间扩张过程研究

本研究首先通过历史地图、卫星映像、统计资料等，运用GIS地图分析功能，结合历版规划文件、地方志等，分析不同时期西宁市土地利用变化与功能转化，分析西宁城市空间扩张与土地利用重构的空间过程。

（2）中观尺度——城市经济空间演变与重构研究

本研究首先通过历史地图、卫星映像、历年城市土地利用现状图、统计资料等，运用GIS地图分析功能，结合历版规划文件、地方志、不同时期城市重点企业调查、历次经济普查资料等，分析不同时期（着重对比计划经济与市场经济时期）西宁市经济空间结构、社会空间结构演化与重构的过程与规律。

（3）案例研究——典型区域（或社区）的选取

研究分别选取西宁市城市空间扩张与社会空间重构的典型区域进行案例研究，如城市内部老工业区、旧商业中心、老旧单位社区，城市外围新产业区、居住区，城市新型商品房与政策性住房区等；收集区域相关的历史地图、统计数据、政策文件等资料，结合实地考察、相关部门或居民个人访谈数据，研究其居住空间、产业空间、社会空间变迁，透视宏观的城市社会空间转型过程及其特征，分析城市社会空间演变与城市空间扩张的互动关系及其机制。

（4）微观个体行为研究——调研方法与数据收集

案例社区居民调查抽样：通过居委会对社区居民进行分层抽样，选取不同出生年代、职业背景、居住时长的居民进行调查。

数据收集：问卷调查，包括家庭基础信息、经济社会专题信息等社会变迁关键因子。

### 1.3.3 关键技术

- 基于高分辨率遥感影像的城市土地利用信息提取
- 社区居民的分层抽样、调查问卷的设计、整理及分析、问卷调查的实施及有效性
- 相关部门或居民个人访谈及数据整理与分析

本书研究技术路线图如图1—2所示。本研究分为三个阶段：第一阶段为初步实地调查、文献调研、理论学习、方法研究及基础资料收集，属于基础研究阶段。第二阶段是本研究的关键

阶段，按照技术方案和关键技术，进行问卷调查、深度访谈、实地考察，获得本研究的社会空间方面关键资料和数据，并进行资料与数据的整理和分析，获得初步的研究结论。在此基础上，进行思路完善和补充调查，并对补充调查资料进行分析。第三阶段进行文稿写作和修改。

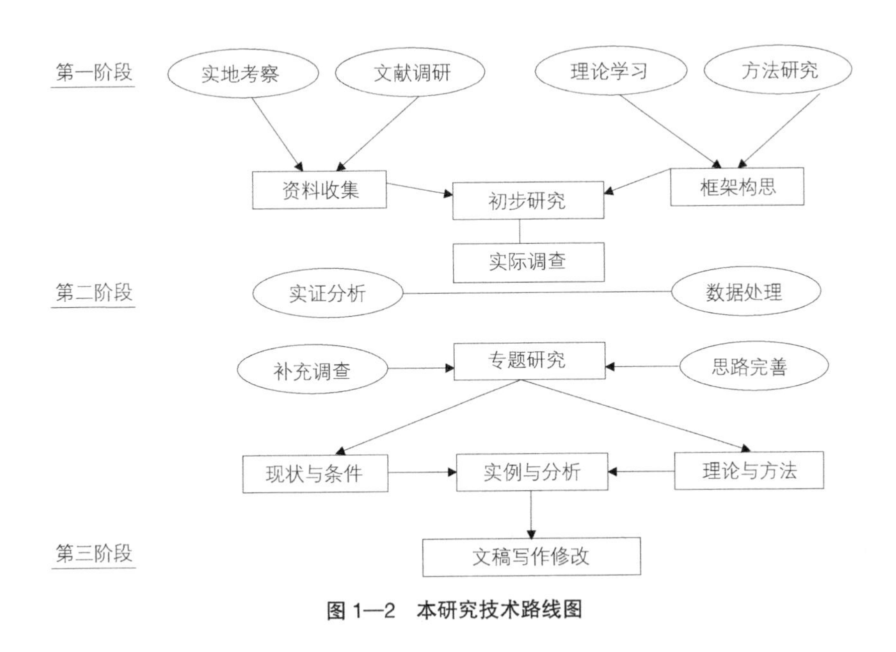


**图 1—2　本研究技术路线图**

## 1.4　本书的特色及创新之处

本书是以实证研究为主，兼顾理论探索的著作。首先梳理了城市社会空间研究进展，并介绍了相关概念及理论，在此基础上展开了实证分析和研究。在实证研究中，以实证分析结果为基础，尝试进行了初步的理论层面的思考，如在城市地理基础一章，简要阐述了各种基础要素对城市建设与发展、城市空间结构分异与重构的作用及影响。其他章节中对河谷城市空间扩张模式的抽象、城市扩张驱动机制的逻辑分析、人口空间分布建模及模拟、城市空间扩张的模拟、城市社会空间的影响因素、建构机制与建构过程的分析等，都是本书在理论分析方面的粗浅尝试。

城市系统是一个开放的、复杂的、多要素的、多级别的、动态变化的系统，要全面准确地剖析一座城市社会空间演变过程、机制及特点的全貌具有很大的难度。本书按照城市社会空间的逻辑关联，将城市地理基础、城市空间扩张、城市人口空间、城市产业空间、城市社会空间放置在一起进行研究，期望尽可能全面地反映出城市社会空间方面不同要素之间逻辑关联和相互影响的全貌。城市的地理基础是城市发展演变和空间扩张的基础，城市的扩张又同城市人口空间、城市产业空间、城市社会空间密切联系在一起，相互交织、相互影响、相互作用、相互制约。本书集成了影响城市社会空间的五大方面，尽可能地体现出研究对象的完整性和系统性。

在研究范式上，除了遵循地理学四大传统，即空间传统、区域传统、人地关系传统、地球科学传统之外，还将定性研究与定量分析相结合，理论模型与经验研究相结合，宏观研究与微观分析相结合，一般性与特殊性相结合。这里还要强调研究方法上的两条逻辑主线，第一条逻辑主线是“综合—分解—综合”的复杂系统一般研究范式。按照系统论的观点，城市社会空间各构成要素相互关联构成一个整体，在研究中要兼顾系统整体性原则和系统分解综合原则。一方面，城市社会空间各个构成部分（包括要素）构成一个整体，任何部分、各个阶段的特征及结果要放在整体中去观察和分析，做好局部与整体的协调，不能从系统的局部得出有关整体的结论；另一方面，对于城市这样的复杂系统，要解析其社会空间结构的特征与规律，不分解直接进行研究，似乎面临“老虎吃天，无从下口”的困境，要走出这个困境，对系统进行分解似乎是最佳途径。系统中各要素的联系是有等级和层次的，分解是根据要素联系的相对密切程度对要素进行分组，归纳出相对独立、层次不同的分系统。在对分系统研究的基础上，对其进行综合，把分系统的结果放在系统整体中去考察和分析。本书遵循了对于复杂系统研究的这个一般范式，将西宁市社会空间结构系统分解为建成区空间扩张、人口空间分布、产业空间变动、社会空间分异四个维度进行研究。第二条逻辑主线是在城市空间扩张、城市人口空间、城市产业空间、城市社会空间这四大模块的分析上，采用“格局—特征—过程—机制—问题与对策”的逻辑顺序，这也是地理学研究惯用的逻辑。此外，在研究数据的选取上，除采用遥感、GIS、地图等地理空间数据、统计数据、问卷调查、深度访谈等常规数据外，本书针对部分内容，还采用了大数据进行分析，尝试将大数据与小数据结合起来进行研究，大数据的使用是人类社会进入智慧时代的大趋势和必然选择。

本书的创新之处在于分析和研究了青藏高原这一特殊地理背景下，高原城市西宁市的空间扩张、人口空间、产业空间及社会空间结构的演变特征及规律，探究了其影响因素和演变机制。在社会空间分异与重构方面，特别是在青藏高原高寒缺氧这一特殊自然背景下，不同民族基于家庭和个人经济、社会和文化背景，在城市空间区位选择上，追逐着适合自己的最佳区位。此外，作为河谷型城市，西宁市空间扩张不仅有着与其他河谷城市的共性特征，也有着与其他河谷城市，特别是平原地区城市截然不同的显著差异。城市的地理基础决定着城市的空间扩张，它们又共同影响着城市的社会空间结构。

# 第二章　国内外研究进展 TWO

# 2.1 城市社会空间理论流派

自19世纪恩格斯开始研究英国曼彻斯特城市的居住模式以来，城市社会空间结构相关的研究受到地理学、社会学、经济学、民族学、政治学、城乡规划学等学科的关注，在相关的研究过程中形成了不同的理论流派（宣国富，2010）。

## 2.1.1 人类生态学派

近代以来的工业化给人类带来巨大财富的同时，也给城市发展带来诸多问题，如环境污染、生态危机、自然资源无节制的开发和利用。人类生态学派于20世纪20—30年代开始对城市社会空间结构展开研究，它运用达尔文进化论中自然生态学的原理去解释城市社会空间，认为城市社会空间是不同社会属性群体通过争夺和占用空间资源以谋求生存的结果（宣国富，2010）。Burgess（1925）将研究芝加哥城市的土地利用与社会经济属性结构相联系，提出北美城市的同心圆模型。Hoyt（1939）依据土地租金的分布分析了美国142个城市的居住空间结构，归纳了美国城市的扇形模型。Harris和Ullman（1945）通过对比美国不同类型的城市，归纳出城市发展的多核心模型。同心圆模型、扇形模型及多核心模型为之后社会空间结构的研究提供了重要的理论基础（图2—1）。

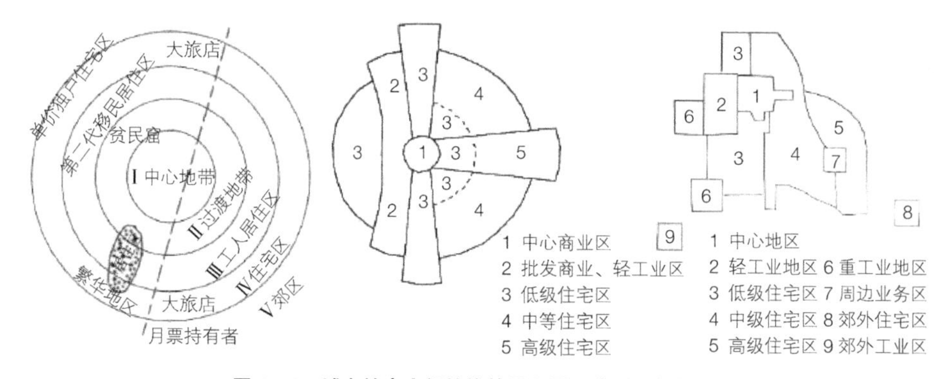


**图2—1 城市社会空间结构的同心圆、扇形和多核心模型**

## 2.1.2 新古典经济学派

人类生态学派强调居住作为分析社会区的影响因素，忽略了城市基础设施、社会服务设施区位差异对社会空间结构的影响。新古典经济学派以地价为基础，引入空间变量，从最低成本区位视角出发，探讨居民最佳区位选择和合理土地开发模式对社会空间结构的影响。美国经济学家Alonso等学者从土地价值的视角探讨了不同功能用地对区位的需求。区位地租随距城市中心距离的增加而递减，零售业对区位要求最强，居住对区位要求最弱。阿隆索（Alonso，1964）、穆思（Muth，1969）和米尔（Mill，1967）共同建立了标准的住宅区位模型，并提出了地租竞价曲线，认为空间区位的竞争是住户自由投标竞价的结果，价高者能拥有土地所有权力。竞价曲线是住户对不同区位地租愿意投标的数值，在均衡前提下，城市中心区位往往是竞标地租最高者，竞标地租最低者则占据城市边缘区位（图 2—2）。

新古典经济学派的相关研究从微观经济学的视角解释了城市社会空间结构，强调住房价格和交通费用对不同社会阶层住房选择的影响，但忽视了主观因素在住房选址中的重要作用。

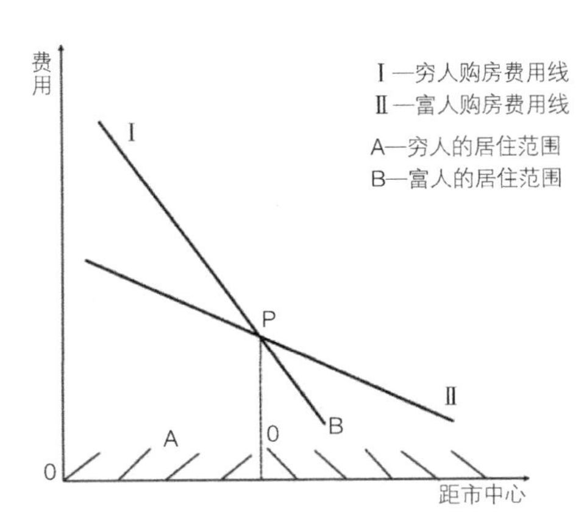


**图 2—2　不同收入阶层的住房选择（据宣国富，2010）**

## 2.1.3　行为主义学派

20 世纪 60 年代以后，行为主义学派对新古典经济学派进行改良，改善过去过分强调经济要素对社会空间结构的影响，提出重视居民的个人行为和感受对空间的塑造作用，从居民空间感知和居民迁居行为两个视角展开研究。代表人物 Kirk（1963）在 *Problems of Geography* 一书中指出居住空间选择除了受家庭、个人文化背景和社会经济地位的影响外，也受到环境感知和决策的影响。行为学派在分析居民住房选择行为过程中，过分重视个人行为在居住空间选择中的作用，而忽视了团体对个人行为决策的影响，后期则逐渐增加了社会因素对个人行为约束影响的研究。

## 2.1.4　新马克思主义学派

20 世纪 70 年代以后，资本主义矛盾日益加深，劳工运动、学生运动非常频繁，针对城市资源分配不平等的状况，新马克思主义学派提出了自己的观点，认为城市社会空间结构的形成与资本主义生产力和生产关系有密切联系。代表人物之一的法国社会学家 Castells（1977）用“集体消费”这一概念形容城市，认为占统治地位的群体与被压迫群体间的斗争导致了城市发展和空间形态的演变。另一位代表人物 Harvey（1974）则认为住房作为一种有限的社会资源，其再分配的过程会受到垄断资本利益的控制，也必然存在垄断资本利益对消费品生产的支配与不断增加的消费过程集体性和相互依赖性之间的矛盾，所以更要重视国家对住房生产和管理的调控，虽然这不是解决矛盾的根本办法。同时，由于收入差别导致的住房不平等在资本主义社会中被经济、政治和文化机制所加强。

### 2.1.5 制度学派

制度学派强调在特定制度体系下，各种组织、机构、规则和程序影响城市社会资源供给和分配的过程。该学派又分为区位冲突学派和城市管理学派。区位冲突学派认为社会空间资源不是无组织的、自由的，而是地方政府与不同利益团体冲突竞争的产物。“住房阶级”理论的提出者 Rex 和 Moore（1967）将城市住房按照住房属性、住房区位、住房贷款情况等差异分为六大阶级等级，该理论将居民个体属性和住房市场分配规则相联系来分析住房使用对社会分化的影响。城市管理学派认为城市住宅市场中涉及的主体主要包括生产环节的土地所有者和住宅开发商与建筑公司、消费环节的各类金融机构和房东以及交换环节的房屋中介机构，政府主要通过土地使用政策、税收政策以及社会保障制度，对这些主体的利润最大化决策进行政策干预和约束（谢富胜等，2017）。Pahl（1975）认为住房分配并不仅仅取决于市场，城市管理人（房产开发商、土地所有者和租赁者、金融机构、房产经纪人、住房管理者、规划者等）也影响着社会资源的分布和分配。福利国家住房消费模式中有一部分房地产资源是按行政模式配置的。当这一部分房地产资源在不同社会群体中进行分配时，掌握这些资源的城市管理人员的决策起着关键性的作用。Szelenyi 认为由于社会制度的不同，资本主义国家和非资本主义国家、资本主义国家之间住房分配规则和效果也有差异。Saunders（1981）提出以所有权为依据把城市住宅阶级划分为三个阶级，即“以住宅为资本的所有者阶级（如房东）、以住宅为消费资料的使用者阶级（如租客）和既享用城市住宅使用价值也可能获取资本收益的阶级（如业主居住者）”，认为城市住宅消费模式的变迁将“导致社会权利的重新分配”，比如英国城市中“住宅由社会化供给向私有供给模式的过渡就加剧了社会分化和少数族群的边缘化程度”。

## 2.2 城市社会空间分异研究进展

社会区划研究主要是对不同城市社会区空间分异进行探讨，研究过程可分为三个阶段：第一阶段是 20 世纪 50 年代，Shevky 提出城市“社会区”的概念，并将其运用到城市社会空间结构的研究领域；第二阶段从 20 世纪 60 年代开始，属于城市社会空间结构的实证积累阶段，研究案例从欧洲、北美洲主要城市扩展到 20 世纪 80 年代后对世界其他国家和地区城市的研究，并重视同一城市不同阶段社会空间的演化特征；第三阶段为 20 世纪 90 年代末，城市社会空间结构的相关研究扩展到发展中国家。

通过对资本主义国家不同城市的研究发现，影响社会空间分异的主因子包括社会经济地位、家庭状况及种族状况，这些城市的社会区分别呈现扇形、同心圆及多核心模式。随着社会空间的日趋复杂，造成社会空间分异的因素逐渐增多，如土地利用、家庭、宗教、移民化、职业分化等，社会区也呈现多种模型的混合模式（表 2—1）。社会主义城市社会空间结构与资本主义城市不同，其更多受到城市历史发展、国家集体行政制度及住房分配制度等的影响。

国内社会区划及模式的研究始于 20 世纪 80 年代，主要是对西方相关理论和方法的引入、探索及运用。多数研究借助以街道为基本单元的人口普查和房屋普查数据，采用因子生态分析法进行研究，研究案例主要集中在中东部大城市和特大城市（表 2—2），研究内容集中在主因子识别、社会区划分及空间模式的探讨以及不同时期社会空间分异演化的动力机制。

从研究结果来看，我国城市的社会区大概呈现同心圆、扇形、多核心、圈层、飞地型、放射状等模式。不同城市的社会空间均由计划经济时期的相对均质化向市场经济时期的异质化转变，社会空间呈现复杂化、破碎化特征。计划经济体制下行政管理和生活居住规划对市场经济体制时期城市社会区划的形成仍发挥着重要作用。进入市场经济时期以来，不同城市社会空间分异特征明显。

**国外城市社会空间结构研究案例**　　**表 2—1**

| 国家 | 研究者（年份） | 对象城市 | 指标选取年段 | 主因子构成 |
|---|---|---|---|---|
| 资本主义国家城市 | Shevky（1949） | 美国洛杉矶 | 1940 | ①经济状况；②家庭状况；③种族 |
| | Bell（1955） | 美国洛杉矶和旧金山街区 | 1940 | ①经济状况；②家庭状况；③种族 |
| | Arsdol（1958） | 美国俄亥俄州阿克伦等美国 10 大城市 | 1950 | ①经济状况；②家庭状况；③种族 |
| | Anderson and Bean（1961） | 美国俄亥俄州托莱 | 1950 | ①经济状况；②家庭状况；③种族；④城市化 |
| | McElrath（1962） | 意大利罗马 | 1951 | ①经济状况（扇形）；②家庭状况（圈层） |
| | Jones（1965） | 澳大利亚堪培拉 | 1961 | ①种族；②人口年龄；③居住状况 |
| | Berry and Tennant（1965） | 美国伊利诺伊州东北部 | 1960 | ①社会经济状况（扇形）；②家庭状况（同心圆）；③种族；④郊区；⑤人口密度；⑥住房空置率 |
| | Rees（1972） | 印度加尔各答 | 1961 | ①家庭状况；②种族地位；③文化程度；④居住状况 |
| | Herbert（1967） | 英国纽卡斯尔 | 1961 | ①经济状况；②家庭状况；③种族因素（相对微弱） |
| | Pederson（1969） | 丹麦哥本哈根 | 1950、1960 | ①社会经济地位（扇形）；②家庭状况（同心圆）；③人口变化 |
| | Gastelaars and Beek（1972） | 荷兰阿姆斯特丹 | 1960、1965 | ①社会地位；②城市化；③家庭结构；④宗教因子 |
| | Brand（1972） | 加纳阿克拉 | 1960 | ①中产阶级移民群体；②城中村居民；③密度距离衰减；④核心区失业人员 |
| | Sauberer and Cserjan（1972） | 奥地利维也纳 | 1959、1967 | ①社会地位因子Ⅰ；②人口年龄结构；③社会地位因子Ⅱ；④城市郊区化；⑤非居住类型房屋 |

续表

| 国家 | 研究者（年份） | 对象城市 | 指标选取年段 | 主因子构成 |
|---|---|---|---|---|
| 资本主义国家城市 | Ferras（1977） | 西班牙巴塞罗那 | 1969—1970 | ①社会地位；②住房与人口年龄因子 |
| | Gachter（1978） | 瑞士伯尔尼 | 1970 | ①社会地位；②国外移民；③家庭规模；④住房类型 |
| | Kesteloor（1980） | 比利时布鲁塞尔 | 1970 | ①社会地位；②内城街区；③住房因子；④城市就业；⑤人口年龄与生育状况 |
| | Perle（1981） | 美国底特律 | 1960、1970 | 1960 ①家庭状况；②社会经济状况；③种族与隔离；④老年居住 :1970 ①家庭状况；②社会经济状况；③种族与隔离；④女性劳动力就业 |
| | Hunter（1982） | 美国芝加哥 | 1930、1940、1950、1960 | ①社会经济状况；②家庭状况（下降）；③种族（上升） |
| | Davies（1983） | 英国加迪夫 | 1971 | ①社会经济状况；②家庭生命周期 / 土地所有权；③年轻人；④城市边缘 |
| | | | | 街区单元：①成熟家庭 / 迁移率；②住房 / 种族属性；次级行政区：①女性活动因子 |
| | Davies and Murdie（1991） | 加拿大都市区 | 1981 | ①经济状况；②城市贫困；③种族属性；④传统 / 现代家庭；⑤家庭 / 年龄；⑥青年人口因子；⑦非家庭因子；⑧住房因子；⑨移民因子 |
| | Elvin（1999） | 巴西圣保罗 | 1980、1990 | ①家庭结构因子；②职业类型因子；③老化郊区因子；④劳动力 |
| | John（2004） | 埃及开罗 | 1986、1996 | ①现社会阶层 / 人力资本；②街区性质；③生育 |
| | Helene（2006） | 墨西哥普埃布拉 | 1990、2000 | 1990 ①高社会经济阶层（集中）；2000 ①高社会经济阶层空间（集中减弱） |
| 社会主义国家城市 | Weclawowicz（1979） | 波兰华沙 | 1930、1970 | 1930 ①社会等级；②住房质量；③种族；④人口学特征；⑤生命周期；1970 ①职业地位；②住房；③经济地位；④家庭状况 |
| | Dangschat and Blasiu（1987） | 波兰华沙 | 1978 | ①教育；②年龄；③住房拥有形式；④建设时间 |
| | Mateja（1979） | 捷克布拉格 | 1930、1970 | ①社会经济分异；②家庭；③年龄结构；④城市结构 |

**国内城市社会空间结构研究案例** **表 2—2**

| 城市 | 研究者（年份） | 指标选取年度 | 主因子构成 |
|---|---|---|---|
| 北京 | 顾朝林等（2003） | 1998 | ①土地利用强度；②家庭状况；③社会经济状况：④种族状况 |
| | 冯健、周一星（2003） | 1982 | ①工人干部人口；②农业人口；③知识分子；④采矿工人 |
| | | 2000 | ①一般工薪阶层；②农业人口；③外来人口；④知识阶层和少数民族；⑤居住条件 |
| | 冯健（2018） | 2010 | ①本地白领人口；②外来蓝领人口；③农业人口；④知识分子；⑤人口密集程度 |

续表

| 城市 | 研究者（年份） | 指标选取年度 | 主因子构成 |
| --- | --- | --- | --- |
| 北京 | 顾萌（2019） | 1917 | ①政治／居住活动因子；②工商业／服务业活动因子；③知识阶层人口／就业因子；④农业人口因子；⑤外来人口因子 |
| | | 1935 | ①工商业／居住活动因子；②农业人口／知识阶层人口因子；③外来人口／公务人员因子；④佛教／公共设施因子；⑤外侨／服务业因子 |
| | | 1946 | ①工商业／居住活动因子；②宗教／服务业因子；③就业因子；④文化程度因子 |
| 上海 | 虞蔚（1986） | | ①人口集聚程度；②人口文化职业 |
| | 祝俊明（1995） | 1990 | ①文化构成；②人口的密集程度；③性别和职业构成；④外来暂住人口；⑤居住条件；⑥婚姻状况 |
| | 李志刚、吴缚龙（2006） | 2000 | ①外来人口；②离退休和下岗人员；③工薪阶层；④知识分子 |
| 广州 | 郑静等（1995） | 1990 | ①城市开发进程；②工人干部比重；③科技文化水平；④人口密集程度；⑤农业人口比重 |
| | 周春山（2006） | 1985 | ①人口密集程度；②科技文化水平；③工人干部比重；④房屋住宅质量；⑤家庭人口构成 |
| | | 2000 | ①人口密集程度；②文化与职业状况；③家庭状况与农业人口比重；④不在业人口比重；⑤城市住宅质量 |
| 香港 | 周春山等（2016） | 2010 | ①人口密集程度；②农业人口比重；③文化水平；④房屋住宅质量；⑤城镇人口和外来；⑥中等收入阶层比重；⑦低收入阶层比重 |
| | Lo（1986） | 1961 | ①高收入海外人士；②低收入白领及蓝领；③老年工作者；④年轻的移民；⑤种族；⑥性别 |
| | | 1971 | ①高收入非广东人士；②低收入蓝领人士；③高收入海外人士；④公共屋村民；⑤性别 |
| | Lo（2005） | 1981 | ①低收入蓝领人士与高收入职员；②新大陆移民；③老年人与年轻人；④个体农民或渔民；⑤私人建房的中国内地租客和转租人；⑥白领人士；⑦东南亚人；⑧幼儿 |
| | | 2001 | ①蓝领、白领与高收入职员；②外来人与当地人；③老年人与香港年轻人；④中国内地移民与公共屋村居民；⑤城乡差别；⑥住房规模 |
| 南京 | 徐的等（2009） | 2000 | ①外来人口因子；②农业人口因子；③城市住宅因子；③文化程度、职业状况因子；⑤城市失业人口因子 |
| 天津 | 马维军等（2008） | 2000 | ①城市发展水平；②人口年龄结构；③城市开发进程；④家庭规模 |
| 长春 | 庞瑞秋等（2008） | 2000 | ①知识分子阶层；②一般工薪阶层；③制造业和低端服务业一般员工阶层；④低素质的蓝领阶层；⑤从事交通运输业的外来人口阶层 |
| | 黄晓军、黄馨（2013） | 1982 | ①一般工薪阶层社会区；②知识分子社会区；③产业工人社会区 |
| | | 2000 | ①般工薪阶层居住区；②居住密集拥挤的老城区；③制造业工人聚居区；④高社会经济地位人群聚居区；⑤近郊外来务工人员居住区；⑥远郊农业人口居住区 |
| 南昌 | 吴骏莲（2005） | 2000 | ①住房状况；②文化与职业状况；③家庭状况；④外来人口状况 |
| 西安 | 王兴中（2000） | 1990 | ①人口集聚程度；②科学技术水平；③工人与干部比重；④农业人口比重 |
| | 邹小华（2012） | 2000 | ①人口密度；②家庭与人口构成；③住房质量；④农业人口比重；⑤商业、服务业人口比重；⑥外来人口比重 |

续表

| 城市 | 研究者（年份） | 指标选取年度 | 主因子构成 |
| --- | --- | --- | --- |
| 乌鲁木齐 | 张利等（2012） | 1982 | ①普通工人；②机关、事业单位及商业工作人员；③少数民族及农业人口 |
| | | 2011 | ①少数民族人口；②知识分子；③普通工人及退休人员；④机关干部、高级管理与服务人员；⑤疆外流动人口；⑥农业人口 |
| 沈阳 | 张国庆（2014） | 2010 | ①一般工薪阶层；②农业人口；③外来人口；④知识阶层；⑤居住条件 |
| 兰州 | 陈志杰、张志斌（2015） | 2010 | ①机关干部与技术人员集中区；②流动人口集中区；③工人及低收入人口聚居区；④少数民族人口聚居区；⑤高学历人口集中区；⑥郊区农业人口聚居区 |
| 成都 | 罗若愚等（2020） | 2010 | ①一般工薪阶层及专业技术人员因子；②流动人口与居住条件因子；③少数民族人口因子；④知识分子因子；⑤产业工人因子 |
| 合肥 | 李传武等（2015） | 1982 | ①工人人口比重；②干部和商业人口比重；③知识分子比重：④农业人口比重；⑤交通邮电业人口比重 |
| | | 2000 | ①文化程度与职业因子；②外来人口因子；③城市待业人口因子；④农业人口比重；⑤物流服务业人口比重 |
| 重庆 | 章征涛和刘勇（2015） | 2000 | ①蓝领人口因子；②白领人口因子；③居住条件因子；④外来人口因子 |
| 延边 | 王惠（2020） | 2010 | ①非农人口因子；②主干家庭因子；③流动人口因子；④高素质人口因子；⑤多民族混合和住房质量因子 |
| 珠海 | 吴志（2020） | 2000 | ①政策性移民和高学历移民；②农村中老年人口；③本地多代户；④居住水平；⑤外来人口；⑥早期城镇化建筑 |
| | | 2010 | ①本地多代户；②高学历原住民与居住水平；③中老年型家庭；④高学历人口；⑤外来人口 |
| 苏州 | 杨莹（2019） | 2010 | ①非劳动年龄人口；②知识分子；③外来人口；④定居就业人口；⑤居住条件 |



### 2.2.1 城市居住空间分异

（1）国外居住空间分异研究

20 世纪中后期以来，伴随着全球化、信息化、资本与国际分工的细化与深化，产业结构与劳动力市场发生了极大的调整，居民经济社会地位出现显著差异，社会极化现象严重。高收入阶层为追求更好的居住环境而向郊区迁移，黑人、穷人及少数民族集中在城市特定区域，不同群体间的空间差异与不平等成为研究的核心内容。居住隔离、居住区位选择、居住郊区化等引起了学者们的关注。Saseen（2001）认为社会极化会带来空间极化，引起居住空间破碎化和分异，城市精英阶层居住在低密度的郊区，弱势群体和贫困阶层居住在城市中心区。不同社会阶层根据其社会属性、需求及偏好在城市中选择不同区位的住房。居住迁移可以被看作居住空间选择的调整过程，可分为主动迁移和被动迁移。Feijten（2005）指出城市拆迁、离婚以及失业会引起居民被动迁居，个人和家庭在城市内的迁居可理解为主动迁居。早在 1955 年，Rossi 就提出了生命周期理论，认为生命周期变化是居民迁居的重要原因。Ball（1986）则从市场因素出发，分析了房地产市场相关主体、住房政策和地级租差对居住迁移的影响。Clark 和

Lisowski（2017）提出住房权属和住房面积会引起居民迁居，对居住环境的不满也会促使居民搬到与他们的期待和标准一致的区域，Clark 和 Lisowski（2017）认为惰性作用和禀赋效应会阻碍居民迁居。居民的迁居行为受到多种因素的影响。

在居住迁移过程中，必然会引起居住郊区化。居住郊区化是城市中心区人口密度大、交通拥挤、生活质量下降等推力和郊区居住环境优美、交通便捷等拉力作用下形成的。伴随着居住郊区化，商业、消费及社会服务等均发生了郊区化，

居民的日常行为、生活质量、城市景观、社会结构和社会关系也发生了变化。Ashtons（2010）指出郊区化会带来社会阶层的分异，这成为城市社会空间重构的重要推力。

（2）国内居住空间分异研究

自新中国成立到住房制度改革之前，我国居住空间一直受住房分配福利政策影响而呈现"单位制"分布状态，未明显表现出居住空间分异现象。随着住房制度改革的推进和深化，住房实物分配转变为货币分配，不同社会属性群体根据其能力及需求自由择居，居住空间分异特征显著。

吴启焰（2001）以南京为研究案例，阐述了我国大城市居住空间分异的特征、模式、演化过程及作用机制，为后续学者的相关研究提供了重要的参考价值。邢兰芹等（2004）认为西安市居住空间分异不仅受收入、住房需求等个人因素的影响，也受到住宅供给、危旧房拆迁改造、老城区内填充插补、新区开发建设等政策和经济因素的影响。周春山等（2005）通过对广州市住房空间结构的研究，指出住房空间结构的形成是历史、政策、规划、经济等多因素作用的结果。应瑞瑶和陈燕（2009）认为住房制度、城市化、郊区化、社会分层、地租和区位、精神需求和心理因素等共同影响居住分异的形成。杨上广（2005）认为国家形态意识、个体择居行为及开发商市场等因素共同影响居住空间分异。郑艳玲等（2016）认为长春市居住空间分异受到市场导向机制、产业导向机制、城市功能空间自组织效应机制、政府支持与协调机制的综合作用。综上所述，我国的居住空间分异是单位体制遗留、城市历史延续、制度改革、房地产市场发展及社会阶层分异等因素共同作用的结果。

蒋亮和冯长春（2015）认为居住空间区位选择受到宏观因素和微观因素的共同影响，宏观因素包括城市结构、交通条件、设施配套等，微观因素包括经济收入、文化程度、户籍、住房属性、人均面积、家庭规模等。郑思奇等（2004）以北京、上海、广州、武汉和重庆五个城市为调查案例，分析得出家庭特征和住房市场对居住区位选择影响非常大。武永祥等（2014）认为居民区位选择的驱动因素应从交通设施、商服设施、社区品质、自然环境等维度去考虑。徐婉庭等（2019）基于手机信令等多源数据分析了物理特征、周边设施及社会特征对居住空间区位选择的影响。

我国大城市居住郊区化始于 20 世纪 80 年代。安居工程建设、保障房实施等推动了居民由市中心向郊区"被动迁移"，同时商品房大量开发、单位制度解体和私家车数量增长、城市轨道交通建设加快以及居民生活水平提高等因素，也激发了居民"主动"郊区化。研究城市郊区化基本上都涉及居住郊区化动力机制的问题，城市规划、制度改革、开发区建设、旧城改造、新

城建设、行政区划调整等是推动居住郊区化的动力因素。

### 2.2.2 行为空间分异

（1）国外行为空间分异研究

20 世纪 70 年代地理学行为革命以后，居民行为与城市空间互动关系成为研究的热点，通勤、购物、休闲和邻里关系等居民行为引起了学者们的关注。

在通勤行为方面，多数研究内容集中在通勤基本特征、通勤与城市空间结构、通勤与居民社会属性特征关系等方面。Cao 和 Mokhtarian（2005）发现居民社会属性、生活方式、通勤经验以及通勤频次等因素都会对通勤方式产生影响。Caulfield 和 Ahern（2014）发现私家车对新建居住区居民的通勤方式有重要影响。Veneri（2010）通过对意大利 82 个大都市区的研究得出，城市规模、人口密度与通勤时间密切相关。Sultana 和 Weber（2007）等研究发现居民经济社会属性比城市扩张对通勤距离与通勤模式选择的影响更大。

在购物行为方面，主要集中在对购物消费行为基本理论、购物消费行为特征、购物空间影响因素、购物决策机制方面的研究。Christller 在中心地理论中引入新古典经济学，指出生产者和消费者都会自觉地到最近的中心地购买货物或取得服务。Antonio（2001）、Schroeder 和 Zaharia（2008）研究了居民在零售业中的购物消费行为，认为购物的主要动机包括娱乐休闲、交通便利、交付相关风险规避、产品和支付相关风险规避等。购物商业环境、消费者预期价格、消费者社会属性、主观经济距离以及消费者主观态度是影响购物空间的重要因素；同时，网络购物也引起了不少学者的关注。

在休闲行为方面，研究多数从休闲方式、休闲类型及影响因素、特殊群体休闲活动等方面展开。Chandra 和 Gossen（2004）、Bittman 和 Wajcman（2000）等学者研究了居民的休闲类型、不同属性群体的休闲方式。居民的社会属性、休闲设施的可接近性及休闲设施的状况等会影响居民的休闲行为。Kim 等（2016）则研究了老年人休闲活动对提高生活质量的影响。

在邻里关系方面，邻里关系的影响因素、邻里关系的提升引起了学者们的关注。Alesina 和 Ferrara（2000）研究发现收入、种族及职业与邻里关系的强弱密切相关。Hipp（2009）发现邻里族裔异质性、单亲家庭的比例以及邻里社会混乱感知对居民的邻里满意度有显著影响。在邻里关系的提升方面，学者们认为社区媒介、社区交流设施的构建、邻里植被覆盖率以及社区绿色空间的增加均有利于提升社区归属感和邻里关系幸福感。

（2）国内行为空间分异研究

在通勤行为研究中，参考刘定惠等（2012）的成果，研究内容主要集中在以下四方面：一是居民通勤基本特征规律。文婧等（2012）、陈征等（2006）、朱菁等（2015）、任瑜艳等（2016）学者分别探讨了北京、苏州、西安及西宁等城市居民的通勤方式、通勤时间和通勤空间的基本特征；二是通勤与城市空间结构关系。周素红（2005）和杨利军、孟斌（2009）、刘定惠等（2014）学者分别研究了广州、北京和成都通勤与城市空间组织的关系。李雪铭等

（2007）以大连市为例分析了居民私家车通勤行为对居住空间的影响；三是通勤问题的形成机制。郑思齐和曹洋（2009）认为工作机会、住房机会和城市公共服务设施的空间布局是影响北京市居民职住关系和通勤时间的重要因素。柴彦威等（2011）认为土地市场化改革、住房政策、单位制度改革等制度因素是导致中国城市居民职住分离现象及个体通勤行为变化的主要原因。孟繁瑜和房文斌（2007）认为职住失衡、制度改革、基础设施空间布局和人为因素等共同导致交通拥堵等城市问题的产生。张学波等（2021）认为政策与制度、邻里状况以及居民的观念和发展期望等非物质性因素比物质居住条件对居民职住空间关系的形成更有影响；四是通勤问题对策研究。孟繁瑜和房文斌（2007）、张学波等（2021）、孙斌栋等（2008）、王振波等（2020）学者提出应该从就业地、居住地、公共服务设施及产业布局等方面的空间规划入手，解决职住空间关系和缓解区域交通压力。

在购物行为研究中，韩会然等（2011）认为国内学者对城市居民购物行为的研究主要集中在以下四个方面：一是对特殊群体购物空间行为的研究。柴彦威等（2005、2010）比较研究了北京、上海和深圳城市老年人购物空间圈层结构特征，发现北京市老年人呈现有规律的距离衰减、深圳市老年人随距离增加波动衰减、上海市老年人收敛性强等。王益澄等（2015）学者研究了宁波市老年群体的购物空间行为，发现老年人购物行为空间基本符合距离衰减规律，但局部区域有波动。肖昕茹（2010）研究发现上海市青年残疾人因消费欲望和需求，其购物空间大于中年残疾人；二是对购物行为时空特征的研究。柴彦威和尚嫣然（2005）分析了深圳居民夜间外出消费的总体特征与时空特征，发现深圳居民的夜间消费活动也表现出基本空间、主要空间和日常空间的圈层结构。李学鑫和何玉兰（2010）发现欠发达地区大城市（商丘市）居民的购物时空间行为与发达地区大城市不同，夜间购物活动和购物圈层不明显。陈零极和柴彦威（2006）发现上海市居民大型超市购物活跃度的空间差异受大型超市空间分布和周边其他零售业设施发育程度的共同影响。代丹丹等（2021）通过分析广州市中产阶层购物行为的时空间特征，得出中产阶层购物时间节奏与一般居民相似，但空间距离较远，商业设施密度对其购物的时空间特征影响程度更高；三是对购物行为空间进行动态研究。冯健等（2007）对北京市居民购物行为空间进行研究发现，购物供需双方以及宏观环境的变化是购物行为空间结构演变的主要因素。申悦和柴彦威（2010）运用时间地理学方法，揭示了10年来深圳居民日常活动时空间特征变化趋势：居民购物活动向晚上和非工作日时间转移，购物意愿及购买能力不断提升，购物方式改变，购物活动由社会必须活动逐渐向娱乐休闲的重要方式转变，表现为购物时间增加，购物时间结构改变；四是对购物消费行为影响因素及决策机制的研究。周素红等（2008）探讨了广州市商业空间及居住空间对消费者购物行为的影响，发现居民的购物空间同其居住空间以及城市总体的商业形态关系密切。韩刚（2016）研究了昆明市特殊群体老年人的购物空间，发现出行行为对其购物行为有明显的影响，年龄影响反而较弱。随着互联网和电子商务的发展，网上购物等新型购物方式的产生，影响着居民购物的选择与方式。孙智群等（2009）分析了深圳市民的网络购物行为空间，发现居民对网上购物的接受度较高，高文化程度、女性及高收入者为网购的主要群体，居住在商业中心的消费者网上购物的活跃度较高。

段荣环（2019）分析大学生网购态度是决定网购意愿的重要因素。刘洋等（2020）学者对近年来流行的网络直播模式进行探讨，通过构建网络直播购物与消费者不同购买方式之间的响应模型，探索网络直播购物行为空间的内在机理。

在休闲行为研究方面，李峥嵘和柴彦威（1999）、刘志林和柴彦威（2000、2001）等借助活动日志分析城市居民休闲活动的时、空间结构和休闲活动的空间圈层结构。许晓霞等（2011）、孙樱和柴彦威（2001）分别研究了女性群体和老年人口的休闲活动空间特征。齐兰兰和周素红（2018）基于2013年广州市居民活动日志的问卷调查数据，从不同的视角揭示了各个阶层居民的休闲活动特征，这些要素包括休闲活动频次及时长、休闲活动时间及距离、时空分布密度和时空集聚特征。互联网快速发展也推动了居民休闲活动空间发生相应变化，赵霖等（2017）研究表明，网络休闲活动等信息技术的发展，减少了居民非必要性出行时间，同时居民网络休闲空间受自身社会经济属性影响较大。

在教育和医疗行为方面，相关研究比较少，多数研究集中于医疗和教育设施的供给与需求、区位与配置、空间可达性等方面，对居民的教育行为空间和就医行为空间基本特征及社会分异研究得较少。雷军（2022）研究了新疆乌鲁木齐城市居民子女受教育行为和医疗行为特征，高军波等（2018）基于日常医疗消费出行调查数据，剖析了中小城市居民日常就医出行的社会空间特征。

在日常活动时空间结构研究方面，主要是借助柴彦威引入的时间地理学理论及方法，通过绘制日常活动路径来展示居民的时空间活动特征。柴彦威等学者对北京、广州、深圳、上海、西宁等城市居民的日常出行进行了广泛的实证研究。近些年来，特殊群体的日常生活空间也引起了学者们的关注，如老年人、女性群体、贫困群体及农村儿童群体的日常生活时空间特征。

在邻里交往方面，融洽的邻里关系是社区凝聚力的最主要标志。董焕敏和徐炳祥（2011）指出，在社会环境变化的影响下，城市社区居民邻里关系出现从“和平共处型”向“淡漠封闭型”转变的趋势，现代社区多元化的新型邻里关系已代替了原来传统社区的邻里关系，现代新型邻里关系变化特点呈现出复杂化、表面化和功利化的特征。在不同类型社区邻里关系方面，闫文鑫（2010）对现代商品房社区的邻里关系进行了探究。杜春兰等（2012）分析了计划体制遗留下单位大院的邻里关系。冯健和项怡之（2017）研究了开发区社区的居住空间和邻里满意度等。在影响因素方面，楼层高度、居民属性（年龄、性别、地域身份、职业、收入等）对邻里关系有不同程度的影响。

### 2.2.3 感知空间分异研究

（1）国外感知空间分异研究

意象是感知空间的一个切入点。Lucy（1960）在城市意象方面做了开创性的研究，并出版了《城市意象》（*The Image of the City*）一书。他在美国的3个城市——波士顿、泽西城和洛杉矶做了大量的抽样访谈，在访谈中要求受访对象按照自己内心对城市环境的意向进行描述，并以图解的方式表达他们认为重要的地理环境要素及其空间位置，结果发现，城市居民对城市意象的认识模式由相似的 5 类要素构成，分别为道路、边界、区域、节点和标志物。Lucy 不仅讨论了基于居民空间感知的城市形态的构成及其与城市发展、城市设计之间的关系，还提供了一套完整的城市意象空间调查及研究方法。城市空间的公众意象成为影响居民行为和决策的重要因素。

城市物质环境和社会环境的主体评价也是感知空间评价的一个切入点，对城市空间的评价是环境空间感知的外在表现。社区生活空间满意度是人们在对其居住生活的社区及其周边环境感受、认知的基础上所作出的主观评价。Sirgy 等（2000）、Michalos 和 Hubley（2000）经过研究得出，社区的机构和组织情况是影响居民满意度评价的重要因素。Ferriss（2002）、Diener 和 Biswas-Diener（2002）认为财富与收入可以使人获得所需资源，从而影响满意度。Ferriss（2002）研究发现宗教信仰对居民的满意度评价影响较大，民众参与宗教的行为会影响他们的生活满意度和幸福感。

（2）国内感知空间分异研究

国内关于城市意象的研究，多数集中在意象地图（认知地图）分析、区域感知过程与特点、区域形象感知等方面。在城市空间评价方面，关于人居环境和居住满意度感知方面的研究比较多。冯健和钟奕纯（2020）运用人口普查数据和 POI 数据，将住房质量和生活设施可达性相结合来研究常州市居民的生活质量。党云晓等（2015）基于北京市调查问卷数据，从方便性、便捷性、安全性、舒适度等视角对北京市居住环境进行评价。李志刚（2011）发现社区归属感、城市管治强度、居民收入和设施条件是影响“北上广”三地城中村居民居住满意度的决定性因素。段兆雯等（2019）将居民的社区感知与生活空间质量相结合来评价西宁市公租房发展过程中存在的问题。此外，居民属性或空间因素对居住满意度的影响也受到一定的关注。

### 2.2.4 流动人口社会空间特征研究

（1）国外流动人口社会空间特征

国外流动人口社会空间的相关研究主要基于“空间同化论”“多元文化论”“区隔同化论”三种理论进行流动人口空间分布的探讨。

空间同化理论强调外来人口的单向融入，该理论研究流动人口在城市中的融入和空间分布时，一般以流入地居民作为参照，认为同化的前提是流动人口对流入地文化的认同和对原持有文化的摒弃。美国学者 Massey（1985）提出“空间同化”概念，主要研究外来人口在迁入地的融合以及空间分布的变化。Massey 认为，社会经济地位差异是导致美国外来人口、族群与白人产生居住隔离的主要根源，外来人口在城市中首先会选择同一族群聚居的社区。Park 和 Burgess（1969）对芝加哥的外来族群进行研究，发现外来族群经过与城市中不同族群之间的互动，最终会充分融入当地社会中；在互动过程中，外来族群首先会选择居住在同类族群社区以获得他们的帮助，适应新的生活环境，并提出了衡量群体间关系的“社会距离”概念。

Massey 和 Denton（1985）分析得出移民空间分布受收入、就业、教育等社会经济因素的影响较大。Fong 等（1999）补充了移民空间分布的影响因素，认为除社会经济因素外，居住区环境和迁入时间也会影响空间同化的过程和程度。

为了对抗明显有种族歧视的“空间同化论”，一种带有政治主张的“多元文化论”被提出。多元文化论认为，在一个包容的城市，新移民群体不但会选择维持原有的文化，也会在城市中重塑自己新的社会空间（居住地、身份认同、价值观念）。

区隔同化理论不同于“空间同化论”和“多元文化论”，开始重视外来人口的内部差异，不再将外来人口看成均质的整体。该理论的创始者 Portes（1995）基于城市中第二代移民与第一代移民的差异，提出个体的教育、文化、技能等资本与流入地政策因素会影响移民群体社会融合的进程和状态。第二代移民在融入路径上存在三种形态：主流社会的融入、贫困文化的融入、选择性融入。

（2）国内流动人口社会空间特征

国内关于流动人口居住空间的研究主要集中在居住空间分布格局、居住隔离、居住环境及流动驱动因素四个方面。多数学者认为流动人口居住空间分布具有显著规律：集中分布在城市边缘、城乡结合部、“城中村”等区域，冯健和周一星（2003）、张展新和侯亚飞（2009）、朱宇等（2005）研究发现流动人口居住郊区化特征明显，存在由近郊扩展到远郊的趋势。段成荣和王莹（2006）、袁媛等（2007）、包书月和张宝秀（2012）、景晓芬（2014）研究发现我国城市流动人口存在不同程度的居住隔离。居住隔离会增加流动人口融入城市的难度，户籍属地差异、政策利益差异、贫富分层、户籍福利、住房获取能力、就业稳定性等是导致流动人口居住隔离的原因；流动人口在住房质量、周边配套方面往往较差，住房来源主要是租赁私房、员工住房和非正规住房，在城市中流动人口自发形成以乡缘为基础的聚居区，如“浙江村”“河南村”等。经济收入、综合机会、生活质量、社会关系等是人口流动的动力因素，追求高质量生态环境和身心健康也成为近年来人口流动的重要原因。

流动人口行为空间相关的研究多数集中在职住关系问题和日常生活方面。在职住关系方面，徐卞融和吴晓（2010）对南京市流动人口的职住分离情况进行了分析，认为个人因素、外部因素是造成职住分离的主要原因。林耿和王炼军（2010）研究广东省流动人口的就业空间时，发现流动人口的就业构成在空间上向中心城区聚居，具有中心指向性。刘保奎和冯长春（2012）分析了外来农民工与城市本地居民在职住距离、通勤时间和通勤方式方面差别较大。孙铁山和刘霄泉（2016）以北京、上海、广州这三个超大城市为例，研究了常住人口和外来人口在居住—就业空间错位上的差异，结果表明，就业更多集中在城市中心区，居住则分布在距城市中心 20km 左右的区域。安黎和冯健（2020）将城中村流动人口按照社会经济和职住关系特征分为三种类型，通过定量和定性研究，探讨政策性因素和结构性因素对流动人口生活环境和职住关系的影响。在日常生活空间方面，孟庆洁（2007）从居住、消费、休闲和社交等方面系统地研究了上海市外来流动人口的生活方式，结果表明外来人口受限于经济水平，生活方式较为单一，层次较低。兰宗敏和冯健（2010、2012）分别从微观个体视角研究了北京市城中村流动人口的时间利用、生活活动时空间结构和日常活动空间。研究发现以工作、娱乐和居家为主导的人群在工作日和休息日时空间结构特征上表现不一，受到本人时间利用特征和社会环境的影响制约。流动人口生活路径朝着个性化、多样化和差异性的方向发展，微观上的差异更加明显。

在感知评价方面，李毅和罗建平（2014）通过研究上海、天津、武汉等 7 个城市流动人口居住满意度评价发现，个体因素、住房属性、通勤时间以及周边服务设施都是影响满意度评价的重要因素。Tao 等（2014）对深圳市流动人口的研究得出，流动人口的社会关系、自身的流动性以及家庭生活条件也是影响居住满意度的因素。林赛男等（2018）通过研究温州市流动人口得出单纯改革流动人口的户籍制度并不能提高其居住满意度，而是需要改变其经济和社会临时性。王昌婷（2020）探讨了昆山市进城务工人员对保障房小区环境、物业管理、政策评价、价值感知等方面的满意度，得出需要从政府和社区两个层面去努力提高进城务工人员的居住满意度。

### 2.2.5 少数民族社会空间特征研究

（1）国外种族社会空间特征研究

少数民族聚居区的空间分布及模式引起了不少学者的关注。伯吉斯（1925）的同心圆理论由五个圈层结构组成，少数民族聚居区位于紧邻中心商务区的混合地带。White（1987）指出美国贫困阶层集聚在中央商务区周边的停滞地带，少数民族聚居区呈扇弧形插入城市中心。种族歧视在塑造少数民族居住区分布的过程中发挥着重要作用。Pattillo-McCoy（1999）认为与大多数白人社区相比，种族隔离将许多中产阶级的黑人限制在贫困率更高、犯罪率更高、资源更少、政治影响力更低以及学校状况更差的社区。

在行为空间方面，更多的研究视角集中在基于“空间错位”理论研究的种族就业方面。Kain（1968）在《居住隔离、黑人就业和居住分散》中以美国底特律和芝加哥为例，发现就业岗位已经转移到城市外围，而城市内部的黑人由于支付能力不足难以支撑其居住转移，造成居住地和就业地分离的情况，提出了空间不匹配假说。McLafferty 和 Preston（1996）对纽约大都市区进行研究发现，内城、郊区的少数族裔与白人相比通勤时间明显较长，而在郊区居住的少数族裔通勤时间差异则很小，对公共交通的依赖是导致郊区黑人通勤时间长的主要原因。之后，不少学者对“空间错位”提出了质疑。Taylor 和 Ong（1995）从纵向和横向两个方面研究美国大都市中白人、黑人和西班牙裔美国人的通勤方式，发现白人和少数族裔工人的通勤模式在趋同而不是发散，部分居民如黑人和西班牙裔工人的通勤时间实际上缩短了，这与空间不匹配假说存在较大差别。Wyly（1996）发现即使就业机会郊区化，城市中黑人 10 年间的通勤距离变化依旧不明显，两者关系不显著。公共交通设施缺乏是低收入少数族裔居住—就业空间错位的主要原因。Shen 和 Sanchez（2005）的研究得出，提高低收入者、少数族裔居民的小汽车拥有率，能够减少其对公共交通的依赖，提高交通移动能力，扩大就业搜索范围，从而正向影响其就业率和工资水平。

在感知空间研究中，Ferriss（2003）选取主观和客观指标分析得出宗教活动与居民生活质量密切相关。Dimitrova 等（2013）研究发现，宗教活动对保加利亚青年的身心健康有较大影响。

（2）国内少数民族社会空间特征研究

民族因素作为社会空间的一个主因子，主要影响到了我国的北京、香港、乌鲁木齐、兰州、成都及西宁等城市，且在北京、乌鲁木齐、兰州、西宁等城市已形成了社会区。汤夺先（2004）在研究兰州市回族居住空间时发现，人口增长、工业化、政治因素、城市规划、个体或私人搬迁等因素会影响城市回族社区的发展和延续。黄嘉颖（2010）认为经济活动、宗教信仰是回族聚居区得以保持和发展的决定力量。陈轶等（2013）认为历史轨迹、商业功能支持、宗教理念、政策规划等因素是拉萨市河坝林地区回族聚居区形成的主要原因。也有学者认为少数民族聚居区在城市化进程中不断由集聚走向分散。张鸿雁和白友涛（2004）研究了南京市七家湾回族社区，认为回族社区功能在弱化，回族人口不断分散，聚居逐渐走向散居，信教群众明显减少，回族居民收入较低，社区基础设施亟需更新改造。李鹏（2017）发现广州市明清以前的回族聚居区逐渐消解，集聚度下降，回族族裔经济模式导致回族人口的空间扩散。张薇和冯嘉丽（2018）在居住空间视角下研究呼和浩特民族融合格局，发现少数民族与汉族混居不断深化，民族融合加强，融合程度在城市空间上不断扩散并向均匀化方向发展。

国内学者对少数民族社会空间的研究主要围绕居住空间展开，对行为空间和感知空间的研究较少。廖贺贺（2016）发现兰州市 2009—2016 年少数民族流动人口通勤时间和通勤距离均在缩小，职住均衡程度越来越高。郑凯等（2010）用时间地理学方法分析了乌鲁木齐维吾尔族居民的活动空间，发现性别、年龄、职业、收入、学历等因素对活动空间的影响较大。高翔等（2010）研究了兰州市回族和东乡族流动人口迁居的空间行为及动力机制，认为流迁行为受到民族文化传统和民族意识等变量的影响。华文璟（2016）以西宁市东关回族聚居区为对象，研究其日常交往行为内容、时空间选择、频率等方面的特征，并针对交往空间存在的问题给出了针对性建议。谭一洺等（2017）基于时间地理学研究方法，从微观行为视角解读了西宁市回族居民的日常时空间行为与特征。修文雨（2015）分析上海市少数民族流动人口的居住状况发现，居住时间、文化程度、居住区位、住房类型、居住设施和居住意愿等因素影响少数民族流动人口的居住满意度。杜娟（2020）通过对西宁城东区少数民族的研究发现，构建各民族相互嵌入的社会结构和社区环境，有助于促进民族交往和融合。

### 2.2.6 研究评述

国外对于城市社会空间结构的研究比较成熟。在理论探索方面，自人类生态学派开展研究以来，逐渐形成了新古典经济学派、行为主义学派、新马克思主义学派和制度学派，建立了较为完善的理论体系，出版了一系列专著和教材；在研究手段方面，早期采用 20 世纪 50 年代 Shevky 研究洛杉矶时提出的较为主观的“社会区”方法，到 20 世纪 60—70 年代，因子生态分析法得到广泛的应用；20世纪90年代以后，出现绘制城市意象地图法、景观分析方法、城市填图方法、系统分析、行为分析、问卷调查和统计分析等方法，对城市社会空间进行了大量的研究；在研究案例方面，起初主要集中在对发达资本主义国家城市社会空间结构的研究，80年代后开始涉及世界不同国家、地区（发展中国家和社会主义国家）城市社会空间结构的比较研究，重视对同一城市不同时间社会空间结构的演变过程和机制探讨；在研究内容方面，随着城市地理学、城市社会学研究的深入与分化，城市社会空间结构研究视角由宏观转向微观，研究内容由城市物质空间与社会空间的差异、居住空间分异逐步转向多元化，关注社会重组和社会极化、城市剥夺、城市贫困、犯罪问题及绅士化等方面。在理论框架、实证案例、研究方法、研究内容及跨学科的研究视角方面都取得了丰富的成果。

国内关于城市社会空间的研究起步较晚，20世纪80年代末城市社会空间结构问题才引起重视并开展研究。对西方概念及理论的引入、探索、丰富到逐步独立，开始形成自己的研究理论、方法和内容。研究案例由东部一线城市扩展到中西部城市、特色城市、特殊职能城市，研究内容由宏观城市尺度向中观居住空间、生活空间及微观特殊群体（流动人口、少数民族人口、老年人口及贫困人口等）聚焦，研究方法也由传统的数理统计向定量模型分析、空间计量分析和质性分析转变，研究时间也由当代经济社会转型期向近现代及封建时期追溯。但是要形成专门化的独立研究领域，还需要从以下方面进一步完善：

（1）在研究成果上，需挖掘不同城市社会空间结构的特殊性并进行理论补充与完善

目前多数研究成果多为描述性和一般性的分析，研究结果具有相似性，在挖掘城市特殊性和理论提升方面还需继续深入。不同城市因地理环境特征、历史发展基础、市场化水平、社会文化背景等差异，其社会空间结构的形成也有自身的规律和特殊性。探索城市社会空间结构形成的规律，补充和完善城市社会空间结构理论体系，是未来研究的重点方向。本研究结合西宁市的地理环境背景、经济发展水平及社会文化特征，深入挖掘青藏高原城市社会空间重构过程中的一般性与特殊性规律，尝试着通过西宁市的研究案例，补充和完善现有的社会空间结构理论体系。

（2）在方法和数据来源上，需增强时效性

运用因子生态分析法研究城市社会空间结构受到国内外学者的青睐，数据来源以街道尺度的人口普查和房屋普查数据为主，统计尺度较为宏观，忽视了城市社会空间中局部性和特殊性的现象，在一定程度上影响了研究的深入，且在本书开展研究的时段内，“七普”人口数据尚未发布，未能采用最新的人口普查数据，时效性相对滞后。为弥补上述不足，本书运用问卷调查方法和社会调查方法，采用调查问卷数据、POI大数据，结合深度访谈素材和实地调查材料等数据分析了西宁市的社会空间结构，有效地弥补了传统数据和方法的不足。

（3）在研究对象和内容上，需丰富西部城市案例

随着中西部城市规模迅速扩张和经济快速发展，社会分异现象日趋明显，目前的相关研究明显不足。西宁市作为青藏高原区域性中心城市、欠发达地区省会城市、少数民族聚居城市，其社会空间结构具有代表性。目前与西宁市社会空间相关的研究成果主要集中在以下两方面：

基于时间地理学的理论及方法分析居民日常时空间活动的行为特征，基于问卷调查分析少数民族和流动人口在居住空间、生活方式和社会关系方面的特征。未涉及西宁市整体社会空间的分异格局，且主要关注获取就业机会、追求经济收入等经济驱动力影响下的流动人口，对于其他驱动力影响下的流动人口关注不足。多数研究成果仅分析少数民族社区内部居民的生产生活特征，较少涉及少数民族聚居区的建构过程以及其对城市社会空间发展的影响。转型期少数民族聚居区已被赋予了新的文化和经济内涵，成为民族融合交流的重要场所，其在城市社会空间中的发展也需要从新的视角去解读。

# 第三章　基本概念及理论基础 THREE

## 3.1 城市空间扩张基本理论

### 3.1.1 基本概念

（1）主城区

主城区一般是指包括中心城区、工业区、卫星城镇、物流区在内的承载城市主体职能的城市空间，其范围一般小于城市的行政区划范围。

（2）中心城区

中心城区是一个城市政治、经济、文化的中心，是承载城市主导产业的空间，其范围一般小于城市的主城区范围。

（3）建设用地

建设用地是指能够建造建筑物的土地，是能够承载公共服务设施、居住、工业等功能的空间。根据我国城乡规划管理办法，建设用地的多少和分布是大于建成区范围的，因此建设用地为城乡规划中可用于城市建设的土地（李昕等，2012）。

（4）建成区

建成区是指城市行政区划范围内已经成片开发建设且相关配套设施已经完善的区域（张晓平等，2003）。

（5）领域

领域是具有多定义的词汇，本研究认为领域是权力的空间，是一种有边界的空间，领域内具有一定程度的均质性。所以，本研究将西宁市城市空间扩张的范围、西宁市行政区的范围等作为领域进行了相关讨论。其中，领域化和领域政治是领域的重要理论。领域化是指领域作为权力空间能够被不同主体建构，通过权力的进驻将其转变为具有权力意义的领域。而领域政治是指领域化过程中，权力主体围绕领域空间的竞争，具体可以分为领域化、去领域化和再领域化。去领域化是指拒绝原有领域化的权力关系，而再领域化是重构现有领域（刘云刚等，2019）。

### 3.1.2 基本理论

（1）城市扩张

广义上所说的城市空间扩张是指城市建成区面积的不断扩大，城市空间扩张是随着经济的增长以及人口迁入城市而形成的城市发展的必然现象（张换兆等，2008）。狭义上，William Whyte 认为应该提出具体的、能够对城市空间扩张进行测度的指标，他认为城市空间扩张是一种多维的现象，需要从多视角多变量的角度进行描述（Whyte，1958）。如今，城市空间扩张关注城市范围的发展情况，所以其本质是城市随着城市人口、经济等增长而出现的用地面积与空间范围的扩张。

（2）城市蔓延

城市扩张容易造成负面影响，其特征是缺乏合理统一的规划、土地利用效率低、汽车的使用依赖严重以及设计与环境不契合，这种现象被称为城市蔓延。城市蔓延的定义为城市空间以不连续、低密度的形式扩张，土地非农化利用的速度大大超过了人口增长的速度，这种现象在美国尤为严重。这种城市蔓延造成了各方面的后果，包括城市空间的无序、低密度增长；公共基础设施服务效率下降；土地资源、生态环境的破坏；汽车为主导的单一交通方式及不断增加的通勤交通造成了资源浪费及空气污染；土地的单一功能使用强化了城市交通对汽车的依赖，伴随着内城衰退和社区生活质量的下降（蒋芳等，2007）。布希尔等（Robert W. Burchell and SahanMukherji，2003）将"城市蔓延"的特征概括为以下8个方面：低密度的土地开发；空间分离、单一功能的土地利用；"蛙跳式"或零散的扩展形态；带状商业开发；依赖小汽车交通的土地开发；牺牲城市中心的发展进行城市边缘地区的开发；就业岗位的分散；农业用地和开敞空间的消失。

（3）精明增长

20世纪90年代，针对城市蔓延导致的交通拥堵和环境污染等一系列城市问题，"精明增长"理论应运而生。90年代中期，美国规划协会（American Planning Association，APA）设立了一项精明增长项目。1996年，美国环保署（USEPA）组织多个机构成立了一个旨在促进城市精明增长的组织网络。1997年，美国规划协会发布了《精明增长立法指南》。同年，美国自然资源保护委员会与地面交通策略研究项目发表《精明增长方法》，旨在促进以城市集约增长、土地混合利用及以大容量公交系统为导向的城市开发模式。1999年，美国城市规划协会在政府资助下，花了8年时间，完成了长达2000页的精明增长的城市规划立法纲要。2000年，美国规划协会联合60家公共团体组成了"美国精明增长联盟"（Smart Growth America），倡导地方、联邦和国家各层面实施更优的增长政策和实践，并推行农田和开放空间保护、邻里复兴、经济住房和适居社区的建设等，具体措施有：倡导紧凑式的城市空间，促进城市、郊区和城镇的繁荣；居住的舒适性、可承受性和安全性；更好的可达性，土地混合使用，在社区内创造就业；混合居住、利益共享；较低的开发成本和环境成本；保持开敞空间的开放性和自然特征（雒占福，2009）。随着精明增长理论在世界范围内的推广，许多城市蔓延的现象得到了一定程度的遏制。

（4）新城市主义

新城市主义，也称新都市主义，是指20世纪80年代晚期美国在社区发展和城市规划届兴起的一种新的城市规划和设计的指导思想（马永俊等，2006）。新城市主义最早的思想起源于田园城市理论，旨在通过对城市空间布局和功能结构的指导，构建一个结合城市和乡村特点的理想城市，以此缓解城市不断向外扩张带来的负面影响。沙里宁之后提出了有机疏散理论，旨在缓解过度建立卫星城而带来的与城市中心区通勤的矛盾，他认为新城不能脱离中心城市。

20世纪80年代末，新城市主义理论针对无序的城市空间扩张认为应该重视区域规划，主张借鉴第二次世界大战以前美国小城镇和城镇规划的优秀传统，倡导创造和重建丰富多样的、适于步行的、紧凑的、混合使用的社区，对建筑环境进行重新整合，形成完善的都市、城镇、乡村及邻里单元。1996年第四届新城市主义大会（Congress for the New Urbanism，CNU）上形成了《新城市主义宪章》（Charter of the New Urbanism）。《新城市主义宪章》从区域（包括大都市、城市和城镇）、邻里（包括城区和交通走廊）、街区（包括街道和建筑）三个层次提出了27条城市规划设计与开发的原则（Congress for New Urbanism，1996）。新城市主义着重强调了两大理论模式，即用传统邻里发展模式（Traditional Neighborhood Development，TND）和公共交通导向发展模式（（Transit-Oriented Development，TOD）来缓解城市蔓延、无序郊区化及城市交通拥堵等问题。传统邻里发展模式由安德雷斯·杜安尼和伊丽莎白·普拉特赞伯克夫妇提出（Andres Duany，Elizaberth Plater-Zyberk，1992），认为社区的基本单元是邻里，每一个邻里的规模大约有5分钟的步行距离，单个社区的建筑面积应控制在16万—80万$m^2$的范围，最佳规划半径为400m，大部分家庭到邻里公园距离都在5分钟步行范围之内。公共交通导向发展模式由新城市主义代表人物、美国建筑师暨城市规划师彼得·卡尔索普（Peter Calthorpe，1993）提出。基本原则要求有适宜步行的街区、自行车网络优先、高品质的公共交通、混合使用街区，根据公共交通容量确定城市密度，透过快捷通勤建立紧凑的都市区域，以此调节和增加道路机动性。强调以公共交通为中枢和社区的步行性，设立TOD后居民只需在公共交通站步行400—800m（5—10分钟路程）就能到达集商业、文化、教育、住宅为一体的城区；强调以邻里为基本单元的社区设计，在设计中优先考虑公共空间，将绿地、广场等公共空间作为邻里中心。强调包容性，认为社区应该包容不同年龄组、不同类型和收入水平的家庭等；强调混合性，认为应该设计混合使用的街区、多用途的街道及综合发展的城区。强调社区的紧凑度、公共服务的便利性及以人为本的理念。

比较新城市主义和精明增长理论，二者既有相同的内容，又有区别。从起源时间看，新城市主义比精明增长理论要早。新城市主义侧重于城市空间设计，注重城市发展的物质层面；精明增长理论偏重于城市发展的政策与法规。精明增长理论是对城市规划的全面反思，它们都不是单一的理念或“主义”，而是都混合了理念、原则、方法和政策在一起的综合性城市发展策略，既有理论成分，也有实践操作的内容。二者要解决的是同一个问题，即城市蔓延问题，二者均提倡紧凑式发展，注重社区、街区、邻里中等尺度的设计和规划，体现了“以人为本”的规划理念（唐相龙，2009）。

（5）紧凑城市

紧凑型城市首先由George B.Dantzig和Thomas L.Saaty于1973年在其出版的专著《紧缩城市——适于居住的城市环境计划》中提出。1990年欧共体委员会（CEC）发布《城市环境绿皮书》（*Green Paper on the Urban Environment*），再次提出“紧凑城市”这一概念，并将其作为“一种解决居住和环境问题的途径”，认为它是符合可持续发展要求的。之后，探讨紧缩型城市的专家学者逐渐增多。大家对紧凑型城市逐渐达成一些共识，即紧凑型城市是高密度的、功能混用的城市形态。它的优点在于对乡村的保护、出行较少依靠小汽车、减少能源的消耗、支持公共交通和步行、自行车出行、对公共服务设施有更好的可及性、对市政设施和基础设施供给的有效利用、城市中心的重生和复兴（Dantzig G. B.，Saaty T.L.，1973）。

（6）城市扩张模式

城市扩张模式是指城市在空间上扩张的主要方式，其划分类型和界定的方式众多，从大的方面来讲，可分为旧城扩建、新区开发、新城建设等多种模式。依据城市空间扩张的几何形态、主导因素及空间关联关系，城市扩张模式划分的类型主要有单中心式、多组团式、三轴向式、蔓延式、连片式、分片式、飞地式、轴向式、单核式、多核式、廊道式、散步式、填充式、外延式、卫星城式等。可以看出，虽然城市扩张模式的分类各不相同，但都主要是描述城市空间扩张的形态（高金龙等，2014）。

## 3.2 城市人口空间基本理论

### 3.2.1 基本概念

人口空间分布是指特定时间内某一地理空间承载的人口规模以及集散程度和分布位置，是人口在地理空间的表现形式（张善余，2007）。人会在特定的地理空间建设城市，发展经济，形成城市社会，所以也可以说人口空间分布也是人地关系地域系统的一种表现形式，是人文地理学研究不可或缺的一部分。

### 3.2.2 基本理论

（1）核心—边缘理论

核心—边缘理论，也被称为核心—外围理论，由 John Friedman 在《区域发展政策》中提出，他认为所有的空间系统都可以分成核心区域和外围区域。城市结构由核心区和围绕着核心区的边缘区构成，在城市空间结构特征中，城市核心区域因优质的教育、医疗等基础设施、公共服务和更多的就业机会，吸引人口、服务业集聚，使得核心区域人口密度与经济发展水平优于城市其他区域；而且在城市的发展过程中，核心区域的交通、教育、医疗等基础设施与部分社会公共服务与城市边缘区的差距会逐渐增大。

（2）推力—拉力理论

人口迁移的推力—拉力理论由美国学者 Everett S. Lee 提出。Lee 的理论包括影响人口迁移的因素、迁移的人口量、人口迁移的流向和迁移者的社会属性特征。他认为，任何区域都存在部分因素能够吸引人迁移至此，如交通便捷程度、教育医疗水平、环境适宜等，但是人的年龄、职业、认知水平等因素又会反过来促进或者制约人口迁移。同时人口迁移的数量与迁入地和迁出地之间的差异存在一定程度的关系。大量外来人口迁入另一个城市，如北京、上海等一线城市中存在大量外来务工人员，是因为北京、上海就业机会较多，工资待遇较高，拥有优质的医疗、教育等基础设施及公共服务体系，这些都可以被称为北京、上海吸引人口迁移的“拉力”，这些因素形成的拉力会将外地人口吸引至本地区，从而促进本地区经济发展；而外来务工者离开家乡迁往北京、上海等一线城市的理由中也会包含为追求更好的生活、家乡城市就业机会较少、发展前景较差等原因，这些因素则组成了人口迁移的"推力"。但是，推力—拉力模型中，推力角色和拉力角色会在一定时期、特定条件下互换，以城市中心区和郊区为例，城市快速发展初期，中心区的就业机会及待遇、公共服务、基础设施等优于郊区，郊区人口开始向城市中心区集聚，这一时期，城市中心区各因素具有拉力，郊区具有推力作用。当城市中心区人口超过其可承载的最大人口量时，就会造成犯罪率上升、城市环境污染、道路拥挤、房价上涨等一系列社会问题，而这时经历了人口流出、生态环境得到缓和的郊区，一部分城市中心区的富人为了追求更好的生活环境和生活质量，开始向郊区迁移，这时推力转移到了城市中心区，拉力因素转移到了郊区（图 3—1）。



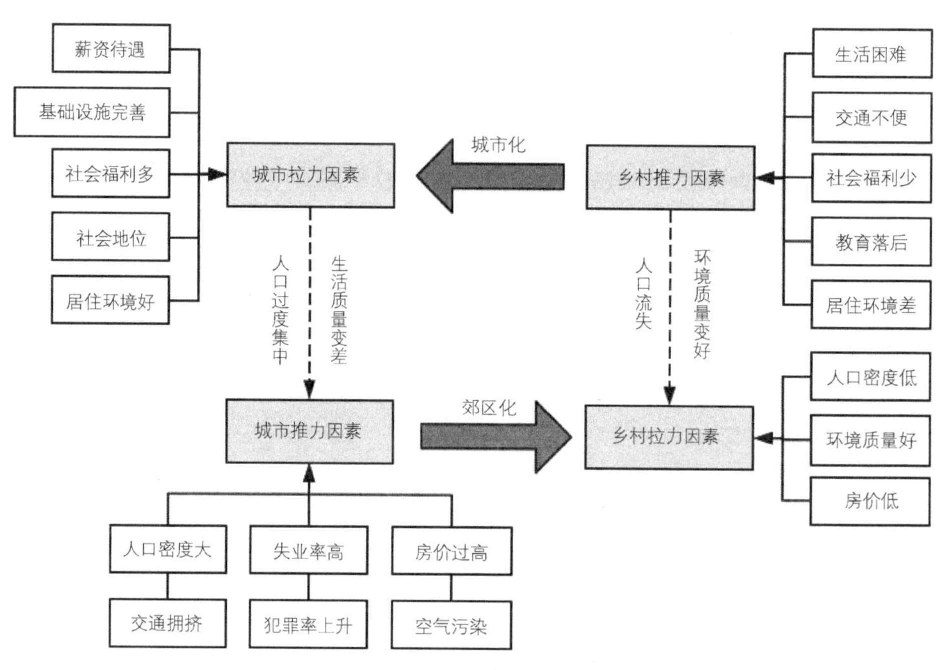

**图 3—1　城乡推力—拉力演变示意图**

（3）城市人口迁居理论

城市人口迁居理论是由 Burgess（1925）在研究城市人口结构与城市社会空间结构变化时，根据城市同心圆的结构模式提出。他指出城市的空间结构变化实质上是由外来务工人员以一种侵入者的身份入驻城市，并对城市空间结构造成一定的影响。城市中外来务工人员进入城市后，首先会选择市中心区距离就业地点较近的区域，随着城市中心外来务工人员的增加，城市中心环境、拥挤、治安等问题逐渐暴露，原城市中心区的居民开始向城市外围环境相对较好的区域迁移；但是，随着新进外来务工人员数量的增加，城市中心区人口集聚造成房租上涨，使得外来务工人员开始向城市外围区域寻找更廉价的住房，城市外围区域逐渐被外来务工人员"侵占"，迫使原本居住在城市外围区域的居民继续向城市外围迁移，造成了城市中心区房价高、生活质量低、高档社区主要集中在城市外围区域的空间结构特征。但是该理论也存在一些与实际情况不符的地方，即并没有考虑到产业结构在空间上的变动，以及城市管理者对城市建设起到的自上而下的影响因素等。

美国经济学家 Schurz（1962）根据投资收益原则提出，人类做出迁移选择的根本动机是为了追求更大的经济、教育、社会关系等效益，即迁移之后，收益大于迁移过程中的各种成本。他认为人口迁移是一种经济投资的行为，当迁移之后的收益大于迁移所需成本的时候，人口迁移行为就会发生。托达罗根据 Schurz 提出的人口迁移行为，结合城市快速发展过程中就业、收益、失业人口增加等现实情况，提出人口流动模型，即人口从乡村向城市流动的行为，是因人在主观上对城乡收益差异的预期造成的，而非实际收入差异引起的。

Bell（1958）认为是家庭因素导致人做出迁居行为的决策。他从人的需求角度出发，将做出迁居行为的家庭分为家庭型、事业型、享受型和社区型四种类型，每种类型的人选择迁居的动机不同，当每种类型的人迁居至城市同一个地区时，就会形成城市中不同类型的社会空间结构，改变城市空间结构类型。Moore（1971）则从人的心理角度出发对人口迁居决策行为进行研究，认为城市居民在原居住地受到来自个人心理及外部居住条件的影响，做出搬迁决定之前会对单个或者多个搬迁意向地进行调查与对比，会在选定最理想的居住地后再决定搬迁。

（4）人地关系理论

人地关系地域系统是地理学永恒不变的研究核心内容，从地理环境决定论、可能论、适应论、生态论、环境感知论、文化决定论再到和谐论，虽然研究方向和课题越来越细化，但是地理学研究核心内容未曾发生转变，即人类与地理环境之间的相互影响、相互作用的人地关系（吴传均，1991）。城市人口的空间分布格局受制于地理环境，平原城市更多的呈现同心圆结构，使得城市人口空间分布模式也更倾向于人口分布单中心结构；而山地、河谷型城市受地形因素影响，无法发展同心圆结构，更多趋向于人口分布的多核心结构。但是人口系统与城市空间结构之间是一个复杂的非线性的关系，城市系统是一个开放的复杂系统，人口因素仅是影响城市系统的众多因素之一，因不同人群、民族、个体的不同选择导致人口系统中存在复杂性，人口系统以一种自下而上的方式在影响着城市空间结构的演化，影响效果并不显著，而城市系统对人口系统的影响更类似于自上而下的影响，可以在短时间内对城市人口空间分布产生较大的影响。

## 3.3 城市产业空间基本理论

### 3.3.1 基本概念

改革开放以来，中国的城市化和经济发展速度明显提高。各级城市为适应时代发展的潮流，加快了对产业空间结构调整、优化和升级的速度。在地理学研究中，通常认为产业是社会分工和生产力不断发展的产物（陈才，2001）。产业是社会分工的产物，它随着社会分工的产生而产生，并随着社会分工的深入而不断发展（张鑫，2017）。不同国家发展阶段不同，因此各国对产业划分的标准亦不相同。如今，全世界公认的产业划分类型为第一产业、第二产业和第三产业（陈体标，2012）。

（1）空间结构

在地理学中，不同的学者对空间结构的内涵有着不同的阐释。国内学术界一般认为空间结构是社会各因子以及各种地理事物在空间上的组织；周一星教授认为空间结构是社会经济要素在特定范围内相互联系、相互作用所形成的空间集聚形态（周一星，1984）。一般来说，地理学家常用"点、线、面"三种基本要素来描述空间结构。学术界认为空间结构是各种点、线、面要素按照一定的比例和方向要求形成的几何状组合形态（王智勇，2013）。

（2）产业结构

经济学家通常把产业结构定义为三次产业在国家经济结构中所占的比重。由于资源禀赋和地区发展程度差异，导致不同区域会拥有区域特色的生产部门，进而导致区域内部各类行业的产生。地域差异性在一定程度上会导致不同行业在空间布局、经济发展模式和就业从业人员比重等方面具有很大的不同，进而造成区域内部产业结构一直处于动态变化之中。对产业结构的研究，多数学者主要关注三大产业之间的内在联系和各产业在 GDP 中所占比重，只有少数学者对二三产业中的分行业进行详细的研究。合理的产业结构不但可以促进城市经济发展水平的提高，还可以为市民提供就业机会，增强人民幸福感。影响城市产业结构的主要因素包括自然资源状况、基础设施完善度、创新驱动强度和政府对城市的发展规划等（张若雪，2010）。

（3）产业空间结构

在地理学的范畴中，产业空间结构就是指产业内各要素、各部门以及各环节在一定空间的组合与分布；产业空间结构就是三次产业及其内部各行业在一定空间的投影。因此，产业空间结构是三次产业在一定地域范围内的空间相互关系和组织形式。产业结构和空间结构是产业空间结构最重要的组成部分，科学合理组织和重构产业结构和空间结构，关系到整个区域经济的健康发展。因此，在制定城市规划和各项经济发展政策时，政府部门应注重产业结构和空间结构之间的优化组合，使之形成一个相互联系的科学的整体。

### 3.3.2 基本理论

（1）区位理论

区位理论是研究人类活动对空间的选择和进行各种社会经济活动选择的理论，它最早关注的是农业发展过程因对土地的使用方式差异而产生的区位问题（唐承丽，2008；郭华 2010；李小建，2005；钱宏胜，2017）。19 世纪初，德国经济学家杜能运用抽象法提出了"杜能圈"。随着资本主义从自由竞争向垄断竞争过渡，重工业的问题成为区位论的研究重点。Weber 把原料供应地、劳动力和产品消费地作为"工业区位论"研究的前提假设，把"运费指向论""劳动力成本指向论”“集聚指向论”作为工业发展的三个阶段性理论（Weber A.，1909）。20世纪30年代初，Christaller针对德国南部经济的发展提出了“中心地理论”，进而提出了交通、行政和市场前提下的中心地优化模型（Christaller,1998）。德国经济学家Losch提出了“市场区位论”，认为城市内工业企业在进行区位选择时都会追求利润最大化的目标，他把空间经济思想注入区位理论中并加以创新，推动了区位论向前继续发展（张中华，2000；赵光辉，2006）。对区位进行深入了解，才能更好地理解产业空间结构布局的意义。

（2）产业关联理论

任何产业在发展的过程中都不是孤立存在和单独发展的，各产业及其内部各行业必然存在着不同形式的交流，使各产业的发展形成相互促进、相互依赖和相互制约的关系。产业关联理论也称为投入产出理论，它注重研究各产业投入以及产出二者之间的相互关系，学术界通常利用Wassily Leontief的投入产出法来解决。Wassily Leontief认为技术经济联系和联系方式是产业关联理论的核心，不同产品的投入产出只是其外在形式。不同产业之间的依托是各产业之间联系的纽带，主要有产品、劳务联系、生产技术联系、价格联系、投资联系和劳动就业联系6种类型。单向联系和多向联系、顺向联系和逆向联系、直接联系和间接联系是各产业之间联系的主要方式（Romer P. M.，1986；Boffinter E. V.，1961；Teal F.，2003；Well D. N.，2001；Rajan R. G.，1996；Robert J. B.，1992）。通过产业关联理论，为三次产业及其内部行业之间的关联程度研究奠定了基础。

（3）配第—克拉克定理

配第—克拉克定理认为，随着经济发展的提速，人均GDP会得到相应的提高，这样大量的劳动力会从第一产业向第二产业转移；当人均GDP再次提高时，劳动力会从第二产业向第三产业转移（陆玉麒，2004）。由于不同产业在发展的过程中所带来的收入差异，劳动者会根据自身的综合素质和收入需求选择适合自己发展的产业与确切的行业，往往会出现第一产业劳动力数量下降，第二、三产业的劳动力数量相对增加。因此，假如某个区域人均GDP水平越高，那么这个区域农业劳动力在整个区域劳动力中所占的比重就会越小，第二、三产业的就业人数在整个区域劳动力中所占的比重就会越大。配第—克拉克定理为更好研究三次产业结构演变奠定了理论基础，可以更直观地反映西宁市主城区三次产业结构演变的合理程度。

（4）库兹涅茨法则

库兹涅茨通过对国民收入和就业人数在不同产业之间的分布状况进行定量分析，在配第—克拉克定理的基础上得出了新的结论。库兹涅茨法则认为，第一产业（主要指农业部门）在一个国家GDP中所占的比重和农业人口的比重会越来越小；第二产业（主要指工业部门）在一个国家GDP中所占的比重总体来说是不断上升的，但是其就业人数在整个社会劳动力中所占的比重稍有上升或者总体不变；第三产业（主要指服务部门）的就业人数在整个社会劳动力中所占的比重是持续增长的，不过它在整个国家GDP中所占的比重并不一定跟劳动力比重成正比，总体来说是略有增长或者不变的（陆大道，1995；陈才，2001；曾菊新，1996；顾朝林，2002）。不同产业部门在经济发展过程中所带来的人均GDP水平的差异是造成产业结构不断发生变化的本质原因。通过库兹涅茨法则，可以看出劳动力在西宁市主城区三次产业中所占的比重，从而推断主城区三产演变是否科学。

（5）中心—外围理论

中心—外围理论也称为核心—边缘理论，是20世纪六七十年代学术界研究不发达国家与发达国家所产生的不平等经济联系时形成的一系列理论的总称，其中最具代表性的理论就是弗里德曼（J.R.Friedman）在1966年出版的《区域发展政策》一书中所提出的中心—外围理论（Friedmann M.，1996）。弗里德曼指出，由于种种原因，在不同区域之间会有某个区域的经济发展水平远高于其他区域而成为整个区域的"核心"，其他区域由于发展速度缓慢而逐渐变成"边缘"，核心和边缘之间存在很多不平等的发展关系。总而言之，"核心"处于领导统筹地位，"边缘"的发展很大程度上会依赖"核心"。贸易不均衡，经济重心集中在"核心"，加上创新活动、技术领先和高效生产经营都位于"核心"，就使得"核心"不断处于领导地位。相对而言，"核心"会对"边缘"的发展起到抑制作用，这对"边缘"的发展是不利的。该理论对研究西宁市主城区产业空间结构演变具有重要意义，能够直观反映三产空间布局的变化趋势。

（6）产业空间结构演化阶段理论

产业空间结构是三次产业在一定地域范围内的空间相互关系和组织形式。随着时间的推移，产业空间结构也在不断进行调整与演变。本研究主要介绍陆大道院士的"区域空间结构演变理论"。1988年，陆大道院士在《区位论及区域研究方法》一书中梳理归纳了其他学者的研究成果，提出了区域空间结构演变过程大致分为四个阶段的观点（陆大道，1988；Fujita M.，2002；吴传清，2006）。

第一阶段：农业占主导地位阶段。这一阶段整体生产力水平低下，社会生产生活具有明显的封闭性，农业人口比重非常大，城市之间的联系很少，导致城市产业空间结构变化驱动力不足，城市产业空间结构呈现出处于低水平的"平衡状态"且十分稳定。

第二阶段：过渡性阶段。由于社会内部变革和外部条件变化，促进了社会的快速发展。该阶段的主要特征是社会分工愈加明显，商品生产和交换的规模不断扩大，城市作为经济增长中心在区域发展中的作用越来越显著，并开始对周边地区产生辐射作用。空间集聚出现地域差异，城市产业空间结构呈现出核心—边缘的模式。

第三阶段：工业化和经济起飞阶段，这是产业快速发展中非常重要的一个阶段。该阶段的主要特征表现为国民收入大幅增长，投资能力不断增强，国民经济进入飞速增长时期；交通网络不断完善，第三产业蓬勃发展，城市之间的各种交流日益加强，城市产业空间结构从"核心—边缘"结构演变为多核心结构。

第四阶段：技术工业和高额消费阶段。该阶段的城市产业空间结构重新恢复到平衡状态，这种恢复不是单纯的、简单的重复，而是一种高水平、动态的平衡恢复。在此阶段，许多城市产业空间结构的不合理问题会得到妥善解决，区域间的不平衡状态得到较大重视并在一定程度上得以消除，各区域可以最大限度、最高效地利用其空间和资源，产业空间结构的各组成部分不断优化升级，最终形成一个有机整体。

（7）城市空间结构理论

城市空间结构指的是城市内部各要素在其内部机制和社会关系进行互动的过程中形成的空间组合形态（吴士锋，2016）。由于各个国家和地区特殊的发展情况，不同学者提出了不同的城市空间结构理论，例如伯吉斯提出了同心圆模式，哈里斯和乌尔曼提出了多核心模式，霍伊特则提出了扇形模式。各个国家和地区根据自身的实际情况，在阿隆索“地租理论”的指导下，在制定城市规划和功能区规划时，都会合理处理区位、地租和土地利用之间的关系，使得各功能区最优化组合在一起，在不同时期、不同地段选择符合现状的城市空间结构。该理论对研究西宁市主城区用地功能具有重要意义。

# 第四章　西宁市地理基础 FOUR

西宁市位于青海省东部和青藏高原东北部，黄土高原最西端。依山带河，北靠达坂山，西临日月山，南屏拉脊山，黄河上游最大支流湟水与南川河、北川河的交汇处，构成一个由西北向东南延伸、地势西高东低的河谷盆地城市（图 4—1）。西宁市属高原大陆性气候，全年平均日照时数 1939.7h，太阳辐射总量为 6123.7kJ/m$^2$。年平均气温 7.6℃，市区平均海拔 2261m，年平均降水量 380mm，蒸发量 1363.6mm，气候相对温和，属于青藏高原为数不多的宜居城市之一。

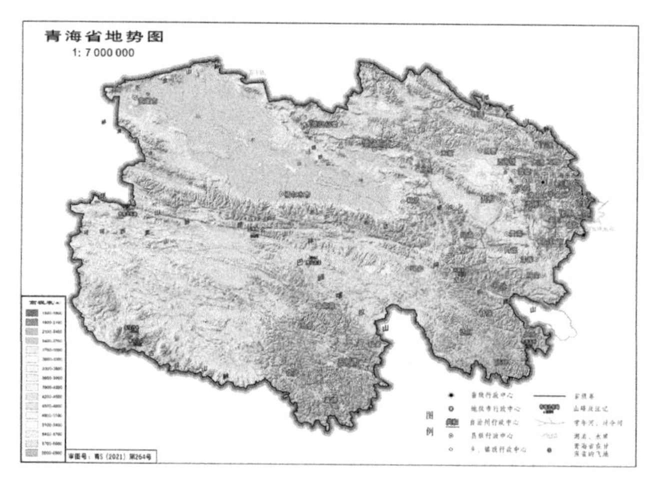


**图 4—1　青海省地势图 [ 审图号：青 S（2021）第 256 号 ]**

西宁市全域（五区二县）国土面积 7660km$^2$，占青海省国土面积的 1.06%，辖城东区、城中区、城北区、城西区、湟中区、大通回族土族自治县及湟源县，共计 72 个街道及乡镇和 2 个新区（城南新区、海湖新区）（表 4—1），其中湟中区于 2019 年 11 月撤县设区。本书研究区域仅为西宁市主城区（称为西宁市），包括城东区、城中区、城北区、城西区、海湖新区和城南新区（图 4—2）。西宁市面积 481km$^2$，占青海省国土面积的 0.067%，辖 22 个街道、6 个镇和 2 个新区（城南新区、海湖新区）。

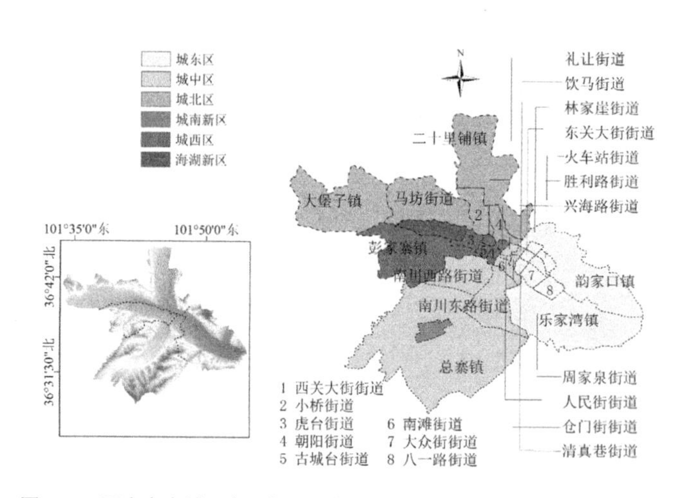


**图 4–2　西宁市主城区主要街道示意图 [DEM 数据来自地理空间数据云 ]**

2018年西宁市行政区划　　表4—1

| 行政区 | 街道、乡镇名称 |
| --- | --- |
| 城东区 | 东关大街街道；清真巷街道；大众街街道；周家泉街道；火车站街道；八一路街道；林家崖街道；韵家口镇；乐家湾镇 |
| 城中区 | 人民街街道；南滩街道；仓门街街道；礼让街街道；饮马街街道；南川东路街道；南川西路街道；城南新区；总寨镇 |
| 城西区 | 虎台街道；西关大街街道；兴海路街道；古城台街道；胜利路街道；海湖新区；彭家寨镇 |
| 城北区 | 朝阳街道；小桥街道；马坊街道；二十里铺镇；大堡子镇 |
| 大通回族土族自治县 | 桥头镇；城关镇；黄家寨镇；塔尔镇；东峡镇；长宁镇；景阳镇；新庄镇；多林镇；桦林乡；斜沟乡；石山乡；良教乡；青林乡；逊让乡；青山乡；宝库乡；极乐乡；向化藏族乡；朔北藏族乡 |
| 湟中县 | 鲁沙尔镇；多巴镇；上新庄镇；田家寨镇；汉东回族乡；甘河滩镇；李家山镇；共和镇；拦隆口镇；上五庄镇；西堡镇；海子沟乡；土门关乡；大才回族乡；群加藏族乡 |
| 湟源县 | 城关镇；大华镇；东峡乡；申中乡；和平乡；寺寨乡；巴燕乡；波航乡；日月藏族乡 |

## 4.1 区位条件

区位是一个综合概念，主要指某事物占有的场所，但也含有位置、布局、分布、位置关系等方面的意义。由于区位理论更多地限定于研究人类为生存和发展而进行的活动，从这个意义上讲，区位是人类活动所占有的场所。城市区位，简单地说，指城市的地理位置，其内涵包含许多因素，而且随着时代的发展变化，不同时期人们对区位条件关注的重点也有不同。在古代，人们首先考虑防御的需要，其次考虑交通等因素，而现代城市区位选择更多地考虑人的生存环境，即在建设城市、选择城址、确定城市规模等方面要全面考虑各种区位因素，以求在城市建设中以“最小投入”获得“最大利润”和“最佳效果”，包括地质、地形、气候、水文、资源等多种因素。城市常常是因单个区位因素而兴起，却会因多个区位因素而发展，对城市的形成发挥着重要作用。按照马斯洛的需求层次理论，在经济发展水平较低阶段及城市化初期，人们更多地关注城市自然环境，但随着经济发展水平和生活水平的提高，人们更多地关注城市社会经济条件，如就业、收入、教育、医疗、社会文化、居住的舒适性等条件。

西宁市位于青海省东部和青藏高原东北部，地处湟水及其三条支流的交汇处。市区中心海拔2261m，呈东西向条带状，地势西南高、东北低。四周群山环抱，湟水穿城而过。西宁下辖大通回族土族自治县、湟源县和城东区、城中区、城西区、城北区、湟中区，以及西宁（国家级）经济技术开发区四个产业园，总面积7660km$^2$，市区面积476.5km$^2$，规划建成区面积118km$^2$。地理坐标介于东经100° 52—101° 54 '，北纬36° 13 '—37° 28 '（图4—3）。

从宏观区位来看，西宁市位于欧亚大陆中心南侧、我国内陆腹地中心附近、“世界屋脊”青藏高原东北缘；从交通区位来看，处于南连川藏、西接新疆、东接甘肃的中间地带。西宁是陇海铁路西延伸线的末端，青藏铁路的起点，国家G6高速、兰新高铁的重要节点，西宁—德令哈—大柴旦—芒崖—库尔勒为第二条进入新疆的具有战略意义的通道，西宁铁路、高速公路、机场设施齐备，是内地连接西藏、新疆的又一重要战略枢纽。西宁市是青海省的东大门，扼守青海、

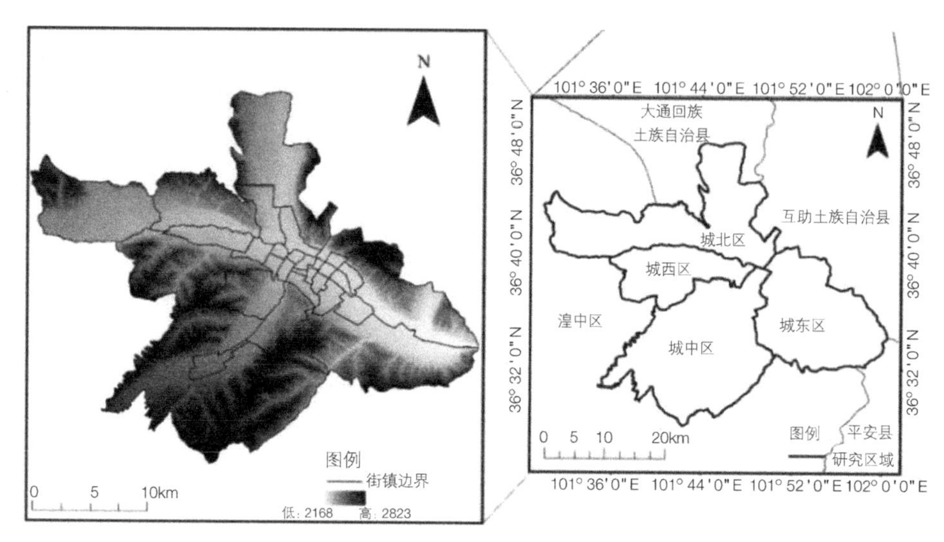


**图 4—3 西宁市政区图**



西藏两省区的东方门户，同时也是通往新疆的重要通道。在历史上，西宁市是古丝绸之路青海道和唐蕃古道的十字要冲，是中原地区通往西域和西藏及南亚地区的主要陆上通道，素有“青藏门户”和“海藏咽喉”之称，战略地位极为重要。2013 年“一带一路”倡议提出以来，中国对外经济合作大幅拓展，中蒙俄经济走廊、新亚欧大陆桥经济走廊、中国—中亚—西亚经济走廊、中巴经济走廊、孟中印缅经济走廊以及中国—中南半岛经济走廊等六大经济走廊基本成形。青海将成为我国面向中亚、南亚、西亚等国的“次桥头堡”，是资源富集区域和主要消费市场的中间地带，是承接我国中东部产业转移、物资转运和分流的理想基地。兰西城市群是丝路经济带的重要枢纽，西宁—海东都市圈是兰西城市群的重要组成部分，也是通向中国西藏自治区，联通尼泊尔、不丹、印度、斯里兰卡等南亚国家陆上通道的重要节点。西宁—海东都市圈建设有利于青海经济发展，解决我国东部沿海与西部内陆发展失衡问题，有利于夯实我国西部生态屏障基础。此外，考虑到印度等南亚国家巨大的发展潜力，西宁—海东都市圈建设不仅有利于我国分享周边邻国的发展机遇，而且有利于维护边境地区的长治久安，有利于与周边国家联合打造命运共同体，具有重大的地缘政治战略价值。也就是说，充分发挥西宁—海东都市圈承东启西的区位优势，不仅是完成中央赋予青海重要任务之必须，也是突破青海现有发展瓶颈，实现开放发展、快速发展的重要契机。随着敦格铁路、格库铁路、西成铁路的建设及青海省综合交通网络的不断完善，西宁市的区位优势将更加突出。

从区域发展地位来看，西宁是青藏高原区域中心城市，是西北地区重要节点城市，是青海省物流中心和游客集散中心，是民族文化交融的中心。这里是青藏高原和黄土高原西部的结合带，是农耕文明和游牧文明的交接带，也是我国地势第一级阶梯和第二级阶梯的过渡带。在资源开发方面，西宁是我国资源开发的重要保障基地。青藏高原和柴达木盆地是我国矿产资源成矿的富集地带，也是高原生物和旅游资源的开发中心，随着国家西部开发战略、黄河经济带战略、沿海与内地协同发展战略的实施，“一带一路”倡议的提出以及国内外社会经济发展的拉动，国家支持西部经济发展的力度和柴达木资源开发向深度和广度的进军，西宁市作为青藏高原资源开发地域最大的中心城市，城市地位和相对强大的基础设施，信息技术和人才优势，使其作为资源开发服务基地功能不断强化。

从文化发展功能看，西宁是民族文化交融的中心。西宁市位于内地与西藏、内地和南疆联系的咽喉地区，历史上毗邻地区的区域联系使这里成为古丝绸之路和藏汉文化交流的节点城市。今天，青海省作为国家西部大开发战略的关联体，打造黄河流域生态保护高质量发展和实施黄河文化、昆仑文化及中华文化保护传承与弘扬优势区位综合体。作为青海省省会，西宁市有着2200多年的历史，这里曾经是羌中道、丝绸之路青海道、唐蕃古道的枢纽，是羌文化、汉族文化、鲜卑文化、吐蕃文化和蒙古文化先后昌盛和交融的地区，今天，这里多民族聚集、多宗教并存、多元文化共生，铸就了西宁市博采众长、融合各地区各民族特性的文化特质，这种特色文化包含着远古文化、汉儒文化、宗教文化、军屯文化、商旅文化的成份，多元、融合的文化特性既是西宁发展文化产业的宝贵资源，又为青藏高原民族文化和旅游协同发展，筑牢“中华民族共同体意识”提供重要支撑。

西宁是青海及毗邻省区间各种作用流的核心聚散地。西宁是甘—青—藏和甘—青—新两条轴线交汇点的中心城市，地处西部资源开发、青藏高原特色经济地带和民族文化特色经济地带的核心地区，是“西宁—兰州”现代城市经济轴线、“西宁—拉萨”民族特色经济文化轴线和“西宁—库尔勒”资源开发经济轴线的核心城市。西宁是物流、信息流、资金流和文化经济流的聚散地与辐射源，是区域性服务基地城市。西宁是西部地区游客集散重要节点。近年来，随着人民收入和生活水平的提高及西部交通等基础设施不断建设和完善，广袤壮美的山川、河流、湖泊，雄厚辽阔的草原、戈壁、沙漠等多种极致的自然风光和独具特色的人文风情使得新疆、云南、陕西、贵州、青海等西部地区成为近年来夏季旅游的新热点，318线、独库公路、“天空之境”“上帝之眼”“翡翠湖”等网红景点不断涌现。青海是连接甘肃、西藏与新疆的关键区域，西宁是青藏、青新、甘青等旅游热点线路上的关键节点，西部旅游热潮的兴起进一步提升了西宁旅游集散中心的功能。

从省内区位看，西宁市是青海省省会，是青海省政治、经济、文化、科技、交通和物流中心，青海省经济发展的龙头和青海东部城市群的核心，也是民族文化交流交往交融中心。青海省是多民族地区，西宁是多民族集聚地，城市人口的社会文化构成对城市发展具有重要影响，城市人口民族构成的多样性决定了城市文化构成和民族交往交流交融的多元化，文化融合与民族文化传承与创新共存。西宁是全省的生活服务基地。西宁市是青藏高原最适宜居住的城市，也是人口规模最大、人口密度最高的城市，加之相对完善的基础设施和较好的人居环境，使得西宁市成为青海省乃至青藏高原地区资源开发、劳动力服务的后方基地，伴随着城市化的新发展和人口流动的新趋势，西宁市作为区域性生活服务基地的功能将会进一步强化。

西宁是生态保护的服务基地。为了整合各类各级自然保护地和周边生态价值高的区域，破解部门、地方利益与行政体制的分割，有效解决交叉重叠、多头管理的碎片化问题，建立统一规范高效的管理体制，实行最严格的保护，整体提升我国自然生态系统保护水平，我国于2020

年设立三江源国家公园、祁连山国家公园等10处国家公园试点，建立了10个国家公园体制试点单位。2021年10月12日，我国正式设立三江源、大熊猫、东北虎豹、海南热带雨林、武夷山等第一批国家公园。作为省会，西宁市相对突出的科技、信息和人才优势将为三江源国家公园建设、青藏高原生态保护提供科技支撑和后勤保障。

西宁市基于自身区位优势，不仅吸引了省内大量的人口到此购房安家，还吸引了相邻省区乃至全国各地的人口到此旅游、就业，使西宁市近年来人口增长迅速，城区面积不断扩张。



## 4.2 环境基础

### 4.2.1 地质基础

城市的地质、地貌环境，是建设城市的直接基础，它包括地形、地质环境、土地平坦程度、宽广程度、倾斜（坡度）起伏等地形特征，还包括下伏地质状况，如土质的种类，岩层的类型、崩塌和滑坡的可能性、断层的存在等。一旦建设为城市，其后的城市发展能影响该场所的自然环境。在陡坡的地区，排水不畅的湿地建成区难以扩大。城市发展的成长期，城市与其周围地形、地质环境对建成区扩大具有很大影响。城市发展初期，建筑物的建设往往选择地形、地质环境好的场所，地形、地质环境不太令人满意的地方就不建设建筑物。然而，随着人口压力的增大，与其到远处建设住宅，不如到地形、地质环境不太令人满意，但距离较近的地区建设住宅更经济便利，于是在地形、地质环境差的地方也进行住宅建设。

地质条件对城市建筑高度有一定制约，影响到城市建筑成本以及城市应对灾害的脆弱性及敏感性，而建筑高度对人口承载能力有直接的影响，在建设用地面积相同的情况下，地质基础越好，建筑高度越高，楼层越多，人口承载能力越强。当然，技术的进步降低了地质条件对城市建设的影响程度，如即使是陡坡地区也可以成为住宅地的雏形，就是在较软的地基上也能建设高楼大厦。

在地质构造上，西宁市位于西宁盆地小峡隆起西侧的凹陷中，为一面积约60km的四边形新生代内陆盆地，是在祁连山中央隆起带的东段发育而成的，由达坂山断裂带、拉脊山南北缘断裂带、日月山—扎马山断裂带控制下的北西向内陆新生代盆地。具有双层结构，由基底和盖层两部分组成。基底为一元古界组成的穹隆构造，核部由早元古界组成，中元古界环绕四周。盆地基底深部地质构造由基底褶皱和断裂组成。中、西翼分别由近南北向的湟源北山复向斜和乐都北山复向斜组成，南北翼构造线近东西向，分别被达坂山断裂和拉脊山北缘断裂切穿。西以牛心山—响河尔村一线近南北向的岩浆岩带为界，东以红崖子沟断裂为界，东南以大峡水道与民和盆地相通。盖层为中、新生界地层。盆地内部是以北东、北西向构造形成的斜向交错的棋盘格状结构，其间隆起着东西、南北向构造。盆地边缘受东西、南北构造控制明显。西宁市褶皱发育，有南北向褶皱，如小峡复背斜；北西—南东向褶皱，如红土庄背斜、湟水背斜等；北东—南西向褶皱，如小峡背斜、南川河背斜、王家山向斜。西宁市境内的断裂分为北西向断层和复合断层。北西向断层均属深部隐伏断层，如五其村隐伏断层、小寨隐伏断层，复合断层位于市域东部和东南部边缘，为晚期北东向断层与古老基底中的南北向断层交错发育而成。西宁市地层出露按照年代由老到新有下元古界、中生界侏罗系、白垩系及新生界古近系、新近系和第四系。

在构造运动上，西宁市新构造运动比较活跃，按特征可分为三种：一是山区较为强烈的脉动式上升运动，主要标志和证据是山前间歇性粗碎屑山麓堆积的形成。大致经历了三大构造隆升阶段：早期开始于约 54Ma 和中期 22.5Ma 的缓慢隆升，晚期 17Ma、8—7Ma 以及 4.8—3.6Ma 以来开始明显加速的幕式强烈隆升，它们是对印度板块与欧亚板块自约 55Ma 开始碰撞以来持续推挤变形的远程同步响应。限定盆地纯风成粉尘红粘土的堆积时间以及最高阶地的形成时间均在约 4.8—3.6Ma 以来，揭示黄河上游最大支流（湟水流域）自此开始形成（方小敏，2019）。二是盆地底部前期的大幅度沉降和后期的脉动式上升运动。前期的大幅度沉降以第三系中新统谢家组和车头沟组的巨厚沉积红层为明显标志，其稳定程度比贵德—化隆盆地好。后期的脉动式上升以盆地内山顶的多起古夷平面和湟水两侧多级阶地的发育为特征。三是山区与盆地交界地带的断裂活动以及次生的褶皱运动。以上三种运动在西宁发育充分。

在断裂构造上，西宁盆地深断裂系有中祁连北缘深断裂系和拉脊山深断裂系。盆地北为中祁连北缘深断裂系，沿达坂山呈 NW—NWW 向延展，断裂表征明显，破碎带发育，水系及谷地受断裂带控制。其始发及强度西早东晚、西强东弱，并于燕山期—喜马拉雅期复活，性质变为张性，控制了托莱河谷、大通河谷的形成和演化（王进寿等，2006）。晚近时期以来盆地继续沉降，其间山地断块上升，形成山、谷相间的地貌格局。断裂带成为地震多发带，晚近时期以来有多次地震发生（鹿化煜等，2004）。拉脊山深断裂呈 NW—NWW 向延展，长 240km，宽 2—14km。由拉脊山北缘和南缘深断裂带以东宽西窄近于平行的“S”形组成，深切岩石圈，控制着拉脊山褶皱带的形成和发展。拉脊山北缘深断裂呈 NW—NWW 向延展，长 240km。西宁盆地浅部活动断裂有大通山断裂、黑林河断裂、佳木罗赫—莫乡滩断裂、湟水北断裂、北川河断裂、高羌断裂、享堂活动断裂、阴山堂断裂等。由于断裂与地震活动密切相关，上述断裂中湟水北断裂横穿西宁市主城区，据地震资料记载，1971—1989 年该断裂带上曾发生过 5 次地震，震级最高 3.1 级，一般小于 2 级，地震活动水平低。

西宁市湿陷性黄土分布广泛，黄土具有在自重或外部荷重下，受水浸湿后结构迅速破坏发生突然下沉的性质。引起湿陷的原因是因为黄土以粉粒和亲水弱的矿物为主，具有大孔结构，天然含水量小，具有粘粒的强结合水连结和盐分的胶结连结，在干燥时可以承担一定荷重而变形不大，但浸湿后土粒连结显著减弱，引起土结构破坏产生湿陷变形，黄土这种结构特性还导致黄土覆盖地区容易发生水土流失。黄土湿陷性对人类工程活动危害很大，常使建筑物、渠道、库岸遭受破坏。造成地基湿陷的原因很多，如贮水构筑物或输水管道漏水、工业或生活用水排放不当、大气降水渗入和积聚以及地下水位上升等。这些原因所造成的建筑物地基的湿陷变形往往是不均匀的，属于失稳型的地基变形，有时在一两天内就可能产生 20—30cm 的变形量。这种数量大、速度快而又不均匀的地基变形是建筑物所难以适应的，往往会对其上的建筑物造成倾斜、结构变形等恶果。如 2020 年 1 月 13 日 17 时 24 分许，西宁市城中区南大街红十字医院公交站，一辆公交车进站上下乘客时路面突然压塌沉陷，致使公交车和车站部分人员坠入压塌陷坑内，造成 10 人遇难、17 人受伤的重大灾难事故。2020 年 7 月 8 日，西宁市“1・13”公交车站路面塌陷重大事故灾难调查报告对外公布，事故调查组认为，这起重大事故灾难是湿陷性黄土路基因多年渗水导致路基物质流失，逐步形成地下陷穴，年久失修的防空洞外壁空腔为水土流失提供通道等多项因素所致。因此，在湿陷性黄土地区进行建筑时，要特别注意防止水的渗入，并采取必要的人工土质改良或其他防治措施，无疑增加了建设成本。国家住房和城乡建设部在 2018 年 12 月 26 日发布关于湿陷性黄土地区建筑实施新的国家标准的公告，即从 2019 年 8 月 1 日起，开始实施《湿陷性黄土地区建筑标准》GB 50025—2018。规定其中第 4.1.1、4.1.8、5.7.3、6.1.1、7.1.1、7.4.5 条为强制性条文，必须严格执行。同时，废止了原国家建设部于 2004 年 3 月 1 日发布、2004 年 8 月 1 日实施的《湿陷性黄土地区建筑规范》GB 50025—2004。

### 4.2.2 地形地貌

地形地貌条件对城市的形成、建设与发展有着重要影响，影响着城市的选址、空间结构、开发强度、交通组织、城市扩张及城市特色。首先，地形、地貌条件影响着城市的选址。城市的形成与发展过程中，区位的选择对城市的形态特征和城市的发展前途有重要的影响。例如河流两岸、河流入海口、河流交汇处、冲积平原、盆地、海滨等历来都是城市及城市群分布最多的地区。其次，地形和地貌条件决定着城市土地利用类型的选择和功能布局。土地使用功能布局的合理与否，直接关系到城市的效率和发展质量。再次，城市道路交通建设受到各种自然因素的影响，其中地貌形态类型及地形的高度和坡度在一定程度上对城市道路建设具有决定性作用，地貌条件通常决定着道路的走向、选线和通达性，尤其在山区，地形对道路交通往往起着极大的控制作用。又次，地形、地貌和地质条件等因素共同作用，影响着城市产业、人口、基础设施等要素的空间布局和功能分区。对于城市而言，合理有效的产业空间布局和功能分区体系对城市经济发展无疑起着极大的促进作用，而城市的产业空间布局和功能分区又受到城市地形、地貌的制约和影响。工业用地、生活用地、农业用地、建筑用地、娱乐用地、仓储用地等的空间布局都需要与基本的地形地貌相适应，也就是说，各种空间用地对地形地貌有不同的要求；然而，一定区域内的总体地形在一定时间内是确定的，因而各种用地空间布局又必须服从于地形地貌环境。由此可见，一个有利于产业空间布局和功能分区的地形能够促成合理的城市总体框架，使城市内的各种产业形成合理的分工协作和产业链，从而形成集聚效应，实现资源共享，提高经济效率，而合理的功能分区也能使城市内各区域形成有机互动，有效地联系起来。最后，良好的地形、地貌和地质条件有利于城市产业特色的形成与发展。河谷平原、台地、坡地、冲沟等不同的地貌形态在城市建设中的可利用程度不同，利用方向不同，工程建设难度及建设成本迥异。在城市发展早期阶段，建成区在地形障碍小的地方扩大，后期随着城市的发展，逐渐向周围扩展。但不同地形的城市扩展的方向和潜力大小不同，人口承载能力也因此不同。平原城市可以向四周扩展，扩展潜力较大，城市人口承载能力就较大。河谷型城市则受地形的限制，只能沿河谷延伸，扩展潜力较小，人口承载能力一般也较小。山地城市与河谷城市情况差不多。一般而言，在城市总面积相同的情况下，平原城市由于地形没有显著的障碍，适宜建设用地面积比例高，建筑用地比例也会较高，城市建设用地的大小直接影响城市建成区面积的大小，城市建设用地与人口承载能力成正相关关系，城市建设用地越大，相应能容纳的城市人口数量也就越多；反之，城市建设用地面积越小，能容纳的城市人口数量越小。同时，地形平坦，城市交通网络规划建设难度小，有利于城市的发展，交通容量也会较大，特别是在河流三角洲及流域冲积平原上的城市，自身的人口承载能力较大，而且具备了控制广大腹地的交通便利条件，城市往往会发展成较大规模；相反，河谷型、山地型城市则适宜建设用地面积比例较小，建筑用地面积比例相对较低，人口承载能力也会较小，同时城市规划与建设难度增大，成本升高，交通路网规划建设难度也会增加，交通容量会受到影响。

西宁市坐落在湟水中游的西宁盆地，地处黄土高原向青藏高原的过渡地带，西宁盆地是湟水流域最大的盆地，湟水各河川均为山丘环抱，山高陵广，沟壑众多，三面被祁连山支脉所围，冈峦起伏，北有湟水与大通河的分水岭大坂山，南有黄河干流与其支流湟水的分水岭拉脊山，西面有娘娘山、日月山所围形成的天然屏障，周围山地与腹部丘陵区为中更新世和马兰期后层黄土以及第三纪岩层所覆盖，形成了深谷峁状低山丘陵的黄土地貌，并构成了特有的西宁、大通、湟源等盆地，整个地形由南、西、北三面向东倾斜，市域内最高点为拉脊山西段的野牛山，海拔高程4898m，最低点在湟水干流小峡处，海拔高程2168m，垂直高差2730m。湟水水系将境内地形切割成树枝状展布，并随水系形成河谷平原。全市的地形地貌特征与海拔高程等大体可分为两个区，即山丘区（含高山、中山和丘陵）和河谷平原区。西宁市区河谷地势平缓，市区内最高点位于湟水北岸的泮子山，海拔2863m；最低点位于湟水小峡口中部，海拔2168m。全市平均海拔2275m。城区中心大十字海拔2261m。

西宁市地形分为山地和河谷平原两大类型。山地主要指分布在河谷两侧台地以上的地区，海拔高程约在2400—4898m，相对高差2498m，土地面积为6759km$^2$，占全市土地面积的91.0%。该区又分为三个亚区，即高山区、中山区和丘陵区。其中：

高山区：海拔约在3200m以上，相对高差1698m，主要为大坂山、娘娘山、拉脊山、日月山的上半部分。该区地面坡度多在45°以上，山势陡峭，上部有岩石裸露，下部多为高山草甸植被所覆盖，土层瘠薄，下部高山草甸可做夏秋牧场。

中山区：海拔约在2700—3200m，相对高差500m，主要指大坂山、娘娘山、拉脊山、日月山的下半部分，即俗称的脑山地区，该区山地坡度多在15°—45°，土层厚度约0.5m，气温低，阴湿多雨，无霜期短，土壤肥沃，植被覆盖率高，地势较宽阔，水土流失轻微，是天然的水源涵养区。

丘陵区：海拔高度约在2400—2900m，相对高差500m，此类地区大部分覆盖几米到几十米厚的第四纪黄土，呈现典型的黄土高原中期侵蚀地貌，地形破碎，丘陵起伏，沟壑纵横，沟壑密度为1.07km/km$^2$，冲蚀沟深一般达数米到数十米，地势陡峭，植被稀少，土质疏松，干旱缺水，大部分土壤侵蚀模数在1000—8000t/km$^2$，属中度以上水土流失、生态环境失调区。

河谷平原区主要指河谷及河谷两侧的阶地，海拔约在2700m以下，属冲积堆积型平原，分布于河谷两岸的阶地，该地区地势相对平缓，绝大部分地区的地面坡度在5°以内，土层厚度不一，为西宁城镇建设和工农业发展的重要区域。

西宁市及其邻近地区地貌形态是经过漫长的地质历史时期，在内营力和外营力共同作用下最终被塑造成了现今宽阔的河谷、多级切割基座阶地和强烈的侵蚀、剥蚀山地地貌景观。西宁市区地貌类型分为侵蚀构造低山丘陵及侵蚀堆积河谷平原。西宁市地貌类型主要有山脉、丘陵、河谷冲积平原、沟谷等类型，分布特点具有从属于祁连山系东段岭谷相间的总特征，山川大多为东西走向，但东西两部分表现不同。以小桥西侧大有山麓为界，东部呈“两山加一谷”的特点（西宁南山、北山加湟水谷地），西部为“三山加两谷”之势（自北而南，依次为西宁北山、北川河谷地、大有山、湟水西川河谷地、西宁南山）。如果以湟水干流为界，以南表现为三岭夹两谷，以北表现为四岭夹三谷。西宁市的山地主要有西宁北山、西宁南山及大有山。西宁北山属于达坂山支脉，由大通县境延展进入西宁市区，呈西北—东南走向。西北端起于花园台村以北的哑巴沟，主脉一直抵达小峡口中部，向东进入海东市平安区境内。东西绵延长达35km，南北宽5km左右。主要包括土楼山、泮子山、傅家寨东山等山体。西宁南山为湟水南岸一系列山脉的总称，属于拉脊山脉的支脉，主脉近似东西走向，西由湟中区入城区，向东延伸至小峡口南侧出市区进入海东市平安区。山体北坡向湟水河谷阶地逐级下降，坡度一般小于50°，南坡平缓延伸至湟中区。主要包括西山、凤凰山、南酉山、纳家山和塔尔山等山体。大有山位于西宁市西北部，湟水以北，北川河以西，是这两条河的分水岭，呈西北—东南走向。主峰海拔2655m。小峡山，位于西宁市东部边缘同海东市平安区、互助县及西宁市湟中区交界一带，东西长约3km，山体中部被湟水干流下切侵蚀形成峡谷，宽不足百米，是进入西宁市的咽喉要道，古为兵家必争之地。

西宁市的丘陵约占市区面积的30%，主要分布于湟水两岸的山麓地带，一般海拔在2400—2700m，类型基本为黄土丘陵，流水侵蚀强烈，形成峁状或梁状，峁状多见于南山西段西山湾一带。峁顶一般高出湟水河床300m以上。峁梁之上冲沟发育，下切深度不同，许多冲沟深切至第三纪红层之中，沟道一般较短，长度小于1km，个别冲沟下游切至湟水阶地直至河床，如瓦窑沟、火烧沟。大部分冲沟迫降较大，谷坡多大于40°。黄土丘陵切割破碎，水土流失严重。

西宁市地势西高东低，河谷冲积平原多位于河流流经的构造盆地基地上，分布于湟水及其支流较低的阶地上，或干支流交汇地带，以西宁城区为中心，呈典型的错位十字状。包括湟水谷地冲积平原，面积约100km$^2$；北川河冲积平原，位于北山和大有山之间；西川河冲积平原，东至苏家河湾，西至湟中区的扎麻隆峡口。

湟水干支流两岸阶地十分发育，是湟水谷地中常见的地貌类型，大多属于流水堆积地貌，湟水西宁段阶地南宽北窄，呈不对称状态，阶地冲积平原宽度可达 3km 以上。阶地冲积平原厚度 15—20m，上游稍薄，下游较厚。南岸阶地一般可分为 3 级，相对高度分别为 5m、15m、70m。其中一级阶地沿河床两岸，宽窄各异，如兴海路北侧陡崖高 10m，直抵河床，缺失一级阶地，西宁火车站、五一俱乐部、师大附中北侧较宽。二级阶地最宽，乐家湾、东关清真大寺、大十字、古城台均属于二级阶地之上。三级阶地开始向山麓过渡。二、三级阶地上均有冲沟发育，如苏家河湾、瓦窑沟等，沟深可达 10m，宽数米至数十米。湟水南岸阶地最高可达 7—8 级。

西宁市地处青藏高原和黄土高原交错地带，新生界地层普遍发育，经长期的流水侵蚀，沟谷地貌典型，市区及邻近地区沟谷有数十条。长度较长的有石灰沟、曹家沟、火烧沟、海子沟、水磨沟、刘家沟、享堂沟、瓦窑沟、大寺沟等。

总体而言，西宁市区地处青藏高原和黄土高原过度地带的西宁盆地腹部，四条川均为丘陵环抱，陵高川窄，山峦起伏，山川交织，地势最高处为洋子山，海拔 2826m，最低为小峡口，2168m。整个盆地地势呈狭长状，西北高、东南低，由于湟水几条大的支流在区内汇集，形成了东西、南北相互交织的十字形谷状地形。全区依据海拔高程，地形地貌可分为低山、中山丘陵地带和河谷阶地等地形单元。海拔方面，相较青海省其他区域，西宁市含氧量较高，适宜人类居住。湟水谷地由于地势平坦，适宜人类生产和生活，因此也对青海省其他区域的人口产生了集聚作用。自然环境各地理要素对西宁市人口的集聚产生了影响，是西宁市城市空间扩张的物质基础。自然环境分别从气候、海拔等角度对西宁市人口的集聚和城市空间扩张产生影响。

### 4.2.3 气候条件

概括地说，气候条件的优劣一定程度上影响着城市居民居住的舒适度以及生活体验的好坏。气温的高低、降水的多少、风力的大小、大风日数的多寡都影响到城市的宜居性。从生理学角度看，不同人群对于最适宜的气候条件的要求是一样的。从宏观角度看，由于气候区域差异性和异质性的存在，不同地区的城市在气候舒适性方面存在较大差异，人们总是在力所能及的范围内选择最适宜居住的城市。从城市内部结构来看，城市的气候要素与其他地理要素共同影响着城市建筑区位和社会空间结构，如工业一般布局在居住空间的下风向。城市的局地气候条件影响着城市的生态环境，如迎风坡的降水一般多于背风坡，进而造成植被覆盖的差异；山谷风和城市主导风向会影响建筑物的朝向；降水强度大，排洪不畅的城市建筑物选址要注意防洪防涝；冬季气温偏低的城市，人们在住宅的朝向上总是喜欢朝阳的建筑，而夏季气温偏高的城市，在空调制冷上给人们增加了额外的生活成本。

西宁市区地处青藏高原和黄土高原过度地带，深居内陆，属典型的高原大陆性气候。“古城气候总无常，一日须携四季装。山下百花山上雪，日愁暴雨夜愁霜。”这首歌谣形象地概括了西宁气候的典型特征：第一，海拔高，紫外线强，气温气压低，热量条件差。西宁与同纬度东部城市如济南相比，年均温低 8.5℃，这是受地势高和气温直减率影响，造成西宁气温较同纬度地区要低。第二，气温日较差大，年较差小，垂直变化明显。这也是受地势影响，大气中的水分含量和杂质较少，大气层对太阳辐射的削弱作用较弱，造成白天太阳辐射强，地表增温快，夜间大气对地面的保温作用弱，因此地表降温快。全市气温垂直变化明显，随着海拔增高而递减，年平均气温 7.6℃，其中市区温度高于大通县和湟中区、湟源县，极端最低气温 -33℃（大通）。第三，长冬无夏，春秋相连，四季不分明，无霜期短，冰冻期长，不利于植物生长。无霜期 96—123 天，年日照时数 2166—2860 小时，比邻近地区日照时间多 200—220 小时，且山区多于河川地区，年际变化大于地域间变化，是青海省东部日照时数最多的地区。全年无霜期 60—120 天。第四，蒸发量大，降水量少且季节变化明显。西宁年蒸发量 1363.6mm，降雨量小而集中，年均降水量 330—550mm，夏季 7—8 月暴雨多发，历时短，范围小，强度大，汛期为 5—9 月，冬季干旱，降水不到年降水量的 10%。降水分布不匀，年降水 85% 集中在 5—9 月，降雨强度较小，夜雨较多，有利于作物生长。第五，太阳辐射强、日照时数长。西宁年平均日照为 1939.7 小时。太阳辐射强，晴大日数多。年总辐射量市区达 6123.7kJ/m$^2$，大通县 5796—6216 kJ/m$^2$，湟中县为 5922 kJ/m$^2$，湟源县为 2562 kJ/m$^2$。第六，气压梯度大，大风日数多，风向多为东南风且随季节、昼夜有所变化，年平均风速 1.6—1.9m/s，最大风速 3.6m/s，随地区不同略有差异。此外，气压低、空气稀薄、气象灾害多等也是西宁气候的重要特征。主要灾害为干旱、霜冻、暴雨山洪、冰雹等。

西宁市虽然地处青藏高原，但属于该地区海拔最低的河谷盆地之一，是青藏高原最宜居城市之一，夏季凉爽宜人的气候特征使其获得了“夏都”的称号。从凉爽人居环境指标看，西宁夏季 6—8 月气温在 17—25℃，相对湿度在 45%—70%，风速为 2—3m/s，日照百分率 60%，降雨率大于 50%，夜雨率为 60%，平均海拔高度 2295m，上述指标体现出西宁市雨热同季、夜雨丰富、温度适中、清爽舒适等特点，均符合“凉爽城市”评价指标体系内容，具备构建凉爽城市不可多得的天然优势。西宁所处的海拔高度可以开展高原健体、高原疗养、高原养生等，利用高原气候可以治疗心血管病、支气管哮喘、再生障碍性贫血等疾病。国内外大量研究认为，高原训练的最佳高度在海拔 2000—2500m，尤以 2300m 最好。公认健康锻炼的最佳温度为 18—22℃，湿度为 60%—65%，风力 1—3 级，西宁天赐的凉爽气候和独特的地理环境恰好与之相符，可以借此打造“中国凉爽城市”品牌，带动高原体育训练，打造高原体育训练名城和高原康养名城。西宁市是青藏高原最适宜居住的城市之一，在自然环境各要素的综合作用下，吸引了青海省及周边地区人口的集聚，人口的机械增长显著，在西宁市内各区域产生了人口的聚居。这些人口由于对自然环境的需求，选择迁移到西宁定居，使城市空间扩张拥有了人口基础。

气候变化不仅是当今世界面临的最重要的全球性挑战之一，也是全球每个城市面临的关键问题。在气候变暖背景下全球大部分陆地地区的极端天气气候事件呈现出增加的趋势。与此同时，随着城市化进程的加快，地表状况改变、人为热增加以及气溶胶排放等都能对城市气候产生重要影响，可能导致高温热浪、强降水等极端气候的频率和强度的进一步加剧，加之现代城市建设为了交通方便往往将地表硬化，地表被水泥或其他硬化材料覆盖，降雨下渗到土壤的机率变小，不仅导致城市地表保水功能丧失，地下水的补充不足，影响地下水储量，而且这些因素若与台风、暴雨等极端灾害性天气及潮汐因素叠加，可能会形成“二碰头”“三碰头”甚至“四碰头”的现象，极大地增加城市内涝风险。此外，由于大量采用水泥、沥青等硬化地表，导致地表温度上升很快（尤其在夏季），城市整体气温上升，形成热岛效应，不仅影响居民工作和出行，同时也增加了电力负担，降低了城市居民的生活舒适性。在此背景下，全国夏季普遍高温的气候特征使得凉爽城市成为越来越多夏季旅游者的首选目的地，进一步助推了西宁市夏季旅游的热潮。在城市化的大背景下，城市人口的持续增长，使得城市对能源和资源的消耗将会增加，因此城市无疑是气候变化问题的一个重要因素。未来城市人口将继续增加，气候变化和城市化的影响都将进一步加剧，这意味着城市区域可能会面临更加严峻、复杂的气候变化风险。城市究竟是气候变化的受害者，还是罪魁祸首？城市究竟应该如何行动？这些问题值得每一个城市居民深思。如何将西宁市气候特征与气候智慧城市相结合，探索气候适应与减排相结合的智慧型城市发展战略，推动零碳、韧性、包容的城市建设，提升城市应对气候变化能力，助力中国实现双碳目标，打造智慧宜居高原城市，是西宁市未来发展的主方向和目标。

### 4.2.4 河流水文

河流是城市诞生的摇篮。在历史上，河流一直是城市的生命线，它不仅为城市提供水源，有些城市还获得航运的便利。河流水环境更是城市环境的重要组成部分，城市有了河流便有了灵性，而这都是城市生活和生产的必需品。世界上很多著名城市都因水而生、因水而兴，与水有着千丝万缕、不可割舍的关系。例如伦敦与泰晤士河、纽约与哈德逊河、巴黎与塞纳河、东京与江户川。在中国，黄河、长江这样的大江大河不仅在历史上孕育了灿烂的华夏文明，而且在今天更是连接了众多城市、都市圈及城市群，塑造了黄河、长江经济带，使其成为支撑中国经济发展的中流砥柱。城市因不同的河流塑造了自身独特的气质。塞纳河从巴黎城的中间流过，将巴黎分为南北两部分，它像一条美丽的项链串起了整个巴黎。塞纳河聚集了巴黎的许多人文景观，也聚集了法国古往今来的许多精华。上海离开了黄浦江、苏州河，也不能成为今天的上海。

河流是城市文明的发祥地。许多大江大河往往成为世界文明的发源地，如黄河是中国古代文明的发祥地，印度的恒河和印度河流域孕育了古印度文明，古代巴比伦也是在幼发拉底河和底格里斯河形成的两河流域发展繁衍的，伏尔加河是俄罗斯的母亲河。在今天，河网水系发达的地区，都是城市文明发育最繁盛的地区，河流支撑着许多大都市、城市群、都市带和大湾区的发展。

河流是城市景观环境的重要依托。良好的河流景观与滨水环境是现代化城市的重要内容。而营造城市景观环境离不开城市水系与河流本底。开阔的水面和流动的水体在城市自然风貌塑造方面，无疑会给城市增添许多魅力。城市滨水空间规划早已成为城市景观规划的重要内容。

河流是城市生态系统的重要组成部分。河网水系是城市生态系统和景观体系的稀缺资源，又是城市的生命之源、活力之源。城市中的河流具有供应水源、灌溉绿地、保护环境、旅游娱乐、交通运输、文化教育等生态功能，对城市生态建设具有重要意义。

西宁市地处黄河一级支流湟水中上游，湟水从西宁城区穿城而过。湟水发源于海晏县，流经海晏、湟源、湟中，在西宁市郊的巴浪进入西宁市区境内，进入西宁后有云谷川、北川、南川、沙塘川等主要支流相继汇入，在小峡口流出西宁，在西宁市区流程约35km。湟水在西宁水文站以上流域面积9022km$^2$，小峡以上流域面积约11220km$^2$，还原后西宁水文站多年径流量13.02亿m$^3$。

西宁市区湟水主要支流有北川、南川、沙塘川、云谷川等。北川全长154.2km，流域面积3371km$^2$，多年平均流量20.6m$^3$/s，多年平均径流量6.50亿m$^3$，在西宁市区后子河上孙家进入西宁市区。南川全长49.2km，流域面积398km$^2$，多年平均流量1.36m$^3$/s，多年平均径流量0.43亿m$^3$，在南川水磨附近进入西宁市区。沙塘川全长71.8km，流域面积1115km$^2$，多年平均流量4.82m$^3$/s，多年平均径流量1.52亿m$^3$，在傅家寨附近进入西宁市区。云谷川全长约33.6km，流域面积164.6km$^2$，多年平均流量0.77m$^3$/s，多年平均径流量0.24亿m$^3$，在大堡子陶南附近进入西宁市区。同时，西宁市位于季风区的边缘，西宁市域内河流径流量大，水源充足，水资源承载力高，有利于较多人口进行生产生活，年均降水量380mm，全年径流量达到18.94亿m$^3$，其中自产地表水资源7.01亿m$^3$，地下水源充足，达到6.98亿m$^3$。

### 4.2.5 土壤植被

土壤是人类赖以生存的物质基础和持续发展的宝贵资源，土壤作为生态系统的重要组成部分，为人类提供了各种福祉。Daily等（Daily G.C.，et al.，1997）将土壤生态系统服务功能总结为调节水文循环、植物的物理支撑作用、植物养分的供给与传输、废弃物与污染物的处理、土地肥力的恢复以及元素循环的调节作用。作为城市生态系统的重要组成部分，城市土壤提供了多样的生态系统服务功能。城市土壤的健康状况与城市生态环境质量和城市居民健康安全紧密相关。在快速城市化的过程中，人类活动导致城市中原始的土地覆被类型不断被工业建筑用地及人工景观所取代，自然土壤被硬化地表逐渐封实，高强度的人类活动改变了土壤覆被和土地利用格局，影响了城市土壤地球化学元素的循环过程，建筑施工地和新建的大型公共绿地的土壤经历了人为的移除、堆填及混合等剧烈扰动，其自然剖面被改变，原有的成土层结构遭到破坏，在垂直方向上形成深厚的均匀混合土层。同时，土壤中无规律地混入大量的建筑垃圾和生活垃圾等外来物质，使土壤中动物的生存环境随之受到威胁，生物多样性发生变化，土壤生态系统的健康状态受到影响，超出土壤自然生态功能的阈值，从而带来一系列的土壤生态环境问题。人为压实是城市绿地土壤的普遍现象，是城市土壤物理特征变化的根本原因。城市下垫面的改变影响了土壤水分下渗的能力。

相关研究表明，城市绿地（包括自然和人工植被）在城市人居环境中具有无比重要的作用。一是能够吸收二氧化碳，释放氧气，承担着城市“肺”的功能。城市人口比较集中，加上各种机动车辆和工矿企业排出的大量二氧化碳，使城市空气中的二氧化碳含量增高，使人们产生头痛、脉搏减缓、血压增高等不适感。而城市绿地栽植的绿色植物通过光合作用，可以大量吸收二氧化碳并释放出氧气。二是城市绿地具有增加城市空气湿度、调节气温、减轻城市热岛效应的功能。城市中的绿色植物具有吸热、遮荫和蒸发水分的作用，可提高空气中的相对湿度，具有调节气温的功能；树荫可以减少阳光的直射，且消耗热量用以蒸发从树根部吸收的水分。三是城市中的树木可以降低风速并改善城市夏季通风条件，具有十分显著的防风效果，提高人们居住环境的舒适度。由于树木阻截、摩擦和过筛作用，当气流穿过绿地时，气流的大量能量被消耗。同时，合理的城市绿化布局可改善城市的夏季通风条件，由带状绿地、行道树组成的“通风管道”，可将郊外气流引入市区，利用绿地和路面、广场之间温差产生的环流能形成微风。四是城市绿地具有保持水土的功能。绿色植物丰富的地方，土地不易被雨水冲刷侵蚀。下雨时，树冠可以截留雨水，减弱雨水对土壤的溅击。绿地上的枯枝落叶层和植被又可以提高地表的吸水性和透水性，拦阻地表径流，起到水土保持作用。五是城市绿地是城市生态系统具有自净功能的重要组成部分，它具有吸收有害气体、滞尘降尘、杀灭细菌、衰减噪声等多种有益于人们生态健康的生态功能。六是城市绿地能够有效缓解城市居民日常的精神压力，提供绿地景观的美学审美价值。正因为如此，城市绿化成为衡量城市居民生活品质的重要组成部分。但城市绿地植被离不开土壤提供的养分，维持植物生长是城市土壤基本的生态系统服务功能之一。城市内部局地植被条件及小区内部及周边的绿化程度成为人们购买住房考虑的重要条件之一。

西宁市地貌类型以川原地、浅山黄土台塬和梁状丘陵为主，有六个土壤种类、十三个亚类，以栗钙土和灰钙土为主，自高海拔至低海拔区土壤类型依次分布为高山寒漠土、高山草甸土、山地草甸土、灰褐土、黑钙土、栗钙土、灰钙土、沼泽土等，同时分布有北方红土、灌淤土、潮土等多种非地带性土壤类型。地带性土壤栗钙土、灰钙土、淤灌土、潮土占主导，约占土地面积的 97%，非地带性土壤草甸土、新积土占总土地面积的 3% 左右。

西宁市区土壤成土母质系坡积、冲积—洪积黄土和第三纪红土，呈灰黄或淡黄色，在水土流失严重的浅山地区，红土裸露。从整体上看，西宁市区土壤质地均一，土性绵散，有明显的钙积层，土壤 pH 值在 8.0 左右，属碱性土壤。根据土壤利用状况，分为耕作土壤和非耕作土壤。

耕作土壤主要以栗钙土和淤灌土为主，分布在川水地区，土体薄，质地为轻壤—中壤，土壤结构较好，呈团粒状，保肥水性好。非耕作土壤以灰钙土为主，主要分布在山地，土体深厚，质地为中壤土，土壤结构呈粒块状，土体松散，保水性差，土壤中水分含量少。

西宁市湿陷性黄土分布广泛。西宁市约 30% 的土壤母质以黄土或黄土状物质为主，由于黄土及黄土状土是一种多孔隙、弱胶结的第四纪沉积物，具有大孔隙、结构疏松、具直立节理、常含有盐类（主要为碳酸盐与硫酸盐）、成分均匀无层理和遇水具有湿陷性等显著特点，因而抗侵蚀能力较弱，遇到强降雨容易发生面蚀、细沟侵蚀、沟蚀等类型水力侵蚀，导致水土流失。

西宁市区处于温带草原区中，自然植被类型以针茅和蒿类草原为主，植被盖度低，种类稀少，群落组成简单，层次分化不明显。在现有自然植物中，有灌木和半灌木 13 种，分别是驼绒藜、小叶铁线莲、川青锦鸡儿、短叶锦鸡儿、甘蒙锦鸡儿、红花岩黄芪、西伯利亚白刺、红砂、北方枸杞、中亚紫菀木、灌木小甘菊、细裂叶莲蒿等，自然植被系列不完整，次生性强，随气候的年际变化明显。主要天然森林树种有云杉、桦树、松树、杨树、柳树、榆树等；其他则有山柳、金露梅、杜鹃和沙棘、柠条、柽柳等。

地处西北干旱区的宏观区位及高原大陆性气候特征，决定了西宁市区森林覆盖率低，在河谷阶地多为四旁植树、经济林、人工林和苗圃等，在丘陵地带植被种类以旱生型为主，无天然林生长，植被稀疏。树种有青杨、垂柳、柽柳、青海云杉、油松、祁连园柏等，灌木有丁香、玫瑰、山桃、榆叶梅等。但西宁市建市以来，对绿化极为重视。1989 年青海省委提出了重大战略决策，“绿化西宁南北两山，改善西宁的生态环境”，成立了两山绿化指挥部，西宁市史无前例的生态绿化工程拉开了序幕，陆续实施了西宁市北山绿化一期、二期工程，西宁市大南山生态绿色屏障一期、二期工程，南北山三期工程接续推进。2022 年西宁市南北山绿化四期工程规划开始编制，计划在巩固提升南北山绿化建设成果的基础上，以“提质、扩面、增色”并举，计划通过 10 年，在西宁区域内建设完成人工造林 23 万亩、退化林修复 36 万亩，森林质量提升 9 万亩，森林管护抚育 68 万亩。项目总投资计划为 45.31 亿元。到 2030 年，全省规划实施区域森林覆盖率由现在的 29.7% 提高到 37.2% 以上，届时区域绿量显著增加，森林生态系统趋于稳定，林分结构得到优化，城乡绿色景观质量明显提升，生态服务和生态产品供给能力显著增强，生态环境和人居环境得到进一步改善。

## 4.3 资源基础

### 4.3.1 土地资源

西宁市四面环山，三川汇聚，土地面积广阔，土地利用类型多样，存在明显的区域差异。耕地主要分布在河谷地带及支流的灌溉区，是城市粮食作物和蔬菜的主产区，坡地面积大，未利用土地以荒草地为主，开发利用难度大。优质耕地主要集中在湟水流域及其支流河谷地区。建设用地主要分布在二、三级阶地上，在城市中部地区。

西宁市耕地 14.46 万 ha，约占总面积的 19.01%，林地 16.32 万 ha，约占总面积的 21.45%，牧草地 38.6 万 ha，约占总面积的 50.75%，城乡工矿、民用地 3.28 万 ha，约占总面积的 4.31%，水域 0.21 万 ha，约占总面积的 0.28%，其他用地 3.07 万 ha，约占总面积的4.04%。可见，西宁市牧草地占比最高，其次是林地占比较高，耕地面积少，人均耕地0.061ha（约0.92亩），水域面积小，体现出西北内陆干旱区河谷城市典型的土地利用结构特征（图4—4）。

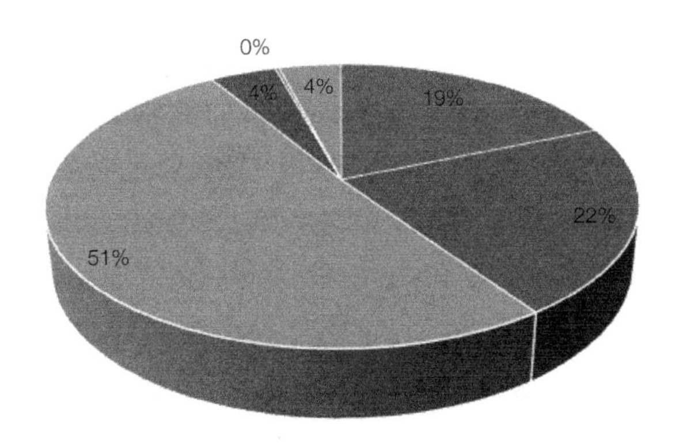


**图4—4 2018年西宁市土地利用结构**

2018年全年农作物播种面积186.41万亩，其中粮食播种面积88.43万亩，下降12.0%；油料播种面积47.77万亩，下降11.7%；蔬菜播种面积27.82万亩，增长2.5%；中草药材播种面积5.26万亩，增长37.1%；其他农作物播种面积17.07万亩，增长13.7%；油料、蚕豆、马铃薯、特色农作物播种面积109.70万亩，占总播种面积的58.9%。

2018年全年生猪出栏26.11万头，下降5.9%；牛出栏17.48万头，增长2.0%；羊出栏68.71万只，增长1.0%；肉用家禽出栏126.18万只，下降12.2%；肉产量5.40万吨，下降11.4%；禽蛋产量0.80万吨，下降24.2%；奶类产量11.99万吨，增长0.5%。

2018年全年完成造林合格面积12930ha；当年幼林抚育作业面积7487ha；零星植树506万株；木材采伐运量3517$m^3$。

### 4.3.2 水资源

水是生命之源，生态之基，生产之要。水对于城市的重要性不言而喻。城市的诞生离不开水，城市的发展更离不开水，江河湖海等自然水系对于城市的形成、变迁及可持续发展举足轻重。水不仅是城市社会经济发展所必需的自然资源和基本条件，对人类的生产和生活发挥着无可替代的作用，河流、湖泊等更是以航运、水产甚至水景观、水文化等形式造就了城市的特质。甚至可以说，没有水就没有城市。而城市的不当发展或过度发展以及自然因素的共同作用可能导致城市水资源耗竭，或引发严重的水污染，从而毁掉一个城市。城市与水的关系可谓“成也萧何，败也萧何”。纵观世界城市发展史，城市与水往往相融相生，休戚与共。为便于用水，早期城市大多依水而建，或临河，或沿海，或傍泉；今天，世界城市大多近水分布的格局依然明显。纵观历史，水源的干涸往往是一些城市走向衰败乃至消亡的根源。从美索不达米亚的早期城邦到中美洲的玛雅文明，再到我国罗布泊的楼兰文明，均是如此。现在，城市的工业化不仅消耗了大量水资源，而且给水环境带来了巨大的影响。水资源的安全是城市安全的基础，水环境的健康是城市健康的前提，它们共同支撑着每一座城市的可持续发展。合理利用水资源，妥善呵护水环境，不仅是每一座城市的发展理念，也是全社会的共识。

西宁市地处黄河一级支流湟水流域中上游，境内湟水流域面积为 7334.6km$^2$，其余为黄河一级支流群加沟河，境内流域面积 93.35km$^2$。西宁市大气降水的水汽主要是来自印度洋孟加拉湾上空的暖湿气团，在西南季风作用下沿黄河河谷进入湟水流域；其次是太平洋副热带高压气团，随东南沿海台风输送的暖湿气流。这些暖湿气流经长途跋涉进入西宁市上空，水汽含量已甚微，形成一定量的降水。根据青海省 2020 年水资源公报，西宁市 2020 年降水量为 549.4mm，年降水总量为 45.9 亿 m$^3$。多年平均年径流深 174. 1mm，自产地表水资源量为 12.93 亿 m$^3$，多年平均入境径流量为 2.90 亿 m$^3$。西宁市地下水资源量为 5.63 亿 m$^3$。

西宁市深居内陆，干旱少雨，水资源禀赋较差。作为青海省的省会，2021 年，西宁市以占全省 2% 的水资源量支撑了全省约一半的地区生产总值及全省约 42% 的人口，水资源供需矛盾十分突出。人均水资源占有量仅为 684m$^3$，是全国平均水平的 1/5，处在极度缺水地区标准（人均少于 500m$^3$）与重度缺水地区标准（人均少于 1000m$^3$）之间，因此，西宁市属于资源缺水型重度缺水城市。如何创建节水型社会，统筹水资源、水环境、水生态的综合治理，推动西宁市高质量发展和可持续发展是西宁市迫在眉睫的任务。



### 4.3.3 矿产资源

西宁市矿产资源种类较多。全市发现各类矿产 46 种，其中能源类矿产有煤炭 1 种；金属矿产有铁、钛、铜、铅、锌、镍、钨、岩金、砂金等 10 余种；非金属矿产主要有水泥用石灰岩、电石用石灰岩、冶金用石英岩、玻璃用石英岩、金用白云岩、炼镁用白云岩石膏、钙芒硝、软质高岭土、耐火黏土（陶瓷土）镁质黏土、水泥用黏土、水泥用泥岩、水泥用黄土、砖瓦黏土、萤石、彩石、饰面用花岗岩、建筑石料花岗岩、玄武岩、磷（磷块岩）长石、建筑砂石、黄铁矿、滑石、蛇纹岩、白母、透辉石、泥炭、石墨、粉石英、菱镁矿等 32 种；水汽矿产有地下矿泉水、地下热水等 3 种。其中对全市经济社会发展贡献较大的矿种有石灰岩、石英岩、黏土（水泥配料用黏土、砖瓦用黏土），具有资源优势和潜在开发优势的矿产有白云岩、石膏、铸石用玄武岩、矿泉水、地热，短缺的矿种有煤、铝土矿、铜、铅、锌等矿产。截至 2018 年底，发现矿床、矿点、矿化点矿产地 202 处，其中大型 18 处、中型 28 处、小型 32 处、矿点 109 处，矿化点 15 处，大、中型矿床占矿产地总数的 22.7%。

西宁市域属黄土高原的组成部分，其典型的第四纪黄土地质地貌条件，与作为青藏高原组成部分的全省多数地区存在着明显的差别，从而决定了其矿产资源在种类、数量及分布等方面与全省多数地区明显不同。西宁市的矿产资源以非金属矿产为主，如石灰石、大理石、硅石、花岗岩、菱镁石、石膏、彩玉等。而金、镍等金属矿产资源和煤炭等能源资源虽然也有一定的分布，但相对储量都很少，因而从总体上来讲境内矿产资源种类较少、储量不大，难以构成相对优势资源。

### 4.3.4 旅游资源

西宁市及其周边地区旅游资源的特点表现为：资源总量丰富，分布范围广；资源等级结构明晰，成金字塔形分布；资源类型丰富，涵盖自然、历史、现代、民族、宗教等多个方面，充分反映了西宁市高原特色自然地质、生态环境以及汉、回、藏、蒙、撒拉、土多民族文化共存的旅游资源特点。丰富、多元的是西宁市旅游资源的重要特点，是西宁市旅游产业发展的最主要基础条件。2019 年西宁市旅游资源单体共有 211 处，按照旅游资源国家分类标准（GB/T 18972—2017），可将其分为自然和人文两大类旅游资源类型。自然旅游资源占 22.75%，人文旅游资源占 77.25%。其中，历史遗迹类旅游资源数量最多，占 34.12%，天象与气候旅游资源最少，占 1.90%。在 48 处自然旅游资源中，地文景观（20 处）分布最多，天象与气候景观分布（4 处）最少；在 163 处人文旅游资源中，历史遗迹（72 处）分布最多；旅游购品（17 处）分布最少。西宁市旅游资源整体呈现“南多北少、东多西少”的格局，且主城区集中度高。西宁市旅游资源总体特点如下：

（1）文物古迹丰富

西宁市自古以来是青藏高原人类活动的中心地带，目前考古发掘的国家级、省级、县级文物保护点达 610 多处，文物古迹数量大、品位高。旅游价值大的古遗址、墓葬群有上孙家寨遗址、卡约墓群、沈那遗址、上孙家寨墓群。此外，朱家寨、花园台、西杏园、后子河等遗址及南凉康王墓有重要开发价值。古城遗址有石堡城、明长城、西宁古城南滩古城（青唐故城）、虎台、破塌城（临羌新城故城）和黑古城。古文物建筑和古寺院建筑有塔尔寺、北禅寺、南禅寺、东关清真大寺、西宁烈士陵园、广惠寺、东科尔寺、大佛寺、扎藏寺、海藏寺、文庙、城隍庙、馨庐、塔尔清真寺、杜永春典型清代民居。

（2）宗教文化氛围浓厚

西宁市是多民族聚居区，除了汉族，还居住着回、藏、土、撒拉、蒙古族等少数民族。其中藏、土、蒙古族群众信仰藏传佛教；回、撒拉族群众信仰伊斯兰教；佛教、道教、天主教、基督教等在当地少数民族群众中也有相当的影响。因此，西宁从市区到远郊，寺庙道观林立，宗教气息浓厚是西宁市的一大人文景观。

（3）高原特色的大都市风光

西宁市具有 2100 多年的悠久历史，平均海拔在 2260—2300m，自古以来享有“高原古城”的美誉。改革开放以来，西宁市容市貌发生了翻天覆地的巨大变化，处处绿树成荫，自然环境十分优美。南北两山绿化工程初见成效，是西宁市最富有现实意义的旅游资源。

（4）森林风景区众多

西宁市至今还保存一批原始自然风光的森林风景区，主要有大通县鹞子沟林区、宝库峡林区；湟中区水峡林区、群加林区；湟源县东峡林区、大黑沟林区、宗家沟林区，等等。这些林区保持了原始粗犷的自然风光，树种主要是青海云杉，伴生有桦树、山杨等针阔叶混交生林，森林覆盖率一般在30%—80%，森林往往同高山草甸草原带混杂在一起，季相变化丰富多样，四季景色各异（表4—2）。

**西宁市及其周边地区各景点景观资源表** **表4—2**

| 大类 | 类型 | 主要旅游资源名 |
|---|---|---|
| 自然旅游资源 | 地文景观 | 日月山、达坂山、拉脊山、娘娘山、老爷山、石林、察汗河、阿勒大湾山、野牛山、水峡、北山寺丹霞地貌、南朔土奇峰、大敦岭黄土地貌、小峡、湟源峡、湟水谷地盆峡相间地貌、谷地底部至山顶部垂直自然带谱结构 |
| | 水域风光 | 宝库河、药水河、水峡河、北川河、南川河、东峡河、黑泉水库、大哈门水库、云谷川水库、大南川水库、大石门水库、小南川水库、莲湖、人民公园西湖和东湖、上新庄温泉、苏家河湾药水泉、南山九眼泉 |
| | 生物景观 | 西宁湟水、大通察汗河和鹞子沟、湟中水峡、群加沟、湟源东峡六大省级森林公园；大通北部高寒草甸草原；西大街三棵古榆、塔尔寺菩提树；白唇鹿、麝、岩羊、原羚、荒漠猫、赤狐、棕熊、猞猁等，鸟类有蓝马鸡、环颈雉、雪鸡等野生动物，西宁新华联童梦乐园海洋公园（海拔最高的综合性海洋公园）；绿绒蒿、山丹、杜鹃花、冬虫夏草、羌活、秦艽、大黄、贝母、柴胡、防风、黄芪、罗布麻、赤芍、刺玫瑰花等数百种野生花卉及药材；湟水国家湿地公园、湟水森林公园、西堡生态森林公园、北山美丽园、园博园、北川河湿地公园、西宁人民公园、南山公园、南山植物园、麒麟湾公园、劳动路游园、海棠公园、鲁青公园、苦水沟公园、文化公园、火烧沟湿地公园、长青园、湟源人民公园、北极山公园、大通桥头公园 |
| 人文旅游资源 | 人文古迹与建筑 | 古建筑：西宁北禅寺、南禅寺、东关清真大寺、大佛寺、文庙、城隍庙、西宁烈士陵园、孙中山纪念堂与纪念碑；大通广惠寺、老爷山朝山会址；湟源东科尔寺、扎藏寺、城惶庙、茶马互市街、海藏寺、关帝庙牌坊；湟中塔尔寺、塔尔清真寺、总寨玉皇阁、杜永春典型清代民居<br>古城：石堡城、明长城、西宁古城、南滩古城（青唐故城）、西宁故城、虎台、破塌城（临羌新县故城）、黑古城、临羌县故城、绥戎故城、哈拉库图古城<br>石刻：老爷山石刻、佛爷崖岩画、纪功碑、佛陀遗偈碑、“儒林郎”碑、净房滩界碑、甘沟口双狮、开元分界碑、东峡佛尔崖石刻、东峡摩崖石刻、药水峡石刻、柏树堂石刻 |
| | 寺院与古塔 | 藏传佛教寺院：塔尔寺、广惠寺、东科尔寺、扎藏寺、大佛寺、刘琦拉康、金塔寺、佛尔崖、张家寺、西纳寺、福海寺等<br>伊斯兰教寺院：西宁市东关清真大寺、湟中上五庄邦巴清真末寺、大通桥头清真大寺、塔尔清真大寺、良教清真大寺等<br>道教：北禅寺、南朔山（大园山）、娘娘山道教<br>古塔：宁寿塔、君灵塔、积善塔、红塔、八宝如意塔、宗喀巴纪念塔、过门塔、时轮塔、菩提塔 |
| | 遗址及墓葬 | 遗址：上孙家寨、下孙家寨、卡约墓群、沈那遗址、朱家寨、花园台、西杏园、张家湾、后子河、长宁、寺沟、山城、长城、本布台、庙后台、下石城、马洞门、塔干、拉卡石树湾等<br>墓群：彭家寨、上孙家寨、刘家黎、陶家寨、吴仲、大园山、平乐、八寺崖、多巴、杜家庄、端巴营、卡约、莫布拉、大湾沟、蚂蚁嘴、中庄等；南凉康王基、祁秉忠墓、周希武墓碑 |
| | 民俗风情 | 汉族习俗：春节期间社火和灯会表演、端午节、中秋节、重阳节，民间说唱艺术有平强、贤孝灯影戏等；西宁、大通回族风情；大通土族风情。“六月六”花儿会、“宴席曲”、摔跤、射衍、赛马、踢健、武术等民间体育活动 |
| | 工程建设 | 西宁市海湖新貌、火车站、昆仑路立交桥、黑泉水库、国家多巴体育训练基地、青海铝厂、达坂山隧道、青海省博物馆、青海省大剧院、青海省科技馆、青海省体育馆、西宁新华联童梦乐园 |
| | 土特产旅游商品 | 西宁毛及其产品（毛毯、地毯）、绒毛、牦牛肉干、酥油、奶粉、羊筋、湟鱼、蕨麻、发菜、蚕豆、绿豌豆、菜籽油、蜂蜜、果品、青稞酒、青盐、皮革制品、民族首饰工艺品；冬春夏草、西宁大黄、青海贝母、羌活、雪莲、秦咒、黄瓦、藏茵陈、唐古特红景天、唐古特莨菪、雪灵芝、罗布麻、麻黄、枸杞、绿绒蒿；酥油花、民族日用工艺品（生活日用品、服饰、宗教用品）、民间少数民族刺绣品、仿古彩陶、宝玉石器、工艺品、彩蛋、绒毛画、结晶盐和江河源奇石等 |

续表

| 大类 | 类型 | 主要旅游资源名 |
|---|---|---|
| 人文旅游资源 | 地方特色美食 | 青海地方风味小吃：手抓羊肉、酥油糌粑、杂碎汤、烤羊肉、酿皮、酸奶、奶茶、奶皮、牛肉拉面、尕面片、麻食、馓子、甜醅、醪糟、油香、馄锅馍、农家月饼、清真糕点以及草原帐房小吃。以青海土特产品为原料，采用多种烹饪技艺制作的地方特色风味佳肴，如蛋白虫草鸡、鸳鸯芙蓉发菜、人参什锦人参果、爆焖羊羔肉、筏子团肉、清蒸牛蹄筋等 |

## 4.4 历史基础

西宁是一座拥有悠久历史的高原古城，是中国黄河流域文化的组成部分。据城北区朱家寨遗址、沈那遗址和西杏园遗址等考古发现，早在四五千年以前就有人类在这块土地上生产生活，繁衍生息。商、周、秦、汉时期，河湟地区是古羌人聚居的中心地带。西汉时设军事和邮传据点西平亭，神爵初属金城郡临羌县。汉武帝元狩二年（前 121 年），汉军西进湟水流域，汉将霍去病修建军事据点西平亭，这是西宁建制之始。东汉建安中，置西平郡，治西都县。1929 年，青海正式建省，治西宁县。1946 年，以省垣周围正式成立西宁市。1949 年，成立市人民政府，为青海省辖市。1950 年，西宁市为青海省人民政府驻地。2018 年 12 月 21 日，西宁被国家发展改革委、交通运输部列入“商贸服务型国家物流枢纽承载城市”。

西宁市文化艺术的发展具有浓郁的民族特色和地方特色。藏传佛教圣地塔尔寺的酥油花、堆绣、壁画被誉为“艺术三绝”，和湟中农民画等在国内外享有盛誉。戏剧主要有眉户剧、平弦剧、藏戏、灯影戏、豫剧、秦腔；曲艺主要有平弦、越弦下弦、道情、贤孝。歌舞音乐主要有汉族的社火、土族的安昭舞、回族的宴席舞、撒拉族的婚礼舞、藏族的锅庄舞以及藏传佛教寺院在祭祀、典礼、法会时演奏的寺庙音乐。民歌主要有汉族、回族、土族、撒拉族喜爱的“花儿”和藏族的“伊”等。青海是“花儿”的故乡，居住在这里的各族群众，无论田间耕作、山野放牧、外出打工或路途赶车，只要有闲暇时间，都要“漫”（“唱”的意思）上几句悠扬的“花儿”。

## 4.5 经济基础

经济要素，诸如城市经济发展水平、产业结构的变化及经济运行形势的好坏等对城市有着广泛影响，城市经济发展形势决定就业岗位的变化，城市经济发展水平影响着城市人口收入水平。经济发展为人口提供各种支撑作用，一定时期内，经济增长速度与人口递增速度应该保持在合理的范围内，特别是城市经济形势的好坏、产业结构合理程度直接决定了就业吸纳能力的大小。劳动密集型、资本密集型、技术密集型产业吸纳劳动力的能力是不同的，对经济的贡献能力也是不同的。

城市经济发展所产生的对劳动力的大量需求是城市人口规模迅速扩大的根本原因。城市经济发展了，就业机会就多，城市的吸引力增大，相应对劳动力的需求就会增加。处于不同经济发展阶段的城市所提供的就业岗位总量是不同的，而就业岗位的数量是直接影响城市人口承载能力的首要社会经济因素。作为一个城市居民首先必须有经济来源，能够支撑其对衣、食、住、行等方面的基本需求，才能在城市中生存。同时，只有当城市失业人员数量控制在一定比例之下，社会才能够保持较为稳定的状态。此外，城市的收入水平将会影响城市的劳动力供给和城市的吸引力，从而对城市的人口承载能力形成影响。同时城市收入水平的提高增进了对住宅的需求，会导致城市在空间上的增长，城市居民的效用水平也同时上升。

西宁市作为青海省省会城市和我国西北地区重要的中心城市，具有较多政策倾斜，社会经济稳步发展。政策方面，西宁市有青海省各类型政策优惠，建立了大量工业园、产业园，国营单位也选择西宁市为目的地，人口因此得到了增长，城市面积不断扩大。交通方面，京拉线、青藏高速公路等在此交汇，公路交通路网密集，交通通达度较高；火车客运线覆盖全国大部分城市，同时也是青藏铁路的起点，交通区位优越。经济方面，2019 年西宁市 GDP1327.8 亿元，增速 7%，属于西北地区经济增速较快、青海省内经济最发达的地区。

## 4.6 基础设施

城市基础设施是城市生存和发展所必须具备的各类设施的总称，一般分为工程性基础设施和社会性基础设施两类。工程性基础设施一般指能源系统、给排水系统、交通系统、通信系统、环境系统、防灾系统等工程设施。社会性基础设施则指行政管理、文化教育、医疗卫生、商业服务、金融保险、社会福利等设施。对于每一个城市而言，在任何一个特定的历史阶段，其基础设施能够提供的服务是有限的，换句话说，就是城市基础设施能够容纳的人口数量是有限的。如交通设施中，道路和交通工具承载的交通容量是有限的。商业服务设施中居民房屋建设规模是有限的，随着生活水平的提高，人们对住房从量到质的要求也必然随之提高。如果城市能够满足居民对住房的需求，则会使城市的人口承载能力增加，反之则会使城市人口承载能力降低。教育、医疗设施同样会随着人们生活水平的提高而变化，如果人们收入增加，对教育、医疗设施的需求也必然随之提高。如果城市不能提供足够的教育、医疗设施，也必将使城市人口承载能力降低。当今社会公共服务在人们日常生活中所扮演的角色越来越重要，而公共服务主要依靠财政资金支持。城市所能提供的公共服务则取决于该城市的经济规模和政府所能提供的公共财政预算。尽管可以通过增加基础设施建设投资来增加服务，但要受到城市用地空间、城市财政收入等要素的限制。

改革开放以来，特别是近 20 年来，西宁市基础设施大幅改善，如今已经拥有较为便捷的交通。在公路交通方面，西宁市人均拥有道路面积每年都在逐步扩大，随着凤凰山快速路、时代大道、沈家寨互通立交等交通道路的建成通车，初步形成了“外环内网”的交通格局，以西宁为中心辐射青海省的交通网络已经建成。四通八达的立体交通网将分散的城市连成线、串成面，助推西宁城市功能的整合与优化。

至2018年底，全市公路通车总里程5317km，其中农村公路4296km，公路密度为68.52km/100km$^2$，每万人22.42km。按行政等级划分，全市国道710km，省道311km，县道1165km，乡道1098km，专用道74km，村道1959km；按技术等级划分，全市高速公路152km，一级公路237km，二级公路410km，三级公路513km，四级公路3185km，等级公路820km；按路面类型划分，全市高级路面4209km（其中沥青混凝土路面1196km，水泥混凝土路面3013km），次高级路面396km，未铺装路面71km。全市50个乡镇、12个涉农街道办事处、930个建制村全部通沥青（水泥）路，通畅率100％。公共交通方面，至2018年底，全市有西宁市公交集团有限责任公司1家公交企业，93条公交线路，1767辆公交车，线路总长度1355km，公交线路500m站点覆盖率100％；万人公交车保有量17.2标台，绿色公交车辆达到100％；公交运营里程平均每月达710万km，公交机动化出行分担率64.1％。全市开通18条城乡公交专线、65条县乡公交专线、69条农村客运班线，全市100％的乡镇、95.37％的建制村通达客车。铁路交通方面，至2018年底，青藏集团公司管辖兰青、青藏、拉日、敦格、兰新5条干线，宁大、茶卡、双湟3条支线，控股管理哈尔盖至木里合资铁路，跨甘肃、青海、西藏三省（区）。管辖铁路线路里程3091.376km，其中：营业里程3035km；双线、电气化里程1160km；双线地段2168.43km；线路延展长度4941.118km，其中正线无缝线路延展长4114.144km；桥梁1520座370699延长米，隧道123座294037延长米，涵渠5252座107066延长米。管辖车站142个，其中一等站3个、二等站9个、三等站16个。配属机车328台，配属客车981辆，配属CRH5G防风沙型高寒动车5组。信号设备连锁车站（场）154个信号设备换算道岔53970.940组，通信设备换算长度182723.84皮长km。年末，运输业固定资产原值95637亿元。航空交通方面，西宁曹家堡机场是青海省唯一的二级机场，也是青藏高原上重要的空中交通枢纽，开通直达北京、上海、广州等数十个大中城市的航班。2018年，西宁机场旅客吞吐量突破600万人次，达633.96万人次，青海机场公司旅客吞吐量突破700万人次，达714.88万人次，西宁机场有航线108条。畅通西宁、绿色交通等工程实施，建成凤凰山路、时代大道等89条“外环内网”道路，西宁机场三期开工建设，成功创建全国公交都市建设示范城市，绿色出行逐步推进，城区人均道路面积达12.9m$^2$，交通拥堵指数下降62.4%。

城市空间持续优化拓展，“一芯双城、环状组团发展”的高原生态山水城市格局基本形成，湟中正式撤县设区，多巴、南川、北川片区迅速崛起，实现单中心向组团式发展模式的新突破，建成区面积增加80km$^2$，达208km$^2$，空间形态发生历史性变化。完成“城市双修”试点建设任务，海绵城市试点获国家绩效奖励，地下综合管廊入选全国优秀案例，全力打造“最干净高原城市”，垃圾焚烧发电项目开工建设，新增污水处理厂3座，雨污分流改造90.3km。建成11个美丽城镇、395个高原美丽乡村，完成“厕所革命”三年行动，新改建厕所近6万座，实现城镇生活污水和乡镇村垃圾全收集、全处理。实现湟水、北川河、南川河水清、流畅、岸绿、景美的治理目标，“三河”廊道美景呈现。人行天桥、多层住宅加装电梯 340 部。入选城市体检样本城市，在全省率先建成城市运行管理指挥中心。

网络和通信基础设施方面，1998 年 8 月 7 日，国家“九五”重点工程——兰州—西宁—拉萨光缆干线全线开通。兰西拉光缆干线是纵贯我国西北至西南的一条通信大动脉，全长 2754km，跨越甘肃、青海、西藏 3 省区，途经县级以上城市 23 个，设置各种局站 33 个，投产初期可提供长途话路 2.1 万多路。作为国家“八横八纵”通信网建设的重要组成部分，干线工程的建成开通，对于改善我国西部特别是青藏高原地区的通信落后状况、促进社会和经济发展、增进民族团结等具有重要意义。2020 年，西宁市作为首批 5G 通信设施建设 40 个试点城市之一，已完成中心广场、万达广场、力盟商业步行街、青海大学、海湖体育馆、青海国际会展中心、各中心营业厅等重点区域 5G 网络覆盖，已建成 600 个 5G 基站并投入运营，目前交付使用的 600 个基站开通率 100%，将在无人驾驶、智能物联、更刺激的 VR 体验、更高清的视频及实时直播、更便捷的远程医疗等方面，为老百姓提供更便捷的服务。现在，西宁国家级互联网骨干直联点获批为我国互联网骨干网互联枢纽，项目建设对推动青海省数字经济高质量发展和“数字青海”建设具有里程碑意义。

公共卫生设施方面，2018 年末全市有各类医疗计生卫生机构 1927 所，其中：医院 77 所；卫生技术人员 28250 人，其中执业（助理）医师 9836 人；注册护士 12841 人；卫生机构床位数 22094 张。每千人拥有执业（助理）医师数 4.12 人。



## 4.7 人口与劳动力

根据第七次全国人口普查资料，2020 年全市常住人口为 2467965 人，与 2010 年第六次全国人口普查的 2208708 人相比，增加 259257 人，增长 11.74%，年均增速为 1.12%。居住在城镇的人口为 1940616 人，占 78.63%；居住在乡村的人口为 527349 人，占 21.37%。与 2010 年第六次全国人口普查相比，城镇常住人口增加 533722 人，乡村常住人口减少 274465 人，全市城镇人口比重上升 14.93 个百分点。

全市常住人口中，汉族人口为 1762822 人，占 71.43%；各少数民族人口为 705143 人，占 28.57%。与 2010 年第六次全国人口普查相比，汉族人口增加 127605 人，增长 7.80%；各少数民族人口增加 131652 人，增长 22.96%。

全市共有家庭户 847809 户，集体户 65944 户，家庭户常住人口为 2224710 人，集体户常住人口为 243255 人。平均每个家庭户的人口为 2.62 人，比 2010 年第六次全国人口普查时减少 0.55 人。

全市常住人口中，0—14 岁人口为 403700 人，占 16.36%；15—59 岁人口为 1710014 人，占 69.29%；60 岁及以上人口为 354251 人，占 14.35%，其中 65 岁及以上人口为 249669 人，占 10.12%。与 2010 年第六次全国人口普查相比，0—14 岁人口比重下降 0.63 个百分点，

15—59 岁人口比重下降 2.70 个百分点，60 岁及以上人口比重上升 3.33 个百分点，65 岁及以上人口比重上升 2.60 个百分点。

当前，在我国经济已进入高质量发展阶段，在新的经济形势下，我国劳动力市场正在发生深刻变革，人口老龄化进程加快，劳动力供给增速下降，规模减少，人工成本不断上升，过去长期依赖的劳动力比较优势逐渐减弱，在人口红利向人才红利转变的背景下，劳动力资源的数量不是制约地域发展的主要限制因素，劳动力的质量和素质已成为城市发展的更重要驱动力。西宁市劳动人口中科技人员的数量和百人大学生数量都高于全国平均水平，与东部发达地区相比仍有较大差距，与西宁市腹地城镇相比，劳动者的文化素养、劳动技能和水平都明显高于后者，所以西宁市的发展从劳动者的角度来说，应优先发挥中心城市的带动作用。

## 4.8 社会文化

城市人口的科学文化素质的高低，从整体上影响着人们的资源观、环境观和发展观，从而影响到城市人口承载能力的大小。

科学文化素质较高的人口，有正确的生态环境意识，在发展经济的同时，能重视环境保护工作，形成人口、环境与发展的良性循环。而素质较低的人口，往往生态和环境保护意识较差，要实现资源的合理利用、社会经济和生态环境的可持续发展是不可能的。

人口科学文化素质的高低，对资源的开发和利用有着直接的影响。人口科学文化素质高，才能开发和利用更多、更广泛的自然资源，在资源的使用上也更有选择的余地。而科学文化素质低的人口，缺乏开发利用新资源的知识和能力，因此不得不依赖现有的资源，当对这些资源的依赖和使用超过一定强度后，就会造成不可挽回的恶果。

科学文化素质不同的人口，对资源利用的充分程度也大不相同。科学文化素质较低的人口，对资源的利用往往不充分，甚至产生全社会对资源的浪费性使用。为了维系发展（这种发展往往是低水平的），一方面要求使用更多的资源，另一方面又向环境排出更多的废弃物，对生态环境造成更大的压力。

人口科学文化素质的高低，直接影响着人类活动的环境后果。科学文化素质较低的人口，或因为缺乏环境意识，或因对知识的掌握和运用水平不够，他们的行为经常导致对环境的破坏。如农药及化肥的不当或过度使用，导致农业的面源污染。至于环境的治理和改善工作，科学文化素质高的人口表现出更大的优势，他们掌握了更多的先进科学技术知识和管理经验，并将这些运用到对环境的保护和改善中。

人们的消费方式、消费观念及消费水平对人口承载能力也有一定的影响，如对于等量的城市资源与服务，人均消费水平高，城市人口承载能力就低。

西宁地处黄土高原和青藏高原结合部，位于汉文化、伊斯兰文化、藏文化、蒙古文化的交汇处，自古便是唐蕃古道的咽喉之地，涵盖了市域内各民族的传统文化，这就决定了西宁及其周边地区拥有丰富的历史与民族文化遗产。西宁市文化艺术的发展具有浓郁的民族特色和地方特色，对于西宁市的特色发展具有重要支撑作用。

## 4.9 政策制度

城市的人口政策、土地政策、交融政策、住房政策、规划法规等，在较大程度上决定着城市的人口密度及人口分布。政策和制度既可以对城市人口规模产生直接影响，也可以直接或间接地影响城市人口承载能力的大小。如城市的人口政策、户籍政策、住房政策会对城市人口规模及人口承载能力产生一定的影响，成功的宏观经济管理可以保持经济的快速增长，保持劳动力需求和工资稳定增长，伴随着经济增长的工业、服务业的增长显然对城市劳动力需求有最直接的影响。显然，合理的经济政策和制度能够促进城市经济健康发展，扩大城市人口承载能力；相反，不合理的政策和制度可能导致经济衰退，从而导致人口承载能力降低。同理，合理的环境政策和制度能够保障环境的可持续性，使环境人口承载能力保持在一定水平；如果环境政策及制度不到位，可能使环境退化，导致环境容量缩小，从而引发人口承载能力降低。

近年来，国家出台的一系列宏观政策对西部地区包括西宁市的发展产生了很大促进作用，西部开发战略、国家民族地区的特殊政策、兰州—西宁城市群规划、“一带一路”倡议等为西宁市发展带来了新的活力和动力。

# 第五章　西宁市城市空间扩张过程与机制 FIVE

# 5.1 西宁市发展历程

## 5.1.1 西宁市发展历程

1949—1956 年，西宁市城市发展进入了新的阶段，新中国成立后城市基础设施和新项目得到了发展。1954 年，西宁市第一版总体规划颁布，针对城市的功能分区、道路系统、绿化系统以及公共建筑、仓储用地和农林用地等提出了系统的方案，西宁市城市空间得以有序扩张。第一个五年计划结束，西宁市城市空间面积达到 17km$^2$，比新中国成立时的面积扩大了 5 倍。在空间布局上，形成了小桥工业区、仓库区和南滩工业区等功能分区。

1957—1977 年，西宁市在动荡发展时期进入波动式发展。在初期，西宁市城市规划经过两次修订，道路网、工业布局、园林绿化、居民住房等问题得到了解决。同仁路、五四大街、昆仑路、新宁路得到了发展，古城台区域城市建设速度加快，同时东川、南川、西川以及北川工业园区以卫星城的形式围绕今城东区旧城区域开始建设。1964 年，国家组织三线建设，内地地区较多工厂搬迁至西宁，相关工厂包括机械、食品、冶金等多部门，相关配套设施也得到了建设，西宁城市空间范围得以扩大。“文化大革命”时期，西宁市城市空间扩张在曲折中发展，大型市政设施得到了发展，同时城市内部道路和桥梁得到了建设，如长江路桥、胜利路、五四大街，但这一时期管理混乱，城市规划的作用大大减弱。

1978 年至今，改革开放后西宁市城市在历经曲折后走向迅速发展，开始旧城改造，城市空间扩张在旧城区以填充式为主。同时，团结桥、沙塘川桥、大寺沟桥的建立、五四大街的延长完善了交通网络，使城市空间范围沿着主要干线扩张。值得关注的是，1979 年和 1984 年，住宅统建办公室以及房屋开发公司相继成立，居住小区得到了开发，市场经济的空间权力开始影响西宁市城市空间扩张，居住空间的扩张成为西宁市城市扩张的主体。据统计，1978—2020 年，西宁市固定资产投资累计达到 12196.93 亿元，城市房屋竣工建设面积达 8544 万 m$^2$，其中，1978—2000 年，固定资产投资累计 293.85 亿元，城市房屋竣工建设面积累计 1851.44 万 m$^2$；2001—2020 年，西宁市固定资产投资累计达到 11903.08 亿元，城市房屋竣工建设面积达 6692.56 万 m$^2$。2000 年以后，西宁市城市建设进入加速阶段，2017 年之后，城市固定资产投资达到顶峰，为 1600 亿元，之后进入下降阶段。

## 5.1.2 西宁市各类型用地发展历程

（1）公共服务设施用地

重点公共服务设施的建设满足了西宁市居民各方面的需求，促进了人口的机械增长，同时建设的增长也扩大了城市的面积。1956 年 12 月，解放剧场建成，占地 3500m$^2$；1957 年 12 月，青海剧场建成开放，相关娱乐、休憩以及展演场所的建立为西宁市居民提供了休憩的空间，设施的建立也扩大了城市空间。在这一时期，人民公园的新建、西山林场和苏家河湾苗圃的开辟，也扩大了西宁市的休闲娱乐空间。1960 年 1 月，傅家寨火车站更名为西宁东站，西杏园站更名为西宁西站，祁家城站更名为西宁北站，西宁市城市一体化程度加强，大型交通公共服务设施得到了统一管理。1960 年 11 月，青海省第一所综合性大学——青海大学在西宁正式建成开学；1977 年 5 月，市革委会决定，西宁市农业科学研究所由郊区工委领导，教育和科研设施用地也开始扩大或增长，城市空间得到进一步扩张。1977 年 12 月，南川东路建成，城市空间开始沿南川河向南扩张。

改革开放后，西宁市公共服务设施的建设得到进一步发展。1982 年开展义务植树活动，城市公园绿地建设加快，相继建立了西宁园林植物园、南川公园等。1984 年 12 月，国务院、中央军委批准在青海西宁新建西宁曹家堡飞机场，投资 1.3 亿元人民币，计划 1989 年交付使用，原乐家湾机场逐渐停止使用，西宁市城市空间逐渐向东扩张。1985 年 4 月，西宁市档案馆馆库楼工程动工修建，扩大了西宁市的城市面积。改革开放以来，西宁体育馆、青海医学院附属医院、青海中医院、长途汽车站等公共服务设施的建设扩大了西宁市的空间范围，西宁市主城区公共服务设施空间得到进一步扩张。

（2）工业用地

新中国成立后，为了恢复经济，西宁市开始建设工厂推动经济的整体发展，因此城市建成区的范围开始得到进一步扩张，青海人民地毯厂、西宁裕丰面粉厂、西宁食品厂等相继建立。在动荡发展时期，进入第一个五年计划，国营经济发展迅速，许多国营工厂开始建立，这一时期小桥、彭家寨、朝阳、南川东路、南滩相继成立了工业区，成为承载工业企业的区域。三线建设时期，工厂从沿海城市和经济发达地区迁到西宁，如从上海、江苏、河南、北京等地迁建了一批电机、电器、轴承、标准件等机械厂；从河南、辽宁、天津等地迁建了大型拖拉机、内燃机制造厂；从山东、上海、黑龙江等地迁建了青海第一、第二机床厂、青沪机床厂，这一时期小寨、韵家口、马坊等地也相继成立了工业区。“文化大革命”时期，三线建设继续发展，扩建了南川水厂，新建了西川第二水厂，城市空间范围进一步扩大。随着改革开放的深化以及三线建设的放缓，国有工厂开始改制和迁移，工业用地推动城市空间扩张的步伐放缓（表 5—1）。

**计划经济时期西宁市主要工厂建设时间** **表 5—1**

| 工厂 | 时间 | 事件 |
| --- | --- | --- |
| 青海人民地毯厂 | 1949 年 11 月 | |
| 西宁裕丰面粉厂 | 1950 年 3 月 | 私营工商者集资，将西安裕丰面粉厂迁来西宁 |
| 西宁面粉厂 | 1953 年 3 月 | 地方国营的面粉厂 |
| 西宁食品厂 | 1953 年 4 月 | |
| 西宁人民电厂 | 1954 年 5 月 | |
| 西宁机械厂 | 1956 年 4 月 | 辽宁省旅大市城建局所属铁合金工厂迁建 |
| 青海骨粉厂 | 1956 年 4 月 | 1962 年改建为青海骨胶厂 |

续表

| 工厂 | 时间 | 事件 |
| --- | --- | --- |
| 青海康尔素乳品厂 | 1956年6月 | 上海市康尔素乳品厂前来西宁，与西宁食品厂合并 |
| 西宁互助酒厂 | 1956年12月 | 互助酒厂迁来西宁，改建为西宁互助酒厂，后改名为西宁酒厂 |
| 西宁火柴厂 | 1958年11月 | 陕西省宝鸡市火柴厂迁来西宁 |
| 马坊面粉厂 | 1959年7月 | |
| 西宁氧气厂 | 1959年7月 | |
| 西宁硝酸厂 | 1959年12月 | |
| 西宁市日用化工厂 | 1959年12月 | |
| 西宁微电机厂 | 1964年12月 | 北京微电机厂和天津微电机厂迁来西宁，建成西宁微电机厂 |
| 西宁钢厂 | 1965年9月 | 本溪钢铁公司和北京石景山钢厂迁来西宁，建成西宁钢厂 |
| 西宁高压锅厂 | 1965年12月 | 上海铝制品三厂迁来西宁 |
| 西宁氮肥厂 | 1966年1月 | |
| 西宁服装厂 | 1966年2月 | 北京被服厂迁来西宁 |
| 西宁第一木工厂 | 1966年4月 | 北京丰台木工厂迁来西宁 |
| 西宁再生冶炼厂 | 1966年7月 | |
| 青海第一化肥厂 | 1967年7月 | 总投资850万元，生产能力7000吨 |
| 西宁标准件厂 | 1968年12月 | 江苏省镇江市标准件厂调迁工人50人、设备10台来西宁，连同无锡市标准件厂迁来工人和设备与西宁五金厂合并 |
| 青海二机床建立家属工厂 | 1970年2月 | 自此，西宁各厂矿开办家属工厂，并得到很大的发展 |
| 西宁电石厂 | 1971年5月 | 原青海第三汽车修理厂组建家属工厂 |
| 西宁市第三水厂 | 1977年4月 | 在南川塘马坊建成投产 |
| 青海化工二厂 | 1981年5月 | 为净化城市，投资1200万元，将青海化工二厂从市区迁往郊区杨沟湾建厂 |

（3）居住用地

居住用地的增长推动了城市空间的扩张。新中国成立后，西宁古城墙全部拆除，西宁市建成区面积不断扩大，开始向湟水西段和北川河方向发展。西宁市人民政府在1950年发布了《西宁市公有房地产管理暂行办法》，居住空间受到政府的严格管制。1975年，西宁市市区总人口48.5万人，居住用地开始向今马坊街道方向扩张。西宁市居住空间在这一时期主要受到政府因素影响较为显著，居住用地发展缓慢，居住小区以国有企业单位住宅小区为主。

改革开放以来，西宁市城市规划工作会议在1981年审议了《西宁市总体规划》，修订了《西宁市基本建设征（拨）用土地办法》，居住用地增长速度逐渐恢复，居住空间开始在北部、东部和南部的城市边缘区外进行扩张，此时的居住空间以跨越外延扩展式为主。进入21世纪后，海湖新区和城南新区的建立推动了西宁市开始向西和向南扩张，居住用地开始在市中心进行填充开发和建设，西宁市建成区范围沿着湟水谷地呈现连绵式扩张。

（4）土地利用政策

西宁市城市空间扩张也受到了土地利用政策的影响。1954 年 6 月，西宁市人民政府公布实施《西宁市私有房地产租赁、代管暂行办法》，居住空间受到了严格的控制。1955 年 12 月，西宁市第一个城市总体规划《西宁市城市初步规划示意图》完成制作，西宁市的城市空间扩张开始有具体的规划作指引。1957 年 7 月，西宁市人民委员会公布《西宁市国家建设征用土地暂行办法》，原市人民政府颁发的《西宁市城市建设征用土地实施办法》作废，受国家意识形态和政治经济体制影响，西宁市土地受到严格的管理。1959 年 4 月，西宁市人民委员会颁布《西宁市征用土地、房屋补偿安置的几项规定》，征用土地的相关政策得到了补充，西宁市城市空间扩张仍然受到严格的控制。1960 年 2 月，西宁市人民委员会颁发《西宁市城市建设暂行管理办法》，政策因素对西宁市城市空间扩张的影响明显。1961 年 8 月，中共西宁市委根据中共中央、国务院精兵简政、压缩城镇人口的指示精神，批准实施《西宁压缩城镇人口和精工简政方案》。到年底，西宁市减少城镇人口 60000 多人，精简职工 31155 人；中共西宁市委在 1962 年批准市精简领导小组提交的《关于进一步压缩城镇人口的几项规定》，西宁市空间扩张开始陷入停滞甚至衰退。1962 年 9 月，西宁市人民委员会第三次会议讨论通过《西宁市空（林）地暂行管理办法》，西宁市开始出现城市蔓延现象，城市空间向外扩张。

改革开放后，1978 年 7 月，西宁市革命委员会决定，成立西宁市城市总体规划领导小组；8 月，市革委会批转《西宁市房产管理暂行规定》，西宁市开始恢复城市的正常扩张。1980 年 7 月，西宁市人民政府批转市房产局《西宁市公房租金收缴暂行办法》《关于统建住宅楼区别楼层收费标准暂行办法》。1981 年 4 月，西宁市人民政府发出《关于坚决制止农村侵占耕地建房和买卖土地的通知》；6 月，西宁市人民政府批转市园林管理局《关于西宁地区林木砍伐和绿地使用审批权限的规定》；7 月，西宁市人民政府制定颁发《西宁市私房管理试行办法》；9 月，西宁市人民政府批转市房产局《西宁市居民自建住宅管理试行办法》，开始通过各种方式管控房地产市场和城市的无序扩张。1982 年 3 月，西宁市人民政府公布《西宁市违章建筑处理办法》《西宁市临时建筑处理办法》《西宁市环境卫生管理办法》《西宁市市政设施管理办法》《西宁市园林绿化管理办法》《西宁市城市建设管理办法》《西宁市基本建设拆迁、补偿、安置暂行办法》；7 月，西宁市人民政府批转市房产局《关于统建住宅按区别楼层收费标准暂行办法》《西宁市公房租金收缴暂行办法》《西宁市公管旧式住房出售试行办法》《西宁市私房管理试行办法》，开始关注旧城区的城市更新和改造。1983 年 4 月，国务院正式批准《西宁市建设总体规划》。1984 年 3 月，西宁市政府颁布《关于西宁地区居住公房限额及超占住房处理暂行规定》；6 月，西宁市人民政府制定颁发《关于改革西宁市房地产管理体制的决定》；12 月，西宁市人民政府制定颁发《西宁市新建共有住宅补贴出售试行》，城市空间扩张受到市场经济的影响明显，房地产市场的商业开发促进了城市空间的扩张。

## 5.2 西宁市城市空间扩张演化过程

### 5.2.1 主城区空间扩张变化分析

（1）城市总体规模变化

西宁市建成区面积呈现逐年增加的特点。通过遥感影像提取的建成区面积可以发现，在1986年西宁市建成区面积达38.18km$^2$，90年代增速较缓；进入21世纪，西宁市建成区面积增长速度再次加快，到2020年西宁市建成区面积达174.15km$^2$，较1986年增长4.56倍，呈现出快速城市化的状态（图5—1）。



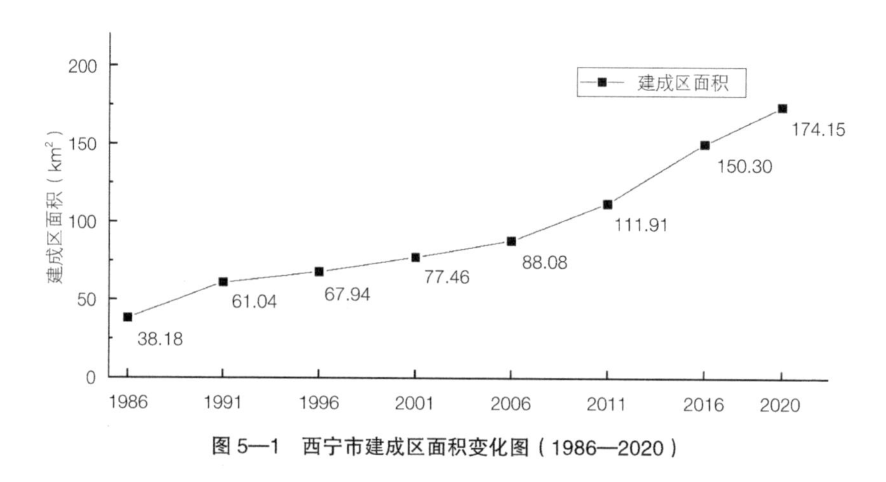


**图5—1 西宁市建成区面积变化图（1986—2020）**

建成区在空间上的扩张在不同时期呈现出不同的特点，可以发现：1986—1991年，旧城区建筑密度加深，建成区开始向外扩张，其中西边和东边速度较快。1991—2001年，四个方向匀速增长，但是在90年代增速较缓。2001—2006年，随着城南新区在2001年的设立和开发，向南方向的建成区增速较快。2006—2011年，海湖新区在2007年提出设立后，海湖新区建成区增长较快，湟水南岸建成区增速较快。2011—2016年，西宁市建成区继续向城市边缘外扩张（图5—2）。

（2）建成区面积变化

西宁市建成区面积在各个行政区的空间分异有所不同。总体上西宁市各行政区建成区面积都有显著的增长，行政区内建成区的面积都在不断扩大（图5—3）。

相关数据显示，城东区作为西宁市旧城区的主体，到2011年仍是建成区面积最大的行政区；城西区的建成区面积没有较大的变化，各期建成区面积均是面积最小的行政区；城北区由于长宁教育科研组团的发展，城市空间扩张的速度较快，2016年后建成区面积超过城东区，为西宁市建成区面积最大的行政区；城中区由于城南新城的建设以及向南发展的趋势，建成区面积不断增大，2020年接近城东区建成区的面积（表5—2）。

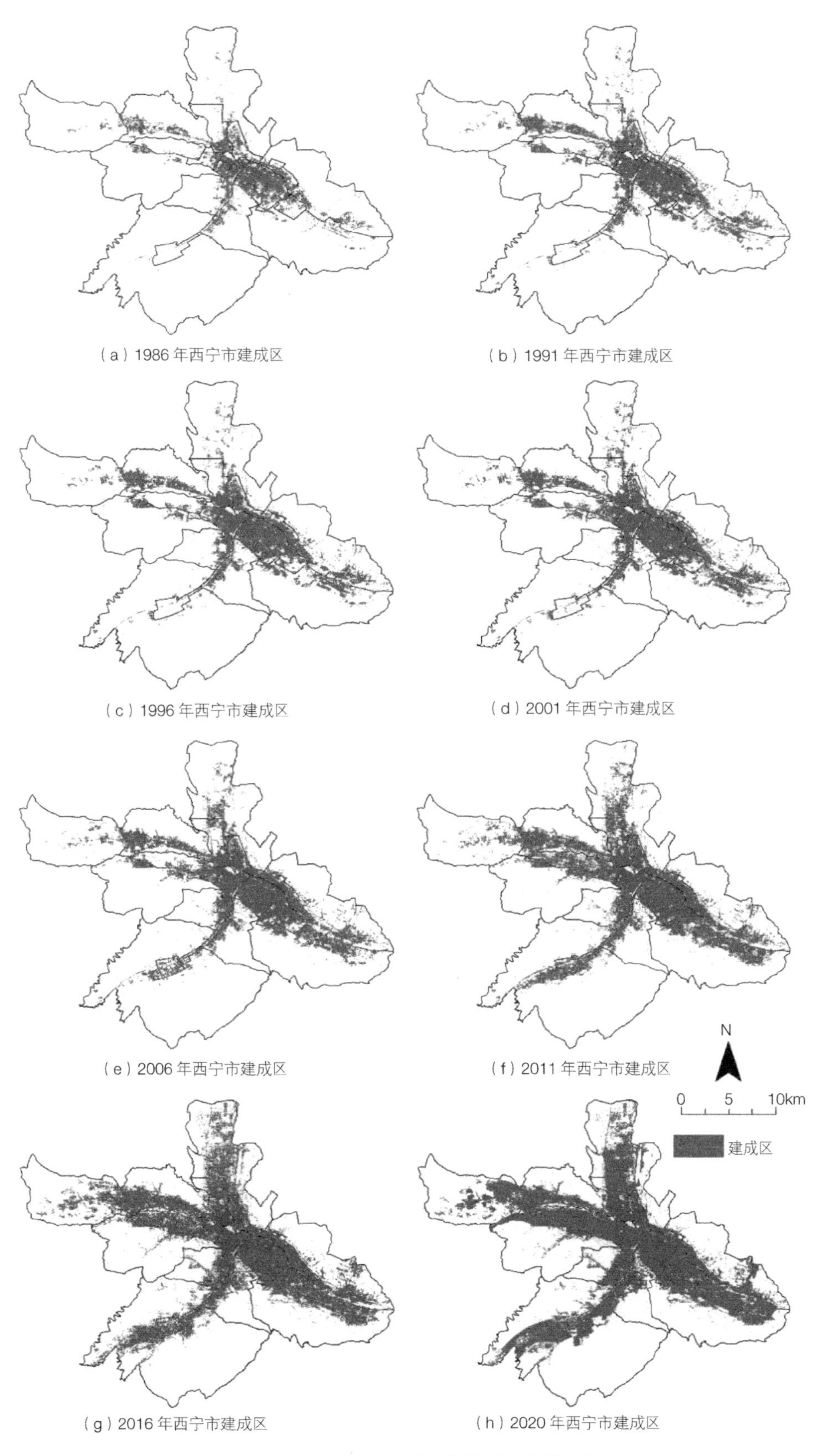


（a）1986 年西宁市建成区
（b）1991 年西宁市建成区
（c）1996 年西宁市建成区
（d）2001 年西宁市建成区
（e）2006 年西宁市建成区
（f）2011 年西宁市建成区
（g）2016 年西宁市建成区
（h）2020 年西宁市建成区

**图 5—2　1986—2020 年西宁市建成区空间格局图**

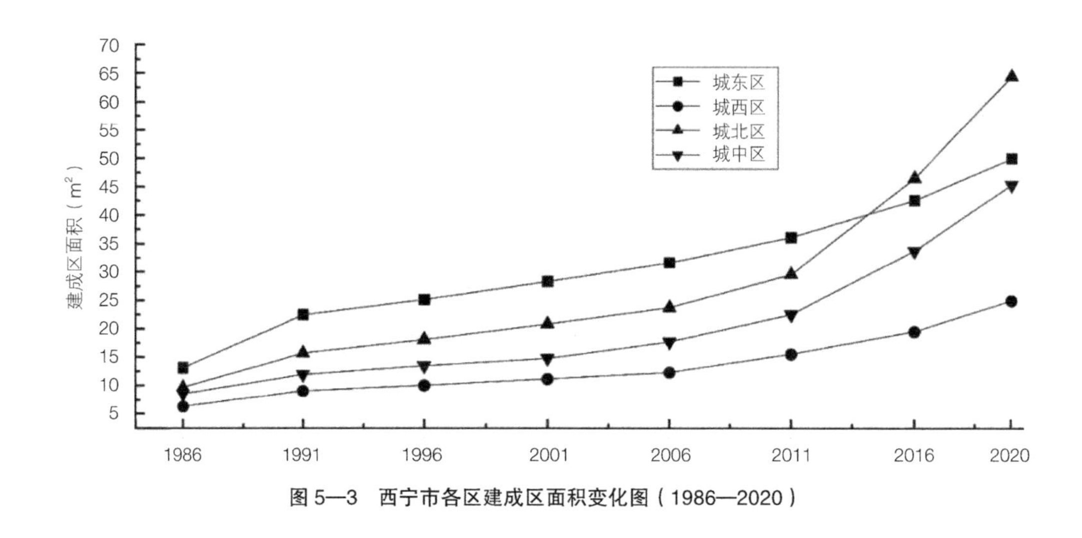


图 5—3　西宁市各区建成区面积变化图（1986—2020）

1986—2020 年西宁市各行政区建成区面积（km²）　　表 5—2

| | 1986 | 1991 | 1996 | 2001 | 2006 | 2011 | 2016 | 2020 |
|---|---|---|---|---|---|---|---|---|
| 城东区 | 13.14 | 22.47 | 25.11 | 28.30 | 31.61 | 36.17 | 42.66 | 49.96 |
| 城西区 | 6.33 | 9.04 | 10.06 | 11.19 | 12.38 | 15.60 | 19.56 | 24.95 |
| 城北区 | 9.69 | 15.74 | 18.06 | 20.81 | 23.76 | 29.57 | 46.55 | 64.52 |
| 城中区 | 8.51 | 11.98 | 13.54 | 14.83 | 17.69 | 22.53 | 33.80 | 45.42 |

（3）城市开发强度变化

西宁市及其各行政区开发强度不断增加，增速有所不同。依据公式（5—1）得到西宁市及各区开发强度，1986 年西宁市整体的开发强度为 0.08，到 2020 年开发强度增长为 0.39，开发强度增长速度较快。

$$S=\frac{C}{A} \tag{5—1}$$

式中：$S$ 为国土开发强度、$C$ 为建成区面积、$A$ 为西宁市主城区行政区划总面积。国土开发强度反映了国土空间被利用开发的程度（表 5—3）。

1986—2020 年西宁市各区开发强度　　表 5—3

| | 1986 | 1991 | 1996 | 2001 | 2006 | 2011 | 2016 | 2020 |
|---|---|---|---|---|---|---|---|---|
| 城东区 | 0.11 | 0.19 | 0.21 | 0.24 | 0.27 | 0.31 | 0.36 | 0.43 |
| 城西区 | 0.10 | 0.15 | 0.17 | 0.19 | 0.21 | 0.26 | 0.32 | 0.41 |
| 城北区 | 0.07 | 0.11 | 0.13 | 0.15 | 0.17 | 0.21 | 0.34 | 0.47 |
| 城中区 | 0.05 | 0.07 | 0.08 | 0.09 | 0.11 | 0.14 | 0.21 | 0.28 |
| 西宁市 | 0.08 | 0.12 | 0.14 | 0.16 | 0.18 | 0.22 | 0.30 | 0.39 |

通过各行政区间的比较可以发现，四个行政区的开发强度都得到了增长，到2020年城东区、城西区以及城北区的开发强度较高，增速较快。城中区开发强度较低，增速较慢，城东区虽在建成区面积的增长上较快，但由于城中区面积较大，开发强度较低，具有较高的开发潜力（图5—4）。

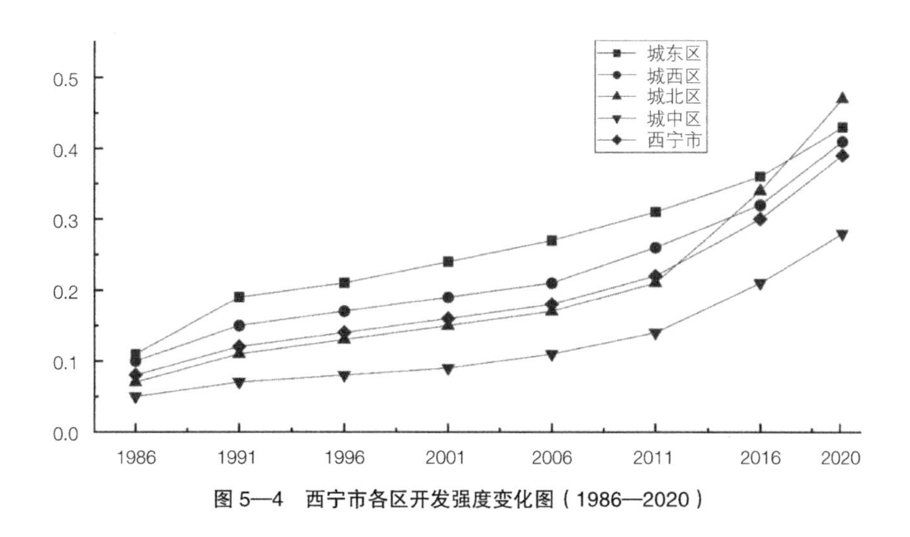


**图5—4 西宁市各区开发强度变化图（1986—2020）**

（4）城市景观格局变化

利用斑块密度、平均斑块大小、聚合程度以及边缘密度指数揭示西宁市建成区景观的空间结构特征；利用开发强度公式反映西宁市土地利用的开发强度；利用景观扩张指数测算西宁市空间扩张的模式。

①建成区斑块密度[公式（5—2）]

$$PD=\frac{N}{A} \tag{5—2}$$

式中：$PD$ 表示建成区的斑块密度，$N$ 表示建成区的斑块总数，$A$ 为建成区的总面积。

②建成区边缘密度[公式（5—3）]

$$ED=\frac{1}{A}\sum_{j=1}^{M}P \tag{5—3}$$

式中：$ED$ 表示建成区的边缘密度，$P$ 表示建成区的斑块。建成区边缘密度为建成区边界与建成区面积的比值，指数增大说明斑块的增长发生在区域外围，指数减小说明斑块的增长表现为沿着边缘增长和填充在原有斑块内部。

③最大斑块指数[公式（5—4）]

$$LPI=\frac{max(a)}{A} \tag{5—4}$$

式中：*LPI* 表示最大斑块指数，*max*（*a*）代表西宁市建成区最大斑块的面积，*A* 代表西宁市建成区整个景观的面积。最大斑块指数越大，建成区在整体景观格局中越占优势。

④建成区聚合度指数 [ 公式（5—5）]

$$AI=\frac{g}{maxg}\times 100 \quad (5—5)$$

式中：*AI* 为西宁市建成区的聚合度指数，*maxg* 表示西宁市建成区达到最大聚集时同类相邻斑块的边数，该情况发生于西宁市建成区栅格聚集为一个紧凑斑块时。聚合度指数用于反映西宁市建成区的聚合程度，聚合度越大，该类型的所有斑块间的公共边界越多。

1986—2020 年，西宁市空间扩张呈现外缘式的特点。依据公式（5—2）、公式（5—3）、公式（5—4）、公式（5—5）得到西宁市建成区的景观格局相关指数（表 5—4），西宁市建成区的斑块密度、边缘密度、最大斑块指数以及聚集度均增大。建成区斑块密度增大，表示西宁市建成区破碎化程度加大。边缘密度增大，表示西宁市新增建成区主要在区域外围。最大斑块指数增大，表示建成区在西宁市主城区行政区划中比重加大。聚合度增大，表示建成区公共边界增多。总体上看，西宁市建成区面积越来越大，其越来越成为西宁市行政区划范围内的用地主体。

**1986—2020 年西宁市建成区景观格局指数** **表 5—4**

| | 斑块密度 | 边缘密度 | 最大斑块指数 | 聚合度 |
|---|---|---|---|---|
| 1986 | 0.56 | 1.21 | 4.32 | 62.47 |
| 1991 | 0.69 | 1.44 | 8.63 | 71.80 |
| 1996 | 0.71 | 1.52 | 9.93 | 73.48 |
| 2001 | 0.73 | 1.63 | 12.83 | 74.81 |
| 2006 | 0.74 | 1.79 | 15.00 | 75.62 |
| 2011 | 0.71 | 2.04 | 19.09 | 77.19 |
| 2016 | 0.71 | 2.51 | 26.95 | 79.48 |
| 2020 | 0.52 | 1.51 | 36.94 | 90.87 |

（5）建成区扩张方向变化

西宁市空间扩张在不同阶段朝不同方向扩张的差异明显，主要呈现从向东、东南扩张到向西、北的转变。在探究西宁市建成区的扩张方向方面，为了更好地分析西宁市建成区相等时间序列的空间扩张变化，因此以 5 年为间隔的遥感数据作为扩张方向变化的数据来源，以西宁市行政区划的几何中心为圆心，借助扇形分析法对西宁市建成区 8 个方向上的扩张面积和扩张强度进行分析，探究西宁市七期建成区面积和强度的变化及 1986—2020 年的总体变化。

从 1986—1991 年西宁市的扩张面积变化可以发现，向东南和向正东是西宁市城市空间扩张的主体，正西的扩张次之。西宁市空间扩张在这一时期呈现出东拓的趋势。1991—1996 年，西宁市的城市空间扩张仍然以东南方向和正东方向为主，但是正西、正南以及正北扩张的面积开始接近。西宁市在这一时期城市空间扩张速度减弱，扩张面积的变化在各个方向上均有所减小，原以东南、正东方向的城市空间扩张随之减弱，因此这一时期，各个方向上扩张面积变化不大，各方向上扩张的面积接近。1996—2001年，西宁市的城市空间扩张在正东、东南的基础上开始朝正西和正北扩张，增长趋势明显。2001—2006年，西宁市的城市空间扩张在正东方向减少明显，仅扩张了0.87km$^2$，此时的空间扩张仍以东南方向为主，但正北方向的空间扩张面积也开始增加。2006—2011年，西宁市空间扩张的方向开始发生显著变化，正西方向成为扩张的主要方向，同时正北方向也开始显著增加。由2011—2020年的西宁市空间扩张可以发现，正西和正北方向的扩张成为西宁市空间扩张的主体，这是因为海湖新区的扩张以及城北长宁科研教育产业组团的建设。总的来看，1986—2020年，西宁市城市空间扩张在正西和正北方向扩张的面积明显，分别为29.87km$^2$和29.82km$^2$；东南方向和正东方向次之，分别为23.72km$^2$和17.82km$^2$，这两个方向的扩张较多是在21世纪前进行的；虽然西宁市在2001年提出城南新区的建设，在正南方向上也增长了17.42km$^2$，但没有成为西宁市城市空间扩张的主要方向（图5—5）。

西宁市城市空间扩张过程中的开发强度呈现从正东和东南方向较高转为正北和正西也逐步升高的趋势。为进一步探讨城市空间扩张过程中各个方向的扩张强度的变化，开始对8个方向的城市扩张强度进行探究。研究结果发现，首先，正东和东南方向一直是西宁市扩张强度最高的方向，该特征的呈现是因为其扩张的方向位于老城区的范围，且城东区的行政区划范围不大，所以扩张强度较高。其次，正西和正北的开发强度随着西宁市城市的发展和扩张，扩张强度也有所上升。最后，2006年后西南方向的城市空间扩张强度增长明显，是因为2006年后海湖新区的建设速度加快，海湖新区的发展带动了西南方向的扩张和发展，扩张强度较高（图5—6）。

（6）景观扩张指数模式变化

刘小平和黎夏等提出用景观扩张指数（刘小平，2009）来识别景观扩张类型，判断景观是以何种方式进行扩张，从而获取景观变化的过程信息。根据景观扩张指数定量分析景观扩张过程的规律，进一步探讨景观扩张的空间模式与景观格局之间的关系。传统的景观指数一般只定量描述某一时相的景观格局及其分布，景观扩张指数则可用来描述两个或多个时相景观格局的变化过程，其计算如公式（5—6）：

$$LEI = 100 \times \frac{A_O}{(A_E + A_P)} \tag{5—6}$$

式中，$LEI$（landscape expansion index）为景观扩张指数，$A_O$为西宁市缓冲区内原有建成区面积，$A_E$为西宁市缓冲区面积，$A_P$为西宁市缓冲区内新增面积。当$0 \leqslant LEI<2$时，西宁市景观属于飞地式扩张；当$2 \leqslant LEI \leqslant 50$时，西宁市景观为边缘式扩张；当$50<LEI \leqslant 100$时，西宁市景观属于填充式扩张。填充式空间扩张是指新增建成区用地斑块填充原有景观斑块，边缘式空间扩张是指新增建成区用地斑块是沿着原有建成区用地斑块的边缘扩张出去，飞地式扩张是指新增建成区用地斑块与原有城市用地斑块处于分离状态。可以判断西宁市建成区新增用地的

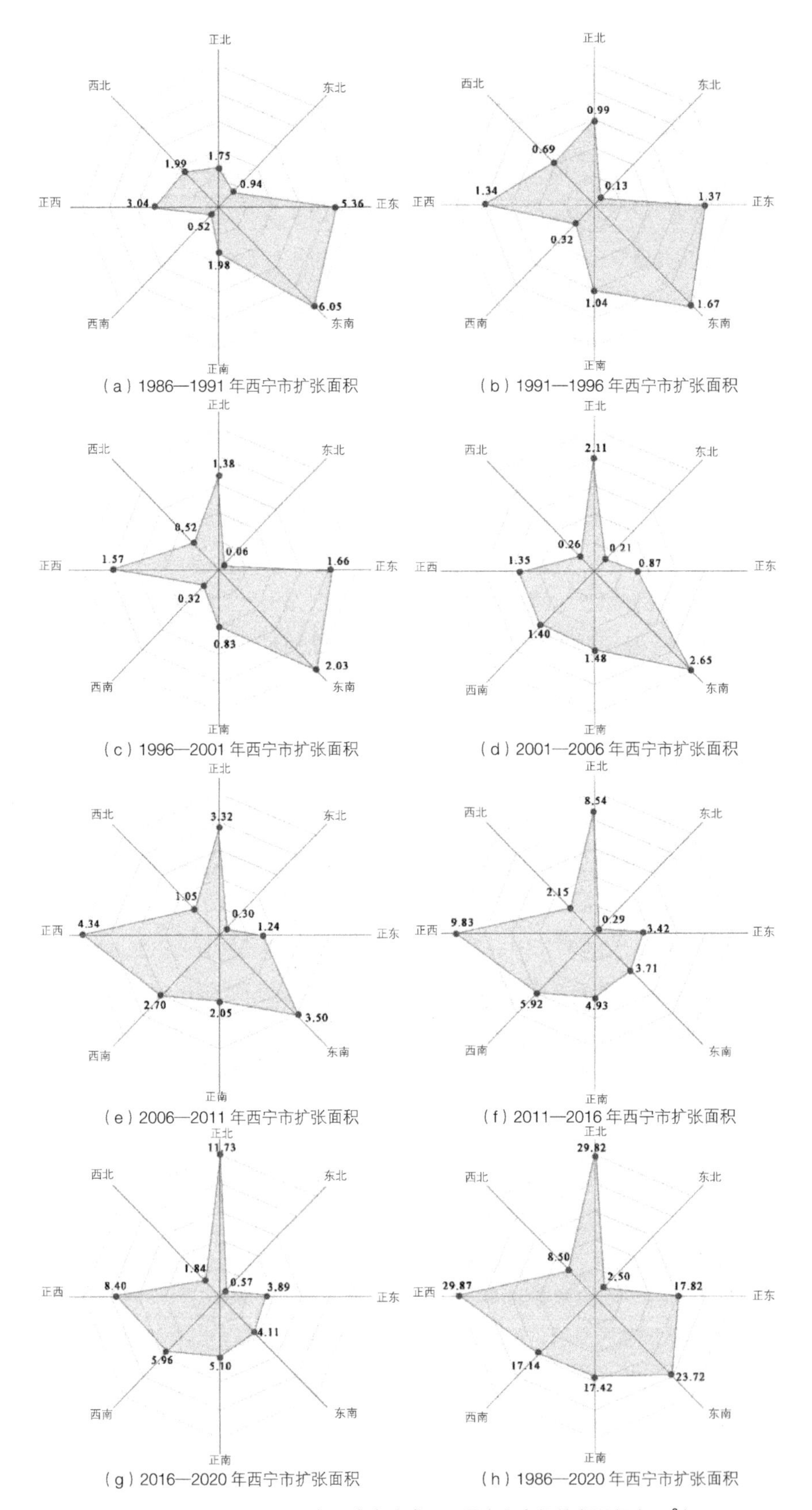


（a）1986—1991 年西宁市扩张面积

（b）1991—1996 年西宁市扩张面积

（c）1996—2001 年西宁市扩张面积

（d）2001—2006 年西宁市扩张面积

（e）2006—2011 年西宁市扩张面积

（f）2011—2016 年西宁市扩张面积

（g）2016—2020 年西宁市扩张面积

（h）1986—2020 年西宁市扩张面积

**图 5—5 1986—2020 年西宁市建成区不同方向空间扩张面积（$km^2$）**

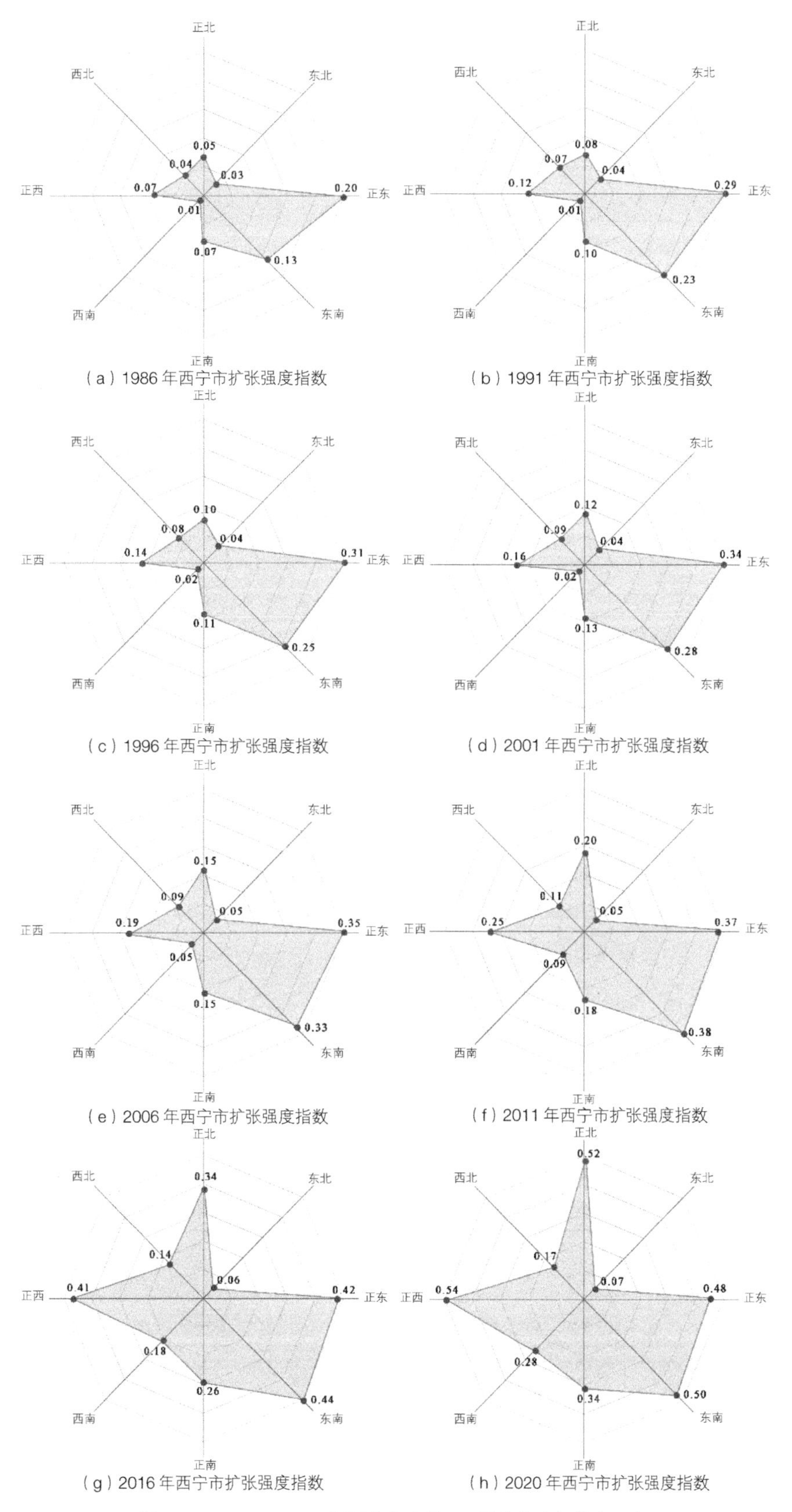


（a）1986 年西宁市扩张强度指数　（b）1991 年西宁市扩张强度指数

（c）1996 年西宁市扩张强度指数　（d）2001 年西宁市扩张强度指数

（e）2006 年西宁市扩张强度指数　（f）2011 年西宁市扩张强度指数

（g）2016 年西宁市扩张强度指数　（h）2020 年西宁市扩张强度指数

**图 5—6　1986—2020 年西宁市建成区不同方向空间扩张强度**

扩张模式，本研究中将该指数用于测算西宁市建成区空间的扩张模式。

西宁市空间扩张过程中，建成区先以填充式扩张为主导，随后边缘式扩张比重逐渐升高。依据公式 5—6 得到西宁市景观扩张指数，根据测算出来的景观扩张指数得到了 7 个时间段的城市扩张类型图，从 1986—2016 年来看 *LEI* 有增加的趋势，城市的扩张以边缘式扩张为主，但是边缘式扩张逐渐转变为填充式扩张，建成区在向外围扩张的同时填充式扩张也正在进行。而从 2016—2020 年来看，*LEI* 有所减少，城市的边缘式扩张又有所增加，建成区有一部分开始以填充式的方式扩张（图 5—7）。

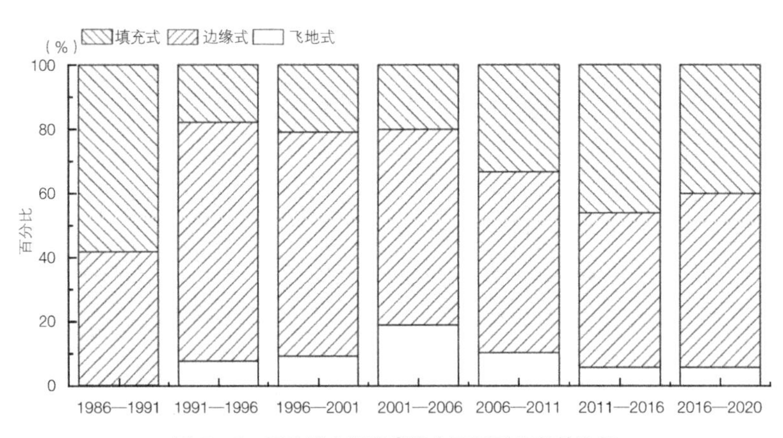


**图 5—7　三种城市扩张类型在不同时间段的比例**

通过各斑块数量及其比例可以发现，1986—1991 年西宁市城市空间扩张主要是填充式扩张，占该 5 年扩张面积的 58.13%，而边缘式扩张占 41.61%，未大规模地沿城市边缘进行扩张，同时西宁市城市空间扩张的动力和人口不足以支撑飞地式发展，因此这种扩张模式占比较少。1991—2011 年，西宁市主要是边缘式扩张，在 1991—1996 年、1996—2001、2001—2006、2006—2011 年占比 74.48%、69.73%、60.94%、56.35%。可以发现，西宁市的边缘式扩张的占比虽然每期都会下降，但仍然是这段时间城市空间扩张的主要类型。2011—2020 年，填充式和边缘式比重都较大，建成区在城市边缘扩张的同时在城市内部也在增长（表 5—5）。

**不同时间段各类型扩张模式斑块数及其所占比例（个，%）**　　表 5—5

| | 1986—1991 | | 1991—1996 | | 1996—2001 | | 2001—2006 | | 2006—2011 | | 2011—2016 | | 2016—2020 | |
|---|---|---|---|---|---|---|---|---|---|---|---|---|---|---|
| 类型 | 斑块数 | 比例 | 斑块数 | 比例 | 斑块数 | 比例 | 斑块数 | 比例 | 斑块数 | 比例 | 斑块数 | 比例 | 斑块数 | 比例 |
| 飞地式 | 2 | 0.26 | 56 | 7.72 | 70 | 9.33 | 129 | 18.94 | 91 | 10.32 | 70 | 5.74 | 94 | 5.77 |
| 边缘式 | 325 | 41.61 | 540 | 74.48 | 523 | 69.73 | 415 | 60.94 | 497 | 56.35 | 587 | 48.15 | 883 | 54.17 |
| 填充式 | 454 | 58.13 | 129 | 17.79 | 157 | 20.93 | 137 | 20.12 | 294 | 33.33 | 562 | 46.10 | 653 | 40.06 |
| 累计 | 781 | 100 | 725 | 100 | 750 | 100 | 681 | 100 | 882 | 100 | 1219 | 100 | 1630 | 100 |

通过不同时间段城市扩张类型的空间分布图可知，西宁市1986—2020年城市空间扩张变化较快，大量用地转换为城市用地，但是不同时期西宁市城市空间扩张的模式有所不同。1986—1991年，西宁市空间扩张填充式和边缘式两种模式共同影响，填充式的城市空间扩张主要沿着交通主干线，如柴达木路、五四大街等进行，而城市边缘主要是边缘式扩张。1991—1996年，西宁市城市空间扩张面积较小，建成区面积变化不大，主要是边缘扩张。1996—2001年，西宁市在城北出现了填充式扩张，而在城市边缘区域仍是边缘式扩张，是因为城北区在原有的工业基础上增加了自己的工业规模，主要是填充式扩张，城市边缘继续以边缘式扩张为主。2001—2006年，西宁市在今城南新区、乐家湾以及城北生物园区区域都以填充式扩张为主，西宁市城市用地更加紧凑，同时城市边缘仍以边缘式扩张为主。2006—2011年，西宁市在今海湖新区、韵家口、城南新区南部以及城北部分地区均以填充式扩张为主，主要是因为西宁市城市新区的建设，如海湖新区、南川工业园区的建设和发展。2011—2016年，河湟谷地的中心部分已被建设用地填满，建成区继续朝周边分支的沟壑延伸，扩张类型仍然以填充式扩张和边缘式扩张为主，西宁市城市空间继续向外扩张。2016—2020年，西宁市建设用地更加集约，主城区建成区内部建设用地更加密集，以填充式扩张为主。同时，北川节能建材产业园、西宁经济技术开发区的发展让西宁市城市边缘继续扩张，以边缘式扩张为主（图5—8）。

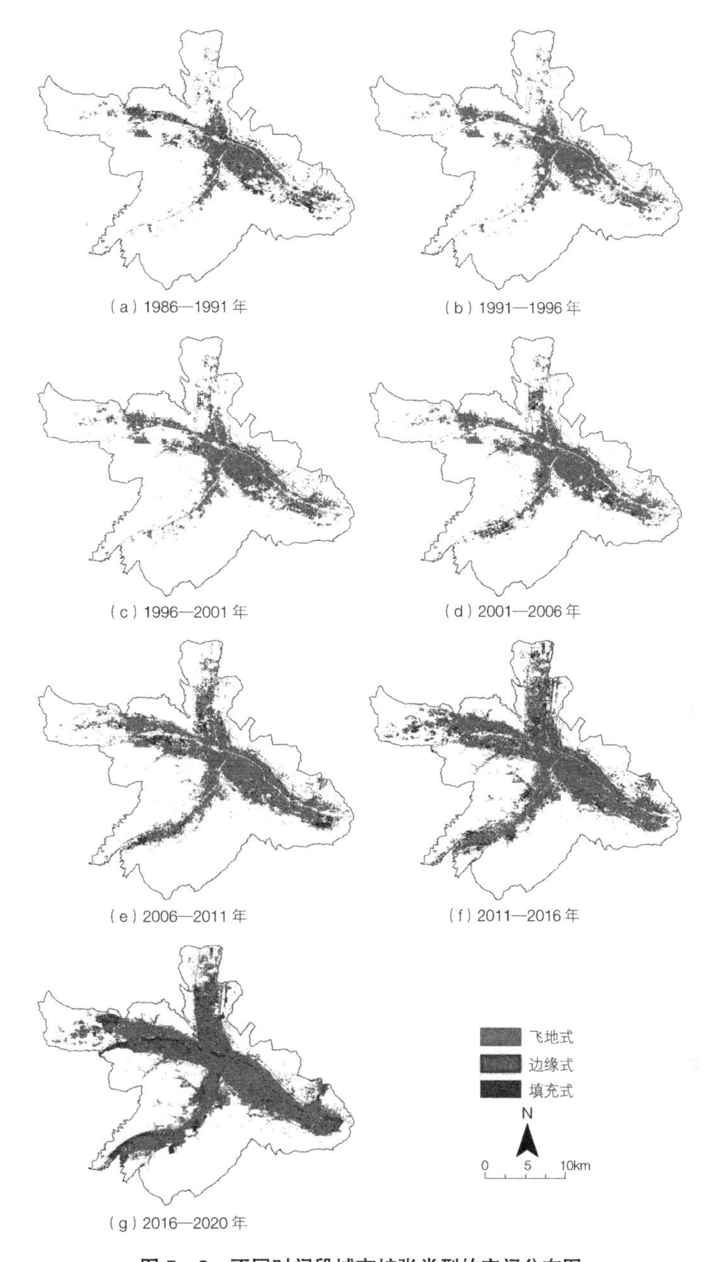


**图5—8　不同时间段城市扩张类型的空间分布图**

## 5.2.2 城市建设用地空间扩张分析

（1）城市建设用地扩张规模变化

西宁市建成区各类建设用地变化明显，依据时代背景和城市发展历程，建设用地分类及面积的扩张各具特色。建成区各类型建设用地通过历版西宁市城市总体规划电子化得到。将历版西宁市城市总体规划中的城市边界进行矢量化处理，得到西宁市在不同时期的城市边界（图 5—9）。

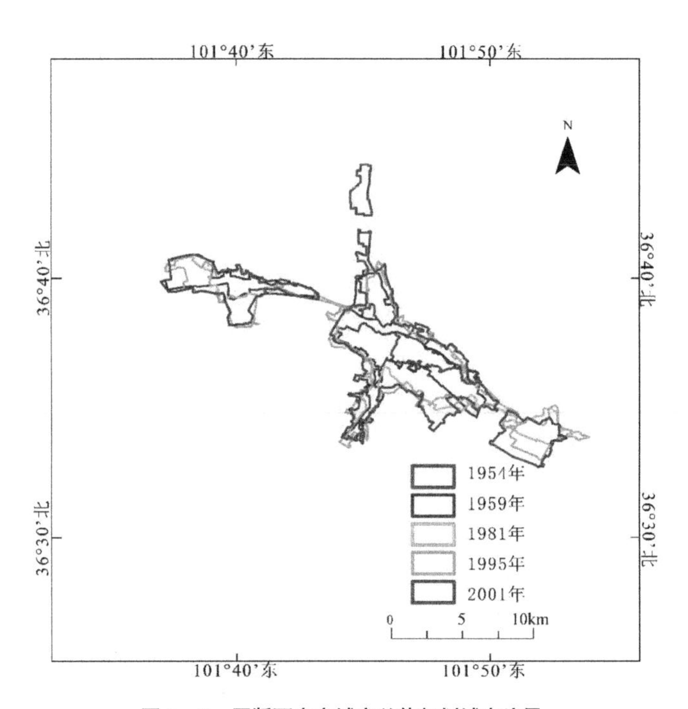


**图 5—9 历版西宁市城市总体规划城市边界**

1954 年西宁市城市总体规划中建设用地比例较高的分别是居住用地（50.50%）和绿地（14.38%），工业用地比例较低，仅占 7.2%。新中国刚建立的第一版西宁市城市总体规划将西宁市的性质定义为以毛纺织工业和机器工业为主的工业城市，全市工业水平仍处于起步阶段，因此工业用地的比例较低。当时西宁市作为青海省的省会城市，其建设用地主要以居住用地为主，承载了重要的居住功能（表 5—6）。

**1954 年城市总体规划各类用地比例** **表 5—6**

| 用地类型 | 比例 |
|---|---|
| 工业用地 | 7.20 |
| 行政办公用地 | 10.56 |
| 交通运输用地 | 1.12 |

续表

| 用地类型 | 比例 |
| --- | --- |
| 教育科研用地 | 9.40 |
| 居住用地 | 50.50 |
| 绿地 | 14.38 |
| 商业用地 | 2.97 |
| 体育用地 | 2.75 |
| 医疗卫生用地 | 1.12 |

1959 年西宁市城市总体规划中，建设用地比例较高的分别是工业用地（33.04%）和居住用地（19.18%）。经过经济恢复时期，西宁市工业得到了发展，此时国民经济处在“大跃进”时期，更加完善了城市的工业布局，提出建设马坊工业区、小桥朝阳工业区、韵家口工业区、南滩工业区、彭家寨工业区等，工业用地面积增大（表 5—7）。

**1959 年城市总体规划各类用地比例** **表 5—7**

| 用地类型 | 比例 |
| --- | --- |
| 仓储用地 | 8.50 |
| 工业用地 | 33.04 |
| 行政办公用地 | 11.45 |
| 交通用地 | 2.04 |
| 居住用地 | 19.18 |
| 绿地 | 1.61 |
| 商业用地 | 3.64 |
| 施工用地 | 0.06 |
| 特殊用地 | 3.35 |
| 体育用地 | 2.18 |
| 文化娱乐用地 | 1.82 |
| 学校用地 | 11.43 |
| 医疗用地 | 1.20 |
| 邮电设施用地 | 0.50 |

1981 年西宁市城市总体规划中，建设用地比例较高的分别是生活用地（47.88%）和工业用地（24.56%）。该分类标准中，将西宁市的居住用地、商业用地等共同归为生活用地，因此面积占比较高。规划中指出，西宁市近期人口要控制在 50 万以内，远期人口控制在 60 万以内。按照这个要求，提出把西宁市建设成为具有地方、民族特色的、文明整洁的社会主义现代化城市，产业以轻纺工业和机械工业为主。因此，在建成区方面，为集中布局，以旧城为中心，向东西向延伸发展，而工业用地相对集中（表 5—8）。

**1981 年城市总体规划各类用地比例** **表 5—8**

| 用地类型 | 比例 |
| --- | --- |
| 仓储用地 | 12.47 |
| 大专院校 | 2.29 |
| 工业用地 | 24.56 |
| 公园 | 0.99 |
| 科研用地 | 1.28 |
| 领导机关用地 | 1.08 |
| 生活用地 | 47.88 |
| 特殊用地 | 6.22 |
| 文体用地 | 2.35 |
| 医疗用地 | 0.86 |

1995 年西宁市城市总体规划中，建设用地较高的分别是居住用地（34.47%）和工业用地（26.32%），工业用地相对比重提升，西宁市在此时工业虽然受中国特色社会主义市场经济改革和三线建设调整的影响，大型国有工业企业开始转型，但在此时仍取得了发展，工业用地有所上升（表 5—9）。

**1995 年城市总体规划各类用地比例** **表 5—9**

| 用地类型 | 比例 |
| --- | --- |
| 仓储用地 | 6.49 |
| 大专院校用地 | 2.97 |
| 工业用地 | 26.32 |
| 公园 | 3.29 |
| 行政办公用地 | 4.39 |
| 居住用地 | 34.47 |
| 科研用地 | 1.55 |
| 商业金融用地 | 1.64 |
| 市政公用设施用地 | 2.73 |
| 特殊用地 | 12.06 |
| 体育用地 | 3.51 |
| 医疗用地 | 0.59 |

2001 年西宁市城市总体规划中，建设用地较高的分别是居住用地（28.13%）和工业用地（23.39%），工业用地的比重降低。进入 21 世纪以来，西宁市建设资源节约型和环境友好型城市，一定程度上限制了工业用地的增长，同时旧的工业用地随着工业企业的转型和关闭，较上一版城市总体规划，工业用地减少了将近 3 个百分点（表 5—10）。

**2001年城市总体规划各类用地比例** **表5—10**

| 用地类型 | 比例 |
|---|---|
| 仓储用地 | 4.39 |
| 工业用地 | 23.39 |
| 公共服务设施用地 | 3.01 |
| 交通用地 | 0.98 |
| 教育科研用地 | 7.71 |
| 居住用地 | 28.13 |
| 绿地 | 4.10 |
| 商业金融用地 | 5.87 |
| 公用设施用地 | 4.20 |
| 特殊用地 | 15.20 |
| 体育用地 | 0.50 |
| 文化娱乐用地 | 0.97 |
| 文物古迹用地 | 0.13 |
| 医疗卫生用地 | 1.43 |

西宁市历版城市总体规划中居住用地是城市建成区建设用地的主体，工业用地在不同历史时期有波动。西宁市城市空间扩张的主体是工业用地的扩张，国有工业企业的政策和地位的变化影响了西宁市建成区的变化。随着20世纪90年代工业政策的调整，西宁市城市空间扩张的速度也因此减弱，通过工业用地的变化可以认为在21世纪前国有企业主导的工业是影响西宁市城市空间扩张的重要因素，工业用地的增长是西宁市建成区面积增长的重要组成部分，同时配套工业用地的其他用地也对西宁市的城市空间扩张起到了重要的作用。

（2）城市各区建设用地扩张规模变化

西宁市各行政区内部不同类型建设用地在不同时期所占比例不同。为探究各类型建设用地在四个不同行政区的占比，用不同行政区的范围提取各类型用地，探究各行政区不同建设用地占西宁市建成区建设用地总面积的比例，以此发现行政区尺度下不同类型建设用地的变化。

1954年西宁市总体规划下各类型建设用地在不同行政区的比重有所不同，城东区建设用地所占比重较大且主要为居住用地。根据西宁市的发展历程得知，西宁老城区的范围包含在如今城东区和城中区的行政区划内，承载着老城区的居住功能，因此居住用地和其他配套用地较高，建设用地的主体分布在城东区和城中区。此时工业用地在今小桥地区分布广泛，因此城北区工业用地比重较大（表5—11）。

**1954 年各行政区建设用地占建成区建设用地的比重** **表 5—11**

| 用地类型 | 城北区 | 城东区 | 城西区 | 城中区 |
|---|---|---|---|---|
| 工业用地 | 5.17 | 0.84 | 0.53 | 0.65 |
| 行政办公用地 | 0.70 | 1.59 | 2.30 | 5.20 |
| 交通运输用地 | 0.41 | 0.00 | 0.27 | 0.17 |
| 教育科研用地 | 0.00 | 4.76 | 3.76 | 0.87 |
| 居住用地 | 0.90 | 24.08 | 1.62 | 16.51 |
| 绿地 | 5.96 | 4.84 | 0.95 | 2.63 |
| 商业用地 | 0.00 | 0.93 | 1.71 | 0.32 |
| 体育用地 | 0.00 | 0.22 | 0.86 | 1.66 |
| 医疗卫生用地 | 0.00 | 0.79 | 0.00 | 0.33 |
| 建设用地 | 14.35 | 41.56 | 13.11 | 30.99 |

1959 年西宁市总体规划下各类型建设用地在不同行政区的比重有所不同，城北区建设用地迅速增加，且主要为工业用地。西宁市新工业用地较多分布在今城北区，这也是城北区建设用地扩张的主要原因。城东区的建成区面积仅次于城北区（表 5—12）。

**1959 年各行政区建设用地占建成区建设用地的比重** **表 5—12**

| 用地类型 | 城北区 | 城东区 | 城西区 | 城中区 |
|---|---|---|---|---|
| 仓储用地 | 6.91 | 1.25 | 0.35 | 0.00 |
| 工业用地 | 35.52 | 7.76 | 7.40 | 5.73 |
| 行政办公用地 | 0.27 | 2.91 | 5.71 | 2.57 |
| 交通用地 | 1.52 | 0.31 | 0.21 | 0.00 |
| 居住用地 | 1.78 | 9.07 | 2.43 | 6.49 |
| 绿地 | 1.61 | 0.00 | 0.00 | 0.00 |
| 商业用地 | 0.00 | 0.64 | 1.42 | 1.58 |
| 施工用地 | 1.15 | 0.00 | 0.00 | 0.00 |
| 特殊用地 | 1.49 | 0.85 | 0.59 | 1.47 |
| 体育用地 | 0.11 | 1.48 | 0.22 | 0.37 |
| 文化娱乐用地 | 0.12 | 0.00 | 1.48 | 0.22 |
| 学校用地 | 3.06 | 4.33 | 5.58 | 0.77 |
| 医疗用地 | 0.13 | 0.56 | 0.13 | 0.37 |
| 邮电设施用地 | 0.00 | 0.31 | 0.15 | 0.05 |
| 建设用地 | 41.79 | 22.94 | 19.99 | 15.27 |

1981 年西宁市总体规划下各类型建设用地在不同行政区的比重有所不同，城北区、城西区建设用地所占比重有所降低，城东区、城中区建设用地占比提高。改革开放前，城北区的建设用地由于小桥工业区、马坊工业区等工业区的发展推动了工业用地的增长，且由于人口在城北区的集聚，居住用地的面积也有所提高。改革开放后，西宁市工业发展减缓，因此城北区建设

用地的比重也有所下降（表 5—13）。

1981 年各行政区建设用地占建成区建设用地的比重　　表 5—13

| 用地类型 | 城北区 | 城东区 | 城西区 | 城中区 |
|---|---|---|---|---|
| 仓储用地 | 6.75 | 2.48 | 0.00 | 0.00 |
| 大专院校 | 0.77 | 0.49 | 0.69 | 0.34 |
| 工业用地 | 11.89 | 5.76 | 2.02 | 4.36 |
| 公园 | 0.01 | 0.00 | 0.99 | 0.00 |
| 科研用地 | 0.58 | 0.15 | 0.54 | 0.00 |
| 领导机关用地 | 0.55 | 0.07 | 0.05 | 0.41 |
| 生活用地 | 11.16 | 14.36 | 9.86 | 12.25 |
| 特殊用地 | 2.01 | 2.68 | 1.18 | 0.34 |
| 文体用地 | 0.63 | 0.92 | 0.28 | 0.52 |
| 医疗用地 | 0.12 | 0.26 | 0.14 | 0.34 |
| 建设用地 | 35.92 | 28.32 | 16.41 | 19.35 |

1995 年西宁市总体规划下各类型建设用地在不同行政区的比重有所不同，城北区建设用地所占比重继续降低，城东区建设用地占比持续增加，接近城北区，城西区、城中区建设用地面积有所增加。随着中国特色社会主义市场经济体制的确立，西宁市工业进一步减少，以城北区为代表的老旧工业区发展减缓，建设用地占比持续下降。城东区此时是西宁市工业发展的重点，这是由于西宁市工业布局从城北区向城东区转移，导致城东区建设用地面积持续增高。随着南川工业园区的发展，城中区在此时建设用地面积也有所提高（表 5—14）。

1995 年各行政区建设用地占建成区建设用地的比重　　表 5—14

| 用地类型 | 城北区 | 城东区 | 城西区 | 城中区 |
|---|---|---|---|---|
| 仓储用地 | 3.78 | 1.99 | 0.65 | 0.07 |
| 大专院校用地 | 0.58 | 1.00 | 0.78 | 0.60 |
| 工业用地 | 10.65 | 6.82 | 2.86 | 5.52 |
| 公园 | 0.01 | 0.00 | 1.23 | 2.05 |
| 行政办公用地 | 0.38 | 0.67 | 1.70 | 1.63 |
| 居住用地 | 9.68 | 11.16 | 6.97 | 6.66 |
| 科研用地 | 1.08 | 0.06 | 0.37 | 0.04 |
| 商业金融用地 | 0.01 | 0.36 | 0.82 | 0.44 |
| 市政公用设施用地 | 1.18 | 0.84 | 0.19 | 0.51 |
| 特殊用地 | 1.94 | 8.03 | 1.07 | 1.03 |
| 体育用地 | 2.19 | 0.20 | 0.23 | 0.89 |
| 医疗用地 | 0.13 | 0.30 | 0.07 | 0.09 |
| 建设用地 | 31.76 | 31.59 | 17.01 | 19.64 |

2001 年西宁市总体规划下各类型建设用地在不同行政区的比重有所不同，城东区的建设用地所占比重超越城北区，为西宁市主城区四区中最高。城东区教育、医疗、市政等公共服务设施用地的面积在此时增加明显，西宁市城市总体规划越来越关注居民的日常生活需求，相关配套设施逐步完善。其他行政区的相关配套设施用地也有所提升（表 5—15）。

**2001 年各行政区建设用地占建成区建设用地的比重** **表 5—15**

| 用地类型 | 城北区 | 城东区 | 城西区 | 城中区 |
| --- | --- | --- | --- | --- |
| 仓储用地 | 2.63 | 1.25 | 0.19 | 0.31 |
| 工业用地 | 9.45 | 8.52 | 1.45 | 3.98 |
| 公共服务设施用地 | 0.68 | 0.59 | 1.13 | 0.61 |
| 交通用地 | 0.33 | 0.64 | 0.00 | 0.00 |
| 教育科研用地 | 4.49 | 1.05 | 1.50 | 0.68 |
| 居住用地 | 5.98 | 9.43 | 5.61 | 7.11 |
| 绿地 | 0.51 | 1.29 | 1.22 | 1.09 |
| 商业金融用地 | 1.28 | 2.04 | 1.55 | 1.01 |
| 公用设施用地 | 1.30 | 1.71 | 0.36 | 0.83 |
| 特殊用地 | 2.41 | 10.30 | 1.71 | 0.77 |
| 体育用地 | 0.00 | 0.00 | 0.01 | 0.48 |
| 文化娱乐用地 | 0.35 | 0.00 | 0.33 | 0.13 |
| 文物古迹用地 | 0.13 | 0.16 | 0.00 | 0.00 |
| 医疗卫生用地 | 0.11 | 0.65 | 0.18 | 0.49 |
| 建设用地 | 29.64 | 37.62 | 15.24 | 17.49 |

### 5.2.3 西宁市城市扩张模式

西宁市在不同时期呈现不同的扩张模式，第一阶段以填充式扩张为主，第二阶段以边缘式扩张为主，第三阶段填充式扩张和边缘式扩张并行。根据上述对西宁市主城区空间扩张变化的相关分析，将西宁市城市扩张模式分为三个阶段，分别是 1986—1991 年的第一阶段，1992—2011 年的第二阶段以及 2012—2020 年的第三阶段。

1986—1991 年，第一阶段：西宁市扩张模式以填充式扩张为主。具体而论，西宁市在城市的东轴由于工业的发展、工业用地的推动呈现快速轴向蔓延式扩张，而在东轴和南轴呈现低速连续蔓延式扩张，多处出现填充式扩张。此阶段西宁市城市扩张变化不明显，扩张动力较弱。这一时期，向东扩张是西宁市城市空间扩张的主体，由于工业用地的带动和已形成建成区的路径依赖效应带动，西宁市城市空间在东轴呈现快速的轴向蔓延式扩张。而在西轴和南轴的扩张模式也以蔓延式为主，但是由于缺乏扩张动力，呈现低速连续的蔓延式扩张。与此同时，填充式扩张在此时也表现明显。过去西宁市用地粗放式的空间扩张在城市主城区留下了大量空置的用地，城市用地的集约性较差，这一时期出现了大量填补城市中心区的新增用地，以填充式扩张为主，城市用地逐渐集约。

1992—2011 年，第二阶段：西宁市扩张模式以边缘式扩张为主。首先，在西宁市的北轴、南轴以及西轴都呈现出了快速轴向蔓延式扩张；其次，在东轴出现了低速连续蔓延式扩张，其他区域呈现填充式扩张的模式。此时的西宁市由于城南新区的发展、海湖新区的提出以及长宁教育组团的建立，在南轴、西轴以及北轴呈现快速轴向蔓延式扩张的特点。这一时期，政府的引导是西宁市城市空间扩张的主要动力，由于新区的提出和专业级组团的建立出现了大量的政策倾斜，吸引了大量的资金、劳动力等进入新区，推动这一区域的城市空间扩张，呈现快速轴向蔓延式扩张的特点。与此同时，这一时期西宁市东轴呈现低速连续蔓延式扩张的特点，引导其扩张的动力主要是城市的自然增长，即房地产的自然开发引领的城市建设用地的转换和城市建成区面积的增大。在这个过程中，填充式扩张也在西宁市出现，填补着由不规则蔓延式扩张形成的空缺，使西宁市建成区形成了一个连绵的区域。

2012—2020 年，第三阶段：这一时期，西宁市城市空间扩张的进程放缓，快速轴向蔓延式扩张在此阶段不明显，主要是低速连续蔓延式扩张和填充式扩张。低速连续蔓延式扩张主要分布在城市的边缘区域，城市继续朝城市外延扩张，沿河湟谷地周边河谷和沟壑发展。与此同时，填充式扩张也在西宁市进行，提高了西宁市城市土地的集约性。在这一阶段，西宁市城市空间扩张模式以填充式扩张和边缘式扩张并行为主，同时扩张进程放缓，未来西宁市的扩张可能陷入停滞。

综上所述，西宁市城市扩张模式在不同阶段呈现不一样的特点。第一阶段以填充式扩张为主，第二阶段以边缘式扩张为主，第三阶段填充式扩张和边缘式扩张并行。（图 5—10）随着西宁市城市空间扩张的进程放缓，需要更加关注西宁市城市空间扩张的机制和未来的扩张，未来扩张模式可能转换为跳跃式扩张，如发展城市的次中心，在西宁市主城区之外扩张。这需要我们加强西宁市城市空间扩张机制的研究，并对未来城市空间扩张进行预测。

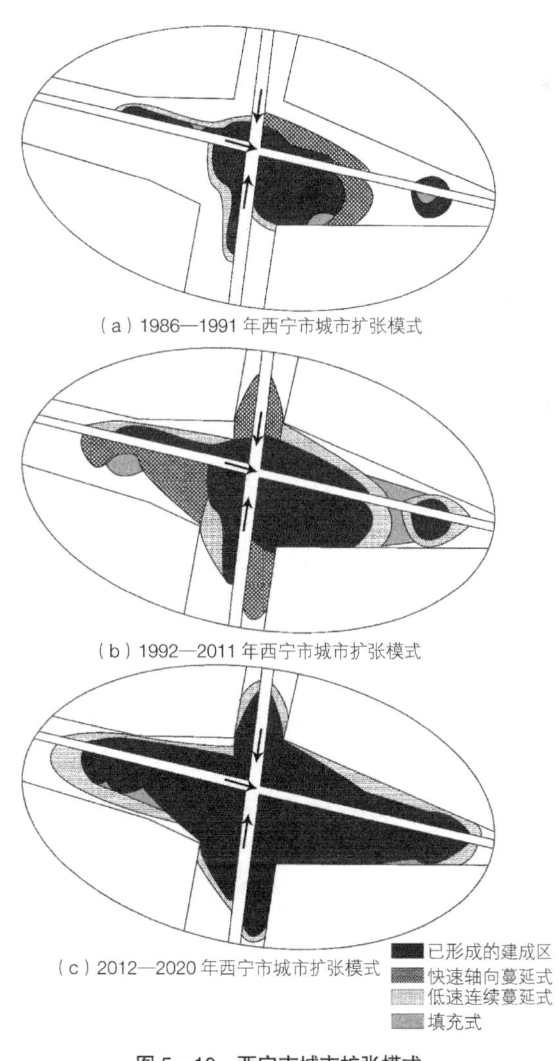

（a）1986—1991 年西宁市城市扩张模式

（b）1992—2011 年西宁市城市扩张模式

（c）2012—2020 年西宁市城市扩张模式

**图 5—10　西宁市城市扩张模式**

### 5.2.4 小结

利用斑块密度、边缘密度、最大斑块指数、聚合度指数、国土开发强度、景观扩张指数，从市域尺度和建成区尺度两个尺度对西宁市空间扩张的过程进行探究，发现建成区空间扩张在总体规模、空间分布、开发强度、景观格局、扩张方向及扩张指数方面的变化及各类型建设用地的变化，得到以下结论：

第一，在扩张规模和强度方面，先看扩张规模，20 世纪 90 年代增速较缓，20 世纪速度再次加快，西宁市建成区面积呈现逐年增加的特点，呈现出快速城市化的状态。同时，建成区在空间上的扩张在不同时期呈现不同的特点，建成区面积在各个行政区的空间分异也有所不同。再看开发强度，西宁市及其各行政区开发强度不断增加，增速有所不同。西宁市整体开发强度增长速度较快，四个行政区的开发强度都得到了增长。

第二，在扩张的景观指数方面，1986—2020 年，西宁市空间扩张呈现外缘式的特点，西宁市建成区的斑块密度、边缘密度、最大斑块指数以及聚集度均增大。总体上看，西宁市建成区面积越来越大，其越来越成为西宁市行政区划范围内的用地主体。

第三，在扩张方向变化方面，西宁市空间扩张在不同阶段朝不同方向扩张差异明显，主要呈现从向东、东南扩张到向西、北的转变。在开发强度方面，西宁市城市空间扩张过程中的开发强度呈现从正东和东南方向较高转为正北和正西也逐步升高的趋势。

第四，在扩张类型方面，西宁市空间扩张过程中，先以填充式扩张为主导，后边缘式扩张比重逐渐升高。西宁市 1986—2020 年城市空间扩张变化较快，大量用地转换为城市用地，但是不同时期西宁市城市空间扩张的模式有所不同。

第五，建成区各类建设用地变化明显，依据时代背景和城市发展历程，建设用地分类及面积的扩张各具特色。同时，西宁市各行政区内部不同类型建设用地在不同时期所占比例不同。

第六，在不同时期呈现不同的扩张模式，第一阶段以填充式扩张为主，第二阶段以边缘式扩张为主，第三阶段填充式扩张和边缘式扩张并行。

## 5.3 西宁市城市空间扩张影响机制

### 5.3.1 城市扩张驱动因素分析

（1）城市经济增长驱动

首先，城市经济增长在西宁市城市空间扩张的过程中起着根本作用。《青海省统计年鉴 2020》指出，2019 年西宁市生产总值 1327.8 亿元，增速为 7.0%。发展水平前景较好，经济发展潜力巨大。西宁市经济水平的提高，使西宁市房地产投资大幅度增加，相关居住小区和配套设施得到了建设，同时原有西宁市居民的购买力增强进一步刺激了房地产及其相关配套设施的建设。根据中华人民共和国国家标准《城市用地分类与规划建设用地标准》GB 50137—2011 的规定，居住用地需要占城市建设用地的 25%—40%，因此随着城市经济的发展，城市居住用地的规模增加，城市空间扩张也得到加强。通过 Pearson 相关性检验，发现建成区面积和 GDP 的 Pearson 相关性为 0.991，在 0.01 的水平上显著相关，可以证明城市经济增长是城市空间扩张的重要驱动因素（表 5—16）。

**西宁市建成区面积及 GDP（$km^2$，亿元）** **表 5—16**

| 年份 | 建成区面积 | GDP |
|---|---|---|
| 1991 | 61.04 | 23.42 |
| 1996 | 67.94 | 54.13 |
| 2001 | 77.46 | 104.49 |
| 2006 | 88.09 | 281.61 |
| 2011 | 111.91 | 770.70 |
| 2016 | 150.30 | 1248.20 |

其次，城市经济增长使得西宁市城市化进程大大加快，城市的拉力使得青海省各州、县的人口大量向西宁市迁移，造成了对西宁市城市居住及其相关生活设施的需求上升，促进了西宁市城市空间的扩张。西宁市城市经济的增长会进一步增强城市经济集聚效应。西宁市吸引了青海省的人流、物流、资金流等城市流，这些城市流在西宁市进行转换产生了城市流转换的外部性，也促进了西宁市城市空间的扩张。

最后，城市经济增长推动了西宁市产业的发展，产业的发展需要大量建设用地的承载，西宁市的大量非建设用地在产业的发展过程中转换为建设用地，建设用地的密度和规模进一步提高，集约化程度加深，单位建设用地的人口承载力也随之增强。通过西宁市空间扩张的过程研究可以发现，西宁市的开发强度越来越大，证明城市经济增长促进了建设用地的增长和用地的集约（图 5—11）。

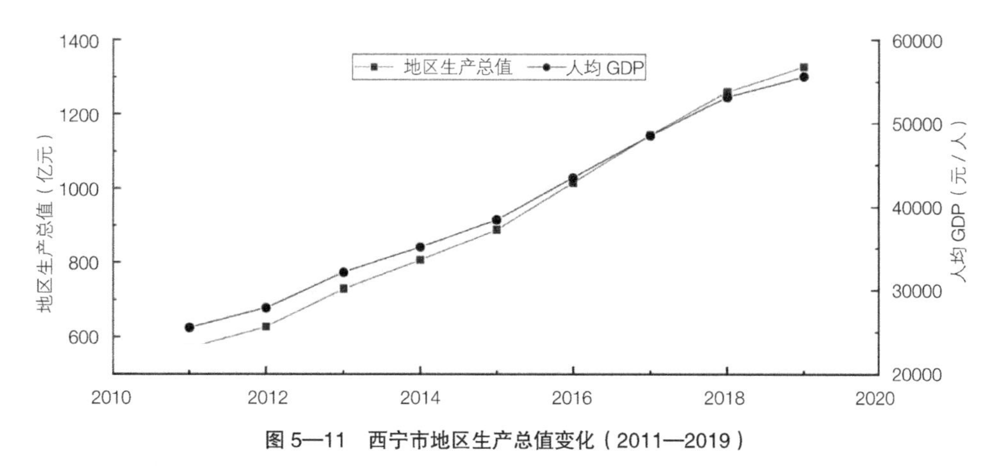


**图 5—11　西宁市地区生产总值变化（2011—2019）**

总的来说，城市经济增长是西宁市城市空间扩张的关键驱动因素。西宁市城市经济增长从居住用地的增长、城市化进程的加快以及产业发展三个方面促进了西宁市城市空间的扩张。

（2）城市产业结构演变驱动

城市产业结构演进会促进资源、资金、劳动力、技术等产业要素在城市产业内部合理有序流动，提高城市经济发展质量和效益，增强城市集聚效应，从而推动城市规模的扩大。改革开放前，西宁市的产业结构是西北地区典型的工业河谷型城市，产业结构主要以工业为主，工业用地作为卫星城的性质大量分布在城市的边缘区，且工业用地由于需要占较大的土地面积，此时西宁市城市空间扩张迅速，以工业用地为主。随着改革开放程度的加深，服务业的发展也推动了西宁市的城市空间扩张，地标性的商业广场如万达广场、唐道637广场、新千国际广场等的建设促进了西宁市的城市空间扩张。曾经的工业用地经过转换，退二进三，成为承载第三产业功能的空间，城市空间扩张在这一过程中向高质量的空间扩张转变。同时，工业结构朝着高级化方向发展，周边用地开始建设更高水平的工业产业用地，如城北生物园区等，这些工业结构的演变也促进了西宁市城市空间的扩张。通过Pearson相关性检验，发现建成区面积和二、三产业产值的Pearson相关性为0.986，在0.01的水平上显著相关，可以证明城市产业结构的演变是城市空间扩张的重要驱动因素（表5—17）。

**西宁市城市建成区面积及二、三产产值（$km^2$，亿元）** **表5—17**

| 年份 | 建成区面积 | 二、三产业产值 |
|---|---|---|
| 1991 | 61.04 | 21.86 |
| 1996 | 67.94 | 50.39 |
| 2001 | 77.46 | 43.96 |
| 2006 | 88.09 | 269.25 |
| 2011 | 111.91 | 743.29 |
| 2016 | 150.30 | 1208.34 |

产业结构演变还对其配套的用地产生影响，西宁市产业结构的演变在不同时期的累积效应对城市空间扩张也产生了影响。城市空间扩张具有明显的历史惯性，计划经济时期的福利性住房制度所建设的单位制小区性质随着住房制度的改革和产业结构的调整也产生了变化，虽仍属于计划经济建设的单位制居住空间，但周边的公共服务设施和配套设施得到了建设和补充，建设用地较之前集约化程度加深。随着西宁市服务业的兴起，大量居住空间及其配套用地开始围绕大型服务业设施和用地进行建设（图5—12）。

总体上，产业结构演变对产业用地产生了影响，产业结构演变是西宁市城市空间扩张的驱动因素之一，对产业用地的扩张、发展以及位置的调整产生了影响；同时，产业结构演变也对非产业用地造成了影响，加强了建成区的集约程度，改变了其规模和面积。

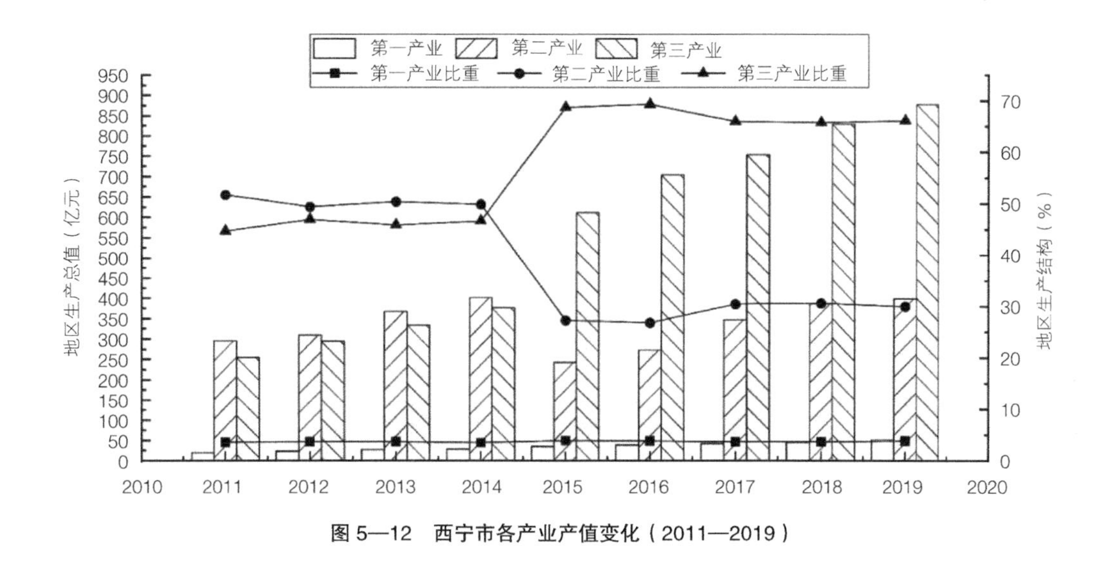


**图 5—12　西宁市各产业产值变化（2011—2019）**

（3）城市人口规模增长驱动

人口规模的增长是西宁市城市空间扩张的基本动力，对西宁市城市空间扩张起主导作用。人口规模的增长使西宁市建成区的面积扩大。西宁市作为青藏高原的中心城市之一，人口集中且增长迅速，需要大量的城市空间承载日益增长的城市人口。为了满足人口的增加而产生的居住、就业、医疗、教育等需求，西宁市需要增加建成区的范围，提高建设用地的面积，通过建设相关基础设施和配套来满足人口规模增长带来的城市用地的需求（表 5—18）。

**西宁市城市建成区面积及人口（km$^2$，人）**　　**表 5—18**

| | 建成区面积 | 城镇人口 |
|---|---|---|
| 2006 | 88.09 | 858382 |
| 2011 | 111.91 | 919786 |
| 2016 | 150.30 | 1257030 |

人口规模增长的不同对城市空间扩张的程度产生了影响。当前西宁市人口在空间上的分布不均匀，人口规模的快速增长一般和城市空间的快速扩张有关，如城南新区的建设吸引了来自西宁市湟中区、湟源县的大部分人口，相关商业、教育、房地产等产业也逐渐向城南新区迁移，新区建设用地增长迅速，西宁市城市空间扩张受人口规模增长的影响显著（图 5—13）。

综上所述，人口规模增长对西宁市城市空间扩张的影响明显，其分别从人口规模的增长使建成区的面积扩大以及人口规模增长的不同对城市空间扩张的程度对西宁市城市空间扩张产生影响。

（4）城市交通需求因素驱动

交通需求因素引导西宁市城市空间扩张的路径，对西宁市城市空间扩张起支撑作用。交通需求因素对城市空间扩张的方向产生影响，西宁市各条公路的建设作为西宁市城市空间扩张的

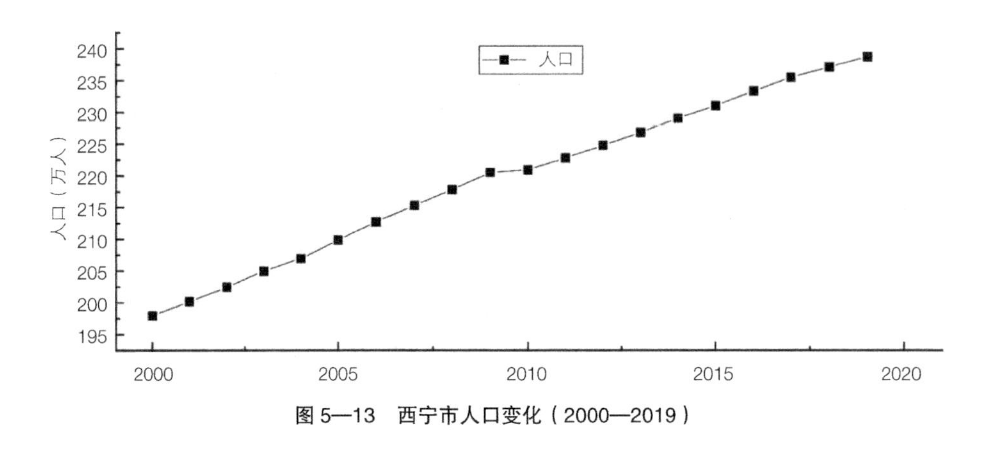


**图 5—13　西宁市人口变化（2000—2019）**

轴线起到了相当重要的作用，城市的边缘沿着以城市道路为主体的交通廊道进行扩张，在城市主要干道附近城市建成区扩张明显。如西宁市就是沿着东关大街、五四西路、海湖大道、同安路等主干道进行城市空间扩张。

交通条件的改善对西宁市城市空间扩张具有引导作用，城市在蔓延的过程中产生了环境污染严重、交通压力大等问题，产生这些问题的重要原因其一是城市边缘的职住直线距离较远，其二是交通条件较差，产生了蔓延现象。改善交通条件提高了西宁市建成区内部的可达性和便捷程度，能够缓解城市无序、不可持续扩张带来的城市问题。

对便捷交通的需求推动了西宁市城市空间的扩张，随着城市边缘建设了南川工业园区、东川工业园区等产业用地，西宁市居民对就近工作和便捷的工作具有较强的诉求，因此围绕这些产业用地，在城市边缘区建设了相关居住用地，城市空间因为对便捷交通的需求而进一步扩张。

总的来说，交通需求因素在对城市空间扩张的方向、交通条件的改善以及便捷交通的需求三个方面对西宁市城市空间扩张产生了影响。

（5）城市政策因素驱动

政策因素作为政府调控的重要手段，对西宁市城市空间扩张起着引领作用。城市规划方面，1949 年以来，西宁市先后编制了数轮西宁市城市总体规划，发展定位由最初的毛纺织工业和机器工业城市转变为现在的青藏高原区域性现代化中心城市，每轮规划不同的功能分区和规划用地的调整，对西宁市城市空间扩张的演变产生了影响。如西宁市城市总体规划对工业区的布局让西宁市在 20 世纪 60 年代就出现了卫星城，西宁市城市空间围绕卫星城开始扩张。进入 21 世纪，西宁市开始推崇新区的建设，依次提出和建设了城南新区和海湖新区。城南新区建设的过程属于跨越式发展，其建成区没有与南川西路工业区过多接壤，在政策因素的作用下，城南新区吸引了大量的投资，因而导致城南新区的建成区迅速发展。海湖新区位于湟水南岸，其建设将一直没有大规模开发的原彭家寨区域进行了建设，使得湟水两岸均实现了建成区的扩张，这一系列变化也源于政府因素的影响。

综上所述，西宁市政府的投资导向、政策引导等宏观调控，引导着西宁市的城市空间扩张。

（6）城市极化效应驱动

极化效应从外部环境的角度吸引各种要素朝西宁市集聚，对西宁市城市空间扩张起着后续推动的作用。西宁市作为青海省的省会和各种要素流集聚、分配的中心，具有极化效应，吸引着外部环境的各种有利要素推动西宁市城市空间扩张。如西宁市作为省会，拥有较好的基础设施，同时因为其较好的自然环境和条件吸引着青海省其他州（县）的居民前来定居，人口的扩张推动了城市空间的扩张。又如西宁市作为青海省的经济中心和行政中心，吸引着青海省其他区域的工业、企业搬迁至西宁，发挥其规模经济带来的制度上的优势，便于企业自身的发展和区域内合作，同时推动了西宁市城市空间的扩张。

所以，城市极化效应使各类型要素在西宁市集聚，推动西宁市城市的发展，推动了西宁市城市空间的扩张。

（7）驱动因素关联探讨

基于“四层一体”理论（周尚意，2017）、驱动因子以及影响因素的识别结果，本研究尝试构建西宁市城市空间扩张驱动因素联系的解释框架。“四层一体”是指区域人地关系分析包括自然要素层、生计层、制度层以及意识文化层四个方面。其中自然要素层是指包括生物圈、气候圈、岩石圈、水圈在内的各自然地理要素；生计层指人类为了满足生活生存需要所创造的文化特质；制度层是指社会制度及社会组织网络；意识文化层是指指导人们生活实践的价值观、世界观等。这四个方面之间形成相互影响且统一的不可分割的整体，当一个层发生变动时，其他层也会与之响应，故为“四层一体”。“四层一体”突出人（生计层、组织层、文化层）和地（自然层）之间的相互作用，也包括各层之间的两两相互影响，体现着地理学区域性和综合性的特点。总的来说，西宁市城市空间扩张受到城市经济增长、产业结构演变、人口规模增长、交通需求因素以及政策因素的共同驱动，其他因素也对西宁市的城市空间扩张产生了影响。上述要素包括自然地理要素方面、生计方面、制度方面以及意识文化方面，它们相互作用、彼此联系，共同影响西宁市的城市空间扩张。

自然地理方面的要素是西宁市城市空间扩张的原始基底，它是由气候、海拔、坡度、河流等要素共同构成的，这些要素对西宁市城市空间扩张产生了促进、限制等作用。具体而言，西宁市作为青海省气候条件较好的区域，吸引了青海省全省的资源和要素，是自然地理要素方面能够推动西宁市城市空间扩张的重要因素。海拔和坡度方面，这两个要素既是西宁市能够扩张的重要条件，也是限制西宁市扩张及引导西宁市扩张方向的引导因素。海拔较低且坡度较缓的区域成为西宁市扩张的主要区域，海拔较高且坡度较陡的区域限制了西宁市的空间扩张，同时这些限制要素使西宁市只能沿着河谷的方向进行扩张，改变了西宁市扩张的方向。河流方面，西宁市位于河湟谷地，在历史时期湟水、南川河和北川河的交界使得该区域形成了人类的聚落，成为西宁市的雏形。随着城市的发展，河流成为限制城市空间扩张、降低城市运行效率的限制因素，由于河流的隔断，西宁市不能形成连绵的城市建成区。自然地理要素方面作为西宁市城市空间扩张的原始基底奠定了西宁市空间扩张的自然条件，起到了主导西宁市空间扩张规模和方向的作用。

生计方面的要素是西宁市城市空间扩张的物质基础，是由用地集约化、产业用地变化、非产业用地变化、人口增长、人口空间分异、交通形式等要素共同构成的。生计方面的要素既是推动西宁市城市空间扩张的动力，也是西宁市城市空间扩张的表现形式，这些因素之间相互作用、相互影响，共同起到了推动西宁市空间扩张的作用。具体而言，虽然生计方面的要素众多且属于不同驱动因素引导下的分支因素，但是要素之间是相互影响互为因果的关系。经济的增长促成了产业结构的演变，促使建成区用地的集约化和用地性质的转变；同时，经济的增长也吸引了人口的机械增长，由此带来的为满足人口需求的设施得以扩张和建设，同时交通形式也因此得以变化，路网越来越密，道路面积越来越大，西宁市空间不断扩张。西宁市的极化效应驱动在此方面尤为明显，各要素通过极化效应从外部推动了西宁市城市空间的发展。生计方面要素作为西宁市城市空间扩张的物质基础，是建成区构成的主体，是建成区扩张的核心力量和表征。

制度方面的要素是西宁市城市空间扩张的辅助力量，是由城市拉力、交通条件、政府调控等要素共同构成的。制度方面的要素从制度和行为等方面推动西宁市城市空间的扩张。城市拉力由薪资待遇、社会福利、社会地位、居住环境等方面共同构成，这些吸引使得周边区域的居民迁移至西宁，该行为推动了西宁市城市空间的扩张。交通条件的区位差异也使得居民产生了不同行为，依据不同的出行模式形成了不同的社会自组织形式，不同的社会自组织形式也推动了城市空间的扩张。在政府调控方面，各级政府利用规划、引导投资等行政手段完善西宁市城市空间的扩张。制度方面要素作为西宁市城市空间扩张的辅助力量，能够指引西宁市城市空间扩张的规模和方向。

意识文化方面的要素是西宁市城市空间扩张的引导力量，购买住房以及便捷交通的需求构成了意识文化方面的主体部分。西宁市住房的需求促进了西宁市居住小区的供给，居住小区供给的上升使得越来越多开发商开始对西宁市投资，如绿地、万科、万达等大规模房地产企业购买西宁市的用地并进行开发，居住小区的数量迅速提高，面积越来越大。如上文所述，进入21世纪，居住用地的增长成为西宁市城市空间扩张的主体，这种现象的本质原因还是因为房地产市场的火热，居民对购买住房有较大的需求，因此购买住房的意向是意识文化方面促进西宁市城市空间扩张最重要的影响因素。对便捷交通的需求也是影响西宁市城市空间扩张的重要因素，城市空间结构导致西宁市在不同区域拥有不同的功能分区，由于分区的差异导致交通存在差异，因此居民产生了不同交通类型的需求。居民对不同类型交通的需求促使交通条件不佳的区域出现城市空间的扩张，而交通条件较好的区域也随着人口的增多而形成集约型的城市扩张，因此交通需求促进了西宁市的城市空间扩张。

综上所述，城市空间扩张的自然层、生计层、组织层、意识文化层之间的各要素相互影响，相互制约，共同作用于城市空间扩张，其形成了西宁市城市空间扩张驱动因素及联系框架，在该框架下各个要素在不断的正负反馈中改变着西宁市城市空间的扩张（图5—14）。

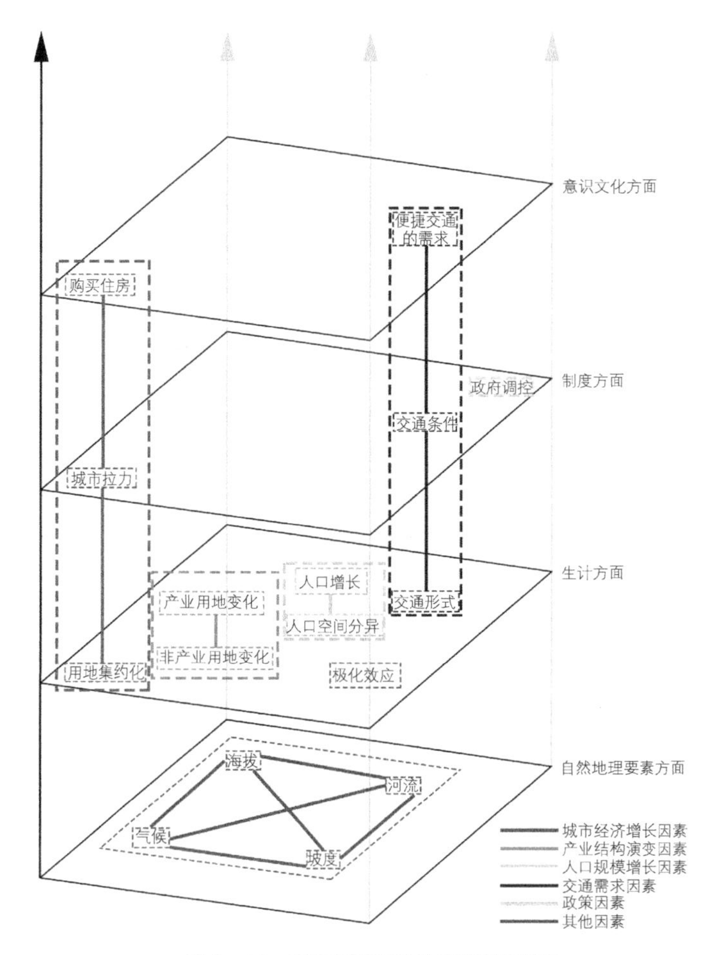


**图 5—14　西宁市城市空间扩张要素联系**

## 5.3.2　城市扩张驱动模型

（1）城市化水平

西宁市城市化发展进入成熟期。根据国家官方的城市化率计算方法，西宁市城市化水平呈现逐步增长的态势。根据青海省统计年鉴中的城镇人口数量和总人口数量，计算得到西宁市城市化水平。到 2019 年，西宁市城市化水平已经达到 62.86%，城市化水平稳步提升（图 5—15）。

西宁市城市化水平不断提高。由于城市是一个复杂系统，其城市化水平一般不能通过简单的预测进行推算，因此本研究选用灰色预测模型对西宁市城市化水平进行预测。

灰色系统理论是我国学者邓聚龙 1982 年提出的，认为未知的或非确定的信息称为黑色信息，已知信息称为白色信息。既含有已知信息，又含有未知和非确定信息的系统，称为灰色系统。灰色系统方法包括灰色预测方法、灰色关联分析方法、灰色建模方法等。由于城市化水平的推动动力的复杂性和不确定性特征，本研究使用灰色预测法对西宁市城市化水平进行预测。GM（1，1）模型的实质是对原始序列做累加，使序列呈现一定规律性，建立一阶线性微分方程模型，求得拟合曲线对系统进行预测。

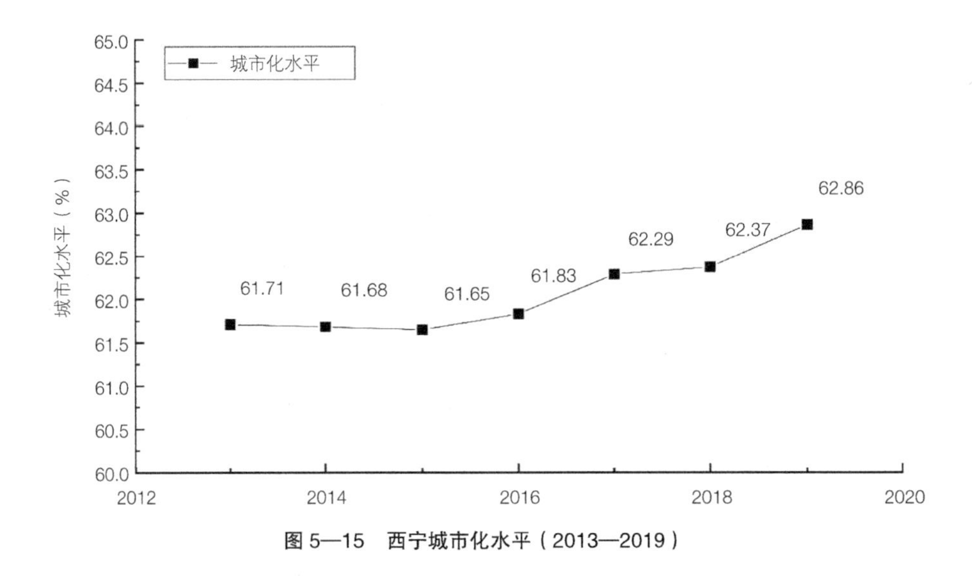


**图 5—15　西宁城市化水平（2013—2019）**

原始序列为：

$$x^{(0)}=\{x^{(0)}(1),\ x^{(0)}(2),\ \cdots,\ x^{(0)}(n)\} \tag{5—7}$$

作累加的结果为：

$$x^{(1)}=\{x^{(1)}(1),\ x^{(1)}(2),\ \cdots,\ x^{(1)}(n)\} \tag{5—8}$$

其中 $x^{(1)}=\sum_{j=1}^{1}x^{(0)}(j)\,(i=1,\ 2,\ \cdots,\ n)$

一阶线性白化微分方程为：

$$\frac{d_x^{(1)}}{d_t}+ax^{(1)}=u \tag{5—9}$$

利用最小二乘法求解参数 $a$，$u$ 为

$$a^{\wedge}=\begin{bmatrix} a \\ u \end{bmatrix}=(B^{t}B)^{-1}B^{T}y_n \tag{5—10}$$

式中：

$$B=\begin{bmatrix} -\frac{1}{2}(x^{(1)}(1)+x^{(1)}(2)\ 1) & \\ -\frac{1}{2}(x^{(1)}(2)+x^{(1)}(3)\ 1) & \cdots \\ -\frac{1}{2}(x^{(1)}(n-1)+x^{(1)}(N+1)\ 1) & \end{bmatrix}$$

$x^{(1)}$的灰色预测 GM（1，1）模型为

$$x^{\wedge(1)}(k+1)=\left[x^{(0)}-\frac{u}{a}\right]e^{-ak}+\frac{u}{a}(k=0,1,2\cdots) \quad (5—11)$$

由公式（5—11）得出 $x^{\wedge(1)}(K+1)$ 后，其实际预测值为：

$$x^{(0)}(k+1)=x^{\wedge(1)}(k+1)-x^{\wedge(1)}(k) \quad (5—12)$$

根据公式（5—7）至公式（5—12）测算西宁市城市化的未来发展变化水平，小误差概率为 1，大于 0.95，方差比为 0.28，小于 0.35，预测精度好。通过预测发现，西宁市城市化水平在 2020 年和 2021 年分别为 62.98% 和 63.22%，到 2022 年西宁市城市化水平达到 63.47%，城市化水平较高。2023 年和 2024 年西宁市城市化水平继续提升，将达到 63.72% 和 63.97%（图 5—16）。

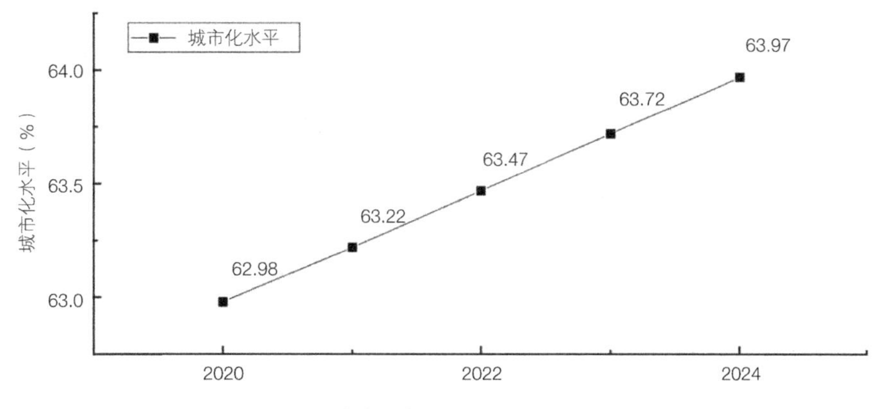


**图 5—16　西宁市城市化水平预测（2020—2024）**

（2）城市扩张驱动模型构建

影响西宁市城市空间扩张的因子多元，本研究根据西宁市城市空间扩张的驱动因素、西宁市的特征以及数据的可获取性，从城市经济发展、产业结构变动、人口规模因素、交通需求因素、政策因素以及自然要素 6 个方面，选取 11 个指标分析西宁市城市空间扩张的影响因素，并以此标准计算西宁市城市用地的转换概率。在城市经济因素方面，认为地均 GDP 能够反映城市经济增长在西宁市城市空间扩张的过程中起到的根本作用。在产业结构方面，认为产业结构的演进，将会带动城市土地利用类型、土地空间结构与功能结构的变化。中心城区产业结构升级，导致原有传统工业企业、居住等行业逐渐被商业、服务业所取代，导致城市中心区域工业、居住及仓储等城市用地所占比例逐年下降，而商业、公共服务设施用地所占的比例逐渐上升，城市土地利用集约度增强，而且随着城市更新，中心城区建筑密度与容积率不断增大，城市集聚功能进一步增强，提升城市经济效益，城市经济的发展会推动城市空间扩张。在人口规模因素

方面，认为人口密度能够反映人口规模增长对西宁市城市空间扩张起主导作用。在交通需求因素方面，认为与国道的距离、与省道的距离以及与市一级道路的距离能够反映交通需求因素对西宁市城市空间扩张起支撑作用。在政策因素方面，认为与市政府距离、与区政府距离以及禁止建设区能够反映政策因素对西宁市城市空间扩张起着引领作用。在自然因素方面，认为河流的范围和坡度能够反映西宁市城市空间扩张的基础条件、扩张潜力以及限制因素（表 5—19）。

**西宁市城市空间扩张驱动因子** **表 5—19**

| 变量类型 | 变量 | 表征含义 |
|---|---|---|
| 因变量 | 建成区的范围 | 是否为建成区 |
| 城市经济因素 | 地均 GDP | 各行政区的 GDP |
| 产业结构因素 | 与规模以上企业的距离 | 到最近规模以上企业的距离 |
| 人口规模因素 | 人口密度 | 各街道、镇的人口密度 |
| 交通需求因素 | 与国道的距离 | 到最近国道的距离 |
| | 与省道的距离 | 到最近省道的距离 |
| | 与市一级道路的距离 | 到市一级道路的距离 |
| 政策因素 | 与市政府的距离 | 到市政府的距离 |
| | 与区政府的距离 | 到区政府的距离 |
| | 禁止建设区的范围 | 禁止建设区范围，为限制因素 |
| 自然因素 | 河流的范围 | 河流范围，为限制因素 |
| | 坡度 | 栅格到海平面的垂直距离及该栅格的坡度 |

（3）城市扩张驱动模型评价结果

西宁市城市空间扩张受到多方面因素影响。利用元胞自动机模拟得到各因子的影响权重，模拟结果显示 Overall Accuracy 为 0.903，Kappa 为 0.767，模拟结果较好。驱动因子中，人口密度（17.00%）、规模以上企业距离（8.00%）以及省道距离（4.00%）影响因素较高。可以发现，人口是影响西宁市城市空间扩张的主要因素，人口密度越大的地方城市空间扩张越明显；和规模以上企业距离的影响权重也较高，说明规模以上企业发挥了规模经济的效应，促进资源和要素的集聚，促进西宁市的城市空间扩张；省道距离说明西宁市的城市发展具有一定的路径依赖，其发展的方向也随着省道的变化而变化，距离省道越近的区域越容易形成建成区。其他各影响因素均对西宁市的城市空间扩张产生了影响，西宁市城市空间扩张受到各因素综合影响（表 5—20）。

**西宁市城市空间扩张影响权重** **表 5—20**

| 变量类型 | 变量 | 权重 |
|---|---|---|
| 城市经济因素 | 地均 GDP | 1.00 |
| 产业结构因素 | 与规模以上企业的距离 | 8.00 |
| 人口规模因素 | 人口密度 | 17.00 |

续表

| 变量类型 | 变量 | 权重 |
|---|---|---|
| 交通需求因素 | 与国道的距离 | 3.00 |
| | 与省道的距离 | 4.00 |
| | 与市一级道路的距离 | 1.00 |
| 政策因素 | 与市政府的距离 | 2.00 |
| | 与区政府的距离 | 3.00 |
| | 禁止建设区的范围 | — |
| 自然因素 | 河流的范围 | — |
| | 坡度 | 8.00 |
| | 邻里效应 | 49.00 |
| | 继承性 | 4.00 |

西宁市城市用地转换结果表明，城市用地转换概率高的面积达 18.22km$^2$，占西宁市行政区面积的 3.78%；较高的面积达 36.66%，占比达 7.6%。可以发现，西宁市作为典型的高原河谷型城市，其发展受到了多方面的因素制约，建设用地转换概率高的面积较少，总体上西宁市空间扩张的强度较低。同时，西宁市城市用地转换概率低的面积达 146.48km$^2$，占比 30.35%；较低的面积达 155.94km$^2$，占比 32.31%。可以发现用地转换概率低和较低的用地占行政区面积的六成以上，虽有一部分是因为已经属于建成区范围，所以用地不会发生转换，其概率较低，但也表明西宁市城市空间缺乏继续扩张的潜力（表 5—21）。

**西宁市城市用地转换结果表（km$^2$，百分比）** **表 5—21**

| 概率 | 面积 | 比例 |
|---|---|---|
| 低 | 146.48 | 30.35 |
| 较低 | 155.94 | 32.31 |
| 一般 | 125.30 | 25.96 |
| 较高 | 36.66 | 7.60 |
| 高 | 18.22 | 3.78 |

通过分析西宁市城市用地转换概率分布可以发现，首先，转换概率高和较高的区域在西宁市城市的边缘和交通便利且人口密度较高的区域，这反映了西宁市城市空间扩张未来仍是边缘型扩张为主；同时，结合影响因子的影响程度，人口、交通、经济等较好的区域，城市用地转换的概率也较高。其次，用地概率转换一般的区域分布在小西沟、东沟、沈家沟等地，发展方向与韵家口沿宁互公路扩张类似，证明随着西宁市城市空间的不断扩张，未来西宁市可能沿着沟壑地貌发展，同时可能克服海拔和坡度对西宁市城市空间扩张的影响，将建成区的范围扩张至山体等不易开发的区域。最后，可以发现西宁市用地转换概率低和较低的区域一部分是如今已经作为建成区的区域，由于建设了建筑、建筑小品等不易拆除的物质实体，其用地发生转换

的可能性较小；另一部分转换概率较低的区域受到河湟谷底地形等方面的影响，位于河谷的周边区域（图 5—17）。

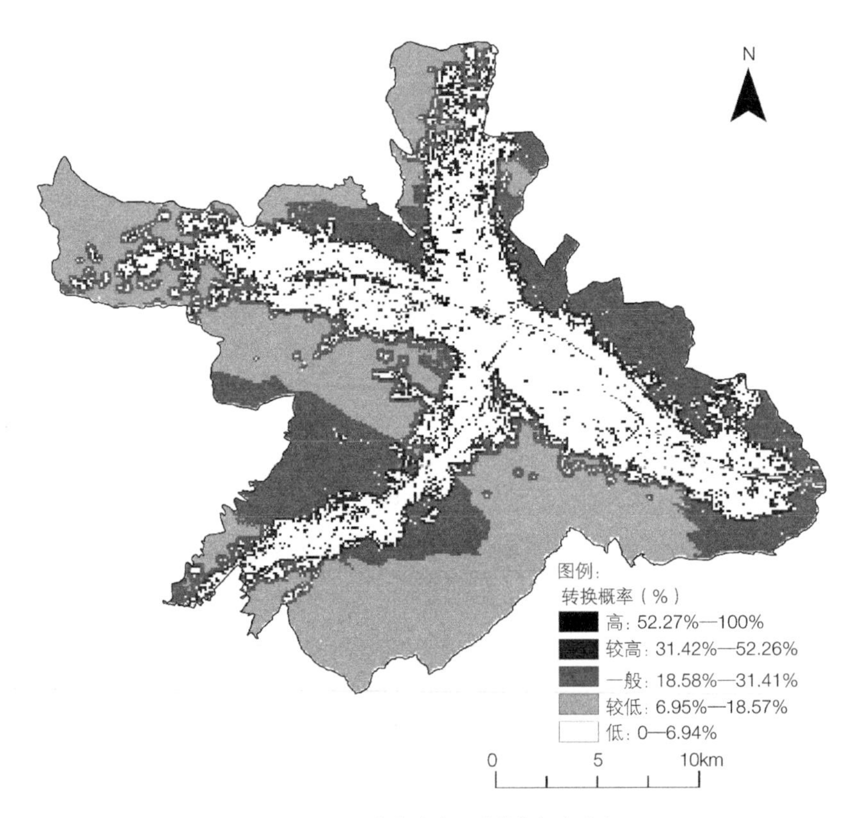


**图 5—17　西宁市城市用地转换概率分布**

## 5.3.3　城市扩张机制分析

（1）西宁市城市空间扩张的领域化

城市空间扩张的经典理论认为是城市经济、人口等方面的增长推动了城市空间的扩张，但是将城市当作"超有机体"并探讨其自身如何扩张时，缺乏城市内部各主体对城市空间扩张影响的探讨，还需要加强对各行为主体通过什么方式推动城市空间扩张的讨论。因此，在解释西宁市空间扩张的机制方面，借鉴新马克思主义城市理论，将推动西宁市空间扩张的内部机制总结为各权力主体的相互作用及联系，共同推动了西宁市空间扩张。对此通过领域视角，探索各权力主体如何将权力施加于西宁市空间扩张。

若将西宁市建成区视为一个领域，西宁市空间的不断扩张是其建成区领域不断扩大的过程，其领域不断扩大的现象可以理解为权力作用的空间结果，是各权力主体改变空间形式的结果，而这些权力主体领域建构的行为就称为领域化。在领域化的过程中，推动西宁市城市空间扩张的各权力主体通过对西宁市建成区这一领域施加权力，产生权力和空间的变化，将非建成区转化为更有权力意义的建成区领域。结合上文的分析结果，本研究将推动西宁市城市空间扩张领域化的权力主体归纳为行政主体、市场主体和社会主体，其主体的领域化过程分别是行政领域化、市场领域化和社会领域化。

行政领域化方面，以政府机关、"单位"等为主体推动西宁市空间扩张的行政领域化，而行政领域化又是西宁市空间扩张的主体和引领者。新中国成立后，行政领域化一直是西宁市空间扩张的主体力量，其首先是以党政机关、事业单位等主体构成的，随后"单位制"改革使社区、居民委员会等也加入其中，行政领域化不断加深，各类管委会和派出机构组织也起到了推动作用。具体体现在以下方面：首先，以党政机关、事业单位为代表的"单位制"主体通过行使政府职能和提供生活保障保持社会的整合和发展，推动西宁市城市空间扩张。一方面，政府通过行使政府职能对经济、社会等公共事务进行管理；另一方面，通过保障就业、医疗、教育等方式推动社会稳定发展，以此推动了城市空间扩张。如利用城市规划、行政区划调整等手段自上而下推动西宁市城市空间扩张的行政领域化。其次，社区、居委会等通过提供社会服务、维权途径等方式自下而上参与行政领域化，推动西宁市城市空间扩张。如西宁市居民委员会通过网格化治理，监督不合理设施的建设，推动西宁市高质量发展和扩张。最后，各类管委会和派出机构或作为外部的权力进驻，或作为本地政府机构通过设立管委会的方式，将权力作用于空间。如西宁市推动城南新区和海湖新区的建立，并在当地建立相关的管委会，通过管委会进驻而产生的有别于西宁市自然增长而产生的特殊权力，推动西宁市新区的建立。西宁市城市空间扩张的行政领域化中，三个主体相互作用、相互联系，推动了西宁市城市空间扩张的行政领域化。

市场领域化方面，各类型企业从不同方面推动西宁市城市空间扩张的市场领域化，工业企业和地产开发商在不同时段引领西宁市空间扩张的市场领域化。改革开放前，西宁市城市空间扩张的市场领域化动力较弱，市场不能成为推动西宁市城市空间扩张的主体。随着中国特色社会主义市场经济改革的推进，工业企业率先成为推动西宁市城市空间扩张的主体，工业企业通过建设工业区及配套设施的方式将资金、技术等投入城市土地，推动了城市建成区面积的扩大。同时，地产开发商通过购买城市建设用地，建设相关房地产项目及配套设施的方式扩大了西宁市建成区的范围。在这两个市场主体的影响下，西宁市城市空间扩张的市场领域化水平逐步提高，由弱增强。

社会领域化方面，西宁市空间扩张的社会领域化影响程度较弱，但仍通过该领域化推动了西宁市城市空间的扩张。在西宁市城市空间扩张的过程中，由于我国土地制度的特点，村集体用地在一定程度上缺乏管制，为了获得村集体经济更好的营收，村集体用地得到开发，建设建筑实体，这在一定程度上推动了西宁市城市空间的扩张。社会领域化通过建设建筑物的形式推动西宁市城市空间扩张领域化的加强，推动西宁市城市空间的不断扩张。同时，出于对更好生活质量的追求，西宁市居民会承担或推动相关基础设施的建设，公园绿地等开敞休憩空间数量的增多，离不开社会领域化的力量。

（2）西宁市城市空间扩张的领域政治

西宁市城市空间扩张的领域政治是西宁市城市空间扩张领域化过程中各权力主体围绕领域进行空间竞争的方式，而西宁市城市空间扩张的领域政治在不同时间段呈现不同的特征。结合前文的相关结论，认为西宁市城市空间扩张的领域政治分为长期领域政治和短期领域政治。长期领域政治是通过政府征召，多权力主体共同推进西宁市城市空间扩张的过程。而短期领域政治则是将西宁市城市空间扩张的领域政治分为三个时期，分别是 1990 年前、1990—2000 年以及 2000 年后。

长期领域政治方面，为了实现西宁市城市空间扩张的总目标，各级政府成为推动目标实现的主体，通过动员的方式将其他权力主体共同纳入推动西宁市城市空间扩张的长期领域化中，在这个过程中不同权力主体还有自身的目标。如在推动西宁市城市空间扩张的过程中，各级政府的目标是城市稳步发展，财政收入有所提高；作为政府的派出机构新区管委会的目标是新区取得相对独立发展；事业单位的目标是城市的服务、公益供给等功能的完善；地产开发商的目标是开发土地最大的价值；居民的目标是安居乐业，生活水平提高。在各级政府动员的过程中，我们还发现了存在阻碍西宁市城市空间扩张的主体，如将河湟谷地视为权力主体的话——这种将自然主体视为权力主体的观点来源于后结构主义批判自然人文二元论的观点，因其地形的特征限制了西宁市的空间扩张。各权力主体长期作用于西宁市城市空间扩张领域化的长期领域政治，各主体整体呈现出希望通过自身的领域化实现西宁市城市空间不断扩大的特点。该过程长期作用于形成西宁市城市空间扩张的领域化，推动了西宁市城市空间的不断扩张。

短期领域政治方面，由于不同时期领域政治的特点不同，同时结合前文的相关结论，将西宁市空间扩张的领域政治分为三个时间段，具体如下：

一是 1990 年前。一方面，党政机关、事业单位等通过行使政府职能完善公共服务设施的供给等方式，确立行政力量在西宁市城市空间扩张领域化的主体地位，主导了西宁市城市空间扩张的过程。行政领域的建构主体通过推动城市总体规划的编制和实施、进行公共服务设施的建造推动了城市的发展，西宁市的建成区面积也因此不断扩大。另一方面，市场领域和社会领域通过弱的领域化也在一定程度上推动西宁市城市空间扩张。市场领域方面，企业通过发展工业，建设工人住区推动了西宁市建成区的不断扩张；而在社会领域方面，居民具有较强的意愿去推动基础设施的建设，通过建议等手段推动了西宁市建成区的不断扩张。1990 年前，西宁市城市空间扩张的领域以各方均推动领域化为主，其中以行政领域化为主体。

二是 1990—2000 年。西宁市城市空间扩张的领域格局出现重构，行政领域和市场领域均出现了一定程度的去领域化。这一时期的西宁市城市空间扩张速度减弱，由于中国特色社会主义市场经济改革及其深化，政府许多职能开始转变，曾经“大包大揽”统筹城市发展和扩张的功能开始减弱。在行政上对西宁市城市空间扩张的领域化影响开始减弱，呈现去领域化的特点，曾经由党政机关负责的工业区的开发等职能开始减缓，西宁市城市空间扩张的速度也开始放缓。同时，市场领域化水平由于自身发展水平较低，加上政府部门的大规模职能转变，导致市场前景不明朗，资本缺乏投资动力，也呈现了去领域化的特点。社会领域化在这一时期也呈现领域化较弱的特点，具体表现仍以居民有意愿推动基础设施建设为主。

三是 2000 年后。西宁市城市空间扩张的领域格局再次出现重构，行政领域和市场领域表现为再领域化的特征。首先，经历了上阶段行政领域的去领域化，这一时期的行政领域化表现为各级政府积极推动各层次城市总体规划的编制和实施，加快了城市的建设，促进了西宁市城市空间的扩张。同时，西宁市通过成立新区管委会和设立新区的方式加强新区的建设，通过招商引资等方式为西宁市注入了活力。其次，市场领域在这一时期也通过投资买地、建设地产等方式实现了再领域化，市场资本也一改前一阶段的颓势，开始通过不同的方式转化为城市空间的物质实体，扩大了城市空间范围。最后，这一时期的社会领域化水平加强，虽居民仍以意愿建设基础设施为主，但是居民的参与感提高，领域化水平强度所有增强。

综上所述，西宁市空间扩张是西宁市建成区领域化的过程，不同权力主体在不同时间段起到了不同的作用。可以发现长期领域化过程中不同行为主体都对西宁市城市空间扩张产生了影响，而在不同时期的领域政治中，由于时代背景等方面因素的影响，行政领域、市场领域和社会领域在不同时期采取了不一样的领域政治的策略，即领域化、去领域化和再领域化（图 5—18）。

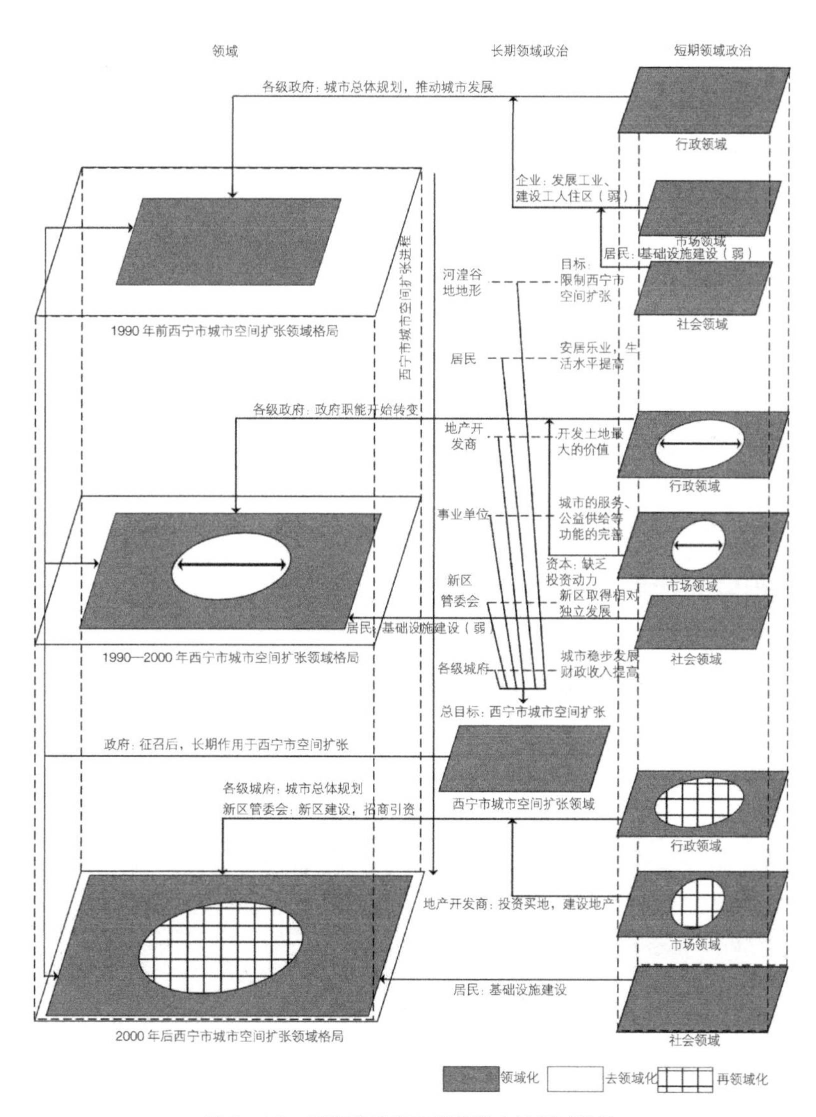


**图 5—18　西宁市城市空间扩张中的领域政治**

### 5.3.4 小结

本节分析了西宁市城市空间扩张的驱动因素，构建了西宁市扩张的驱动模型，探究了西宁市的城市扩张机制，得到以下结论：

第一，西宁市城市空间扩张受到了城市经济增长、产业结构演变、人口规模增长、交通需求因素以及政策因素共同驱动，推动西宁市的城市空间扩张。本研究构建了西宁市城市空间扩张驱动力的解释框架，认为自然地理方面的要素是西宁市城市空间扩张的原始基底，生计方面的要素是西宁市城市空间扩张的物质基础，制度方面的要素是西宁市城市空间扩张的辅助力量，意识文化方面的要素是西宁市城市空间扩张的引导力量。城市空间扩张的不同要素相互影响、相互作用，共同推动了西宁市的城市空间扩张，在该机制下各个要素在不断的正负反馈中改变了西宁市的城市空间扩张。

第二，西宁市城市空间扩张受到各因素综合影响。可以发现，西宁市作为典型的高原河谷型城市，其发展受到了多方面因素的制约，建设用地转换概率高的面积较少，总体上西宁市空间扩张的强度较低且缺乏继续扩张的潜力。转换概率高和较高的区域在西宁市城市的边缘和交通便利且人口密度较高的区域，这反映了西宁市城市空间扩张未来仍是以边缘型扩张为主。

第三，通过领域视角探索西宁市城市空间扩张的形成机制，认为推动西宁市城市空间扩张领域化的权力主体为行政主体、市场主体和社会主体。西宁市城市空间扩张的领域政治是西宁市城市空间扩张领域化过程中各权力主体围绕领域进行空间竞争的方式，而西宁市城市空间扩张的领域政治在不同时间段呈现不同的特征。

## 5.4 西宁市城市空间扩张模拟及预测

### 5.4.1 西宁市城市空间扩张规模预测

（1）趋势外推法预测

利用趋势外推法预测发现西宁市人口和城市空间面积呈现增长趋势。根据历年青海省统计年鉴的西宁市主城区人口数据，构建线性回归趋势线，F 检验为 572.6、显著性为 0、拟合优度为 0.9931，回归通过显著性检验，拟合效果较好。通过趋势外推预测人口，测得西宁市 2030 年人口为 115.57 万人、2040 年人口为 128.81 万人、2050 年人口为 142.04 万人（图 5—19）。

同样利用趋势外推构建建成区面积的线性回归趋势线，F 检验为 90.184、显著性为 0、拟合优度为 0.9376，回归通过显著性检验，拟合效果较好。预测西宁市 2030 年建成区面积为 175.60km$^2$，2040 年为 208.21km$^2$，2050 年为 240.76km$^2$（图 5—20）。

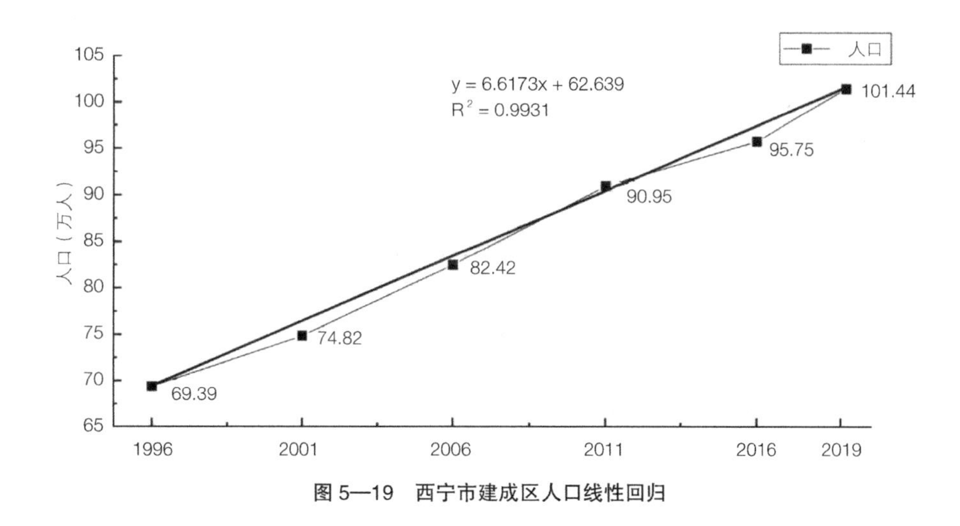


图 5—19 西宁市建成区人口线性回归

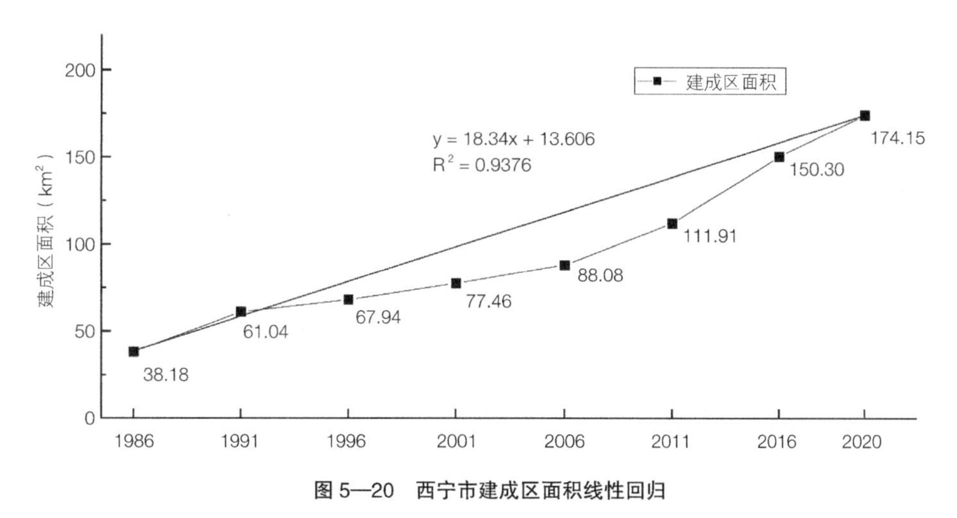


图 5—20 西宁市建成区面积线性回归

（2）城乡规划对人口规模的预测

以最新一版西宁市城市总规划《西宁市 2030 年城市空间总体发展规划》为准，文件指出，西宁市到 2030 年全域总人口为 281 万人，城镇总人口约为 239 万人，城市化水平为 85% 左右。

其中在市域城镇等级规模结构的规划中设定，2030 年西宁市主城区为 150 万人，次中心城市人口规模 8 万—20 万人，重点镇人口规模为 0.5 万—3 万人，一般镇人口规模为 0.5 万人。因此以该规划为准，认为西宁市主城区在 2030 年人口为 150 万人。

### 5.4.2 西宁市城市空间格局模拟

（1）情境设计

本研究以 2020 年西宁市建成区为基础，从自然增长情境预测西宁市 2030 年、2040 年以及 2050 年的城市空间格局；从规划引导情境预测西宁市 2030 年的城市空间格局，相关研究结果利用模拟迭代生成。

自然增长情境下西宁市人口的增长，基于历年户籍人口数据，进行趋势拟合分析，构建线性回归预测模型，预测结果显示，2030 年人口为 115.57 万人、2040 年人口为 128.81 万人、2050 年人口为 142.04 万人。在此情境下，西宁市人口的增速没有较大的变化，城市的建成区扩张速度也有所放缓。

规划引导情境下西宁市人口的增长，是基于《西宁市 2030 年城市空间总体发展规划》成果，该规划成果预测 2030 年西宁市人口为 150 万人。在此情境下，西宁市力图打造成"更加繁荣、更加美丽、更加宜居"的青藏高原中心城市，带动区域发展的西北经济高地，自然人文有机融合的区域服务中心，具有国际知名度的高原旅游名城，宜居宜业、保障完善的生活之城和幸福之城，因此本情境预计西宁市人口增速较快，西宁市建成区面积的增速也较快。

（2）西宁市城市空间格局模拟结果

自然增长情境下，西宁市城市空间扩张的进程有所放缓，其建成区土地主要以存量发展为主。在该情境下预测 2030 年建成区面积为 175.60km$^2$、非建成区为 305.40km$^2$；2040 年建成区为 208.21km$^2$，非建成区为 272.79km$^2$；2050 年建成区为 240.76km$^2$，非建成区为 240.24km$^2$。西宁市城市空间扩张在自然增长情境下，建成区面积的增长有所放缓，但总体上仍是不断扩张的（表 5—22）。

**自然增长情境下西宁市城市空间扩张面积及比例（km$^2$）　　表 5—22**

| 年份 | 建成区 | 非建成区 |
|---|---|---|
| 2030 | 175.60 | 305.40 |
| 2040 | 208.21 | 272.79 |
| 2050 | 240.76 | 240.24 |

自然增长情境下，西宁市城市空间扩张在不同年份呈现不一样的空间格局。2030 年模拟的空间格局显示，西宁市向北川工业园方向及韵家口宁互公路方向扩张，同时建成区内部用地越来越密集，集约程度提高。该情境下，西宁市 2030 年城市空间扩张增速虽不明显，但集约程度明显提高，用地变得高效（图 5—21）。

2040 年模拟的空间格局显示，沙塘川河的河漫滩附近出现明显的城市空间扩张，西宁市建成区朝河谷周边谷地和沟壑发展的趋势开始呈现。与此同时，西宁市建成区继续向城市边缘扩张。该情境下，西宁市 2040 年城市空间扩张增速仍不明显，但集约程度继续加深（图 5—22）。

2050 年模拟的空间格局显示，大墩岭、小西沟附近出现明显的城市空间扩张，北川工业园东边的村庄用地也开始转化为城镇用地。西宁市建成区朝河谷周边谷地和沟壑发展的趋势进一步加深。该情境下，西宁市 2050 年城市空间扩张集约程度继续加深，朝谷地和沟壑发展的趋势加深（图 5—23）。

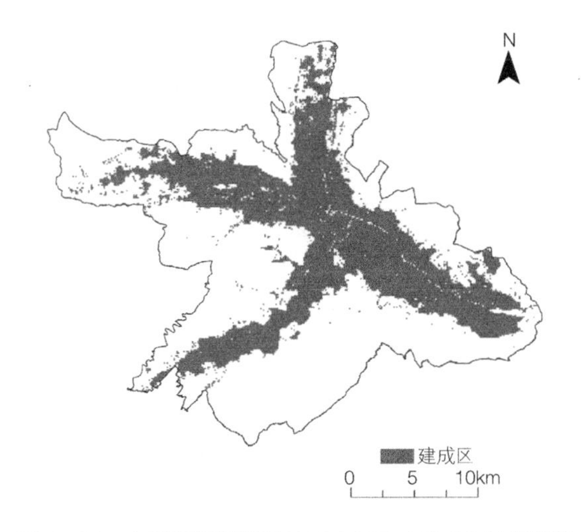


图 5—21 自然增长情境下 2030 年西宁市建成区扩张模拟

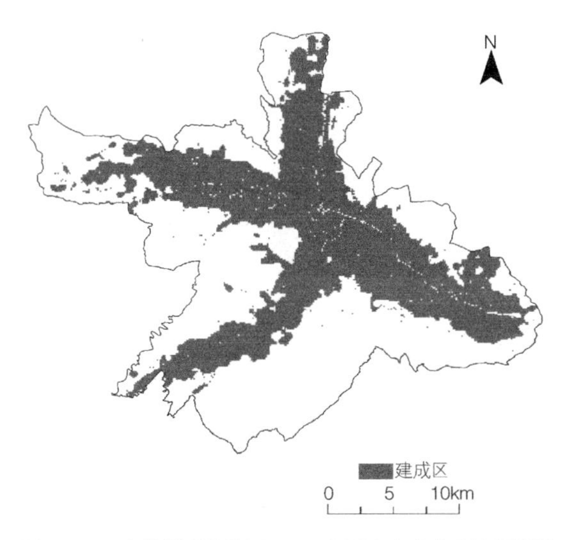


图 5—22 自然增长情境下 2040 年西宁市建成区扩张模拟

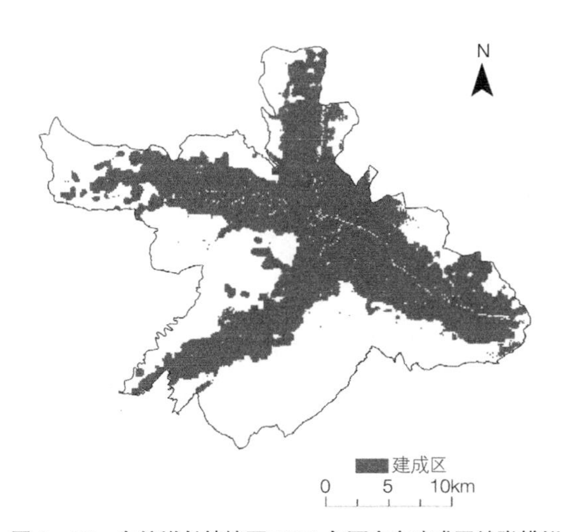


图 5—23 自然增长情境下 2050 年西宁市建成区扩张模拟

规划引导情境下，西宁市城市空间扩张的进程加快，建成区面积迅速扩张。在该情境下预测，2030 年西宁市建成区面积为 268.01km$^2$，占比 55.72%；非建成区面积 212.99km$^2$，占比 44.28%。西宁市城市空间扩张在规划引导情境下，建成区面积增长迅速，范围不断扩大（表 5—23）。

**规划引导情境下西宁市 2030 年城市空间扩张面积及比例（km$^2$，百分比）　　表 5—23**

| | 面积 | 比例 |
|---|---|---|
| 建成区 | 268.01 | 55.72 |
| 非建成区 | 212.99 | 44.28 |

规划引导情境下，西宁市空间扩张面积不断扩大。2030 年模拟的空间格局显示，西宁市由于需要大量的建设用地，建成区朝周边谷地和沟壑扩张，主城区的东北方向为扩张的主体。同时，城南新区周边也得到了迅速的发展，在其附近呈现“摊大饼”的边缘扩张的模式。与此同时，西宁市建成区用地进一步呈现集约化发展。该情境下，西宁市 2030 年城市空间扩张增速明显，城市向东北方向和城南新区周边发展（图 5—24）。

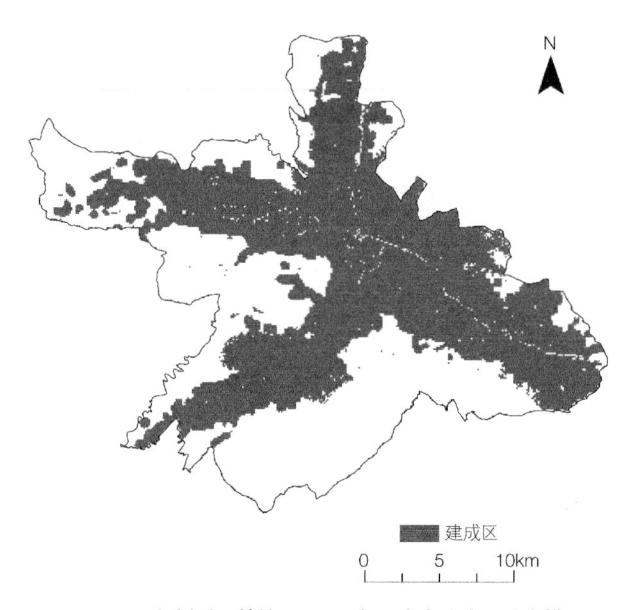


**图 5—24　规划引导情境下 2030 年西宁市建成区扩张模拟**

（3）西宁市城市扩张边界划定

西宁市建成区的扩张边界基于建成区扩张模拟的空间格局生成，具有不同规划情境下不同年份形成不同扩张边界的特点。主要的分异有：随着预测规模的变化可以发现，预测规模较大的开发边界范围略大于预测规模较小的开发边界；开发边界的总体格局基本相同，在开发边界的边缘区域有所区别；随着预测规模的增大，开发边界逐渐形成一个连绵的整体；规划引导情境下西宁市开发边界大于自然增长情境下的开发边界，主要受建成区规模的影响（图 5—25）。

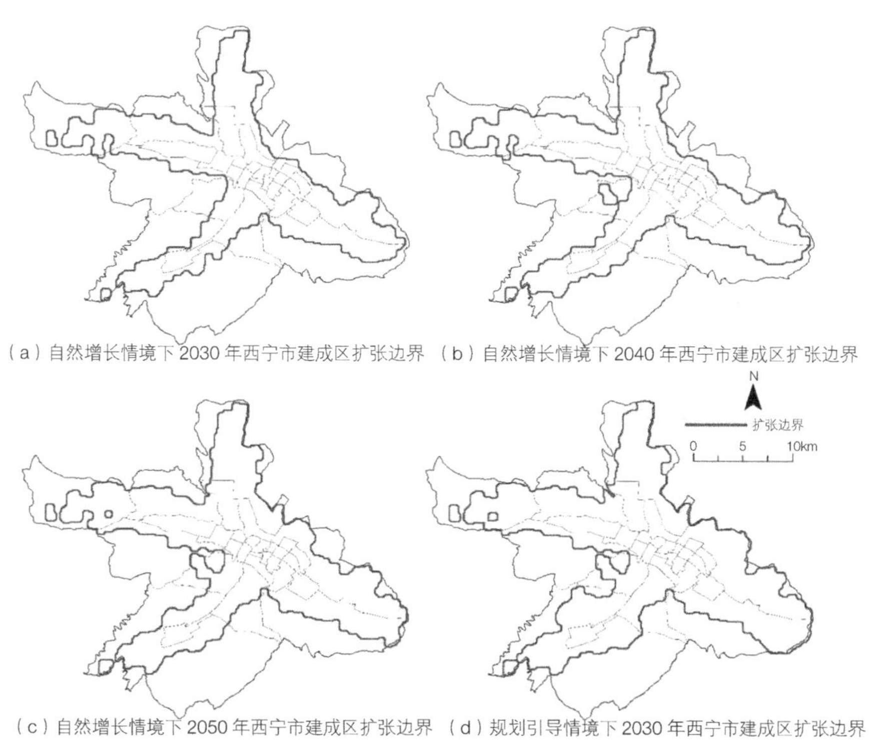

（a）自然增长情境下 2030 年西宁市建成区扩张边界 （b）自然增长情境下 2040 年西宁市建成区扩张边界

（c）自然增长情境下 2050 年西宁市建成区扩张边界 （d）规划引导情境下 2030 年西宁市建成区扩张边界

**图 5—25 2030—2050 年西宁市建成区扩张边界情景分析**

### 5.4.3 小结

本节对西宁市未来扩张的规模进行了预测。通过考虑自然增长情境和规划引导情境，利用模拟迭代探究了西宁市未来的城市空间格局，并以此生成了城市的开发边界。得到的结论如下：

第一，利用趋势外推法预测发现西宁市人口和城市空间面积呈现增长趋势。同时，《西宁市 2030 年城市空间总体发展规划》提出 2030 年西宁市主城区人口为 150 万人。

第二，本研究以 2020 年西宁市建成区为基础，从自然增长情境预测西宁市 2030 年、2040 年以及 2050 年的城市空间格局；从规划引导情境预测西宁市 2030 年的城市空间格局，相关研究结果利用模拟迭代生成。自然增长情境下，西宁市城市空间扩张的进程有所放缓，其建成区土地主要以存量发展为主。规划引导情境下，西宁市空间扩张面积不断扩大。

第三，西宁市建成区的扩张边界基于建成区扩张模拟的空间格局生成，具有不同规划情境下不同年份形成不同扩张边界的特点。

## 5.5 西宁市城市空间扩张策略及对策建议

结合西宁市城市空间扩张的过程、机制和预测的相关研究结论，认为西宁市的建设发展可以从建成区的发展、城市次中心的发展、加强跨区域合作以及对城市空间扩张进行监测四方面进行政策的制定。

（1）实现建成区可持续扩张

在建成区的发展方面，西宁市的城市空间扩张应该关注可持续扩张和高效扩张。首先，可持续扩张应该关注生态红线等限制开发区域对城市空间扩张的影响，不能突破生态红线，要加强生态环境的保护，实现生态环境可持续。其次，在西宁市城市空间扩张过程中要关注老城区的填充式扩张，通过城市更新等方式转换老城区的用地形式，解决由此带来的交通拥挤、居住隔离等问题。高效扩张需要关注相关配套设施的建设，在以居住用地扩张为主体的西宁市城市空间扩张下，需要加强相关基础设施的建设，均衡医疗、教育等资源的配置，以此实现主城区的高效扩张。随着精明增长理论的发展和实践，西宁市更应该通过建立公共交通和土地利用的联系来减少用地的无序外延扩张，实现城市空间的精明增长。更应该关注城市织补理论，加强绿地和城市开放空间的联系，提高城市的系统性，整体改善西宁市道路交通，提高其可达性和服务范围。最后，还应该在西宁市城市空间扩张的过程中关注城市的人居环境，贯彻建立宜居宜业的人居环境的原则，实现城市空间的高质量扩张。

（2）推动城市次中心的建设

在城市次中心的发展方面，作为高原河谷型城市，城市空间的扩张受到各方面因素的限制，应该推动城市次中心的建设，减少城市空间扩张的成本。西宁市城市空间扩张的过程中除了要关注西宁市主城区的发展，还要关注大通桥头和湟源城关等城市次中心的发展，加强次中心的建设和扩张，缓解西宁市主城区人口增长和建设用地扩张需求的压力。西宁市作为典型的高原河谷型城市，是一个包括县域在内的广域行政区，由于受到自然条件等多方面的限制，未来其城市空间扩张一定会沿着河湟谷地扩张并突破城市主城区的范围。因此，西宁市在未来会成为跨越西宁市主城区界限城市，即城市行政区范围小于建成区的城市。所以，未来西宁市在城市空间扩张的过程中应该加强城市次中心的建设，突破西宁市主城区行政边界和城乡二元体制的限制，实现城市次中心高质量发展和西宁市城市的合理扩张。

（3）加强区域合作，促进城市高效扩张

在加强区域合作方面，需加强青海省东部城市群中西宁的核心定位，发挥西宁市集聚效应和涓滴效应，转移非省会功能的产业，减少西宁市低效产业占据的低效用地，使西宁市城市空间扩张更加高效。如发挥西宁市集聚效应，加强与海东曹家堡机场的联动，建设新式的空港经济产业区，将西宁市和海东市两个行政区的用地配套使用统一规划，提高区域用地的整体效率，提高城市空间扩张的效率。在兰西城市群中，突显西宁市维护国土安全和生态安全的独特作用和战略价值，使西宁市空间扩张向可持续发展的方向发展。如在西宁市北部用地的规划和设计过程中，需要考虑将城北区的用地更好地融入祁连山生态安全屏障体系，使城市空间扩张配合兰西城市群开发的国家战略，也让城市空间扩张的用地更加可持续。在“一带一路”倡议中，让西宁承载全球生产网络中的关键环节，承载关键部件的生产、加工和制造，提高单位面积的生产价值，使西宁市城市空间扩张的附加值提高。如城南新区承载着比亚迪汽车电池的相关产业，围绕该产业可以建设相关的配套设施，同时使其承载“一带一路”中关键的配套产品生产，使其成为西宁市南轴扩张的主要支撑动力。

（4）对城市扩张进行长期监测

以提高城市空间高质量扩张为重点，以实现城市的可持续发展为目标，应该加强政府部门之间的交流与合作，在专人专门机构负责、资金支持、安全保密等方面，出台相应的长期观察城市扩张的政策和机制，促进西宁市城市的可持续扩张。应该设立城市空间扩张的专项部门和岗位，实现城市空间扩张专人负责制度；加强政企合作，对地理信息公司和土地利用监督公司提供一定程度的财税支持，吸引更多社会资本参与城市扩张的监测和观察，根据具体情况给予适当的政策优惠或税收减免；做好城市扩张的监测和数据安全等保密工作，联合各级自然资源、财政等部门设立长期监测和保密专项费用，降低监测成本，提升西宁市城市空间扩张监测的可实施性。通过建设城市空间扩张监测体系，实现城市高效扩张、城市次中心科学建设以及区域协作的城市可持续空间扩张模式，推动西宁市绿色、健康、可持续、快速发展。

# 第六章　西宁市人口空间分布演变与动因 SIX

# 6.1 西宁市人口空间分布特征

## 6.1.1 西宁市总人口发展历程及趋势

利用西宁市第三次、第五次及第六次人口普查数据和 2015 年西宁市 1% 人口抽样数据，分析西宁市自改革开放以来人口总体变化，选取西宁市人口数量、人口密度与人口增长率，同全省情况进行对比（图 6—1）。

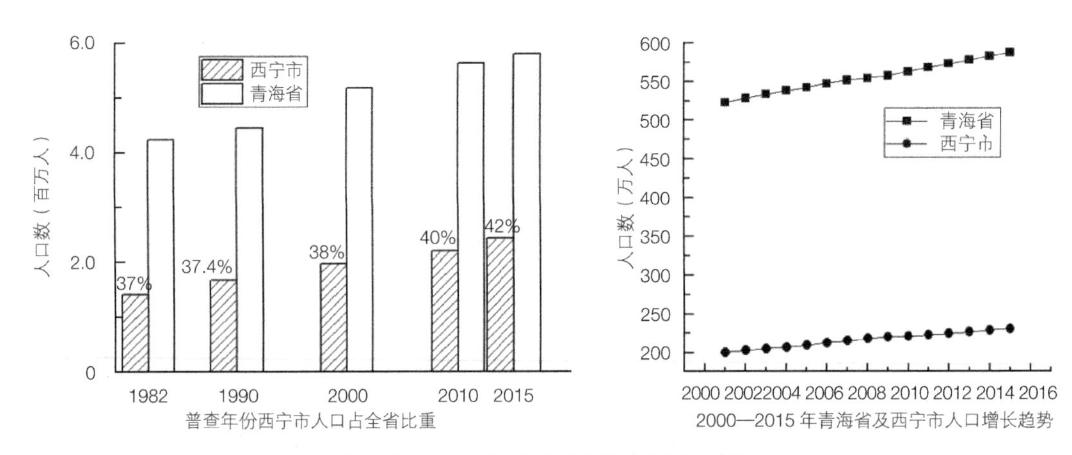


**图 6—1 1982—2015 年西宁市人口变化情况**

青海省人口空间分布特征受气候类型、地势地貌等自然条件约束，使得全省人口空间分布较不均衡。西宁市国土面积仅占全省 1.03%，但是从图 6—1 可以看出，西宁市人口数量在整个青海省占比较大：1982 年西宁市人口占整个青海省人口的 37%，1990 年西宁市人口占青海省人口的 37.4%，2000 年西宁市人口占青海省人口的 38%，2010 年西宁市人口占青海省人口的 40%，2015 年西宁市人口占青海省人口的 42%。

从图 6—2 可以看出，1982 年西宁市人口密度达到 188.1 人 /km$^2$，大约是整个青海省人口密度的 35 倍；2000 年西宁市人口密度达到 244.5 人 /km$^2$，大约是整个青海省人口密度的 37 倍；2010 年西宁市人口密度达到 291.9 人 /km$^2$，大约是整个青海省人口密度的 38 倍；2015 年西宁市人口密度达到 322.4 人 /km$^2$，大约是整个青海省人口密度的 40 倍。

对西宁市常住人口总量与人口密度的增长趋势与全省进行对比后发现：西宁市常住人口数量在 1982—2015 年不断增加，占全省人口比重也在持续上升；就人口密度增长速度来说，西宁市增长速度明显高于青海省；西宁市 1982—2010 年常住人口数量持续保持在全省人口总量的 40% 左右，并有持续增长趋势，人口密度也是全省平均水平的 40 倍左右，人口集聚程度全省最高，造成这种局面除了部分历史、政治、建设规划等原因之外，还有西宁市无论自然条件还是经济发展水平，都是整个青海省最适宜居住的城市，青海省其他地市及州县的人会选择迁

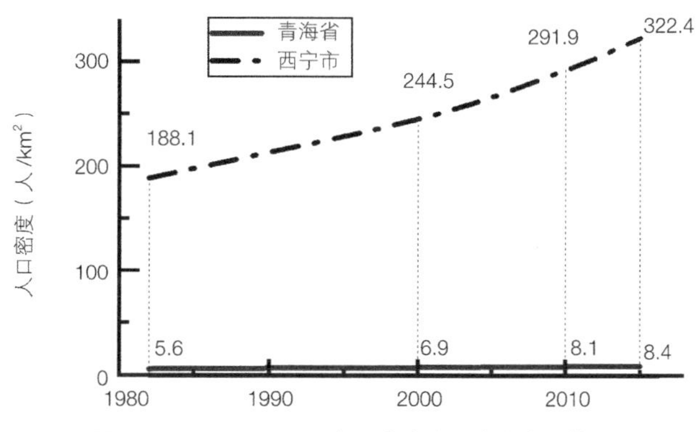


**图 6—2　1982—2015 年西宁市人口密度变化情况**

移至西宁市生活工作或者养老。

### 6.1.2　区（县）尺度人口分布格局及演变

（1）人口密度

从区县域尺度与时间横截面来看（表 6—1），1982—2015 年西宁市县域人口密度变化不大，依然保持主城区大于三县，总体呈现城西区 > 城东区 > 城北区 > 城中区 > 湟中县 > 大通县 > 湟源县，其中城西区增长最快，从 1982 年的 2149.4 人 /km$^2$ 增长到 2015 年的 5302.4 人 /km$^2$，33 年间增长了 3153 人 /km$^2$；其次是城东区，从 1982 年的 1393.9 人 /km$^2$ 增长到 2015 年的 3276.2 人 /km$^2$，增长了 1882.3 人 /km$^2$；城中区从 1982 年的 1067.1 人 /km$^2$ 增长到 2015 年的 2435.5 人 /km$^2$，增长了 1368.4 人 /km$^2$；城北区从 1982 年的 1234.6 人 /km$^2$ 增长到 2015 年的 2539.3 人 /km$^2$，增长了 1304.7 人 /km$^2$；湟中县从 1982 年的 147.8 人 /km$^2$ 增长到 2015 年的 190.6 人 /km$^2$，增长了 42.8 人 /km$^2$；大通回族土族自治县从 1982 年的 106.4 人 /km$^2$ 增长到 2015 年的 147 人 /km$^2$，增长了 40.6 人 /km$^2$；湟源县增长最慢，从 1982 年的 81.2 人 /km$^2$ 增长到 2015 年的 90.2 人 /km$^2$，33 年间仅增长了 9 人 /km$^2$。

**1982—2015 年西宁市区县域人口密度（人 /km$^2$）**　　　　**表 6—1**

| | 1982 | 2000 | 2010 | 2015 |
|---|---|---|---|---|
| 城东区 | 1393.9 | 2337.9 | 3111.3 | 3276.2 |
| 城中区 | 1067.1 | 1481.4 | 2002.0 | 2435.5 |
| 城西区 | 2149.4 | 3293.1 | 4249.8 | 5302.4 |
| 城北区 | 1234.6 | 1621.1 | 2305.2 | 2539.3 |
| 大通县 | 106.4 | 131.9 | 137.9 | 147.0 |
| 湟中县 | 147.8 | 169.2 | 178.7 | 190.6 |
| 湟源县 | 81.2 | 86.3 | 90.8 | 90.2 |

据西宁市第五次人口普查数据显示（包含总寨镇），2000 年西宁市人口 94.04 万，2000 年之后，人口以年均 1.91% 的速度增长，到 2018 年时人口增长至 131.55 万，目前西宁市已发展成为青藏高原人口最密集的城市。各街道（镇）人口密度差异明显。在历史惯性作用下，饮马街街道、人民街街道和仓门街街道仍为人口高密度集聚街区，2010 年人口密度分别为 30388.2 人 /km$^2$、28931.34 人 /km$^2$ 和 21740.59 人 /km$^2$，人口密度较小的街道（镇）依次为：总寨镇、大堡子镇、乐家湾镇及彭家寨镇，分别为 292.41 人 /km$^2$、375.37 人 /km$^2$、446.42 人 /km$^2$ 及 481.14 人 /km$^2$。10 年间，除西关大街街道、火车站街道、大堡子镇及礼让街街道人口密度增长率为负数外，其他街道（镇）均呈现正增长，增长较快的有乐家湾镇、南川西路街道、八一路街道、小桥大街街道、甘里铺镇及彭家寨镇，分别增长 7.57%、6.49%、6.42%、5.49%、5.00% 及 4.99%。人口密度年均增长率较快的区域大多位于主城区边缘，说明西宁市主城区人口有从内城区向城区边缘扩散的趋势（图 6—3）。

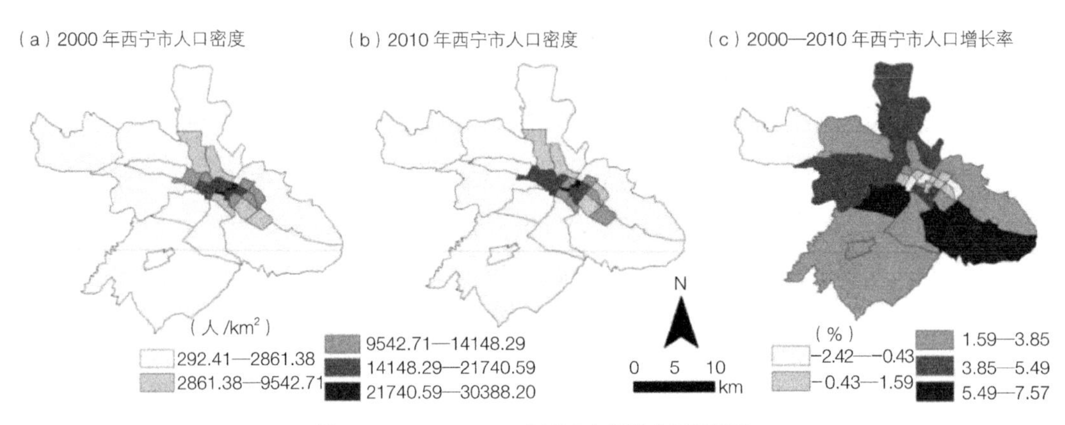


**图 6—3　2000—2010 年西宁市街道人口密度图**

（2）人口增长速度

以 1982、2000、2010 年为基准年，分别计算 1982—2000 年、2000—2010 年及 2010—2015 年西宁市各区县人口年均增长速度。

由表 6—2 可以看出，城东区 1982—2000 年在西宁市各区县中人口年均增长速度最快，为 26.63‰，但 2000—2010 年下降至 25.81‰，2010—2015 年下降至 8.60‰，共下降了 18.03 个千分点；城中区从 1982—2000 年的 17.11‰，上升至 2000—2010 年的 27.17‰，2010—2015 年又上升至 32.56‰，共上升了 15.45 个千分点；城西区从 1982—2000 年的 22.12‰，上升至 2000—2010 年的 23.06‰，2010—2015 年又上升至 36.73‰，共上升了 14.61 个千分点；城北区从 1982—2000 年的 14.25‰，上升至 2000—2010 年的 31.68‰，2010—2015 年下降至 16.10‰，共上升了 1.85 个千分点；大通回族土族自治县从 1982—2000 年的 11.27‰，下降至 2000—2010 年的 4.04‰，2010—2015 又上升至 10.61‰，共下降了 0.66 个千分点；湟中县从 1982—2000 年间的 7.12‰，下降至 2000—2010 年的 4.95‰，2010—2015 年又上升至 10.77‰，共上升了 3.65 个千分点；湟源县从 1982—2000 年间的 3.21‰，上升至 2000—

2010 年的 4.65‰，2010—2015 年又下降至 -1.16‰，共下降了 4.37 个千分点，说明湟源县人口开始出现负增长的现象。

按西宁市人口增长速度变化趋势及空间范围来看，1982—2000 年：城东区 > 城西区 > 城中区 > 城北区 > 大通回族土族自治县 > 湟中县 > 湟源县；2000—2010 年：城北区 > 城中区 > 城东区 > 城西区 > 湟中县 > 湟源县 > 大通回族土族自治县；2010—2015 年：城西区 > 城中区 > 城北区 > 湟中县 > 大通回族土族自治县 > 城东区 > 湟源县。33 年间城东区属于人口年均增长率下降最快的城区，城中区人口年均增长率上升最快，城西区次之，大通回族土族自治县和湟源县人口年均增长率呈下降趋势。

**1982—2015 年西宁市人口增长率（‰）** **表 6—2**

| | 1982—2000 | 2000—2010 | 2010—2015 | | 1982—2000 | 2000—2010 | 2010—2015 |
|---|---|---|---|---|---|---|---|
| 城东区 | 26.63 | 25.81 | 8.60 | 大通县 | 11.27 | 4.04 | 10.61 |
| 城中区 | 17.11 | 27.17 | 32.56 | 湟中县 | 7.12 | 4.95 | 10.77 |
| 城西区 | 22.12 | 23.06 | 36.73 | 湟源县 | 3.21 | 4.65 | -1.16 |
| 城北区 | 14.25 | 31.68 | 16.10 | | | | |

（3）人口空间红利

利用西宁市各区县人口密度及人口年均增长率计算西宁市各区县人口空间红利值，计算结果可见表 6—3。

由表 6—3 可以看出，在时间序列上城东区 2010 年人口空间红利较 2000 年增长了 0.19，2015 年较 2010 年降低了 0.64；城中区 2010 年人口空间红利较 2000 年增长了 0.27，2015 年较 2010 年增长了 0.04；城西区 2010 年人口空间红利较 2000 年降低了 0.12，2015 年较 2010 年增长了 0.31；城北区 2010 年人口空间红利较 2000 年增长了 0.58，2015 年较 2010 年降低了 0.60；大通回族土族自治县 2010 年人口空间红利较 2000 年降低了 0.35，2015 年较 2010 年增长了 0.31；湟中县 2010 年人口空间红利较 2000 年降低了 0.14，2015 年较 2010 年增长了 0.28；湟源县 2010 年人口空间红利较 2000 年增长了 0.02，2015 年较 2010 年降低了 0.02。

从各区县人口空间红利增长情况来看，2000—2015 年，城西区人口空间红利最高，湟中县最低，其中城中区、城西区、湟中县的人口空间红利呈现增长趋势，城东区、城北区、大通回族土族自治县呈负增长趋势，湟源县一直是四区三县中人口空间红利最低值地区。

**1982—2015 年西宁市人口空间红利** **表 6—3**

| | 2000 | 2010 | 2015 | | 2000 | 2010 | 2015 |
|---|---|---|---|---|---|---|---|
| 城东区 | 1.70 | 1.51 | 0.87 | 大通县 | 0.36 | 0.01 | 0.32 |
| 城中区 | 1.03 | 1.30 | 1.34 | 湟中县 | 0.19 | 0.05 | 0.33 |
| 城西区 | 1.81 | 1.69 | 2.00 | 湟源县 | 0.00 | 0.02 | 0.00 |
| 城北区 | 0.95 | 1.53 | 0.93 | | | | |

（4）人口分布结构指数

利用人口分布结构指数模型计算得到基于区县尺度的西宁市人口分布结构指数，计算结果见表 6—4。

西宁市 1982 年人口集中度指数（C）值为 0.364，2000 年增加至 0.421，2010 年增加至 0.483，2015 年增加至 0.503，33 年间共增加 38.2%；1982 年人口不均衡性指数（U）为 0.077，2000 年增加至 0.088，2010 年增加至 0.101，2015 年增加至 0.105，33 年间共增加 36.4%。说明西宁市各区县人口空间分布呈现不均衡集聚趋势。

**1982—2015 年西宁市人口分布结构指数　　表 6—4**

| | 1982 | 2000 | 2010 | 2015 |
|---|---|---|---|---|
| C | 0.364 | 0.421 | 0.483 | 0.503 |
| U | 0.077 | 0.088 | 0.101 | 0.105 |

（5）Theil 系数

基于西宁市区县尺度人口和行政区划面积数据，利用 Theil 系数模型计算得到西宁市人口 Theil 系数，计算结果见表 6—5。

由表 6—5 可以得出，1982 年西宁市各区县之间 Theil 系数为 0.249，2000 年增加至 0.316，较 1982 年涨幅 0.067；2010 年增加至 0.391，较 2000 年涨幅 0.075；2015 年增加至 0.419，较 2010 年涨幅 0.028。说明在研究年限内西宁市人口在区县尺度上差异越来越大。

**1982—2015 年西宁市区县尺度 Theil 系数表　　表 6—5**

| | 1982 | 2000 | 2010 | 2015 |
|---|---|---|---|---|
| Theil 系数 | 0.249 | 0.316 | 0.391 | 0.419 |

### 6.1.3　街镇尺度人口分布格局及演变

（1）人口密度

利用西宁市 1982—2015 年街道及乡镇常住人口数量、现行政区划面积，计算西宁市街道和乡镇人口密度，得到图 6—4，共分为 A、B、C、D 四组，每组包括人口分布热点图与人口密度图。

人口分布热点图的优势在于可以清晰地看出受自然地理条件、城市基础设施建设等影响下的人口空间分布格局。由图 6—4 可以看出，1982—2015 年西宁市人口数量分布由最开始的中部高、东部次之、西部最低逐渐转变为东高中低，西最低。1982 年人口密度小于 300 人 /km$^2$ 的街道和乡镇共 40 个，301—2000 人 /km$^2$ 的街道和乡镇共 15 个，2001—4000 人 /km$^2$ 的街道和乡镇只有 1 个，大于 4000 人 /km$^2$ 的街道和乡镇共 18 个。2000 年西宁市东部人口数量开始增加，小于 300 人 /km$^2$ 的街道和乡镇减少至 33 个，301—2000 人 /km$^2$ 的街道和乡镇增加至 21 个，2001—4000 人 /km$^2$ 的街道和乡镇 1 个，大于 4000 人 /km$^2$ 的街道和乡镇增加至 19 个。2010 年西宁市小于 300 人 /km$^2$ 的街道和乡镇减少至 32 个，301—2000 人 /km$^2$ 的街道和乡镇与 2000 年持平，为 21 个，2001—4000 人 /km$^2$ 的街道和乡镇增加至 2 个，大于 4000 人 /km$^2$ 的街道和乡镇与 2000 年持平，共 19 个。2015 年西宁市小于 300 人 /km$^2$ 的街道和乡镇仍然为 32 个，301—2000 人 /km$^2$ 的街道和乡镇仍然为 21 个，2001—4000 人 /km$^2$ 的街道和乡镇减少至 1 个，大于 4000 人 /km$^2$ 的街道和乡镇仍然为 20 个。

总体来看，西宁市 1982—2015 年人口空间分布呈现明显的各自“组团”的分布模式。1982 年西宁市人口主要集中在主城区以及大通回族土族自治县的桥头镇、城关镇、长宁镇、良教乡东南侧、朔北藏族自治乡西南侧，湟源县的城关镇与东峡镇西侧，湟中县的拦隆口镇、多巴镇、共和镇北侧以及汉东回族乡。2000—2010 年西宁市人口空间分布开始出现集聚的趋势，主城区人口向城西区虎台街道、西关大街街道、城中区南部城南新区、城北区小桥街道、朝阳街道等地集聚，湟中县人口开始向多巴镇、甘河滩镇及鲁沙尔镇北部集聚；大通县城关镇人口集聚第二核心点地位开始弱化，人口逐渐向县政府驻地的桥头镇集聚，并且趋势明显；湟源县人口空间分布格局较为稳定，县政府驻地的城关镇为湟源县的人口集聚单核心点。2015 年西宁市人口空间分布格局与 2010 年不同点在于：因海湖新区的快速发展，使主城区人口分布开始向主城区西部迁移，在城西区彭家寨镇北部的海湖新区、城北区马坊街道南部的柴达木路两边呈明显的集聚态势，另外湟中县鲁沙尔镇北部人口集聚态势较 2010 年开始减弱（图 6—4）。

（2）人口增长速度

以 1982 年、2000 年、2010 年为基年，分别计算 1982—2000 年、2000—2010 年和 2010—2015 年西宁市各街道乡镇人口年均增长率（‰），分为“＜ 0”“0—15”“15—30”及“＞ 30”四个级别。计算结果可见表 6—6 和图 6—4。

由表 6—6 可见，1982—2015 年西宁市各街道与乡镇人口年均增长率平均数与中位数都是先减少后增长，人口年均增长率中位数从 1982—2000 年的 11.61‰，减少到 2000—2010 年的 5.76‰，之后 2010—2015 年增长到 19.19‰，33 年间净增长 7.58‰，人口年均增长率平均数由 1982—2000 年的 12.85‰，减少到 2000—2010 年的 11.41‰，之后 2010—2015 年增长到 17.07‰，净增长 4.22‰；1982—2000 年人口年均增长率的极差为 83.36‰，2000—2010 年增长至 112.90‰，2010—2015 年增长至 259.20‰，33 年间增长超过 3 倍；1982—2000 年，西宁市各街道与乡镇人口年均增长率最大值（69.71‰）出现在城东区的林家崖镇，最小值（−13.65‰）在大通回族土族自治县的朔北藏族乡；2000—2010 年，西宁市各街道与乡镇人口年均增长率最大值（69.91‰）在城东区的乐家湾镇，最小值（−13.65‰）在湟源县的申中乡；2010—2015 年，西宁市各街道与乡镇人口年均增长率最大值（100.71‰）在城西区的彭家寨镇（海湖新区），最小值（−158.48‰）在湟中县的汉东回族乡。

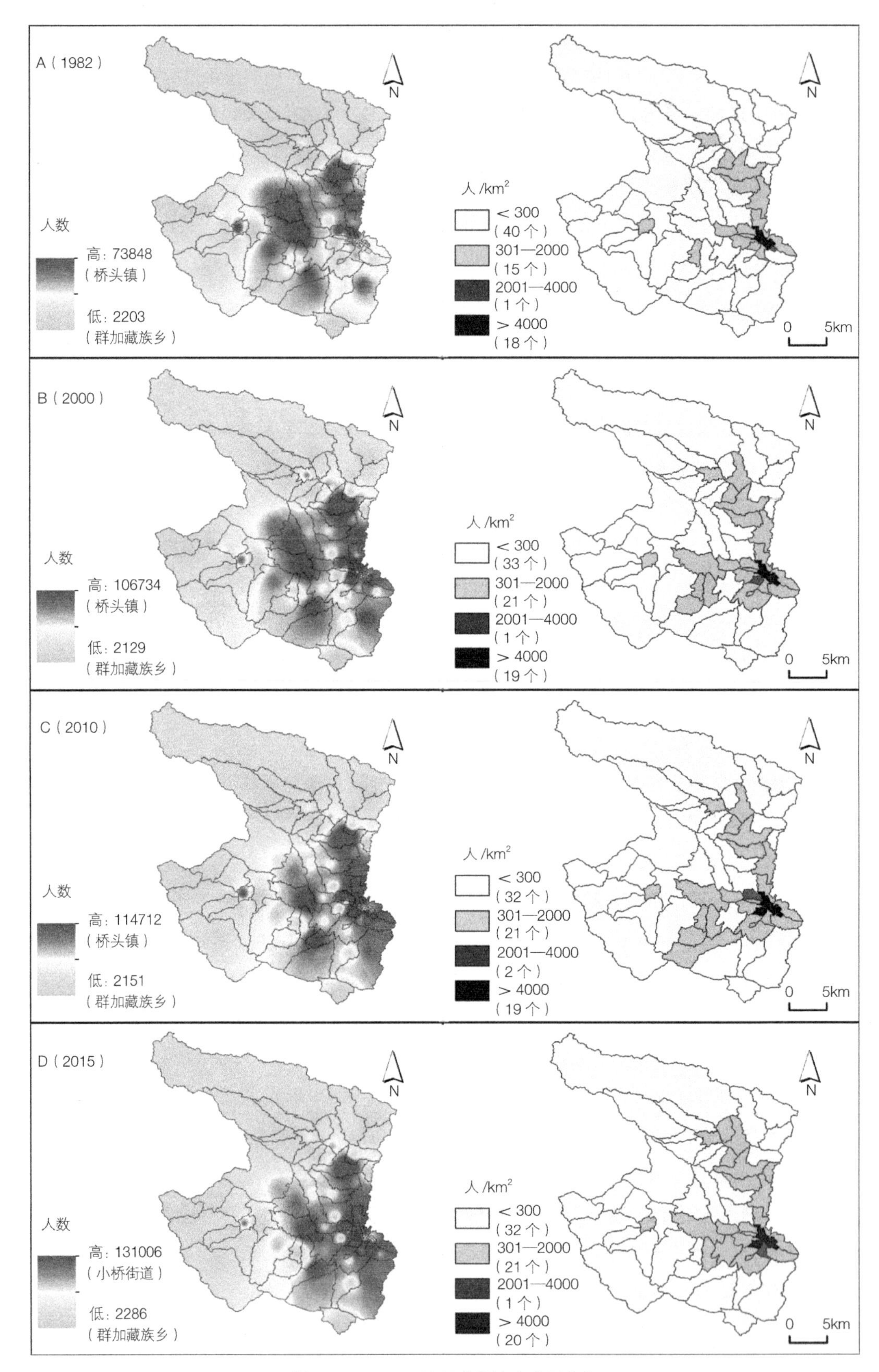


图6—4　1982—2015年西宁市人口分布

**1982—2015 年西宁市街道乡镇人口年均增长速度（‰）** **表 6—6**

| | 中位数 | 平均值 | 极差 | 最大值 | 最小值 |
|---|---|---|---|---|---|
| 1982—2000 | 11.61 | 12.85 | 83.36 | 69.71 | −13.65 |
| 2000—2010 | 5.76 | 11.41 | 112.90 | 69.91 | −13.65 |
| 2010—2015 | 19.19 | 17.07 | 259.20 | 100.71 | −158.48 |

由表 6—7 可以看出，1982—2000 年西宁市各街道和乡镇中年均人口增长率＜ 0 的有 7 个，0—15‰的街道和乡镇有 39 个，15‰—30‰的街道和乡镇有 23 个，＞ 30‰的街道和乡镇有 5 个；2000—2010 年西宁市各街道和乡镇中年均人口增长率＜ 0 的有 26 个，0—15‰的街道和乡镇有 21 个，15‰—30‰的街道和乡镇有 10 个，＞ 30‰的街道和乡镇有 17 个；2000—2010 年西宁市各街道和乡镇中年均人口增长率＜ 0 的有 14 个，0—15‰的街道和乡镇有 19 个，15‰—30‰的街道和乡镇有 20 个，＞ 30‰的街道和乡镇有 21 个。

**西宁市各街道乡镇人口增长速度分类表** **表 6—7**

| 年份 | ‰ | 街道乡镇名称 |
|---|---|---|
| 1982—2000 | ＜ 0 | 人民街道、向化乡、朔北乡、群加乡、汉东乡、拦隆口镇、城关镇（湟源） |
| | 0—15 | 东关街道：南川东路街道、古城台街道、胜利路街道、彭家寨镇、海湖新区、马坊街道、甘里铺镇、东峡镇、黄家寨镇、青林乡、青山乡、多林镇、逊让乡、宝库乡、斜沟乡、桦林乡、石山乡、长宁镇、景阳镇、多巴镇、田家寨镇、土门关乡、上新庄镇、西堡镇、甘河滩镇、大才乡、共和镇、上五庄镇、李家山镇、海字沟乡、东峡乡、日月乡、和平乡、波航乡、大华镇、申中乡、巴燕乡、寺寨乡 |
| | 15—30 | 清真巷街道、周家泉街道、火车站街道、乐家湾镇、韵家口镇、饮马街道、南滩街道、仓门街道、礼让街道、城南新区、总寨镇、西关大街街道、兴海路街道、朝阳街道、小桥街道、大堡子镇、桥头镇、城关镇、塔尔镇、极乐乡、新庄镇、良教乡、鲁沙尔镇 |
| | ＞ 30 | 大众街道、八一路街道、林家崖街道、南川西路街道、虎台街道 |
| 2000—2010 | ＜ 0 | 火车站街道、礼让街道、西关大街街道、大堡子镇、城关镇、东峡镇、青林乡、青山乡、极乐乡、宝库乡、向化乡、桦林乡、石山乡、土门关乡、汉东乡、共和镇、拦隆口镇、上五庄镇、李家山镇、海子沟乡、日月乡、和平乡、波航乡、申中乡、巴燕乡、寺寨乡 |
| | 0—15 | 东关街道、周家泉街道、林家崖街道、饮马街道、古城台街道、兴海路街道、桥头镇、塔尔镇、多林镇、逊让乡、新庄镇、斜沟乡、良教乡、长宁镇、景阳镇、田家寨镇、群加乡、上新庄镇、西堡镇、大才乡、东峡乡 |
| | 15—30 | 大众街道、韵家口镇、仓门街街道、人民街道、南川东路街道、马坊街道、黄家寨镇、多巴镇、甘河滩镇、城关镇（湟源） |
| | ＞ 30 | 清真巷街道、八一路街道、乐家湾镇、南滩街道、南川西路街道、城南新区、总寨镇、虎台街道、胜利路街道、海湖新区、彭家寨镇、朝阳街道、小桥街道、甘里铺镇、朔北乡、鲁沙尔镇、大华镇 |
| 2010—2015 | ＜ 0 | 东关街道、大众街道、周家泉街道、火车站街道、林家崖街道、乐家湾镇、马坊街道、甘里铺镇、桥头镇、鲁沙尔镇、汉东乡、大才乡、城关镇（湟源）、东峡乡 |
| | 0—15 | 饮马街道、仓门街道、兴海路街道、朝阳街道、城关镇、黄家寨镇、多林镇、逊让乡、宝库乡、长宁镇、景阳镇、群加乡、甘河滩镇、李家山镇、日月乡：和平乡、波航乡、大华镇、申中乡 |

续表

| 年份 | ‰ | 街道乡镇名称 |
|---|---|---|
| 2010—2015 | 15—30 | 韵家口镇、礼让街道、西关大街街道、大堡子镇、塔尔镇、东峡镇、青林乡、青山乡、极乐乡、新庄镇、斜沟乡、良教乡、朔北乡、多巴镇、田家寨镇、上新庄镇、共和镇、拦隆口镇、巴燕乡、寺寨乡 |
| | ＞30 | 清真巷街道、八一路街道、南滩街道、人民街道、南川东路街道、南川西路街道、城南新区、总寨镇、古城台街道、虎台街道、胜利路街道、海湖新区、彭家寨镇、小桥街道、向化乡、桦林乡、石山乡、土门关乡、西堡镇、上五庄镇、海子沟乡 |

具体分析如下：

① 1982—2000 年 7 个人口负增长的街道和乡镇呈零散分布特征，并未在空间形成集聚；39 个人口年均增长率在 0—15‰的街道和乡镇中 31 个乡镇分布在三县地区，主城区只有 8 个，并且从整体上看，这 39 个街道和乡镇在空间呈“片状”分布模式；23 个人口年均增长率在 15‰—30‰的街道和乡镇中 16 个分布在主城区，大通回族土族自治县和湟中县只有 7 个，主要集中在主城区和湟中县靠近主城区的乡镇，还有桥头镇及其附近的乡镇，从整体上看，这 23 个街道和乡镇在空间呈“组团”分布模式；人口年均增长率大于 30‰的街道全部零散分布在主城区，是改革开放之后西宁市开发建设的地区。

② 2000—2010 年 26 个人口负增长的街道和乡镇只有 4 个在主城区，其余均在三县地区，空间分布已呈“片状”分布模式；21 个人口年均增长率在 0—15‰的街道和乡镇中 15 个在三县地区，主城区只有 6 个，并且从整体上看，这 21 个街道和乡镇在空间呈“组团”分布模式；10 个人口年均增长率在 15‰—30‰的街道和乡镇中 6 个分布在主城区，三县地区有 4 个，从整体上看，这 10 个街道和乡镇在空间呈“零散”分布模式；17 个人口年均增长率大于 30‰的街道和乡镇，其中 14 个在主城区中，湟中县的鲁沙尔镇紧靠主城区，另外两个人口年均增长率大于 30‰的乡镇在西宁市外围地带，属于人口基数较小地区，总的来看，人口年均增长率大于 30‰的街道和乡镇在空间呈现“组团 + 零散”分布模式。

③ 2010—2015 年 14 个人口负增长的街道和乡镇有 8 个分布在主城区，其余均在三县地区，空间分布上呈“组团”模式；19 个人口年均增长率在 0—15‰的街道和乡镇中有 15 个分布在三县地区，主城区只有 4 个，并且从整体上看，这 19 个街道和乡镇主要集中在西宁市偏远郊区地带，只有小部分在主城区中心地带；20 个人口年均增长率在 15‰—30‰的街道和乡镇中有 4 个分布在主城区，三县地区有 14 个，从整体上看，这 20 个街道和乡镇在空间呈“零散式片状”分布模式；21 个人口年均增长率大于 30‰的街道和乡镇，其中 14 个分布在主城区，7 个分布在三县地区，总的来看，人口年均增长率大于 30‰的街道和乡镇在空间呈现“组团 + 零散”的分布模式。

1982—2015 年西宁市人口增长速度快的街道和乡镇主要集中在经济水平与基础设施建设较好的主城区及其周边，或者是西宁市的边缘乡镇，并伴有空间上的集聚特征。

（3）人口空间红利

分别以 1982、2000、2010 年为基准年，计算 2000、2010、2015 年西宁市各街道和乡镇的人口空间红利值，对其分类后列出表 6—8，其中极低水平代表人口空间红利值< 0.22，低水平为 0.22—0.45，中等水平为 0.45—0.66，高水平为 0.66—0.87，极高水平为≥ 0.87，并使用 ArcGIS 进行空间可视化处理，得到图 6—5。

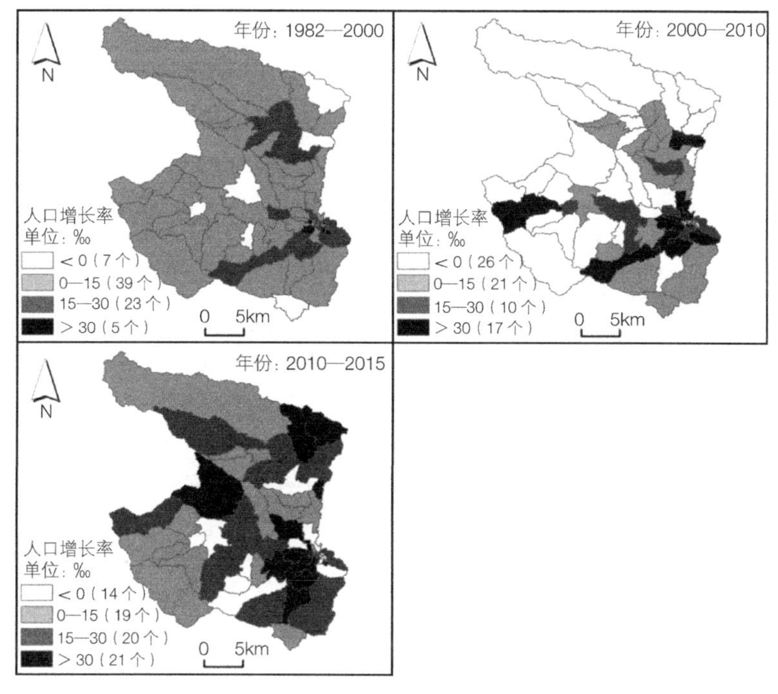


**图 6—5　1982—2015 年西宁市各街道乡镇人口年均增长率**

**西宁市各街道乡镇人口空间红利分类表**　　**表 6—8**

| 年份 | | 街道乡镇名称 |
|---|---|---|
| 2000 | 极低水平 | 南川东路街道、东峡镇、向化乡、朔北乡、长宁镇、群加乡、西堡镇、汉东乡、共和镇、拦隆口镇、李家山镇、海子沟乡、城关镇（湟源）、波航乡、巴燕乡、寺寨乡 |
| | 低水平 | 乐家湾镇、彭家寨镇、海湖新区、马坊街道、大堡子镇、廿里铺镇、桥头镇、塔尔镇、黄家寨镇、青林乡、青山乡、多林镇、逊让乡、极乐乡、新庄镇、宝库乡、斜沟乡、良教乡、桦林乡、石山乡、景阳镇、鲁沙尔镇、多巴镇、田家寨镇、土门关乡、上新庄镇、甘河滩镇、大才乡、上五庄镇、东峡乡、日月乡、和平乡、大华镇、申中乡 |
| | 中等水平 | 韵家口镇、南滩街道、南川西路街道、城南新区、总寨镇、朝阳街道、小桥街道、城关镇 |
| | 高水平 | 大众街道、周家泉街道、火车站街道、古城台街道、胜利路街道 |
| | 极高水平 | 东关街道、清真巷街道、八一路街道、林家崖街道、饮马街道、仓门街道、礼让街道、人民街道、西关大街街道、虎台街道、兴海路街道 |
| 2010 | 极低水平 | 向化乡、土门关乡、申中乡、寺寨乡 |
| | 低水平 | 大堡子镇、城关镇、东峡镇、青林乡、青山乡、多林镇、极乐乡、宝库乡、斜沟乡、良教乡、桦林乡、石山乡、长宁镇、景阳镇、田家寨镇、群加乡、上新庄镇、西堡镇、汉东乡、大才乡、共和镇、拦隆口镇、上五庄镇、李家山镇、海子沟乡、东峡乡、日月乡、和平乡、波航乡、巴燕乡 |
| | 中等水平 | 火车站街道、韵家口镇、礼让街道、南川东路街道、马坊街道、桥头镇、塔尔镇、黄家寨镇、逊让乡、新庄镇、多巴镇、甘河滩镇 |

续表

| 年份 | | 街道乡镇名称 |
|---|---|---|
| 2010 | 高水平 | 大众街道、周家泉街道、城南新区、总寨镇、西关大街街道、胜利路街道、海湖新区、彭家寨镇、廿里铺镇、朔北乡、鲁沙尔镇、大华镇 |
| | 极高水平 | 东关街道、清真巷街道、八一路街道、林家崖街道、乐家湾镇、饮马街道、南滩街道、仓门街道、人民街道、南川西路街道、古城台街道、虎台街道、胜利路街道、兴海路街道、朝阳街道、小桥街道 |
| 2015 | 极低水平 | 汉东回族乡 |
| | 低水平 | 林家崖街道 |
| | 中等水平 | 乐家湾镇、马坊街道、廿里铺镇、桥头镇、黄家寨镇、宝库乡、长宁镇、景阳镇、鲁沙尔镇、群加乡、甘河滩镇、大才乡、城关镇（湟源）、东峡乡、日月乡、和平乡、大华镇 |
| | 高水平 | 大众街道、周家泉街道、火车站街道、韵家口镇、南川东路街道、城南新区、总寨镇、大堡子镇、城关镇、塔尔镇、东峡镇、青林乡、青山乡、多林镇、逊让乡、极乐乡、新庄镇、斜沟乡、良教乡、向化乡、桦林乡、朔北乡、多巴镇、田家寨镇、土门关乡、上新庄镇、共和镇、拦隆口镇、上五庄镇、李家山镇、海子沟乡、波航乡、申中乡、巴燕乡、寺寨乡 |
| | 极高水平 | 东关街道、清真巷街道、八一路街道、饮马街道、南滩街道、仓门街道、礼让街道、人民街道、南川西路街道、西关大街街道、古城台街道、虎台街道、胜利路街道、兴海路街道、海湖新区、彭家寨镇、朝阳街道、小桥街道、石山乡、西堡镇 |

可以看出：2000年西宁市人口空间红利以低水平和极低水平为主。低水平街道和乡镇共34个，极低水平16个，分别占街道和乡镇总数的45.9%和21.6%，其中城东区1个，城北区3个，城西区2个，城中区1个，大通回族土族自治县19个，湟中县15个，湟源县9个；中等水平的街道和乡镇共8个，占街道和乡镇总数的10.8%，其中城东区1个，城中区4个，城北区2个，大通回族土族自治县1个；高水平和极高水平共16个，分别占街道和乡镇总数的6.8%和14.9%，其中城东区7个，城西区5个，城中区4个。总的来说，2000年西宁市人口空间红利低水平与极低水平街道和乡镇在空间呈现“片状+组团”模式分布，中等水平街道和乡镇空间分布主要集聚在主城区，高水平与极高水平街道和乡镇空间分布呈零散模式。

2010年西宁市人口空间红利仍以低水平为主，但是高水平和极高水平街道乡镇数量增长明显。低水平街道和乡镇共30个，占街道和乡镇总数的40.5%，城北区1个，大通回族土族自治县13个，湟中县11个，湟源县5个；极低水平的街道和乡镇减少至4个，占街道和乡镇总数的5.4%，其中大通回族土族自治县1个，湟中县1个，湟源县2个；中等水平12个，占街道和乡镇总数的16.2%，其中城东区2个，城中区2个，城北区1个，大通回族土族自治县5个，湟中县2个；高水平和极高水平共28个，分别占街道和乡镇总数的16.2%和21.6%，其中城东区7个，城西区8个，城中区7个，城北区3个，大通回族土族自治县、湟中县与湟源县各1个。总的来说，2010年西宁市人口空间红利极低水平街道和乡镇空间分布呈现零散模式，低水平街道和乡镇空间分布呈“组团”模式，中等水平街道和乡镇主要集聚在主城区和县政府驻地周边，高水平与极高水平街道和乡镇数量增长明显，空间集聚特征明显，集中分布在主城区及交通干线旁。

2015年西宁市人口空间红利以高水平为主，高水平街道和乡镇共35个，占街道和乡镇总数的47.29%，其中城东区4个，城北区1个，城中区3个，大通回族土族自治县14个，湟中县9个，湟源县4个；极高水平的街道和乡镇共19个，占街道和乡镇总数27.0%，其中城东区3个，城西区6个，城中区6个，城北区2个，大通回族土族自治县、湟中县各1个；中等水平街道和乡镇共17个，占街道和乡镇总数的22.97%，其中城东区1个，城北区2个，大通回族土族自治县5个，湟中县4个，湟源县5个；极低水平和低水平的街道和乡镇分别减少至1个，其中城东区1个，湟中县1个。总的来说，2015年西宁市人口空间红利中等水平和高水平的街道和乡镇空间分布呈现“组团＋集聚”模式，且主要分布在经济发展水平较高的主城区和交通沿线与政府所在地，极高水平街道和乡镇主要还是集中分布在主城区。

从图6—5、图6—6、图6—7来看，1982—2015年西宁市各街道和乡镇人口空间红利呈增大趋势，2000年西宁市各街道乡镇人口空间红利主要以低水平为主，低水平街道和乡镇主要出现在三县地区及主城区小部分外围街道和乡镇；2010年西宁市各街道乡镇中等水平和高水平人口空间红利街道和乡镇数量增长明显，这一时期低中水平的街道和乡镇主要出现在主城区外围及三县县政府驻地周边，主城区大部分街道和乡镇已经达到了高水平阶段；2015年西宁市各街道乡镇人口空间红利主要以高水平和极高水平为主，城西区各街道和乡镇人口空间红利增长明显。

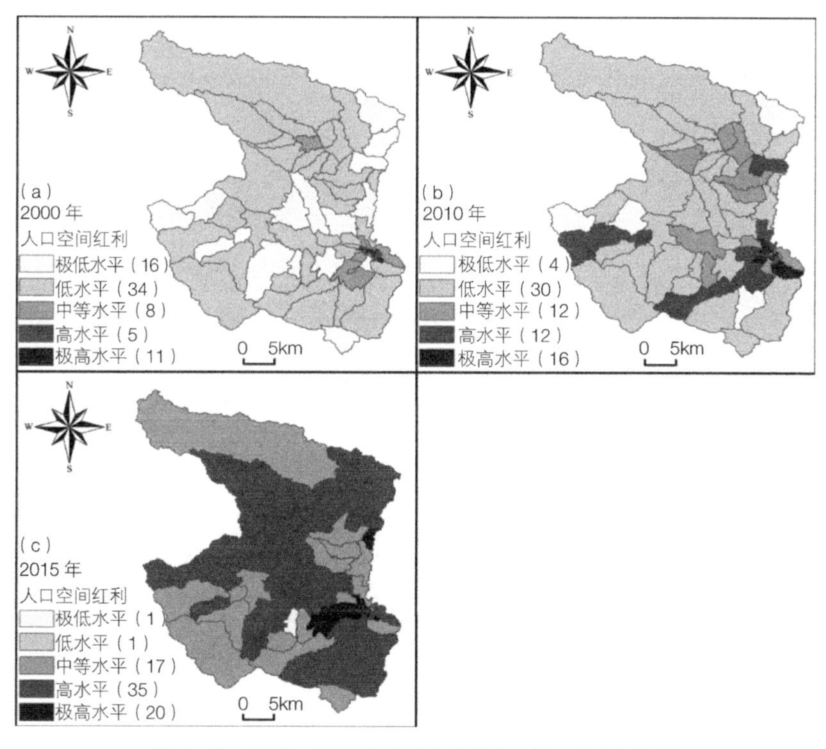


**图6—6　1982—2015年西宁市各街道乡镇人口空间红利**

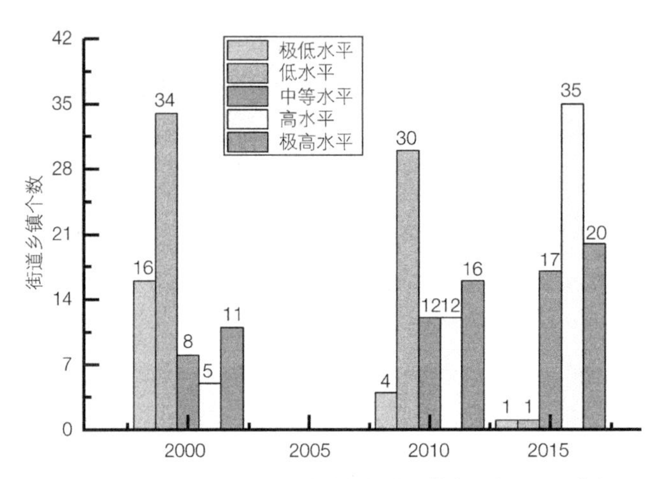


**图 6—7　1982—2015 年西宁市各街道乡镇人口空间红利变化**

（4）人口分布结构指数

以西宁市各街道和乡镇数据为基准，计算西宁市 1982、2000、2010 和 2015 年的人口集中度指数（C）和不均衡性指数（U）。

由图 6—8 可以看出，1982—2015 年西宁市人口集中度指数（C）呈持续上升趋势，1982 年为 0.49，2000 年增长到 0.53，2010 年增长到 0.57，2015 年增长到 0.58，从折线图增长幅度可以看出，2000—2010 年西宁市街道乡镇尺度人口集中度指数（C）增长最快，增长近 7.5%；西宁市不均衡性指数（U）在 1982—2015 年间也呈上升趋势，1982 年为 0.0172，2000 年增长到 0.0178，2010 年增长到 0.0187，2015 年增长到 0.0189。西宁市不均衡性指数（U）增长模式同人口集中度指数（C）相同，同样是 2000—2010 年增长最快，增长近 5%。

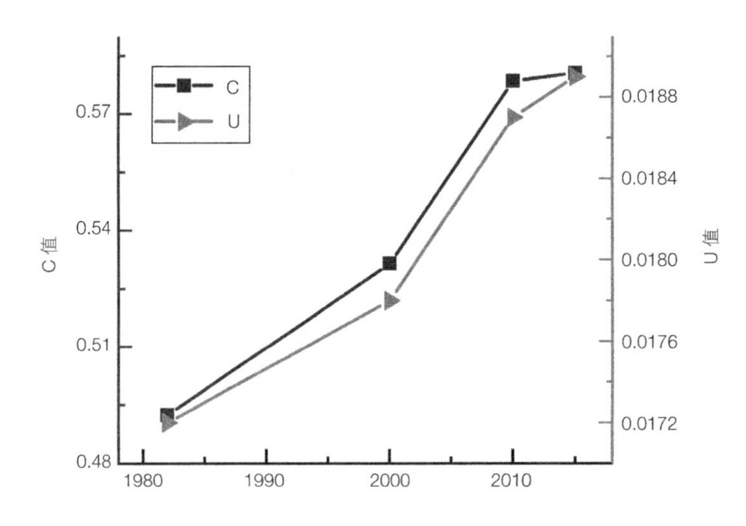


**图 6—8　1982—2015 年西宁市人口分布结构指数**

（5）Theil 系数

基于西宁市街道和乡镇尺度人口和行政区划面积数据，利用一阶嵌套 Theil 系数模型计算得到西宁市各区县内街道和乡镇之间 Theil 系数，计算结果见表 6—9。

由表 6—9 可以看出，在时间序列角度：1982 年城东区各街道和乡镇之间 Theil 系数为 0.5100，2000 年降至 0.4950，减少了 2.9%；2010 年降至 0.4227，减少了 14.6%；2015 年有所回升，为 0.4473，较 2010 年回升 5.8%；可以说 2010 年之前城东区各街道和乡镇之间人口数量差异在缩小，但是 2010 年后开始回升。1982 年城中区各街道和乡镇之间 Theil 系数为 0.7393，2000 年降至 0.6830，减少了 7.6%；2010 年降至 0.5737，减少了 16%；2015 年继续降低，为 0.5444，较 2010 年减少了 5.1%；可以说城中区各街道和乡镇之间人口数量差异在 1982—2015 年持续缩小。1982 年城西区各街道和乡镇之间 Theil 系数为 0.6047，2000 年升至 0.6256，增加了 3.5%；2010 年降至 0.5874，减少了 6.1%；2015 年继续降低，为 0.5336，较 2010 年减少了 9.2%；说明城西区各街道和乡镇之间人口数量差异在 1982—2000 年持续增大，但是在 2000—2015 年持续缩小。1982 年城北区各街道和乡镇之间 Theil 系数为 0.2202，2000 年升至 0.2411，增加了 9.5%；2010 年升至 0.2938，增加了 21.9%；2015 年继续上升，为 0.3444，较 2010 年增加了 17.2%；说明城北区各街道和乡镇之间人口数量差异在 1982—2000 年持续增大。1982 年大通回族土族自治县各乡镇之间 Theil 系数为 0.3268，2000 年升至 0.3638，增加了 11.3%；2010 年升至 0.3787，增加了 4.1%；2015 年降至 0.3260，较 2010 年降低了 13.9%；说明大通回族土族自治县各乡镇之间人口数量差异在 1982—2010 年持续增大，但是在 2010—2015 年开始缩小，总体差异水平低于 1982 年。1982 年湟中县各乡镇之间 Theil 系数为 0.0686，2000 年降至 0.0671，降低了 2.2%；2010 年升至 0.0866，增加了 29.1%；2015 年降至 0.0750，较 2010 年降低了 13.4%；说明湟中县各乡镇之间人口数量差异在 1982—2000 年持续缩小，但是在 2000—2010 年开始上升，2010—2015 年又开始下降。1982 年湟源县各乡镇之间 Theil 系数为 0.2601，2000 年降至 0.2357，降低了 9.4%；2010 年升至 0.2996，增加了 27.1%；2015 年降至 0.256，较 2010 年降低了 14.6%；说明湟源县各乡镇之间人口数量差异在 1982—2000 年开始缩小，2000—2010 年出现上升，2010—2015 年又开始缩小，湟源县是四区三县中人口差异变动最频繁的。

**1982—2015 年西宁市区县尺度 Theil 系数表** **表 6—9**

| | 1982 | 2000 | 2010 | 2015 | | 1982 | 2000 | 2010 | 2015 |
|---|---|---|---|---|---|---|---|---|---|
| 城东区 | 0.5100 | 0.4950 | 0.4227 | 0.4473 | 大通县 | 0.3268 | 0.3638 | 0.3787 | 0.3260 |
| 城中区 | 0.7393 | 0.6830 | 0.5737 | 0.5444 | 湟中县 | 0.0686 | 0.0671 | 0.0866 | 0.0750 |
| 城西区 | 0.6047 | 0.6256 | 0.5874 | 0.5336 | 湟源县 | 0.2601 | 0.2357 | 0.2996 | 0.2560 |
| 城北区 | 0.2202 | 0.2411 | 0.2938 | 0.3444 | | | | | |

结合区县间 Theil 系数，计算西宁市区县间及城区内街道乡镇间 Theil 系数贡献率，得到表 6—10。从 Theil 系数的结果可以看出，除了城北区的 Theil 系数呈现出稳定的增长趋势外，其他街道和乡镇均有减小趋势，说明在城北区人口空间分布的不均衡现象在持续扩大。从整体贡献率上看，1982、2000、2015 年城中区街道间差异贡献率最高，2010 年城西区街道间差异

贡献率最高，说明城中区与城西区各街道和乡镇之间的人口数量差异较大，其次分别是城东区、区县间、大通回族土族自治县、城北区、湟源县，湟中县差异贡献率一直最低，区县间的 Theil 系数持续稳定的升高。就结果来看，西宁市人口空间分布的主要差异还存在于街道乡镇尺度上，但是区县间的 Theil 系数贡献率稳定升高，表明西宁市区县之间的人口差异在稳定扩大。

**1982—2015 年西宁市人口 Theil 系数表** **表 6—10**

| | | 1982 | 2000 | 2010 | 2015 | 1982 | 2000 | 2010 | 2015 |
|---|---|---|---|---|---|---|---|---|---|
| 总计 | | 2.9787 | 3.0273 | 3.0335 | 2.9457 | 贡献率（%） | | | |
| 城区内街镇间 | 区县间 | 0.249 | 0.316 | 0.391 | 0.419 | 8.36 | 10.44 | 12.89 | 14.22 |
| | 城东区 | 0.5100 | 0.4950 | 0.4227 | 0.4473 | 17.12 | 16.35 | 13.93 | 15.18 |
| | 城中区 | 0.7393 | 0.6830 | 0.5737 | 0.5444 | 24.82 | 22.56 | 18.91 | 18.48 |
| | 城西区 | 0.6047 | 0.6256 | 0.5874 | 0.5336 | 20.30 | 20.67 | 19.36 | 18.11 |
| | 城北区 | 0.2202 | 0.2411 | 0.2938 | 0.3444 | 7.39 | 7.96 | 9.69 | 11.69 |
| | 大通县 | 0.3268 | 0.3638 | 0.3787 | 0.3260 | 10.97 | 12.02 | 12.48 | 11.07 |
| | 湟中县 | 0.0686 | 0.0671 | 0.0866 | 0.0750 | 2.30 | 2.22 | 2.85 | 2.55 |
| | 湟源县 | 0.2601 | 0.2357 | 0.2996 | 0.2560 | 8.73 | 7.79 | 9.88 | 8.69 |

### 6.1.4 小结

本节利用人口密度、人口增长速度、人口空间红利、人口分布结构指数和 Theil 系数，分析西宁市整体、区县、街道和乡镇三个不同空间尺度的人口空间分布格局，得到以下结论：

第一，青海省人口过度集中于西宁市。西宁市国土面积仅占全省的 1.09%，却集中了全省将近 42% 的人口，并且呈逐年上升趋势，人口密度已经达到全省平均水平的 40 倍之多，所以因人口过度集中而带来的诸多问题如住房、交通、社会治安、经济、医疗等基础设施资源紧张将会显现。

第二，西宁市人口集聚在主城区、县行政中心所在地及经济较发达的乡镇，人口空间分布呈现明显的各自“组团”模式。人口密度由内向外呈现阶梯状的递减趋势。西宁市主城区国土面积仅占全市的 6%，却承载了全市 50% 以上人口。2000 年前，三县地区人口总数大于主城区人口总数，2000 年后主城区人口总数超过了三县地区人口总数，人口密度更是成倍高于三县地区，区县间的人口分布结构指数呈增大趋势，说明西宁市四区三县之间人口数量差异正在增大。因西宁市主城区海拔较低，就自然条件来说很适宜人类居住，加上 2000 年后主城区经济社会水平发展较快、城市扩建、基础设施建设逐步完善，吸引了三县地区以及其他州县人口迁移或者来此工作，加快了主城区人口增长速度，相对于西宁市市域和青海省来说，西宁市主城区已经成为省内的人口极端密集区。

第三，各街道和乡镇人口数量差距逐渐增大，且人口密度大的街道和乡镇具有空间集聚特征。区县尺度和街道与乡镇人口分布结构指数逐年增大、Theil 系数的变化说明西宁市人口差异主要由各街道和乡镇之间的差异造成，但是区县之间人口的差异正在逐年上升。

第四，城西区街道的平均人口空间红利较高，发展潜力最大。西宁市人口分布不均衡，势必导致个别城区以及部分街道经济发展水平较高，吸引省内或省外劳动人口迁移集聚，造成城市内部经济发展差异。从西宁市不同尺度人口空间红利可以看出，西宁市各街道和乡镇地区人口空间红利由 1982 年的低水平为主，转变为 2015 年的中高水平为主，高水平人口空间红利的街道和乡镇集中分布在主城区、交通沿线地带和县政府所在地。

## 6.2 西宁市人口分布演变趋势

### 6.2.1 人口重心变化

利用西宁市 1982—2015 年常住人口数据和各街道和乡镇坐标，使用人口重心模型，计算西宁市 1982、2000、2010 及 2015 年全市人口重心，得到图 6—8，并分析变化规律。

（1）市域人口重心变化

由图 6—9 可见，1982—2010 年西宁市人口重心点在湟中县境内，2015 年在城北区境内，这是由于湟中县在研究年限内一直是西宁市人数最多的县（1982 年占全市总人口的 25.4%，2000 年占 22.4%，2010 年占 19.8%，2015 年占 19.1%），只是由于近年来主城区经济发展迅速，导致人口增长与集聚，致使人口重心向主城区方向移动。从人口重心移动趋势来看，33 年间西宁市人口重心点向主城区移动，其中 1982 年西宁市人口重心地理坐标位于 101° 37′ 24.95″ E，36 ° 42 ′ 14.932 ″ N，2000 年向东南方向移动 0.19km 至 101 ° 38 ′ 30.052 ″ E，36° 41′ 52.318″ N，2010 年又向东南移动 0.21km 至 101° 39′ 26.246″ E，36° 41′ 5.49″ N，2015 年向东略微移动 0.005km 至 101° 39′ 45.262″ E，36° 41′ 2.749″ N。

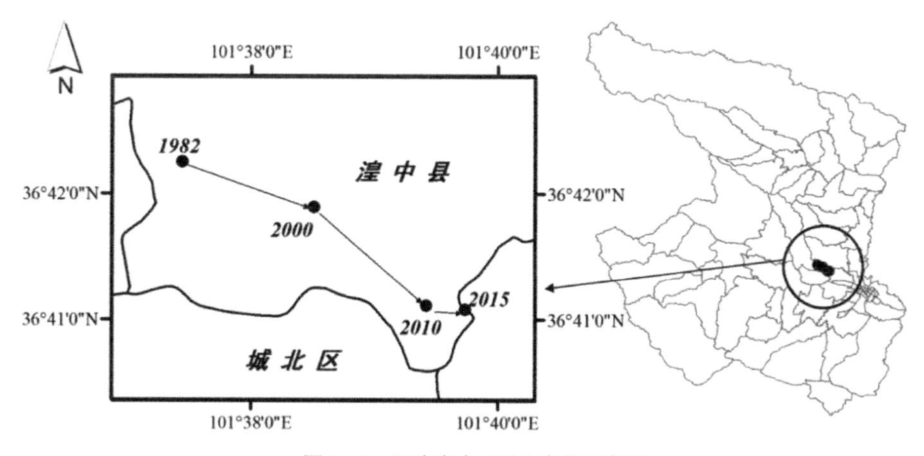


图 6—9　西宁市人口重心变化示意图

（2）主城区与三县人口重心变化

由图 6—10 可见，1982—2015 年主城区人口重心均在西关大街街道内，1982 年主城区人口重心位于 101° 45′ 46.703″ E，36° 37′ 28.074″ N，2000 年向东南方向移动约 0.0033km 至 101° 45′ 56.919″ E，36° 37′ 21.476″ N，2010 年继续向东南方向移动约 0.0012km 至 101° 45′ 58.409″ E，36° 37′ 17.565″ N，2015 年则向西南方向移动约 0.0022km 至 101° 45′ 51.013″ E，36° 37′ 14.585″ N。1982—2015 年三县地区人口重心在湟中县拦隆口镇和李家山镇交界地带，1982 年三县地区人口重心位于 101° 31′ 16.152″ E，36° 45′ 45.385″ N，2000 年向东北方向移动约 0.0077km 至 101° 31′ 37.298″ E，36° 46′ 3.616″ N，2010 年向东南方向移动约 0.0081km 至 101° 31′ 40.498″ E，36° 45′ 34.755″ N，2015 年向东北方向移动约 0.0071km 至 101° 31′ 54.9″ E，36° 45′ 56.072″ N。

西宁市整体人口重心向东南方向的主城区移动，这是因为自进入 21 世纪以来，西宁市主城区建设加快，经济水平提高，就业岗位增加，吸引了三县以及其他州县劳动力人口，形成了人口集聚，拉动了西宁市人口重心向主城区偏移。这一点同样可以从图 6—10 中主城区和三县人口重心点偏移看出，主城区人口重心从最初向东南方向移动，改变为向西南方向移动，因为城西区的海湖新区与总寨镇的城南新区都是在 2010 年后开始建设的新区，政府最初规划新区建设时会提供一些优惠条件，必将吸引投资商与开发商入驻新区，为新区带来更多的就业岗位，从而吸引劳动力人口向新区方向集聚；三县人口重心点在研究年限内也在向主城区靠拢，并与主城区人口重心点呈反方向移动态势，未来极有可能在城西区相交。

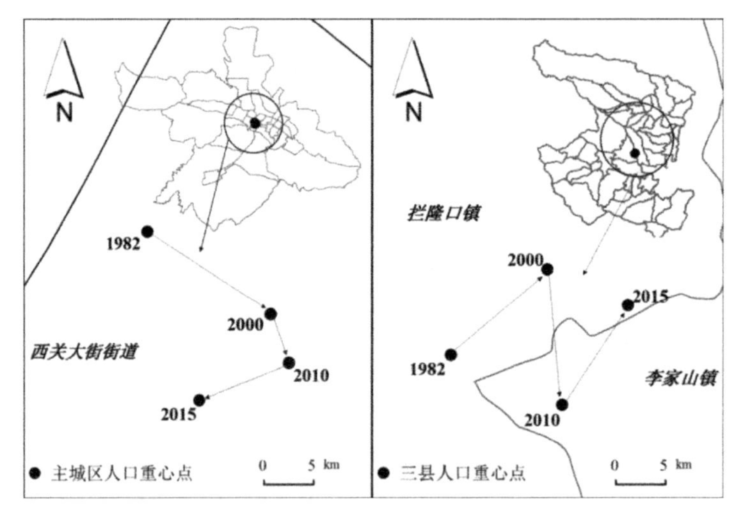


图 6—10　主城区与三县人口重心变化示意图

## 6.2.2　标准差椭圆分析

分别计算西宁市主城区、三县地区和市域整体的人口标准距离，计算后得到表 6—11，进行空间可视化得到图 6—11。

西宁市人口标准差椭圆主要特征值　　表 6—11

| | 年份 | 短轴（km） | 长轴（km） | 旋转角 | 长轴 / 短轴 | 面积（$km^2$） |
|---|---|---|---|---|---|---|
| 主城区 | 1982 | 9.7 | 16 | 114.7° | 1.649 | 98 |
| | 2000 | 9.5 | 15.9 | 113.4° | 1.674 | 96 |
| | 2010 | 9.9 | 15.7 | 117.7° | 1.586 | 98 |
| | 2015 | 10.1 | 15.4 | 116° | 1.525 | 97 |
| 三县 | 1982 | 56.7 | 70.1 | 23.1° | 1.236 | 2518 |
| | 2000 | 55.8 | 70.6 | 19.2° | 1.265 | 2484 |
| | 2010 | 54.4 | 71.1 | 21.8° | 1.307 | 2439 |
| | 2015 | 54.3 | 71.4 | 21.9° | 1.315 | 2459 |
| 整体 | 1982 | 53.7 | 62.1 | 125.9° | 1.156 | 2099 |
| | 2000 | 50.7 | 60.9 | 130.7° | 1.201 | 1954 |
| | 2010 | 48 | 57.7 | 127.2° | 1.202 | 1770 |
| | 2015 | 47.1 | 57.3 | 130° | 1.217 | 1705 |

（1）西宁市人口分布主体方向为“东南—西北”

从 1982—2015 年西宁市人口标准差椭圆（图 6—11）和主要特征值变化情况来看（表 6—11），西宁市主城区人口标准差椭圆呈现“东南—西北”的走向，旋转角主要保持在 115° 左右，说明西宁市主城区人口主要分布在主城区“东南—西北”方向。三县地区人口标准差椭圆呈现“东北—西南”的走向，旋转角主要保持在 21° 左右，说明西宁市三县地区人口主要分布在“东北—西南”方向。西宁市整体人口标准差椭圆呈现“东南—西北”的走向，旋转角主要保持在 130° 左右，说明西宁市人口主要分布在“东南—西北”方向。

（2）人口空间分布集聚态势明显

由表 6—11 可知，1982—2015 年主城区人口标准差椭圆的覆盖面积逐渐缩小，说明西宁市主城区人口空间分布呈集聚的态势。短轴逐渐增大，说明人口在主城区“东北—西南”方向有所扩散，而长轴减小说明人口在主城区“东南—西北”方向上集聚，产生向心极化效应。长短轴比值的减小，说明主城区人口在短轴方向的集聚程度大于在长轴方向的集聚程度。

1982—2010 年三县地区的人口标准差椭圆覆盖的面积逐渐缩小，说明三县地区人口空间分布呈集聚的态势，而 2010—2015 年椭圆长轴和覆盖范围增大，说明三县地区人口在长轴方向上出现新的集聚点。短轴逐渐减小，说明人口在主城区“东南—西北”方向有所集聚，产生向心极化效应。长短轴比值的增大，说明三县地区人口在短轴方向的集聚程度小于在长轴方向的集聚程度。

1982—2015 年西宁市整体的人口标准差椭圆覆盖面积也在逐渐缩小，说明西宁市人口空间分布整体同样呈现集聚的态势。长轴和短轴均存在逐渐减小的趋势，说明人口在主城区“东北—西南”和“东南—西北方向”都存在集聚现象，产生向心极化效应。长短轴比值的增大，说明西宁市人口在短轴方向的集聚程度小于在长轴方向的集聚程度。另外，西宁市整体人口标准差椭圆与主城区标准差椭圆旋转角度与移动轨迹相似，与三线地区移动轨迹有显著差异，说明主城区人口空间分布变化对西宁市域人口空间分布变化影响更大。

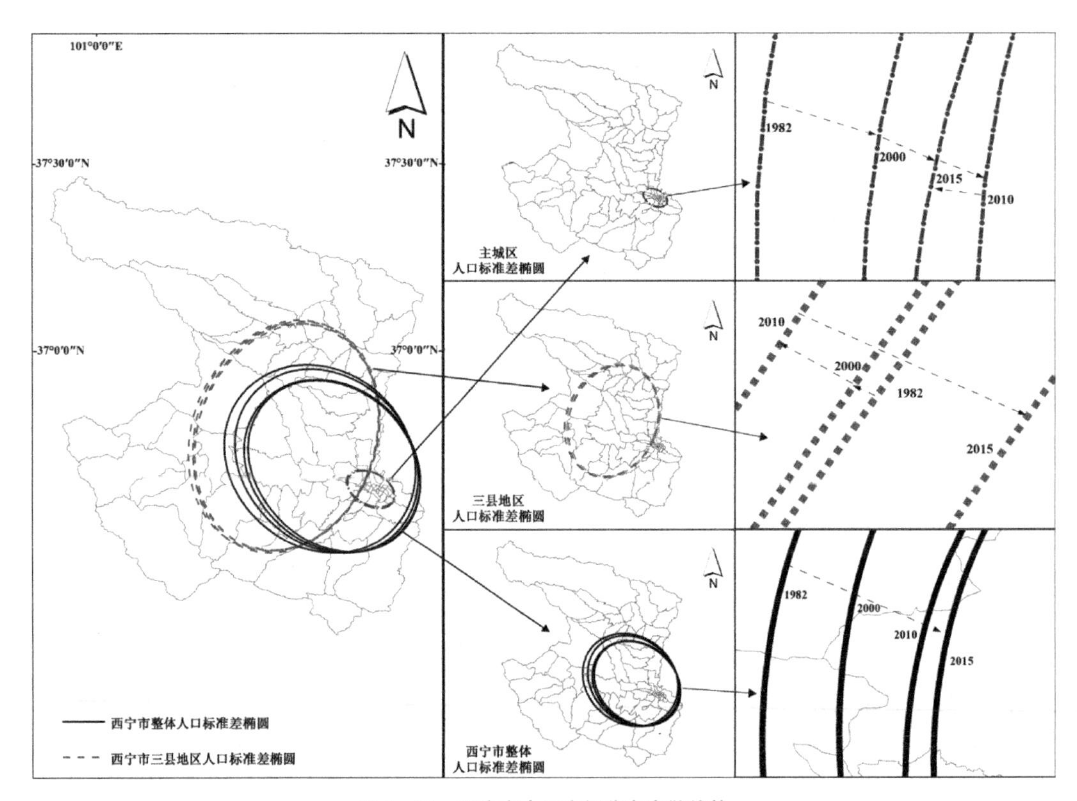


图 6—11　西宁市人口空间分布离散趋势

## 6.3　西宁市人口分布演变模型分析

城市人口密度空间结构模型，分为单核心模型和多核心模型两个大类（表 6—12），单中心模型，如 Clark 模型、Smeed 模型、对数模型、Quadratic 模型、Cubic 模型、Newling 模型、Compound 模型等。在城市人口空间结构研究中，常以城市单中心为起点，分析城市其他区域人口结构与中心区之间的相互作用（董文丽，2017）。多核心模型实质是在确定城市中心的前提下，寻找其他副中心，对每个中心进行单核心模型分析之后再进行叠加分析。

人口密分布模型　　表 6—12

| 模型 | 公式 | 各参数意义 | 参数限定 |
|---|---|---|---|
| Clark 模型 | $D(r)=ae^{br}$ | $D(r)$ 为 $r$ 处人口密度；$r$ 为 $r$ 处距离中心的距离；$a$ 为中心区人口密度的理论值；$b$ 为人口密度衰减的斜率 | $a$>0，$b$<0 |
| Smeed 模型 | $D(r)=ar^{b}$ | 参数意义与 Clark 模型相同 | $a$>0，$b$<0 |
| 对数模型 | $D(r)=a+b\ln r$ | 参数意义与 Clark 模型相同 | $a$>0，$b$<0 |
| Quadratic 模型 | $D(r)=ar^{2}+br+c$ | $c$ 为中心区人口密度的理论值；其他参数意义与 Clark 模型相同 | $a$>0，$b$<0，$c$>0 |

续表

| 模型 | 公式 | 各参数意义 | 参数限定 |
| --- | --- | --- | --- |
| Cubic 模型 | $D(r)=ar^3+br+cr+d$ | $d$为中心区人口密度的理论值；其他参数意义与 Clark 模型相同 | $d>0$ |
| Newling 模型 | $D(r)=ae^{br+cr^2}$ | $b$、$c$为函数斜率；其他参数意义与 Clark 模型相同 | $a>0$，$b<0$，$c<0$ |
| compound 模型 | $D(r)=a(b)^r$ | 参数意义与 Clark 模型相同 | $a>0$，$b>0$ |
| 多中心模型 | $D(r)=\sum a_n e^{b_n r_{mn}}$ | $n$为城市中心个数；$r_{mn}$为街道(乡镇)$m$到中心区的距离；$a_n$和$b_n$为参数 | $a_n>0$，$b_n<0$ |

综合考虑西宁市人民街道中心广场一直都是西宁市商业贸易最为繁华的地段之一，省人民政府和市人民政府办公地也在中心广场周边，而且中心广场周边的街道如饮马街街道、礼让街街道、仓门街街道的人口密度在本研究的研究年限范围内较为稳定，所以选取人民街道中心广场作为西宁市的中心。

首先使用 ArcGIS 对空间数据进行处理，处理方法如下：

（1）计算各街道及乡镇 1982、2000、2010、2015 年人口密度。

（2）以中心广场为中心做半径为 0.5km 的圆，并且以 0.5km 为间距继续做 80 个同心圆，同心圆辐射半径 40km，覆盖西宁市所有主城区以及三县内的建成区。

（3）运用 ArcGIS 的“标识”处理，使用 0.5km 间距同心圆对西宁市进行切割，共切割出 1015 个碎片，得到图 6—12。

（4）分别计算每一块碎片的面积，每条环带内的碎片面积相加即为环带面积；用每一块碎片面积乘以其所在街道或者乡镇的人口密度，即可得到每一块碎片的人口数；每一条环带内所有碎片的人口数相加，即为该环带的人口数；用环带人口数除以环带面积，即为环带人口密度。

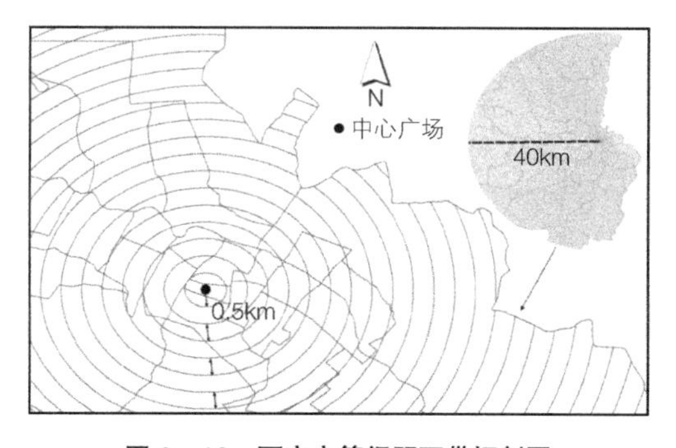


**图 6—12　西宁市等间距环带切割图**

## 6.3.1　西宁市人口密度空间分布单中心模型

（1）1982 年西宁市人口密度模型

由表 6—13 可以看出，Smeed 模型拟合优度最高（$R^2$ 最大为 0.8894），其次是 Newling 模型。

**1982 年西宁市人口密度空间分布模型回归及拟合结果　　表 6—13**

| 模型 | 表达式 | $R^2$ | $F$值 |
|---|---|---|---|
| Clark 模型 | $D(r)=1760.1e^{-0.038r}$ | 0.5454 | 78.08 |
| Smeed 模型 | $D(r)=10681r^{-1.221}$ | 0.8894 | 378.17 |
| 对数模型 | $D(r)=10512-3347\ln r$ | 0.6245 | 150.48 |
| Quadratic 模型 | $D(r)=16.645r^2-835.17r+9244.2$ | 0.4955 | 93.48 |
| Cubic 模型 | $D(r)=-1.5098r^3+108.37r^2-2330.3r+14446$ | 0.7188 | 226.79 |
| Newling 模型 | $D(r)=7862.03e^{-0.2945r+0.0054r^2}$ | 0.8437 | 78 |
| compound 模型 | $D(r)=1760.05(0.927)^r$ | 0.5454 | 78.15 |

（2）2000 年西宁市人口密度模型

由表 6—14 可以看出，2000 年拟合优度最高的模型依然是 Smeed 模型（$R^2$ 最大为 0.8893），其次是 Newling 模型。

**2000 年西宁市人口密度空间分布模型回归及拟合结果　　表 6—14**

| 模型 | 表达式 | $R^2$ | $F$值 |
|---|---|---|---|
| Clark 模型 | $D(r)=2508.8e^{-0.041r}$ | 0.5649 | 9.89 |
| Smeed 模型 | $D(r)=16594r^{-1.299}$ | 0.8893 | 273.18 |
| 对数模型 | $D(r)=13948-4424\ln r$ | 0.6682 | 157.05 |
| Quadratic 模型 | $D(r)=22.44r^2-1130.1r+12570$ | 0.5624 | 100.26 |
| Cubic 模型 | $D(r)=-1.9461r^3+140.67r^2-3057.3r+19276$ | 0.7896 | 292.72 |
| Newling 模型 | $D(r)=12530.24e^{-0.3171r+0.0058r^2}$ | 0.8693 | 78.1 |
| compound 模型 | $D(r)=2508.9(0.9215)^r$ | 0.5649 | 78.12 |

（3）2010 年西宁市人口密度模型

由表 6—15 可以看出，2010 年拟合优度最高的模型是 Newling 模型（$R^2$ 最大为 0.9108），其次是 Smeed 模型。

**2010 年西宁市人口密度空间分布模型回归及拟合结果　　表 6—15**

| 模型 | 表达式 | $R^2$ | $F$值 |
|---|---|---|---|
| Clark 模型 | $D(r)=3506.7e^{-0.091r}$ | 0.6136 | 7.61 |
| Smeed 模型 | $D(r)=24851r^{-1.387}$ | 0.9053 | 249.67 |
| 对数模型 | $D(r)=16766-5301\ln r$ | 0.7104 | 191.31 |
| Quadratic 模型 | $D(r)=26.856r^2-1360.1r+15254$ | 0.6131 | 123.6 |
| Cubic 模型 | $D(r)=-2.2256r^3+162.06r^2-3654.1r+22932$ | 0.8331 | 302.24 |
| Newling 模型 | $D(r)=18843.06e^{-0.3362r+0.0061r^2}$ | 0.9108 | 78.05 |
| compound 模型 | $D(r)=3506.59(0.9138)^r$ | 0.6136 | 78.11 |

（4）2015 年西宁市人口密度模型

由表 6—16 可以看出，2015 年拟合优度最高的模型依然是 Newling 模型（$R^2$ 最大为 0.9222），其次是 Smeed 模型。

2015 年西宁市人口密度空间分布模型回归及拟合结果　　表 6—16

| 模型 | 表达式 | $R^2$ | $F$值 |
|---|---|---|---|
| Clark 模型 | $D(r)=4124.6e^{-0.094r}$ | 0.6353 | 7.46 |
| Smeed 模型 | $D(r)=30565r^{-1.433}$ | 0.9053 | 235.15 |
| 对数模型 | $D(r)=19610-6214\ln r$ | 0.7104 | 185.34 |
| Quadratic 模型 | $D(r)=31.401r^2-1590.2r+17799$ | 0.6042 | 119.1 |
| Cubic 模型 | $D(r)=-2.6092r^3+189.91r^2-4174r+26789$ | 0.8223 | 361.05 |
| Newling 模型 | $D(r)=22493.91e^{-0.3424r+0.0061r^2}$ | 0.9222 | 78.04 |
| compound 模型 | $D(r)=4124.5(0.91)^r$ | 0.6353 | 78.1 |

在此需要对表 6—13 与表 6—14 的人口密度模型拟合结果做一定的解释：Smeed 模型在大多数城市人口密度研究中拟合效果并不好，早在 1989 年 Parr J.B. 就曾提出，Smeed 模型更适合模拟城市较远的边缘地区以及城市腹地人口分布的规律（Parr J.B.，1989）。在本研究中，Smeed 模型拟合效果很好的主要原因是西宁市为高原河谷型城市，不同于平原城市的同心圆发展模式，河流谷地等高原地形条件使西宁市的城市建成区域为狭长的“十”字形，三县的城市建成区距离市中心较远且人口比重较大，所以为了更准确地模拟西宁市人口分布状态，在选取同心圆半径时扩充到 40km 以涵盖三县地区的建成区，这样使城市边缘及城市腹地融入模型拟合中，造成了 Smeed 模型拟合效果最佳的结果。

从表 6—13—表 6—16 西宁市人口密度拟合结果可以看出，4 个研究年份中 1982、2000 年 Smeed 模型拟合结果最好，2010、2015 年 Newling 模型的拟合结果最好，但是本研究中 Newling 模型的参数 $c$ 大于 0，这不符合 Newling 的前提，所以不予考虑，因此，西宁市 1982、2000、2010、2015 年 4 个年份中人口密度模型拟合效果最好的是 Smeed 模型。人口学家沈建法指出，在现代城市化进程中，城市人口空间分布大致可以划分为两个阶段，其中负指数函数模型拟合效果最好时，代表城市人口空间分布的初级阶段，在这一阶段城市人口高度集聚；在二次指数模型拟合效果最好的时候，则代表城市人口空间分布模式进入了成熟阶段，在这一阶段城市人口分布开始出现离心扩散效应，近郊区化与远郊区化明显（沈建法，2000）。所以，截至 2015 年，西宁市还处于城市发展的初级阶段。试比较西宁市 1982、2000、2010、2015 年 Smeed 模型可以发现，4 个年份的参数 $b$ 的绝对值呈增长趋势，说明从中心到其他各个地区的人口密度衰减趋势逐渐增大，从市中心到城市外围的人口密度差异越来越大，市中心人口集聚趋势明显。

## 6.3.2 西宁市人口密度空间分布多中心模型

西宁市因地处湟水谷地，所以城市建成区域为狭长的“十”字形，这种类型的城市更容易发展成为多中心结构，因此在分析完西宁市单中心结构后，在本节建立城市人口空间分布多中心模型，从多个角度分析西宁市人口空间分布，以提高研究结论的准确性和科学性。

参考国内外学者关于城市人口多中心模型拟合研究方法（张耀军，2013；王春兰，2016），首先确定西宁市人民街道中心广场为1982—2015年的城市主中心，城市次中心的选取条件通过查阅参考冯健（2003）和曾文（2016）的选取条件，考虑到西宁市城市自身特征，定为：（1）人口密度达到14000人/km$^2$，且距离中心广场距离≥2.5km；（2）选定的城市次中心需要具有一定的商业、政治、科教文化、居住的职能因素。综上所述，首先使用Arcgis10.0绘制西宁市人口密度等值线图（图6—13），根据前文设定的选取城市次中心规则，1982年时，西宁市没有符合次中心选取标准的地点，所以不对1982年进行人口密度多中心的模型拟合，2000年仅有东关清真大寺符合次中心标准，2010年次中心为东关清真大寺、小桥大街，2015年有4个次中心，分别是东关清真大寺、新宁广场、小桥大街、青海民族大学（距离过远未在图中标注）。

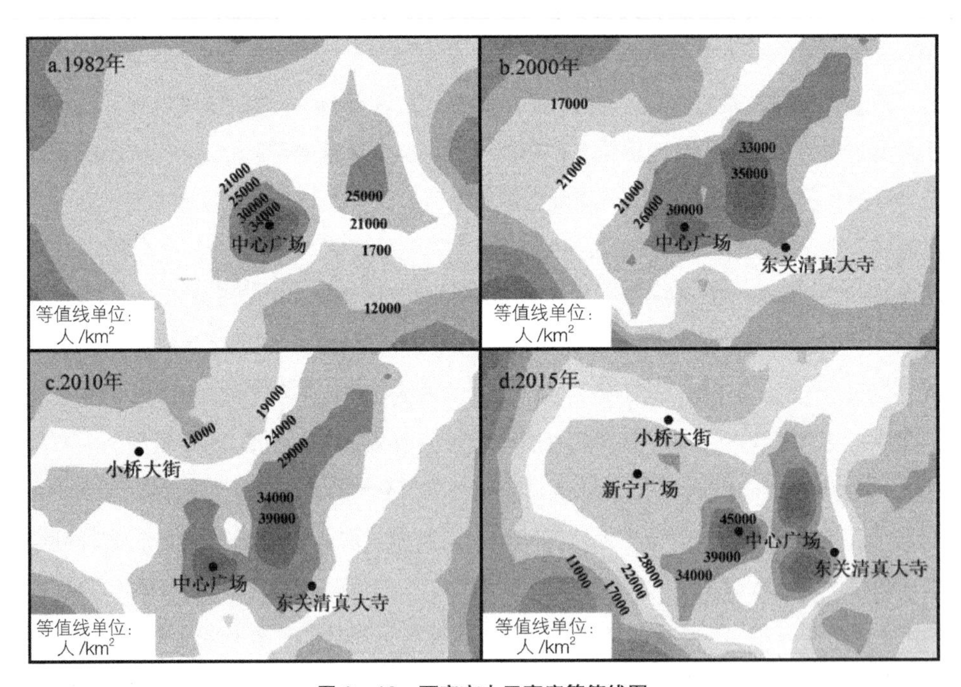


**图6—13 西宁市人口密度等值线图**

根据人口密度多中心模型对西宁市2000、2010、2015年进行拟合，模型公式和拟合结果见表6—17与表6—18。

**2000、2010 年和 2015 年西宁市人口密度空间分布多中心模型　　表 6—17**

| 年份 | 回归模型 |
|---|---|
| 2000 | $D(r)=21864.75e^{-0.0938r}+18975.43e^{-0.0925r}$ |
| 2010 | $D(r)=26476.16e^{-0.0987r}+25285.84e^{-0.0974r}+25488.94e^{-0.0977r}$ |
| 2015 | $D(r)=32241.19e^{-0.0993r}+27501.61e^{-0.0976r}+28452.75e^{-0.0985}+23109.52e^{-0.0928r}+28853.89e^{-0.0989r}$ |

**2000、2010 年和 2015 年西宁市人口密度空间分布多中心模型回归拟合结果　　表 6—18**

| 年份 | 城市中心 | 参数 *a* | 参数 *b* | $R^2$ |
|---|---|---|---|---|
| 2000 | 中心广场 | 21864.75 | −0.0938 | 0.7604 |
| | 东关清真大寺 | 18975.43 | −0.0925 | |
| 2010 | 中心广场 | 26476.16 | −0.0987 | 0.7749 |
| | 东关清真大寺 | 25285.84 | −0.0974 | |
| | 小桥大街 | 25488.94 | −0.0977 | |
| 2015 | 中心广场 | 32241.19 | −0.0993 | 0.7631 |
| | 东关清真大寺 | 27501.61 | −0.0976 | |
| | 小桥大街 | 28452.75 | −0.0985 | |
| | 民族大学 | 23109.52 | −0.0928 | |
| | 新宁广场 | 28853.89 | −0.0989 | |

通过人口密度多中心模型拟合结果（表 6—18）可以看出：

（1）西宁市人口空间分布符合人口密度多中心模型，但是 $R^2$ 较低，2000 年、2010 年和 2015 年 3 个年份中心广场参数 *a* 的绝对值呈现明显的增大趋势，同时参数 *b* 的绝对值在 3 个年份中为最高（参数 *a* 的绝对值越大，表明中心点对人口吸引集聚的作用越强，参数 *b* 的绝对值越大，表明以该点为圆心，距离越远，人口密度衰减越大），说明中心广场作为西宁市的主中心地位依然稳固，并且人口集聚程度大于市内其他地区。

（2）东关清真大寺周边和小桥大街已经成为西宁市相对稳定的次级中心，这两个次中心点的参数 *a* 在研究年限内均有不同程度的增长，民族大学与新宁广场属于 2010 年后新出现的城市次级中心，并且新宁广场在 2015 年时已经成为仅次于中心广场的次级城市中心。

总的来说，西宁市形成多中心结构得益于河谷型城市的地质特征，狭长的城市建成区域使得西宁市更容易成为多中心型城市，但是就本研究的研究年限而言，西宁市人口密度单中心模型拟合效果更好，次级中心虽然存在，但是对市域内其他地区人口的吸引力尚显不足，所以西宁市仍然属于一个单中心结构城市。

### 6.3.3　小结

第一，西宁市人口重心逐渐向主城区移动。1982—2015 年，西宁市人口重心逐渐向主城区移动，西宁市主城区是市内人口数量与人口密度增长最为迅速的地区，而三县人口数量与人口密度增长较为缓慢，使得西宁市整体人口重心向主城区方向偏移。

第二，西宁市人口空间分布呈极化态势。1982—2015 年，西宁市主城区与三县的人口标准差椭圆的覆盖面积总体上呈缩小趋势，人口重心不断向主城区移动，说明在主城区和三县地区中，人口空间分布向一个或者多个街道及乡镇集聚，使得西宁市整体人口分布标准差椭圆的覆盖面积也随之减少，人口空间分布出现极化态势。

第三，2000 年之前，老城区（城东区、城中区）各街道因外来人口迁移使人口数量增多，整个西宁市人口空间分布方向开始向主城区移动。2000 年后，由于城南新区和海湖新区的相继建立，吸引了部分中心人口与外来人口向新区迁移，逐渐在 2010 年以后形成一定规模的人口集聚区域，主城区人口标准差椭圆最先开始向西南方向移动与西宁市整体人口椭圆标准差向东南方向移动放缓的趋势得到了充分证明。

第四，西宁市目前正处于人口向城市中心集聚的过程，城市人口空间分布趋向于单中心结构，人口郊区化尚不明显，城市发展过程明显晚于东部北京、上海、南京等城市。但是地形、计划经济时期遗留的历史、民族宗教等原因使得西宁市次级中心发展较快，综合考虑近些年西宁市对城市次级中心的开发与投入，未来西宁市城市建设会逐渐向多中心结构转变。



## 6.4 西宁市人口空间分布演变影响因素

### 6.4.1 西宁市人口空间分布影响因素的定性分析

城市人口空间分布特征和演化趋势会受到各种因素的影响。通过对 1982—2019 年西宁市人口空间分布格局演变特征进行研究，并结合西宁市城市建设发展，本研究将西宁主城区人口空间结构演变的影响因素分为两大类，即自然因素（包括地形、气候等）和社会经济因素（包括产业因素、交通运输因素、政策因素、城市规划等）。

（1）自然因素

地形因素是影响西宁市人口空间分布特征的重要因素。西宁市是典型的河谷型城市，地形和海拔高度是影响人口空间分布的重要自然因素。西宁市地处青藏高原东北部，最高海拔 4860m，最低海拔 2091m，全市平均海拔 2261m，如图 6—14 所示，西宁市所有建设区域（所有城市建设区域和农村建设区域）大部分分布在海拔 2091—2862m，表明西宁市人口主要分布在海拔 2091—2862m，极少部分村庄分布在海拔 2862—3497m，尚无村庄分布在海拔高于 3497m 以上地区，这主要是因为人口分布在适合人类耕作、生产和生活的地势低平的湟水河谷地区，该区域海拔较低，水源充足，坡度较缓，平地较多且无洪涝灾害，相对来说开发与建设难度低，气候宜人并且含氧量较高，而西宁市内其他高海拔地区平地少，坡度大，常年气温较低并且含氧量较少，不适宜人类居住，造成了如今西宁市人口主要集中在湟水谷地的空间分布特征。

气候因素也是影响西宁市人口空间分布特征的主要因素之一。西宁市年均气温 7.6℃，其中最高气温 34.6℃，极端最低气温 −33℃（大通），年均日照达到 1939.7 小时；夏季气候凉爽，平均气温 17—19℃，被称为“夏都”；冬季温度低，但是因河谷地形导致的静风与焚风效应，导致西宁市冬季的气温相对温和，与其他地区相比更加适宜人口的居住；全市大部分地区属于季风性气候，年均降水量 380mm，市内河谷地区地表水源充足，全年径流量达到 18.94 亿 $m^3$，其中自产地表水资源 7.01 亿 $m^3$，水源充足适宜人口耕作与居住，使得湟水谷两侧成为西宁市最适宜人类居住的区域。另外，充沛的降水使得西宁市地下水源非常充足，达到 6.98 亿 $m^3$；而市内海拔较高地区因海拔原因气候寒冷，非常不适宜人类的居住。

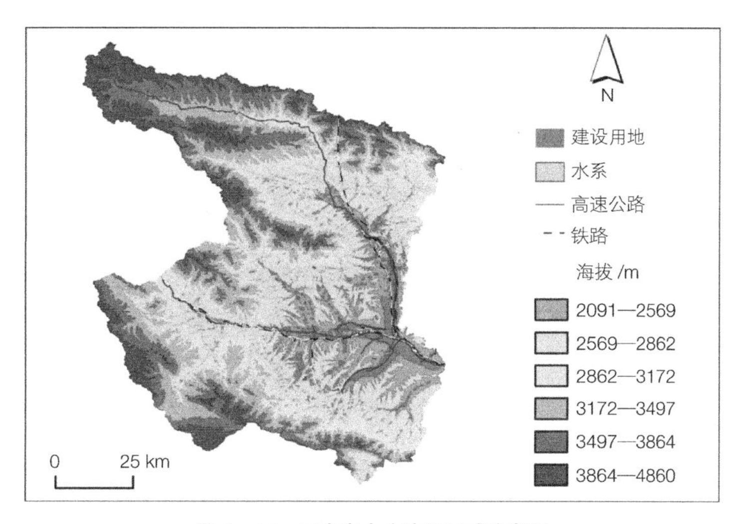


**图 6—14　西宁市人为建设区域分布图**

（2）社会经济因素

产业因素是影响西宁市人口空间分布演变的重要因素。新中国成立前后一直到三线建设时期，西宁市处于农牧业社会，人口主要集中在农业用地面积较多的三县地区，三县县域中心地区人口数量高于主城区；一直持续到 20 世纪 60—70 年代三线建设时期，西宁市经济第二产业占比在这一时期迅速扩大，如西宁特殊钢厂、一机床厂、二机床场、齿轮厂等一系列国营单位的建立，吸引了大量三县地区和省内外其他地区的劳动力集聚在主城区，由于当时国家政策倾向于各地区均衡发展，所以三县地区人口还是多于主城区，但是主城区因第二产业的发展，使得人口逐年上涨；改革开放后区域均衡发展理念逐渐弱化消失，人口开始大规模向主城区集聚。进入 21 世纪以来，市场经济体制改革使得第三产业占西宁市产业结构比重开始迅速上升，对劳动力的需求更加巨大，到 2019 年，西宁市人口空间分布特征已经呈现明显的集聚于主城区为主，多巴镇、桥头镇、鲁沙尔镇和大华镇为辅的空间分布特征。

城市政策与规划建设是影响西宁市人口空间分布特征的主要因素之一。新中国成立以来，由于农村计划生育政策管理并没有城市严格，加之当时的城市建设也是趋于各地区均衡发展的理念，并不重视对城市增长极的优先开发，使得 1982—2000 年西宁市三个县域地区人口数量高于主城区。进入21世纪后，城市规划在城市建设中的地位越来越重要，政府愈来愈重视以主城区作为带动城市发展的增长极而进行优先开发建设，使得主城区在医疗、教育、交通等公共服务设施方面均优于周边县域地区，吸引三县地区和其他州县的人口逐渐向主城区迁移。2000—2010年规划建设的城南新区，吸引了大量外来人口入驻，使得城中区人口大幅度增加，这一时期，西宁市人口空间集聚特征呈现向城中区靠拢的趋势。2010—2019年，由于城南新区在政策、管理、产业、区位等诸多因素的影响下，并未达到其建设的预期目标，人口增长趋势放缓；而同一时间，西宁市规划建设海湖新区和多巴新城，计划向主城区以西地区扩建，并连接多巴新城的城市建设规划，使得房地产投资、商业投资、产业布局向主城区以西靠拢，人口开始向主城区以西集聚，马坊街道由于距离海湖新区最近，且交通方便，依靠海湖新区辐射带动作用，也逐渐形成了较为密集的人口集聚区。在这一时期，西宁市人口空间分布格局呈现出向主城区西北部集聚的特征。

交通因素也是影响西宁市人口空间分布的主要因素之一。在省级尺度上，西宁市是青海省交通枢纽中心，有京拉线、西和高速公路、青藏高速公路、宁贵高速公路等四条高速公路交会于此，火车客运线通达全国大部分省会城市和重要城市。西宁市也是青藏铁路的起点，曹家堡机场航线也在逐年增加，便捷的交通强化了西宁市同其他地区的联系，方便了本地居民出行，促进了本地产业发展和吸引外商投资。西宁市在青海省内优越的交通区位因素，成为吸引人口集聚的重要因素之一。同样，在西宁市区县域尺度，主城区无论高速公路、国道还是行人道路，其覆盖率与路网密度都要大于三县地区，西宁市火车站建立在主城区，机场大巴均设置在主城区，主城区居民交通出行方便程度远大于三县地区居民，优越的交通条件使得主城区吸引了更多的产业和外商投资布局于此，带动了主城区的商业、休闲娱乐、房地产业的快速发展，使得37年间西宁市主城区人口增长较快，人口集聚程度大于三县地区。

### 6.4.2 西宁市人口空间分布影响因素的定量分析

（1）相关性分析

①将西宁市74个街道和乡镇分为三个分区（图6—15a），划分依据是：第一分区土地利用类型全部为城镇建设用地，无农村居民点，基层行政单位为社区居委会，国道和省道在此交会，市内主要道路和人行道密集，医院、超市、学校等POI兴趣点与城市公共基础设施分布密集，平均海拔2348.32m，平均坡度9.34°；第二分区为主城区的边缘镇和三县中心乡镇，西宁市大部分工业基地集中在第二分区，距离主城区较近，交通较为便利，平均海拔2772.41m，平均坡度13.41°；第三分区为剩余乡镇，土地利用类型以农村居民点为主（表6—19）。

②土地利用数据。本研究采用58个城镇建设用地图斑和828个农村居民点（建设用地）图斑，详见图6—15b。

③交通数据。在西宁市交通路网数据中选取国道、省道、市区主要道路（下简称市区道路）、

乡镇街道和人行道长度，详见图 6—15c。

④ POI 数据。兴趣点数据（POI）选取医院、超市、学校、餐饮（因为部分餐饮业会分布在大型商场或者美食街中，为了使计算结果更加合理精确，餐饮业仅选取了和人口居住地密切相关的主食类和水果蔬菜类餐饮点），详见图 6—15d。

⑤地形因素。坡度和海拔数据来源于地理空间数据云（图 6—16）。

⑥基层单位数量。社区居委会和村民委员会属于政府管理单位中服务群众的基层单位，选取社区居委会和村民委员会两个基层行政单位的数量，作为判断人口空间分布的因素之一。

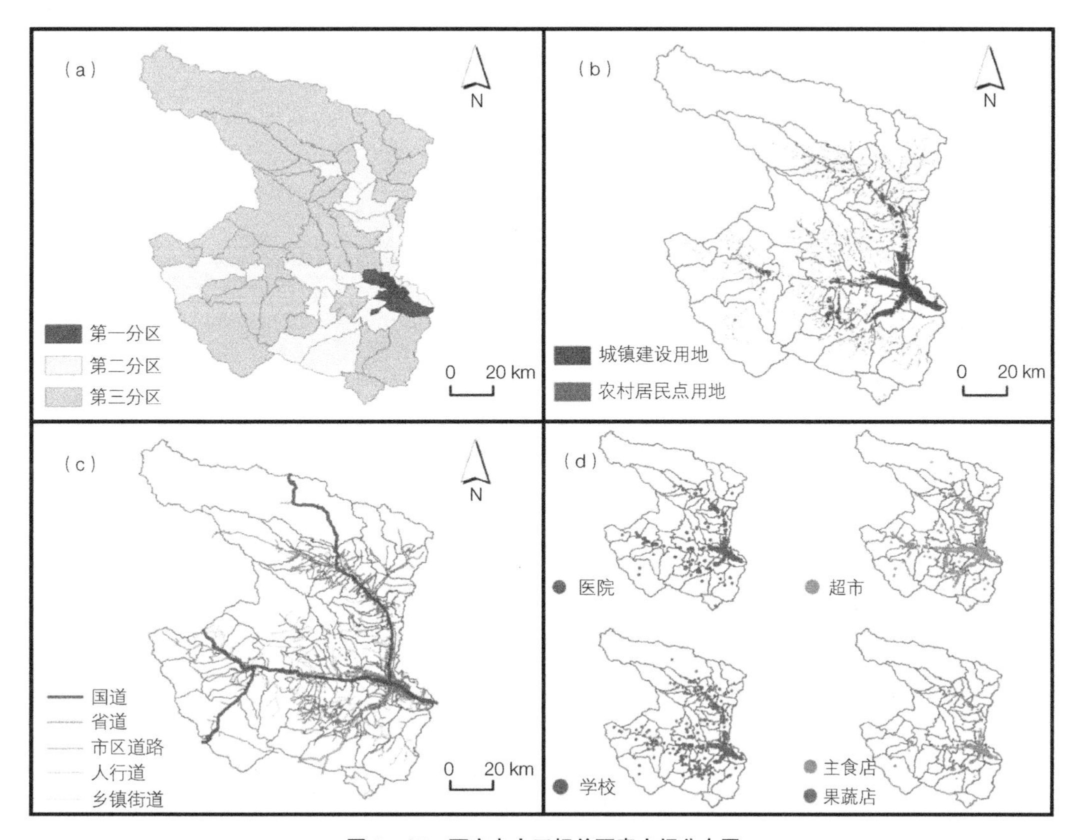


图 6—15　西宁市人口相关要素空间分布图

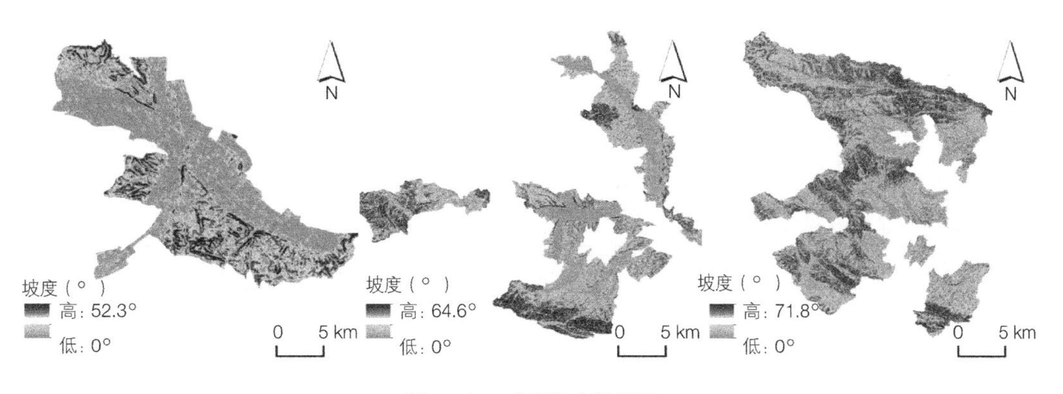


图 6—16　分区坡度数据图

**分区情况表　　表 6-19**

| | 街道乡镇 |
|---|---|
| 第一分区 | 人民街道、饮马街道、仓门街道、礼让街道、清真巷街道、东关街道、周家泉街道、林家崖街道、火车站街道、八一路街道、南滩街道、大众街道、乐家湾镇、南川东路街道·南川西路街道·城南新区、小桥街道、朝阳街道、马坊街道、虎台街道、西关大街街道、兴海路街道、古城台街道、胜利路街道、海湖新区 |
| 第二分区 | 韵家口镇、二十里铺镇、长宁镇、黄家寨镇、桥头镇、良教乡、塔尔镇、大保子镇、多巴镇、汉东回族乡、甘河滩镇、彭家寨镇、城关镇、总寨镇、鲁沙尔镇、上新庄镇、城关镇（湟源）、大华镇 |
| 第三分区 | 东峡镇、景阳镇、新庄镇、多林镇、桦林乡、斜沟乡、石山乡、共和镇、青林乡、逊让乡、青山乡、宝库乡、极乐乡、向化藏族乡、朔北藏族乡、田家寨镇、李家山镇、拦隆口镇、上五庄镇、西堡镇、海子沟乡、土门关乡、大才回族乡、群加藏族乡、东峡乡、申中乡、和平乡、寺寨乡、巴燕乡、波航乡、日月藏族乡 |

利用 SPSS 对选取的 5 个大类 16 个小类的数据进行分区相关性分析，计算结果详见表 6—20。根据相关系数结果可以看出：

第一分区中与人口空间分布较为密切相关的因素由大到小依次是学校 > 超市 > 社区居委会 > 医院 > 果蔬店 > 主食店，主要因为第一分区为西宁市的中心城区，城镇化率最高，生活基础设施最完善。

第二分区中与人口空间分布较为密切相关的因素由大到小依次是学校 > 医院 > 主食店 > 超市 > 市区道路 > 果蔬店 > 社区居委会 > 国道 > 城镇建设用地。第二分区为中心城区外围近郊区以及三县中心地区，且人口主要集中在城镇，所以在这个分区中，交通基础设施、城镇建设面积与人口分布之间的相关性较强。

第三分区中与人口空间分布较为密切相关的因素由大到小依次是农村建设用地 > 村民委员会 > 社区居委会 > 学校 > 乡镇道路 > 海拔（负相关关系）。第三分区人口主要集中在农村，城镇化率最低，并且海拔最高，平均海拔达到 3296.1m，平均坡度 17.03°，所以在这个分区中，农村建设用地、村民委员会与人口分布之间的相关性较强。

**相关系数　　表 6—20**

| POI | 医院 x1 | 超市 x2 | 学校 x3 | 主食店 x4 | 果蔬店 x5 |
|---|---|---|---|---|---|
| 第一分区 | 0.534** | 0.618** | 0.89** | 0.448* | 0.486* |
| 第二分区 | 0.871** | 0.802** | 0.924** | 0.826** | 0.747** |
| 第三分区 | 0.573** | 0.382* | 0.633** | 0.109 | −0.066 |
| 道路因素 | 国道 x6 | 省道 x7 | 市区道路 x8 | 人行道 x9 | 乡镇道路 x10 |
| 第一分区 | 0.34 | 0.085 | 0.221 | 0.078 | 0 |
| 第二分区 | 0.612** | 0.084 | 0.776** | 0.089 | 0.466 |
| 第三分区 | −0.226 | 0 | 0.645** | 0.31 | 0.577** |
| 地形因素 | 坡度 x11 | 海拔 x12 | | | |
| 第一分区 | 0.066 | 0.129 | | | |
| 第二分区 | 0.135 | 0.04 | | | |
| 第三分区 | −0.334 | −0.498** | | | |

续表

| POI | 医院 x1 | 超市 x2 | 学校 x3 | 主食店 x4 | 果蔬店 x5 |
|---|---|---|---|---|---|
| 用地属性 | 城镇建设用地 x13 | 农村建设用地 x14 | | | |
| 第一分区 | 0.306 | 0 | | | |
| 第二分区 | 0.506* | 0.319 | | | |
| 第三分区 | 0.364 | 0.888** | | | |
| 基层单位 | 社区居委会 x15 | 村民委员会 x16 | | | |
| 第一分区 | 0.612** | 0 | | | |
| 第二分区 | 0.718** | 0.454 | | | |
| 第三分区 | 0.652** | 0.832** | | | |

注：** 在 0.01 置信水平上显著相关

* 在 0.05 置信水平上显著相关

（2）基于城市公共基础设施的多元逐步回归

根据相关性分析（表 6—20）的结果，选取各类兴趣点、市区道路、乡镇道路、平均坡度、平均海拔、城镇建设用地面积、农村建设用地面积、社区居委会、村民委员会为自变量，各街道乡镇人口数为因变量，建立逐步回归模型，回归模型与模型检验详见表 6—21 和表 6—22。

**分区回归模型** **表 6—21**

| 分区 | 方程 | 调整 $R^2$ | $F$值 |
|---|---|---|---|
| 第一分区 | $y = 4084.763x_3 - 228.89x_2$ | 0.828 | 58.93 |
| 第二分区 | $y = 1616.103x_3 + 2701.79x_{14} + 313.251x_1 - 320.1x_8$ | 0.969 | 100.26 |
| 第三分区 | $y = 2458.906x_{14} + 2894.446x_{13} + 134.447x_{10} + 2973.401x_{15}$ | 0.921 | 88.72 |

**多元逐步回归模型检验** **表 6—22**

| 分区 | 模型 | $t$值 | $p$值 | $VIF$ |
|---|---|---|---|---|
| 第一分区 | 常量 | 0.562 | 0.58 | |
| | 学校 | 8.302 | 0 | 3.272 |
| | 超市 | −2.656 | 0.014 | 3.272 |
| 第二分区 | 常量 | 4.539 | 0.001 | |
| | 学校 | 5.706 | 5 | 9.414 |
| | 农村建设用地 | 5.714 | 0 | 1.971 |
| | 市区道路 | −3.357 | 0.005 | 5.362 |
| | 医院 | 3.045 | 0.009 | 6.378 |
| 第三分区 | 常量 | 0.643 | 0.004 | |
| | 农村建设用地 | 9.868 | 0 | 2.012 |
| | 城市建设用地 | 6.486 | 0 | 1.006 |
| | 乡镇道路 | 2.493 | 0.019 | 1.409 |
| | 社区居委会 | 2.169 | 0.039 | 1.612 |

从多元逐步回归模型及模型检验结果可以看出，第二分区和第三分区模型拟合度较好，调整 $R^2$ 分别达到 0.969 和 0.921，在 95% 置信水平下，$p$ 值小于 0.05，联合 $F$ 值检验确定第二分区和第三分区模型显著性较高，直方图标准化残差呈正态分布。第一分区逐步回归模型结果联合 $F$ 统计量并未通过 95% 置信水平，$p$ 值大于 0.05，且直方图模型残差并未呈现正态分布，这主要由于第一分区属于西宁市发展较早的城区，主要基础设施如医院、初级学校等均集聚在老城区，与人口分布存在较大的不均衡性，所以第一分区拟合模型存在空间非平稳性，需要对第一分区单独进行地理加权回归分析。

（3）地理加权回归

对变量存在空间非一致性的分区进行地理加权回归，通过在回归分析中加入空间影响因素，以消除空间非一致性的影响，提高模型回归拟合结果的精确度。

由于第一分区模型残差呈空间非平稳性分布，所以对第一分区进行地理加权回归分析建模，并选取医院、超市、学校个数及市区道路长度、平均坡度、城镇建设用地面积、社区居委会个数作为自变量，各街道人口数作为因变量，利用 GWR4 软件建立地理加权回归模型，模型类型选取 gaussion，并勾选地理差异性检验（geographical variability test），模型函数选取 Adaptive bi-square 建模，宽带选取方法选择黄金分割法（golden section search），以 $AIC_c$ 作为评价准则，模型参数及检验结果详见表 6—23。

**地理加权回归模型参数估计与检验结果** **表 6—23**

| | 自变量 | $F$统计量 | $F$检验自由度 | | DIFF for Criterion |
|---|---|---|---|---|---|
| 参数估计 | 医院 | 37.776 | 0.893 | 1.753 | −6786.427 |
| | 超市 | 1.86 | 0.639 | 1.753 | −7927.796 |
| | 学校 | 86.698 | 0.804 | 1.753 | −7099.747 |
| | 城市建设用地 | 31.198 | 0.973 | 1.753 | −6578.601 |
| | 社区居委会 | 2.066 | 0.691 | 1.753 | −7571.293 |
| 参数检验 | 最佳带宽 | 9 | | | |
| | $AIC_C$ | 551.032 | | | |
| | $R^2$ | 0.879 | | | |
| | 调整 $R^2$ | 0.839 | | | |
| | 残差平方和 | 20019952.4 | | | |

第一分区的地理加权回归模型拟合效果优于多元逐步回归模型，虽然样本量不够充分（从 DIFF for Criterior 值过低可以看出），但是地理加权模拟因变量 y 的回归值较多元逐步回归更符合西宁市实际情况，所以将第一分区的地理加权拟合结果与第二分区、第三分区的多元逐步回归拟合结果与西宁市格网地图进行套合，生成西宁市 74 街道乡镇人口空间分布图（图 6—17）。

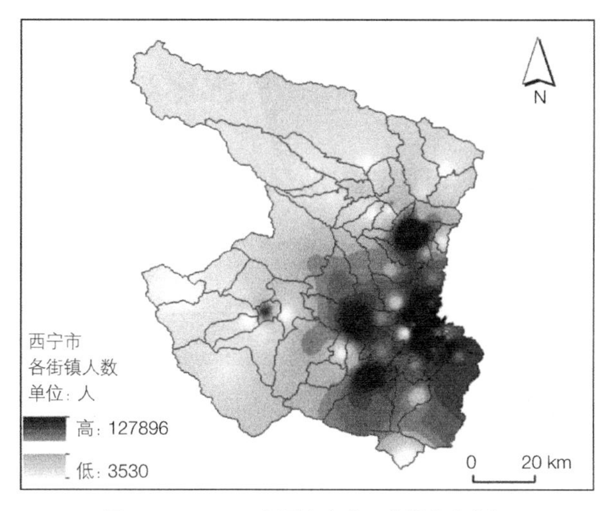


**图 6—17　2019 年西宁市人口空间分布特征**

由图 6—17 可知，2019 年人口空间分布特征较 2015 年更为集聚，人口集聚点主要在主城区西北部，湟中县的鲁沙尔镇、多巴镇，还有大通回族土族自治县的桥头镇，以及湟源县的城关镇。对于使用兴趣点、基础设施、建成区面积数据，利用回归模型得出的拟合人口，虽然与实际人口存在一定的误差，但是在缺乏数据的情况下，也是一种较为科学的方法。但是模型还是存在以下问题有待改进：

①部分兴趣点要素与人口空间分布存在错位现象。西宁市城市建成区目前扩张较快，但是很多基础服务设施布局并未跟上城市建成区扩张的步伐，在选取的超市和医院兴趣点要素中，有部分超市和医院开设在城市商业中心和城市老城区中，这些要素在选取过程中难以归类与取舍，将其代入回归模型运算中，会对这些要素所在的街道的人口回归结果造成一定的误差，这一部分的误差结果主要出现在第一分区中，例如马坊街道 2015 年人口接近礼让街道的 2 倍之多，但是医院兴趣点个数仅比礼让街道多出 3 个。

②数据时间不匹配。本研究选取的人口数据来自 2015 年人口普查西宁市 1% 人口抽样，但是兴趣点数据和城市、农村建成区面积数据以及道路数据年限均为 2019 年 3 月，所以模型拟合出来的人口数据，仅能够反映出因兴趣点和生活服务基础设施变更而带来的人口空间分布集聚与扩散特征，计算出来的人口数据与实际还是存在一定的误差。

③兴趣点数据并不能反映要素规模。本研究并未对兴趣点进行规模等级的划分，最后输出结果上也会存在一定的误差。

④样本量较少。西宁市经济发展水平与城市建设比较落后，街道与乡镇之间经济发展水平差异较大，在行政区划上，西宁市只有 4 区三县，74 个街道和乡镇，人口分区划分 3 个分区，每个分区的街道和乡镇样本数量偏少，可能会造成一定的拟合结果误差。

## 6.5 西宁市人口空间分布和结构优化对策建议

### 6.5.1 西宁市主城区城市建设发展建议

结合主城区人口空间分布演变趋势及主城区经济、基础设施、社会公共服务与城市规划，笔者认为西宁市主城区城市建设发展建议分为“西北扩”“东北控”“中疏”。

（1）西扩

从人口空间分布演化特征来看，西宁市主城区人口逐渐向西北部海湖新区、马坊街道靠近海湖新区地区形成集聚，缓解了部分中心街道的人口压力，针对提升新区人口吸引力、缓解中心街道人口压力、提升新区发展动力提出部分建议，如部分政府职能应向海湖新区转移；加强优质公共服务资源向新区布局，如城市建设以湟水两岸、柴达木西路、五四西路为中心向外扩散，优化河水两岸绿色廊道，并增加绿地云翔郡、恒大名都等靠近主城区边缘的住宅小区周边的基础服务设施，增加多条由中心街道向西、北方向的快速交通专线；增加海湖新区的优质基础医疗，以均衡地配置医疗资源；目前整个海湖新区公立幼儿园仅一所，位于海湖新区最东部，且能够容纳的儿童数量较少，迁居至海湖新区的人口以年轻人为主，所以应在海湖新区中心地带建立一所公立幼儿园，空间上平衡配置初级教育设施；地势上主城区西部山间谷地较宽，可用于城镇建设的土地资源较多，主城区向西扩展连接多巴镇，也是西宁市建设规划的任务目标之一。

（2）北控

基于美丽中国建设、美丽城市建设大背景，城市建设绝不能突破生态红线，笔者不建议西宁市主城区继续向北扩张建设，主城区东北部的二十里铺镇拥有北川河湿地公园，是西宁市主城区最大的生态用地区域，目前由于万达、绿地等房地产业集聚小桥街道与朝阳街道，西宁市人口向城北区集聚的趋势已经成为必然，如果任由城镇化建设向城北区东北部湿地生态区扩建，无异于以破坏生态换取经济增长，不利于城市生态环境的保护。本研究认为城区东北部人口集聚区域应稳定在小桥街道和朝阳街道的西北部，禁止向东北部湿地生态园区扩建，优化现有城镇建设用地空间结构，提高土地使用效率，底线应设置在最北仅开发到城北国际村，国际村以西提高土地利用效率，东北部北川河湿地公园及周边地域则列入城市内部禁止开发区域。

（3）中疏

西宁市主城区以人民街道、饮马街道、礼让街道为主的中心城区中心街道人口密度大，人口过度集聚带来的交通拥挤、环境污染、住房老化与紧张等城市问题已经突显，建议中心街道功能用地疏散迁移部分产业职能，利用人口具有一定的产业追随性，缓解中心街道地区的人口承载压力。笔者认为疏散中心街道企业，应选择沿南川西路向城南新区方向疏散，众所周知城南新区是一个建立失败的新区，中心城区的部分企业向南疏散扩张不仅可以缓解人口过度集聚带来的中心城区的道路拥挤、环境污染等城市问题，还能够起到一定的激活城南新区经济活力的作用。

### 6.5.2 西宁市三县地区建设发展建议

结合三县地区人口空间分布演变趋势，本研究认为三县地区建设发展路线应该为“向心发展”和“边缘建设”。

（1）向心发展

通过研究结果可以看出，大通回族土族自治县的人口集中在桥头镇，湟中县的人口集中在县政府所在的鲁沙尔镇和多巴镇，湟源县的人口主要集中在城关镇和大华镇，并且集聚程度呈现逐年增加的趋势，在企业与政府投资和建设大通回族土族自治县、湟中县和湟源县的过程中，这几个县行政中心所在的乡镇是资本投资、社会公共服务与基础设施规划建设优先考虑的地点，通过逐步完善三县地区其他乡镇到县域中心的公共交通服务，规划可以从县域中心直达主城区的快速交通线。

（2）边缘建设

这里所指的边缘地区是指三县地区靠近主城区边缘的非县域行政中心的乡镇，如大通回族土族自治县的长宁镇，湟中县的多巴镇、甘河滩镇，这些乡镇具有一定经济基础和足够人口数量，拥有一定工业基础。但是在长宁镇与甘河滩镇的建设过程中，应注意城市生态环境污染问题，这两个乡镇工业企业较为集聚，发展过程中切不可以生态换取经济利益。

### 6.5.3 西宁市城市建设方向与优化对策建议

从西宁市整体来看，强化城市“点—轴”结构。根据“点—轴”发展模式，并结合西宁市人口空间分布特征和兰西城市群发展方向，对西宁市城市建设整体建设方向与优先顺序提出相关建议。

第一，海湖新区及城西的虎台街道、城北马坊街道、小桥街道可作为未来城市一级中心点，交通、医疗、教育等公共服务基础设施的建设应及时跟随人口居住空间变化的趋势，避免由于基础设施和公共服务不均衡造成城市居民生活工作中的不便。

第二，以东西向为主要发展方向。城中区的仓门街道、人民街道、饮马街道、礼让街道、城南新区，城东区的八一路街道、东关街道、经济技术开发区（乐家湾镇金桥路社区辖）、清真巷街道、大众街道，湟中县的多巴镇，为城市建设的二级中心，除多巴镇以外，其他街道均为西宁市老城区，基础设施较为完善，拥有一定经济和产业基础，但是受制于计划经济时期以及市场体制改革之前遗留的部分城市建设的问题，虽然人口数量众多，但是发展空间和发展潜力低于海湖新区，可设为城市建设的二级中心点。二级中心点的劣势在于中心街道过度拥挤，可适当迁移部分产业和政府职能部门，以便日后旧城区改造。

第三，先南后北。本研究更倾向于将主城区南部鲁沙尔镇作为三级中心点，虽然鲁沙尔镇人口数量少于桥头镇，但它是青海省藏传佛教文化地，塔尔寺更是举世闻名，近年来游客数量不断增加，吸引游客范围已由曾经的青海省及周边地区，扩大到全国、南亚范围，这一优势是桥头镇所不具备的。西部城市建设发展起步较晚，对于 2035 年实现美丽中国的“时间表”和“路线图”而言（方创琳，2019），时间紧任务重，更应集中有限的资金和物力，建设城市各级中心点，再由中心点沿轴线带动其他地区发展。实现这一目标的前提就是确立中心点的发展优先顺序与发展方向，而在确立中心点发展顺序的时候，研究城市人口空间分布特征及演化趋势必不可少。

第四，乡村易地搬迁。西宁市部分乡村远离城市中心地，且交通不便，个别乡村位于山间谷地，不仅经济发展困难，还存在一定的灾害风险，在乡村振兴战略背景下，这些乡村将是西宁市城市现代化建设过程中需要着重关注和研究的区域。

# 第七章　西宁市产业空间结构演变与动因 SEVEN

## 7.1 西宁市产值与就业人员结构变化

西宁市主城区有着独特的自然条件，位于湟水的上游地带，湟水及其支流北川河和南川河分别从西面、北面和南面汇集于主城区，并向东流经整个主城区，地势东南低西北高，东西比较狭长，湟水、南山和北山将西宁主城区包围。西宁主城区就是在“两山对峙，三川汇聚”的地形条件下逐渐发展起来的，主城区的空间演变具有明显的带状发展特征。由于西宁主城区深居内陆，位于温带季风的边缘地带，因此主城区的水资源短缺，严重限制了西宁主城区产业的发展。湟水作为西宁主城区重要的河流水资源，它的总量和水质关系到西宁主城区未来的发展潜力（张志斌，2006）。西宁主城区属于典型的河谷城市，且位于湟水上游，因此山区边缘不适合第二产业和第三产业的发展，但山区可以根据自己有利的地形发展生态农业、观光农业和农家乐。“两山对峙，三川汇聚”的地形条件对西宁主城区的发展限制比较严重，导致西宁市主城区产业竞争力与其他地区相比较弱，但是旅游业、服务业可以作为主城区未来的支柱产业，同时巩固第二产业的发展地位。

为了更好地对西宁主城区三次产业结构演变进行研究，本章主要分析 2000—2017 年西宁主城区三次产业生产总值变化和就业人员结构变化。

### 7.1.1 第一产业产值变化

结合表 7—1 可知，西宁市主城区第一产业所占比重很小。2000—2017 年，第一产业生产总值持续增长，由 2000 年的 1.3622 亿元增加到 2017 年的 2.4896 亿元，增加了 1.1274 亿元，但它只占西宁市第一产业生产总值的 6.6%，说明西宁市主城区第一产业对全市 GDP 的贡献并不是很突出，第一产业主要集中在城郊，农业类型以观光农业和生态农业为主，农业现代化和机械化生产达到了较高的水平。

分区来看，西宁市主城区第一产业生产总值主要集中在城北区和城中区，2017 年城中区和城北区第一产业生产总值分别为 1.1044 亿元和 1.0035 亿元。由于海湖新区的成立，城西区注重行政办公、文化娱乐等职能的建设，第一产业所占的比重将会越来越小；由于东川工业园区的建设，城东区未来会以高新技术产业区进行定位，重点发展青藏高原特色产业项目，第一产业的比重可能会逐步减少。

**西宁主城区第一产业生产总值变化及比重** **表 7—1**

| 年份 | 主城区一产生产总值 | 主城区生产总值 | 所占比重（%） |
|---|---|---|---|
| 2000 年 | 1.3622 | 77.0398 | 1.76817697 |
| 2001 年 | 1.4070 | 89.7547 | 1.56760593 |

续表

| 年份 | 主城区一产生产总值 | 主城区生产总值 | 所占比重（%） |
| --- | --- | --- | --- |
| 2002 年 | 1.4893 | 101.4506 | 1.46800512 |
| 2003 年 | 1.5109 | 116.879 | 1.29270442 |
| 2004 年 | 1.6519 | 140.0255 | 1.1797137 |
| 2005 年 | 1.7903 | 166.5982 | 1.07462145 |
| 2006 年 | 1.8825 | 194.0599 | 0.97006131 |
| 2007 年 | 1.8797 | 241.5355 | 0.77822929 |
| 2008 年 | 2.5974 | 308.3543 | 0.84234272 |
| 2009 年 | 2.3841 | 354.9435 | 0.67168437 |
| 2010 年 | 2.6581 | 442.5569 | 0.60062333 |
| 2011 年 | 2.5962 | 526.7387 | 0.49288195 |
| 2012 年 | 2.7459 | 587.4814 | 0.46740203 |
| 2013 年 | 2.8718 | 681.8857 | 0.42115563 |
| 2014 年 | 2.7916 | 775.0847 | 0.36016709 |
| 2015 年 | 2.6275 | 859.2329 | 0.30579602 |
| 2016 年 | 2.6620 | 938.6752 | 0.2836 |
| 2017 年 | 2.4896 | 1008.675 | 0.2468 |

### 7.1.2 第二产业产值变化

西宁市主城区第二产业发展迅速，生产总值不断增加，2017 年末第二产业生产总值为 2000 年的 14.7 倍。从西宁市主城区第二产业生产总值占主城区生产总值的比重来看，总体上呈现出上升的趋势。2000 年到 2017 年西宁主城区二产总值增加了 351.605 亿元，增长了 1370.24%。不同城区第二产业的发展速度也不一样，其中城东区第二产业增长量最大，增加了 138.6852 亿元，表明东川工业园区对城东区经济发展贡献率不断提高，这与近些年东川工业园内高新技术企业数量不断增加有着很大关系；其次是城北区，2000—2017 年共计增长 119.64 亿元，表明城北生物园区的不断完善和西钢的发展对城北区第二产业起到了极大的推动作用；城中区在 2000 年到 2017 年第二产业生产总值较低，17 年共增长 53.9862 亿元；城西区在 2000 年到 2017 年第二产业生产总值最低，总共增长 28.7033 亿元，这与城西区的发展定位有关（城西区注重文化娱乐、行政办公、科研文教等职能的发展）。

**不同时间截面的西宁市主城区工业与建筑业生产总值及比重** **表 7—2**

| 年份 | 主城区工业生产总值（亿元） | 西宁市工业生产总值（亿元） | 比重（%） | 主城区建筑业生产总值（亿元） | 西宁市建筑业生产总值（亿元） | 比重（%） |
| --- | --- | --- | --- | --- | --- | --- |
| 2000 年 | 22.07 | 25.41 | 86.86 | 8.39 | 14.32 | 58.59 |
| 2008 年 | 125.71 | 197.63 | 63.61 | 22.63 | 78.70 | 28.75 |
| 2017 年 | 277.47 | 510.11 | 54.39 | 99.83 | 125.65 | 79.45 |

由表 7—2 可知，西宁市主城区第二产业中的工业生产总值不断增加，2000 年到 2017 年共增加了 255.4 亿元，同期西宁市工业生产总值增加了 484.7 亿元。西宁市主城区工业生产总值占西宁市工业生产总值的比重由 2000 年的 86.86% 下降到 2017 年的 54.39%，说明西宁主城区工业发展正在进行调整与优化，并且取得一定的成效。与此同时，建筑业表现出一定的波动态势。2000 年到 2008 年主城区建筑业生产总值占西宁市建筑业生产总值的比重由 58.59% 下降到 28.75%，主要是由于西宁市人口动力不足造成的；而由 2008 年的 28.75% 增长到 2017 年的 79.45%，这跟“一带一路”倡议、“东部城市群”战略的实施和全国房地产热有着密切关系，吸引了大量人口涌入西宁，促进了西宁市尤其西宁主城区建筑业的快速发展。

综合上述对西宁主城区第一、二产业的分析可知，西宁市主城区第一、二产业的增速有所下降，势必促进西宁市主城区第三产业所占比重的不断提高。

### 7.1.3 第三产业产值变化

西宁市主城区第三产业发展迅速。2000 年到 2017 年西宁市主城区第三产业生产总值共计增长 578.9 亿元，同期西宁市第三产业生产总值也呈现出快速增长的态势，由 2000 年的 53.91 亿元增长到 2017 年的 686.67 亿元，共计增长 632.76 亿元。由图 7—1 可知，城西区第三产业生产总值增量最大，17 年共计增长 253.2962 亿元；其次是城中区，共计增长 150 亿元；再者是城东区，第三产业增加值为 101.8 亿元；城北区第三产业生产总值由 2000 年的 7.88 亿元增长到 2017 年的 82.46 亿元，共计增长 74.58 亿元，是四个城区中三产发展速度最慢的一个行政区，这与西钢进行产业升级以及生物园区企业数量较少具有密切关系。

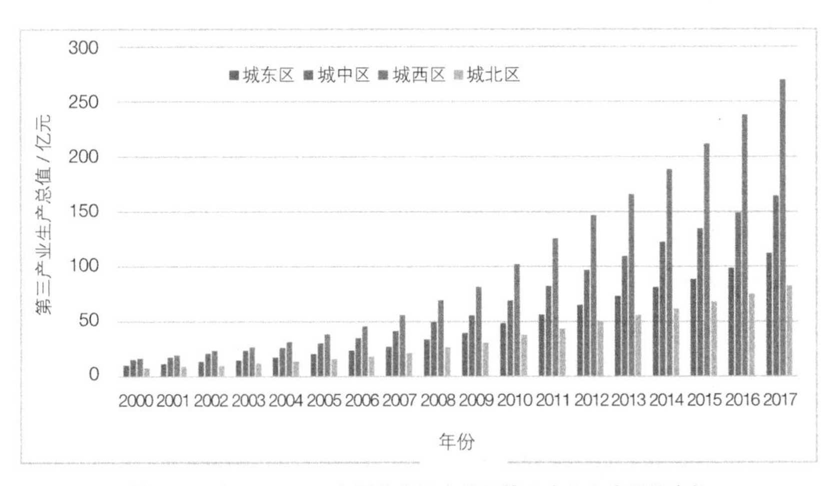


**图 7—1　2000—2017 年西宁市四个城区第三产业生产总值变化**

考虑到数据的可获取性和连续性，本研究根据西宁市统计局提供的数据，选取了西宁市主城区第三产业中的金融业和房地产业、批发和零售业、住宿和餐饮业、仓储和邮政业、交通运输业等 5 个行业进行分行业分析。由西宁市统计局提供的关于第三产业发展资料可知，2001 年到 2017 年西宁主城区第三产业中金融业生产总值增长规模最大，累计增加了 103.65 亿元；其次是批发和零售业，总共增加了 66.9 亿元；住宿和餐饮业变化幅度较小，由 2001 年的 5.8035 亿元增加至 2017 年的 11.2582 亿元。从各行业生产总值比重分析，交通运输、仓储和邮政业所占比重有了很大提高，从 2001 年的 52.82% 提高到了 2017 年的 87.66%，说明主城区交通运输、仓储和邮政业发展速度有了很大提升，这与西宁市“构筑现代物流大格局”战略以及打造“现代化商业中心城市”的目标是密不可分的，更离不开西宁市周边高速公路的快速发展。西宁主城区第三产业中批发和零售业、住宿和餐饮业的比重有所下降，这与物联网的快速发展以及西宁市内其他地区大力发展旅游业吸引游客有着很大关系；房地产业所占比重有所上升，但变化并不明显。

### 7.1.4 西宁市主城区就业人员结构演变

产业结构随着经济发展水平的提高不断发生变化，它决定了就业人员结构必须适应产业结构的演变。当产业结构与就业人员结构发生不协调的现象时，必然会出现结构性失业，进而妨碍产业结构的调整、优化和升级。

产业从业人员结构（也称为就业产业结构），是指不同行业之间劳动者所占的比例。就业产业结构与产业结构之间的关系密不可分，二者是相互作用、相互影响的。通过整理《西宁统计年鉴》（2001—2017 年）和 4 个分区统计局提供的关于三次产业从业人员数据可知，西宁主城区总从业人员 2000—2017 年增长 95033 人，增长幅度较小，从业人员的增长是导致西宁主城区总人口不断增长的重要原因之一。从西宁主城区三次产业从业人员变动可知（图 7—2），第一产业从业人员变化幅度较小，从 2000 年到 2017 年共计减少 9507 人；第二产业从业人口不断增长，这与西钢的发展以及东川工业园、生物园区、甘河工业园区的建设有关；第三产业从业人员是三次产业从业人员中变化幅度最大的，2000 年到 2017 年总共增加 74528 人，第三产业的迅速发展吸引了大量外来人口和第一产业与第二产业劳动力的转移。因此，伴随西宁主城区内部产业结构的不断优化升级以及西宁市相关产业结构战略的不断实施，加上西宁市城镇化进程的不断推进，西宁主城区经济发展水平得到快速提高，第三产业的就业比重以及对西宁市生产总值的贡献率呈现出持续增长的态势，使得西宁主城区的产业结构以第三产业为主，进而形成了西宁主城区以第三产业就业为主的产业从业人员结构，这符合配第一克拉克的产业从业人员结构演进规律。

由图 7—3 可以看出，西宁主城区第一产业从业人员比重呈现出下降的趋势，从 2000 年的 15.1% 下降到了 2017 年的 7%，下降 8.1 个百分点；第二产业就业人员比重变化很小，仅下降 1.76 个百分点；第三产业从业人员比重呈上升趋势，由 2000 年的 48.14% 提高到 2017 年的 58%。根据国际上关于产业从业人员结构的划分标准，将就业人员分为传统型、发展型和现代型三种（表 7—3）。因此，西宁主城区产业从业人员的产业分布类型已由 2000 年的发展型转变为 2017 年的现代型，说明主城区就业结构日趋优化。

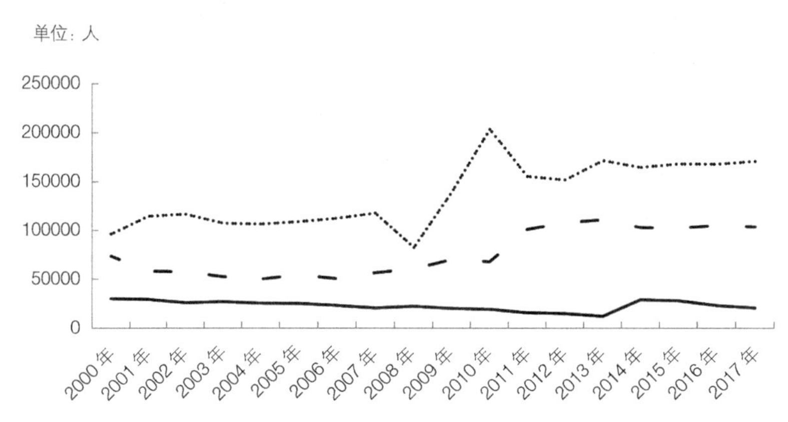


图 7—2　西宁市主城区三次产业从业人员构成变化

国际从业人员产业分布类型划分标准　　表 7—3

| 类型 | 第一产业从业人员比重 | 第二产业从业人员比重 | 第三产业从业人员比重 |
|---|---|---|---|
| 传统型 | ≥ 50 | 25 | ≤ 25 |
| 发展型 | 16—49 | 26—40 | 26—49 |
| 现代型 | ≤ 15 | 35 | ≥ 50 |

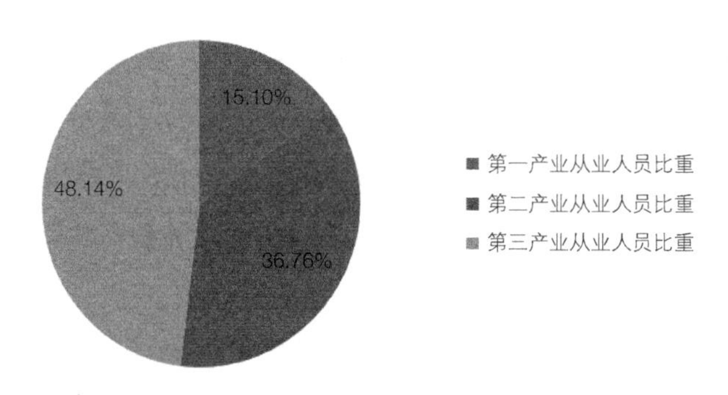


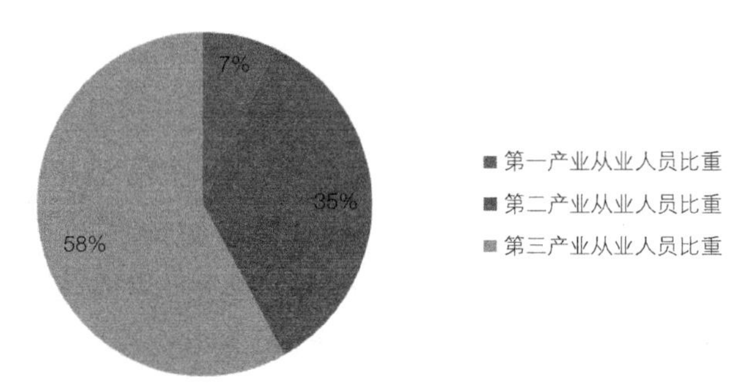


图 7—3　2000 年、2017 年西宁主城区三次产业就业比重

具体看来，主城区内第一产业的就业人员比重不断下降。特别值得注意的是，第一产业属于劳动的净流出部门。西宁主城区第一产业生产总值虽然不断增加，但是该产业的就业机会并没有相应增加。

2000—2017 年西宁主城区就业人员数量增长有所放缓，且主城区内部非农产业发展速度明显加快，第一产业从业人员不断向二、三产业进行转移。第二产业从业人员比重下降幅度很小，需要指出的是，第二产业就业人员大部分集中在工业、建筑业和制造业。由于西宁市主城区内部对第二产业的外迁与整治力度不断加大，加之近几年西宁主城区环境存在污染问题，使得大量的工业和制造业逐步迁至城郊地区。随着科技的不断发展进步，机械化生产逐渐代替人工，导致西宁主城区第二产业就业人员比重有所下降。第三产业从业人员在 2000—2017 年所占比例变化较大，依旧保持着增长态势，这归功于第三产业的生产总值大幅度增长。随着时代变迁，第三产业逐渐发展成为发达国家的支柱产业。由于城市内第三产业成本低、收益高，加上需求量大以及发展迅速，进而导致更多劳动力不断向第三产业集聚。综上所述，西宁主城区在 2000—2017 年产业结构发展中，呈现出“三二一”的产业发展顺序。因此，第三产业逐渐发展成为西宁主城区新的支柱产业，对 GDP 的贡献率不断提高。这种产业结构和就业结构的演变符合西宁主城区的经济发展趋势。

## 7.2 西宁市产业结构演进与关联性

### 7.2.1 西宁产业结构演进特征

经济学家通常利用产业结构熵来研究一个区域与所在大区的产业发展是否具有一致性，来保证区域产业发展适时适度进行转型升级。同样，这种方法也适合西宁市主城区产业结构的演变研究。由产业结构熵的特点来看，熵值越小代表产业发展越趋于稳定。由西宁主城区 2000—2017 年的产业结构熵（图 7—4）可知，西宁主城区产业结构上有着明显的起伏波动，但是整体呈下降的趋势。2000 年到 2002 年主城区产业门类较少，产业结构熵值有所下降，这跟西宁市推进工业化密切相关；此后几年逐渐增加，2008 年达到了一个峰值，这是由于 2008 年总寨镇划归城中区，总寨镇相对于西宁市区比较落后。2008—2017 年西宁市主城区产业结构熵值呈现下降的趋势，这与西宁市“巩固一产、二产转型、大力发展三产”的产业政策调整有很大关系。未来西宁市主城区产业的发展应巩固第一产业的基础性地位，适时适当对第二产业进行结构调整、转型和升级，根据西宁市第三产业的发展现状，着重发展现代服务业、金融业、休闲娱乐和旅游业等，进一步提升西宁市主城区产业竞争力。

图 7—5 为西宁主城区与西宁市平均产业结构相似度指数的变化情况，由图可以看出 2000—2017 年相似指数位于 0.8—1 之间且变化幅度较小，2012 年产业结构相似度指数达到最低点但也维持在 0.88 的高水平，2012 年以后更是呈现出上升的趋势，说明西宁市主城区产

业结构与西宁市产业结构的演化趋势大致相同。

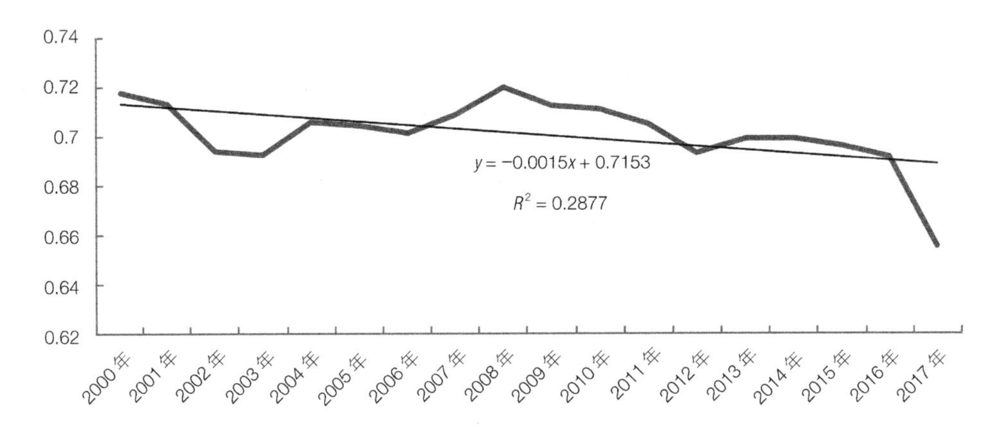


**图 7—4　2000—2017 年西宁主城区产业结构熵变化情况**

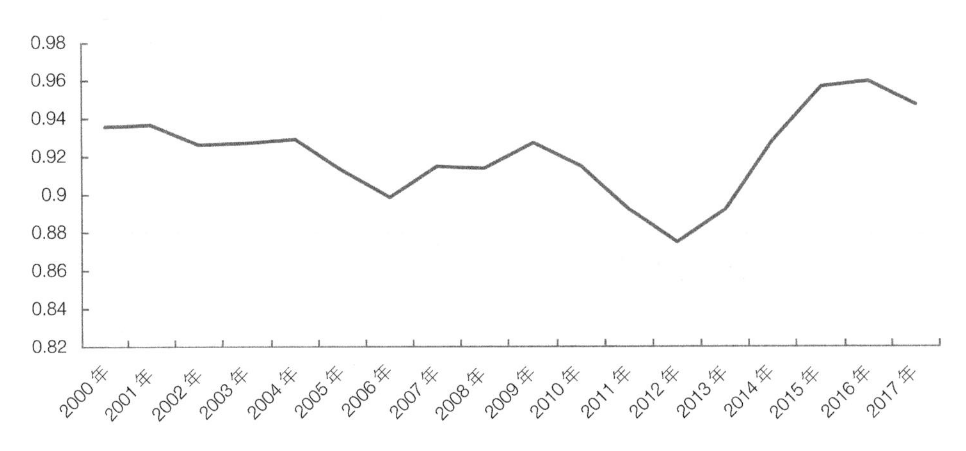


**图 7—5　2000—2017 年西宁主城区与西宁市平均产业结构相似度指数变化**

为了更好地研究西宁市主城区就业结构与产业结构的关系，本研究采用就业产业结构偏离度来衡量二者的关系。西宁主城区第一产业就业结构偏离度始终为负值（图 7—6），始终保持在 −0.9 左右，说明第一产业增加值所占比重小于就业比重，存在着劳动力向第二、三产业转移的潜力。第二产业结构偏离度在 2000 年到 2010 年从 −0.094 变为 0.765793664，呈现上升趋势，说明此阶段第二产业的产值比重大于就业结构；不过 2011 年到 2012 年偏离度从 0.107675091 降为 −0.018102313，说明此阶段第二产业的产值比重小于就业结构；2012 年到 2017 年呈现上升的趋势，且 2017 年就业产业偏离度达到了 0.065858，逐渐趋近 0，说明此阶段西宁主城区就业结构与产业结构正在朝着非常均衡的方向发展。西宁市主城区第三产业的结构偏离度总体上没有太大变化，除了 2009 年和 2010 年为负值，其余年份始终保持在 0.1 左右，说明主城区产业结构和就业结构的比重日益得到完善，但仍有较大的合理空间。第三产业逐步成为西宁市主城区的支柱产业，也是主城区吸引劳动力的磁场，可以有效解决主城区剩余劳动力的就业问题。

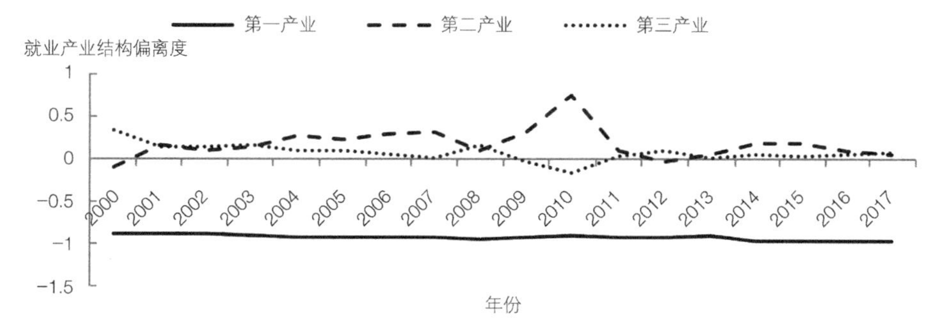


**图 7—6　2000—2017 年西宁主城区三次产业就业产业结构偏离度**

### 7.2.2　基于偏离—份额分析法对主城区三次产业结构演变的研究

由表 7—4 和表 7—5 可知，2000—2008 年总增长量 Gj 较大并且 L=1.11>1，表明西宁市主城区的经济增长速度快于其所在的大区西宁市；同时结构偏离分量 Pj 值较大，但 W=0.97<1 但是趋近 1，第一产业和第二产业的竞争偏离分量 Dj 值都为负，说明西宁市主城区内部存在夕阳产业，需要对产业结构进行一定的优化升级。2009—2017 年总增长量 Gj 很大，第一产业的竞争力偏离分量 Dj 为负（−2.71），第二产业和第三产业的竞争力偏离分量 Dj 为正，且相对增长率 L=0.44<1，说明西宁主城区内部产业结构不能再以传统的农业和传统行业为主，虽然第一产业在一定程度上有所发展，但也应该适应时代的要求，科学合理优化各产业内部生产部门的比重，大力推进高新技术和绿色农业的发展相结合，大力发展旅游农业和绿色农业，同时也要注重第二产业和第三产业内部各行业部门的优化组合，使之朝着健康合理的方向发展。从区域竞争指数 U 来看，两个阶段的 U 值有所下降，说明西宁主城区的产业结构要想在西宁市具有一定竞争力，就必须做出相应的改变，大力发展第三产业，使“三二一”产业顺序得到正确的安排。

西宁主城区整体产业结构处于层次较低的产业结构演化阶段，其中第三产业比重逐步提高，说明西宁市因地制宜十分重视第三产业对经济发展的拉动作用，而第一产业比重最小、第二产业的比重虽大但一二产业都出现不断缩小的趋势，这是因为一二产业的发展层次不够高且产业结构效益较低。针对西宁主城区偏离—份额的分析，现阶段针对三次产业应做好以下几点：①不断巩固提高第一产业，不断提高农业结构层次和科技含量，逐步完善农业基础设施，提高产品的附加值；②加大对工业的投入，扎实工业基础，提高对工业资源的可持续利用和开发能力，逐步提高工业竞争力；③继续把第三产业作为西宁主城区未来经济发展的增长点，提高科技含量，大力发展如旅游业、藏医药业等新兴朝阳产业；④西宁市主城区工业发展迅速，退耕会导致部分农村劳动力转到其他产业，而工业园区对劳动力的综合素质要求较高，对这部分劳动力的吸纳能力有限，就会导致外出打工或闲赋在家的现象发生，因此必须重视对农民进行就业培训，提高农村劳动力的综合素质，保证他们能够再就业。

2000—2017 年西宁主城区不同时段偏离—份额分析（单位：亿元，%）　　表 7—4

| 时段 | 产业类型 | rj | Rj | 总增长 Gj | 份额分量 Nj | 结构偏离分量 Pj | 竞争力偏离分量 Dj | 总偏量 PDj |
|---|---|---|---|---|---|---|---|---|
| 2000—2008 | 第一产业 | 0.91 | 1.37 | 1.24 | 0.15 | 1.72 | −0.63 | 1.09 |
| | 第二产业 | 3.91 | 4.82 | 116.39 | 48.31 | 75.40 | −23.45 | 51.95 |
| | 第三产业 | 2.60 | 2.74 | 129.82 | 72.67 | 64.47 | −7.32 | 194.29 |
| 2009—2017 | 第一产业 | 0.04 | 1.18 | 0.11 | 0.11 | 2.70 | −2.71 | −0.00213 |
| | 第二产业 | 1.61 | 1.23 | 193.31 | 88.68 | 89.53 | 54.38 | 143.90 |
| | 第三产业 | 2.03 | 1.95 | 421.05 | 188.40 | 217.54 | 15.11 | 232.65 |

2000—2017 年不同时段西宁主城区 L、W 和 U 值　　表 7—5

| 时段 | 相对增长率 L | 结构效果系数 W | 区域竞争系数 U |
|---|---|---|---|
| 2000—2008 | 1.11 | 0.97 | 1.14 |
| 2009—2017 | 0.44 | 0.41 | 1.07 |

### 7.2.3　西宁市主城区各行业与三次产业关联分析

根据众多研究发现，三次产业及其内部各行业之间具有一定的关联度。为了确保本项研究的科学性和准确性，本研究运用灰色关联模型，以 2000—2017 年为时间序列，选取了三次产业及其内部各行业作为比较数列，分别以 2000 年三次产业及其内部各行业的数据为基准进行无量纲化处理，得到了三次产业分别与其他产业及其内部行业的关联分析。

由表 7—6 可知，西宁市主城区第一产业与农、林、牧、渔服务业的关联度最大（0.9978），其次是教育（0.9428）。说明这两个行业的发展对西宁市主城区第一产业的发展贡献率较高。进入 21 世纪以来，国家越来越重视科学技术对农业发展的贡献，西宁市主城区推出了“阳光工程”和“雨露计划”等对农民进行综合素质培养的平台，使“科技兴农”彻底贯彻到西宁市主城区的农业发展中。西宁市主城区特别重视科研机构的农业研究，通过农业知识宣传、农业技术支持与培训等途径，大力发展休闲观光农业、采摘农业和特色农业。西宁市主城区第二产业与第一产业的关联度值为 0.8455，第二产业内部行业与第一产业关联度最高的是采矿业（0.9215），其次是制造业（0.866），说明这两个行业可以有效地促进第一产业的发展，而电力、燃气及水的生产和供应业和建筑业对第一产业的发展贡献度不大，这是因为建筑业的发展在一定程度上会减少第一产业用地的面积。西宁市主城区第三产业与第一产业的关联度值为 0.881，第三产业内部行业与第一产业关联度最高的是教育行业（上面已介绍不再详细陈述），其次是租赁和商务服务业（0.9232），这与西宁市主城区大力发展休闲观光农业、采摘农业和特色农业的举措是息息相关的；而信息传输、计算机服务和软件业对第一产业发展的促进作用最小（0.6879），这说明西宁市主城区信息传输、计算机服务和软件业与东部地区相比还不发达，应该响应国家号召大力发展“远程农业”，借鉴东部地区先进的农业发展经验，促进第一产业的发展。

第一产业与其他产业及其内部各行业关联度分析　　表 7—6

| 产业及行业 | 关联度 |
|---|---|
| 农、林、牧、渔服务业 | 0.9978 |
| 第二产业生产总值 | 0.8455 |
| 采矿业 | 0.9215 |
| 制造业 | 0.8660 |
| 电力、燃气及水的生产和供应业 | 0.6676 |
| 建筑业 | 0.7447 |
| 第三产业生产总值 | 0.8810 |
| 交通运输、仓储和邮政业 | 0.8978 |
| 信息传输、计算机服务和软件业 | 0.6879 |
| 批发和零售业 | 0.8966 |
| 住宿和餐饮业 | 0.7201 |
| 房地产业 | 0.8782 |
| 租赁和商务服务业 | 0.9232 |
| 科学研究、技术服务和地质勘查业 | 0.9198 |
| 水利、环境和公共设施管理业 | 0.8208 |
| 居民服务和其他服务业 | 0.9207 |
| 卫生、社会保障和社会福利业 | 0.9228 |
| 金融业 | 0.7787 |
| 文化、体育和娱乐业 | 0.8534 |
| 教育 | 0.9428 |

由表 7—7 可知，与西宁市主城区第二产业关联度最大的是制造业，为 0.9482；其次是房地产业和水利、环境和公共设施管理业，分别为 0.9222 和 0.9261，说明这三个行业对第二产业的发展推动作用还是显而易见的，这是由于西宁市主城区人口密集、工业基础较好和市政府注重西宁市主城区基础设施建设以及全国房地产热而出现的结果。从第二产业内部行业来说，采矿业和电力、燃气及水的生产和供应业对第二产业的贡献也是比较明显的。第一产业生产总值和农、林、牧、渔服务业与第二产业具有较高的关联度，分别是 0.7716 和 0.7726，说明第一产业对第二产业的发展还是有一定的推动作用，也与“工业反哺农业”的政策有很大关系。第三产业与主城区第二产业的关联度达到了 0.9136，其中交通运输、仓储和邮政业、批发和零售业、房地产业、卫生、社会保障和社会福利业和文化、体育和娱乐业以及金融业等行业与第二产业的关联度都在 0.8 以上，说明第二产业和第三产业之间各种要素的交流十分密切，这是由于第三产业不是直接创造财富的，而是第三产业对第二产业各种经济要素的再分配。不过第三产业对于主城区第二产业也有其特殊作用，例如软件行业可以大幅提高第二产业内部各行业的工作效率。

**第二产业与其他产业及其内部各行业关联度分析　　表 7—7**

| 产业及行业 | 关联度 |
|---|---|
| 第　产业生产总值 | 0.7716 |
| 农、林、牧、渔服务业 | 0.7726 |
| 采矿业 | 0.8482 |
| 制造业 | 0.9482 |
| 电力、燃气及水的生产和供应业 | 0.6110 |
| 建筑业 | 0.7586 |
| 第三产业生产总值 | 0.9136 |
| 交通运输、仓储和邮政业 | 0.8843 |
| 信息传输、计算机服务和软件业 | 0.6483 |
| 批发和零售业 | 0.8872 |
| 住宿和餐饮业 | 0.7071 |
| 房地产业 | 0.9222 |
| 租赁和商务服务业 | 0.8469 |
| 科学研究、技术服务和地质勘查业 | 0.8525 |
| 水利、环境和公共设施管理业 | 0.9261 |
| 居民服务和其他服务业 | 0.8510 |
| 卫生、社会保障和社会福利业 | 0.8478 |
| 金融业 | 0.8280 |
| 文化、体育和娱乐业 | 0.9153 |
| 教育 | 0.8213 |

由表 7—8 可知，与西宁市主城区第三产业关联度最大的是房地产业，为 0.9876；其次是批发和零售业、制造业、交通运输、仓储和邮政业、文化、体育和娱乐业和科学研究、技术服务和地质勘查业，分别为 0.9727、0.9677、0.9668、0.9455 和 0.9392，说明这些行业对第三产业的发展起到了巨大的推动作用。西宁市主城区制造业有一定的基础，比如藏药加工、玉器加工和建材加工等，这都为批发和零售业、房地产业的发展奠定了基础，而且批发和零售业的发展进一步推动了交通运输、仓储和邮政业的发展，二者相辅相成，形成一个良性的发展循环；近些年，西宁市政府为了落实“创新驱动”战略，加大了对科研机构和教育的投入经费，从教育与第三产业关联度达到 0.9080 就可以看出，比亚迪在青海省投资建厂也是对西宁市政府注重科研和教育的一种肯定。值得注意的是，信息传输、计算机服务和软件业与第三产业的关联度为 0.6948，与三产中其他行业相比关联度是最低的，说明这个行业的发展前景还是非常广阔的，西宁市主城区将来要注重该行业的发展。第一产业与西宁市主城区第三产业的关联度达到了 0.8584，说明第一产业为主城区第三产业的发展奠定了一定的基础，同样第三产业中的休闲娱乐业也推动了观光农业和采摘农业的发展。第二产业中与西宁市主城区第三产业关联度最大的是制造业（前面已有解释不再陈述）；其次是采矿业和建筑业，分别为 0.9344 和 0.7748，这

是因为西宁市基础设施逐步完善和西宁市规模以上工业企业注重对矿产的开采与加工。

**第三产业与其他产业及其内部各行业关联度分析** **表 7—8**

| 产业及行业 | 关联度 |
|---|---|
| 第一产业生产总值 | 0.8584 |
| 农、林、牧、渔服务业 | 0.8596 |
| 第二产业生产总值 | 0.9325 |
| 采矿业 | 0.9344 |
| 制造业 | 0.9677 |
| 电力、燃气及水的生产和供应业 | 0.6690 |
| 建筑业 | 0.7748 |
| 交通运输、仓储和邮政业 | 0.9668 |
| 信息传输、计算机服务和软件业 | 0.6948 |
| 批发和零售业 | 0.9727 |
| 住宿和餐饮业 | 0.7375 |
| 房地产业 | 0.9876 |
| 租赁和商务服务业 | 0.9321 |
| 科学研究、技术服务和地质勘查业 | 0.9392 |
| 水利、环境和公共设施管理业 | 0.8860 |
| 居民服务和其他服务业 | 0.9353 |
| 卫生、社会保障和社会福利业 | 0.9328 |
| 金融业 | 0.8206 |
| 文化、体育和娱乐业 | 0.9455 |
| 教育 | 0.9080 |

综上所述，西宁市主城区第一产业的发展主要依赖农、林、牧、渔服务业，第二产业的发展主要依赖制造业，比如藏药加工、建材生产与加工等，第三产业的发展主要依赖房地产业的热度。因此，为了西宁市主城区经济社会的健康发展，既要注重各产业中优势产业的发展，还要兼顾其他行业的发展，更要注重提高发展潜力巨大的行业比重。

## 7.3 西宁市产业空间结构演变

### 7.3.1 第一产业空间结构演变

根据国际通用的产业划分标准，第一产业包括农业、林业、牧业、渔业和农林牧渔服务业（张若雪，2010）。根据西宁市统计局资料，以 1990 年价格为基准，选择 2000 年、2005 年、

2010年和2015年4个时间节点，从农业、林业、牧业、渔业和农林牧渔服务业的产值来探讨西宁市主城区第一产业空间结构的演变。

2000年国家对第一产业的划分还不包括农林牧渔服务业，故本研究在此时间节点对农林牧渔服务业暂不讨论。如表7—9所示：①农业产值方面，城北区产值最大，为0.3921亿元，说明城北区农业分布面积最大；其次是城东区和城西区，产值分别为0.1483亿元和0.1354亿元；农业产值最小的是城中区，产值为0.0182亿元，这是由于城中区为西宁市的核心区域，农业分布面积最小。②林业产值方面，城北区产值最大，为0.0373亿元；其次为城东区和城西区，分别为0.0067亿元和0.0065亿元，两个区的林业产值相差不大；产值最小的依旧是城中区，该区作为西宁市的核心区域，林业一般划入绿化范围，只有郊区的林业才会用于经济发展需要。③牧业产值方面，城北区和城东区产值较高，分别为0.3344亿元和0.2041亿元，城中区和城西区产值较小，分别为0.0159亿元和0.0422亿元，说明这两个区比城北区和城东区产业发展层次高，属于正在推进城镇化的区域。④渔业产值方面，城北区最高，城东区次之，城西区第三，城中区产值最小。总之，2000年农业和牧业产值所占比重最大，渔业和林业产值所占比重很小，说明2000年西宁市主城区农业和牧业还是比较发达的，这两个行业在空间上的分布也比渔业和林业的分布范围广；其次，城东区和城中区在四个行业中占比较大，说明四个行业在这两个区域分布范围较大。

**2000年西宁市主城区第一产业内部各行业产值（亿元）** **表7—9**

| | 城东区 | 城中区 | 城西区 | 城北区 |
|---|---|---|---|---|
| 农业 | 0.1483 | 0.0182 | 0.1354 | 0.3921 |
| 林业 | 0.0067 | 0.0018 | 0.0065 | 0.0373 |
| 牧业 | 0.2041 | 0.0159 | 0.0422 | 0.3344 |
| 渔业 | 0.0047 | 0.0006 | 0.0013 | 0.0071 |

如表7—10所示，与2000年相比较，2005年4个行业都出现了明显的变化。①农业产值方面，城西区的农业产值几乎没有变化，城东区农业产值略有下降，城北区和城中区的农业产值有一定的增长，说明城东区的城市化进程推进效果明显，城北区和城中区的农业在一定程度上得到重视；横向对比来看，城北区、城西区和城东区产值较高，城中区产值最低，说明农业在城北区、城西区和城东区分布较广，城中区因位于西宁市中心位置，对农业发展重视程度较弱。②林业产值方面，4个城区的产值都有所下降，这跟政府保护环境的政策有直接关系。③牧业方面，除了城东区产业下降外，其余三个城区的产值都有所上升，这跟西宁市主城区常住人口增加、牧业养殖规模壮大和牧业技术发展有很大关系，也说明牧业在城北区、城西区和城东区分布较广，在城中区分布范围很小。④渔业方面，除城中区的产值明显增加，城西区有很小增加，其余两个城区产值都有明显下降，这说明渔业主要分布在城中区，城西区保持不变，其他两区渔业分布范围有所减少，但渔业主要分布在城中区、城西区和城北区。⑤农林牧渔服务业方面，城北区和城东区产值较高，城西区处于中等水平，城中区最小。说明城北区和城东区农林牧渔

服务业分布的范围较广，城中区和城西区产值较少，说明分布范围较小，这跟城中区位于西宁市经济发展核心地带以及城西区加快推进城市化有很大关系。

**2005年西宁市主城区第一产业内部各行业产值（亿元）** **表7—10**

| | 城东区 | 城中区 | 城西区 | 城北区 |
|---|---|---|---|---|
| 农业 | 0.1044 | 0.0241 | 0.133 | 0.44 |
| 林业 | 0.0047 | 0.0001 | 0.0045 | 0.0174 |
| 牧业 | 0.108 | 0.0248 | 0.241 | 0.4434 |
| 渔业 | 0.0004 | 0.0013 | 0.0014 | 0.0014 |
| 农林牧渔服务业 | 0.0901 | 0.016 | 0.044 | 0.09 |

如表7—11所示，2010年4个行业产值与2005年相比又有较大变化。值得注意的是，渔业和农林牧渔服务业在城东区和城西区的产值为0，说明这两个行业在城东区和城西区没有任何分布；城北区渔业产值为0，但农林牧渔服务业产值为0.1021，说明渔业在城北区没有分布，但农林牧渔服务业在此有所发展，分布范围有所增加。农业产值方面，城东区和城西区产值下降明显，说明农业在这两个区域的分布范围有所降低，这跟两个区域房地产开发和功能定位有较大关系；城中区和城北区产值增加明显，在一定程度上说明农业在这两个区域的分布范围有所增加；另外，2008年总寨镇划入城中区，对城中区各方面的发展具有推动作用。牧业产值方面，城中区有显著增加，这是由于总寨镇原属于湟中县，牧业有一定规模，由于西宁市南部新城区建设需要，行政区划调整，将其划入城中区，导致城中区牧业比重明显增大。城东区变化很小，说明该区的牧业没有太大发展，产值几乎与2005年一致；城西区由于海湖新区的开发建设，城北区积极推动城镇化进程，两个区牧业产值下降明显，许多农户逐渐转变成城镇人口，家庭收入结构发生变化，导致牧业在城西区和城北区的分布逐步缩减；横向对比来看，城中区、城北区、城西区产值都比城东区产值高，表明牧业在这三个城区分布范围比城东区高。林业产值方面，除城东区下降外，其余各区均小幅增加，说明林业在城东区分布减少，其余各区分布有小幅增加；由产值来看，由高到低依次为城西区、城中区、城北区和城东区。

**2010年西宁市主城区第一产业内部各行业产值（亿元）** **表7—11**

| | 城东区 | 城中区 | 城西区 | 城北区 |
|---|---|---|---|---|
| 农业 | 0.0467 | 0.4797 | 0.0062 | 1.0482 |
| 林业 | 0.0007 | 0.0259 | 0.06 | 0.0188 |
| 牧业 | 0.1089 | 0.2658 | 0.1237 | 0.305 |
| 渔业 | 0 | 0.0003 | 0 | 0 |
| 农林牧渔服务业 | 0 | 0.07 | 0 | 0.1021 |

如表7—12所示，2015年4个行业产值与2010年相比再次发生改变。农业产值方面，四个区产值全部下降，说明西宁市主城区农业发展方式正做出改变，向着采摘农业、绿色农

业和农家乐方向发展；农业产值的下降跟建设用地扩张也有很大关系，在一定程度上说明农业用地面积有所下降；横向对比来看，城北区产值最高，农业在此分布最广，城中区由于总寨镇的划入，农业产值次于城北区，城西区发展文娱办公的城市功能定位，以及城东区快速推进城镇化，所以这两个区农业分布范围较小。渔业和农林牧渔服务业在四个城区几乎没有发生变化。林业产值方面，除了城西区有所下降，其余各区都有小幅增长，这跟城西区进行海湖新区开发、其余各区重视环境保护有直接关系，在一定程度上城西区林业分布有所减少，其余各区林业分布有所增加。牧业产值方面，城中区产值最高且有所增加，为 0.4711 亿元，说明牧业在城中区发展具有一定规模，也跟总寨镇划入城中区有关；城北区牧业产值小幅增加，跟政府重视家庭多元创收有很大关系；城西区和城东区由于建设用地扩张导致牧业产值下降，说明牧业在这两区的分布正逐步减小；横向来看，牧业在主城区由高到低依次为城中区、城北区、城西区和城东区。

**2015 年西宁市主城区第一产业内部各行业产值（亿元）** **表 7—12**

| | 城东区 | 城中区 | 城西区 | 城北区 |
|---|---|---|---|---|
| 农业 | 0.0379 | 0.1024 | 0.0048 | 0.9614 |
| 林业 | 0.1324 | 0.1588 | 0.0156 | 0.0626 |
| 牧业 | 0.0782 | 0.4711 | 0.112 | 0.3425 |
| 渔业 | 0 | 0.0012 | 0 | 0 |
| 农林牧渔服务业 | 0 | 0.06 | 0 | 0.1237 |

总之，2000—2015 年西宁市主城区第一产业发展主要以农业和牧业为主，从产值来看主要分布在城北区和城中区，但产值在一定程度上有所下降；由于环保政策的实施，林业在一定程度上有所发展，但在四区分布并不大；渔业在一产中所占比重不大，2010—2015 年只有城中区有所分布；农林牧渔服务业所占比重不大，2010—2015 年只分布在城北区和城中区。

由库兹涅茨法则可知，第一产业（主要指农业部门）在一个国家 GDP 中所占的比重和农业人口的比重会逐渐缩小，这跟城镇化发展速度有密切联系，主要体现在耕地面积减少。根据西宁市行政规划，总寨镇在 2008 年划归城中区管辖。为了更好地研究西宁市主城区第一产业的变化，本研究将 2008 年以前的总寨镇耕地面积也纳入研究范围。由图 7—7 可知，1990—2015 年西宁市主城区的耕地面积由 19564.2ha 减少到了 8930.34ha，共减少了 10633.86ha。这跟西宁市主城区快速城镇化有直接关系。由图 7—8 可以看出，1990—2015 年西宁市主城区耕地分布变化明显。1990 年西宁市主城区的耕地主要集中在城北区、城西区、城南大部分地区，主要与西宁市主城区人口大部分集中在城中区和城东区有关。2000 年与 1990 年相比并没有太大变化，城北区、城西区和城东区耕地有一定减少。与 2000 年相比较，2010 年西宁市主城区耕地分布有了明显的变化，减少趋势明显，耕地主要分布在生物园区以北、城北区西部和城南的大部分地区，城西区由于科教文娱的功能定位加上海湖新区的开发，耕地范围较小，说明西宁市主城区城镇化进程明显加快，并与人口向主城区集聚也有很大关系。与2010年相比，2015年西宁市主城区耕地分布再次发生变化。随着生物园区和城北大学城的建设，生物园区以北的耕地明显减少；城北区西部耕地面积没有太大变化；城西区由于海湖新区的开发建设耕地呈现零星分布；城南新区由于政府单位在此入驻，城市化建设明显加速，吸引了中心城区很多企事业单位和人口搬迁至此；城东区由于东川工业园区的开发建设和城镇化进程的推进，耕地面积也在不断减少，总体上呈零星式的分布特征。

综上所述，1990—2015年西宁市主城区耕地面积不断减少，整体上呈现出由中心城区向四周逐步减少的趋势。人口不断涌入主城区、城镇化进程不断加速是耕地面积不断减少的主要原因，这也符合城市发展的规律。

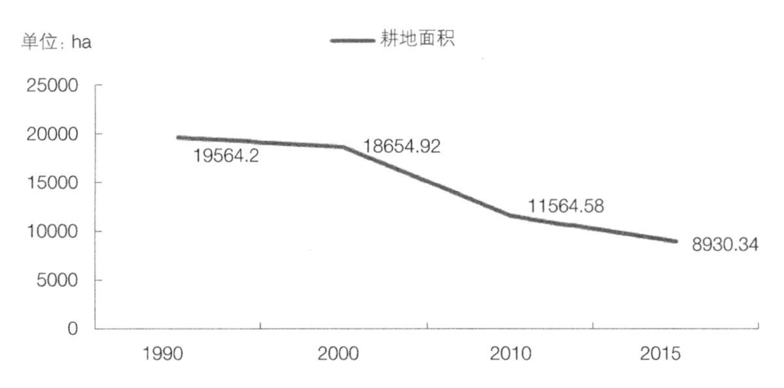


**图7—7　1990年、2000年、2010年和2015年西宁市主城区耕地面积变化图**

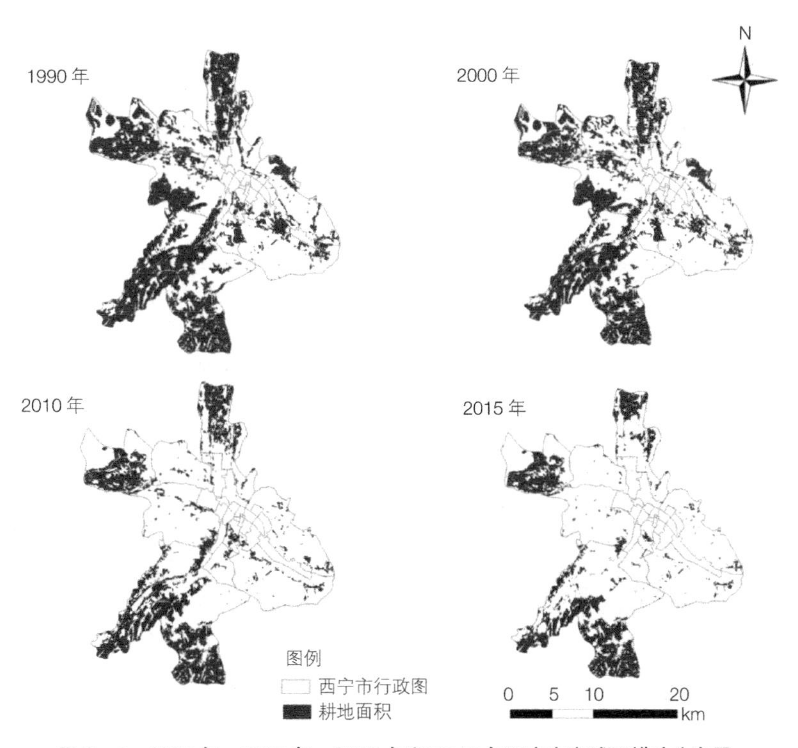


**图7—8　1990年、2000年、2010年和2015年西宁市主城区耕地分布图**

## 7.3.2　第二产业空间结构演变

（1）规模以上工业企业演变

2017 年，西宁主城区工业和建筑业生产总值为 377.3 亿元，占西宁市工业与建筑业生产总值的 59.35%。因此，本研究采用工业和建筑业在主城区的空间布局来反映西宁市主城区第二产业空间布局的演变过程。本研究从主城区第二产业规模演变进行分析，选取主城区规模以上工业企业作为研究对象，分析 2000—2017 年西宁主城区规模以上工业企业数量和 GDP 的变化。由于国家统计局在 2011 年重新规定了规模以上工业企业的划分标准，因此，在研究西宁主城区规模以上企业单位数时，将从两个时间段进行分析研究（第一阶段为 2002—2010 年，第二阶段为 2011—2014 年）。由图 7—9 可知，西宁主城区与整个西宁市的规模以上工业企业数量都呈现增加的态势，2017 年比 2000 年增加 74 个规模以上工业企业。

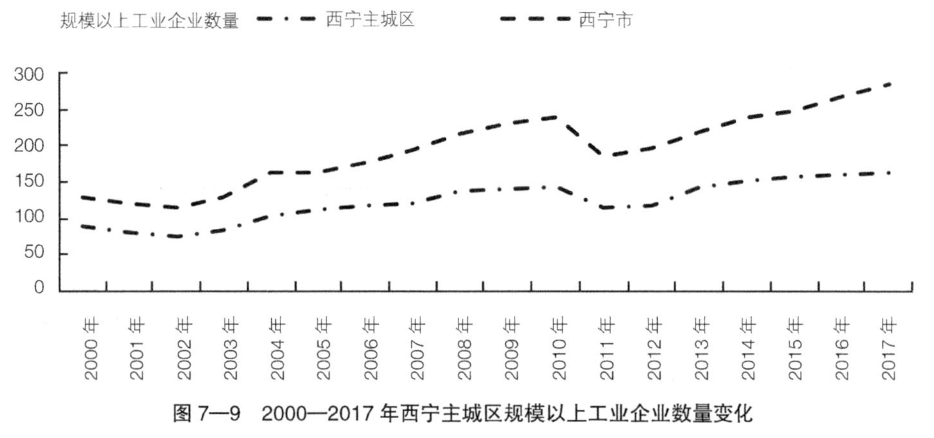


**图 7—9　2000—2017 年西宁主城区规模以上工业企业数量变化**

注：国家统计局规定，从 2011 年 1 月起，将年收入 2000 万元以上且固定资产投资额在 500 万以上作为规模以上工业企业划分标准

分区来看，2000—2017 年西宁主城区规模以上工业企业数量共计增加 54 个（规模以上工业企业划分标准调整以前），城东区、城中区、城西区和城北区均呈现增长的态势，其中城东区增加最多，增加了 35 个；城北区增加了 31 个，由 2000 年的 33 个增加为 2010 年的 64 个；城中区增加得最少，2000 年到 2017 年只增加了 2 个。相反，城西区则出现下降的态势，由 2000 年的 21 个减少到 2017 年的 7 个，共减少了 14 个。城东区、城中区和城北区规模以上工业企业数量增加幅度较快，和西宁主城四个区之间规模以上工业企业存在内部转移和西部大开发战略的实施、新城区建设及工业园区建设密切相关。因此，可以推断出在 2000—2017 年，西宁主城区规模以上工业企业空间布局由城区分散分布向工业园区集中，工业园区一般布局在远离核心区的主城区边缘。

从西宁主城区规模以上工业企业（2000—2017 年）的生产总值变化可以看出（图 7—10），西宁主城区规模以上工业企业的生产总值呈现出逐步增加的趋势，与西宁主城区规模以上工业企业单位数（表 7—13）的变化趋势大致相同。国家统计局在 2011 年对规模以上工业企业标准重新调整后，西宁主城区规模以上工业企业有所减少（减少 37 个），但相应产出不断增加，这与西宁市转变经济发展方式、促进产业结构优化升级的政策有很大关系。2000—2017 年，西宁主城区规模以上工业企业生产总值增加了 568.6871 亿元。分区看来（图 7—11），城中区规模以上工业企业生产总值没有太大的波动；虽然城西区呈现出先增后减再增长的趋势，但是生产总值并不高，这与城西区自身定位有关；城北区和城东区呈现出增长的态势，一是因为两个区的工业基础比较好，二是因为城西区和城中区大量劳动力向两个区转移且产生规模经济效益的结果，三是由于西宁市产业结构优化升级。

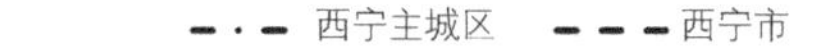


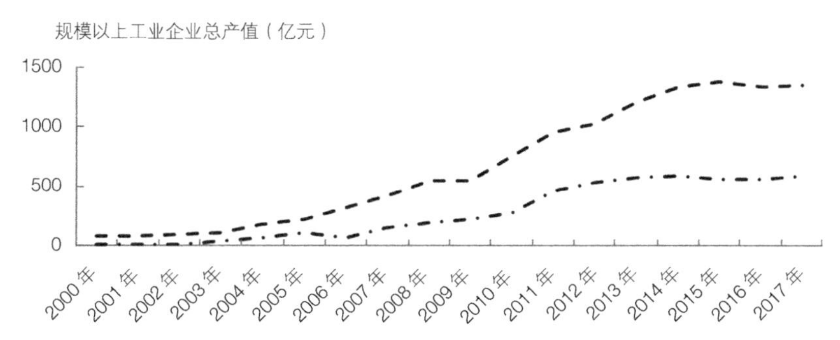


**图 7—10　2000—2017 年西宁主城区规模以上工业企业生产总值变化**

**2000 年和 2017 年西宁主城区规模以上工业企业单位数**　　**表 7—13**

| 企业单位个数 | 城东区 | 城中区 | 城西区 | 城北区 |
|---|---|---|---|---|
| 2000 年 | 22 | 14 | 21 | 33 |
| 2017 年 | 57 | 16 | 7 | 64 |
| 差值 | +35 | +2 | −14 | +31 |

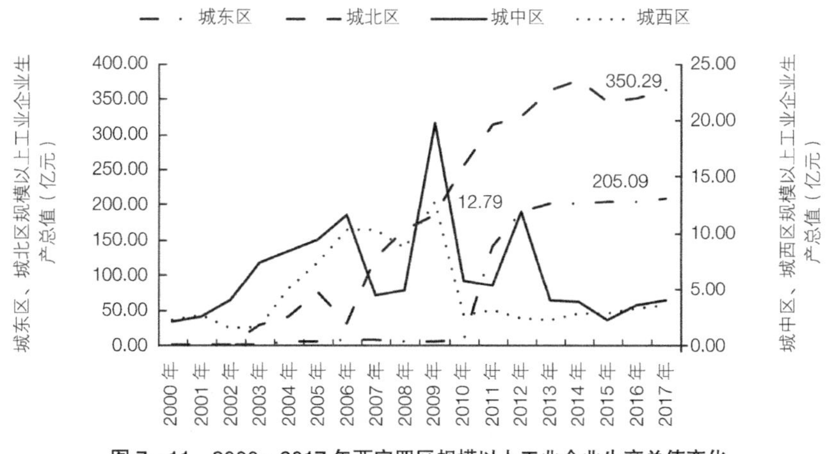


**图 7—11　2000—2017 年西宁四区规模以上工业企业生产总值变化**

因此，无论是从西宁主城区规模以上工业企业单位数分析，还是从主城区规模以上工业企业生产总值来分析，研究表明 2000—2017 年西宁主城区的工业空间布局呈现出逐渐增多的态势，并且由主城区逐步向边缘区域扩散。研究发现，西宁主城区规模以上工业企业的空间分布，逐步由原来集聚的城东区和城北区向城中区和城北生物园区转移。这标志着西部大开发战略和西宁市打造生态工业城市的目标取得了阶段性成果。

（2）第二产业空间布局演变

为了更好地反映西宁主城区第二产业空间布局的演变特征，考虑到数据的可获得性和连续性，本研究选取了西宁主城区第二产业中的大中型工业企业作为研究对象，以此反映主城区第二产业在总体上的空间布局的演变过程。本研究采用国家标准对西宁主城区的大中小型企业进行划分（表 7—14）。根据 2008 年、2013 年和 2018 年《西宁统计年鉴》和西宁市工商局提供的西宁主城区大中型工业企业名单，通过谷歌地图提取名单中各企业的经纬度坐标，并利用 ArcGIS10.2 软件，分别将西宁主城区规模大中型工业企业坐标导入西宁主城区地图中，可以得到西宁主城区大中型工业企业在空间上的分布（图 7—12、图 7—13 和图 7—14），然后直观地分析西宁主城区第二产业空间布局的演变过程。值得注意的是，本研究中许多国有企业、集体企业总部在西宁市主城区，但是它们的分厂有可能分布在全省不同州县。

**中国大中小微型企业划分标准** **表 7—14**

| 行业名称 | 指标名称 | 计量单位 | 大型 | 中型 | 小型 | 微型 |
|---|---|---|---|---|---|---|
| 工业 | 从业人员（X） | 人 | X ≥ 1000 | 300 ≤ X < 1000 | 20 ≤ X < 300 | X < 20 |
| | 营业收入（Y） | 万元 | Y ≥ 40000 | 2000 ≤ Y < 4000 | 300 ≤ Y < 2000 | Y < 300 |

注：大中小型企业须同时满足所给指标的下限（否则下滑一档），微型企业只需满足指标中的任一项即可

西宁市主城区大中型工业企业由于受主城区所在地形条件的影响，呈现出 X 形状的分布，这与西宁主城区的城市发展方向是一致的。由图 7—12 所示，2007 年西宁市主城区许多国有和集体工业企业主要分布在中心城区的核心区域，且靠近城市主干道；城北生物园区的大中型工业企业数量最多且密集，这跟生物园区的招商引资政策、城北文教区的科技优势有很大关系；城东区的东川工业园区虽有一定的分布，但集中度较低；南部地区沿着宁贵高速向南开始分布；西部地区分布较为零散，这跟西部地区的地价较低有直接关系。由图 7—13 可知，2012 年西宁市主城区第二产业空间布局与 2007 年相比较有一定的变化。城北生物园区的工业企业的集中度逐渐增强；西部地区工业企业的数量有所增加，但依旧分布零散，这跟低地租和西宁西站的便捷度有一定关系；城中区由于城南新区的迅速崛起而初显成效，行政区内的工业企业数量较 2007 年有一定的增加，呈现出沿宁贵高速布局的带状分布；城东区的大中型工业企业逐渐沿行政区内主干道向边缘地区分布，这与工业发展的规律是吻合的。如图 7—14 所示，2017 年西宁市主城区工业企业的空间分布发生了较大变化。分区看来，城北区的大中型工业企业数量最多，其次是城东区，城中区往南沿宁贵高速布局的工业企业数量越来越多且比较集中，城西区的工业企业数量最少，这与城西区大力发展第三产业的定位有直接关系。

从整个主城区的视角来看，大型企业多位于西宁主城区的核心区域，这是由于这些企业的总部以决策、办公等职能为主；中型工业企业数量比较多，但是大型工业企业数量比较少。整体来说，西宁主城区大中型工业企业呈现出X形状的空间分布格局，跟西宁市城区的空间演化基本一致。从长远来看，西宁市主城区大中型工业企业由于地租和交通以及政策等因素的影响，会逐步由城市的核心区域向外迁移，工业类企业与工厂会逐步搬迁到工业园区，以便充分发挥产业集群效应，也便于园区统一布局管理，逐步淘汰那些不符合经济发展趋势的高耗能、高污染企业，使得西宁市主城区第二产业朝着健康有序的方向发展。

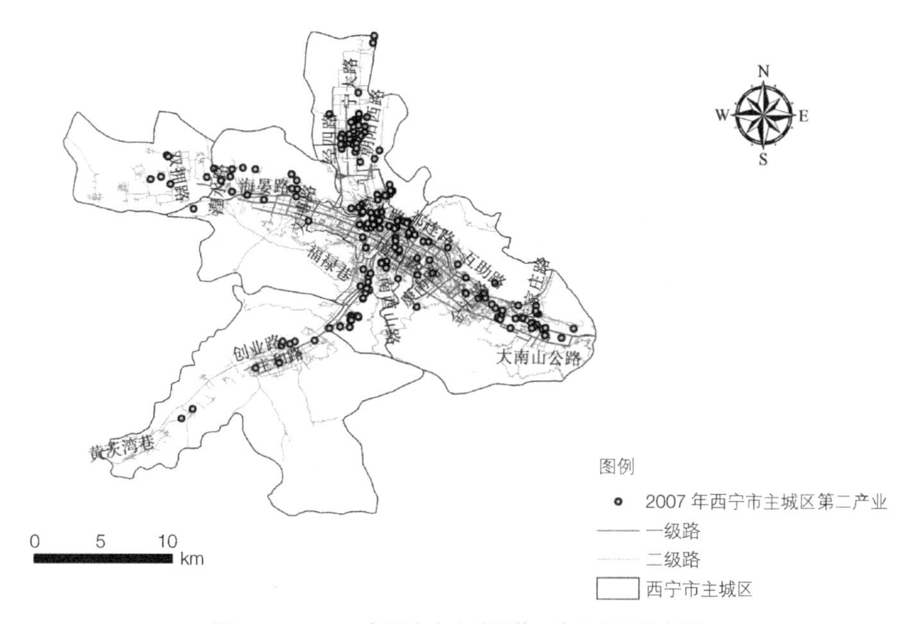


图 7—12　2007 年西宁市主城区第二产业空间分布图

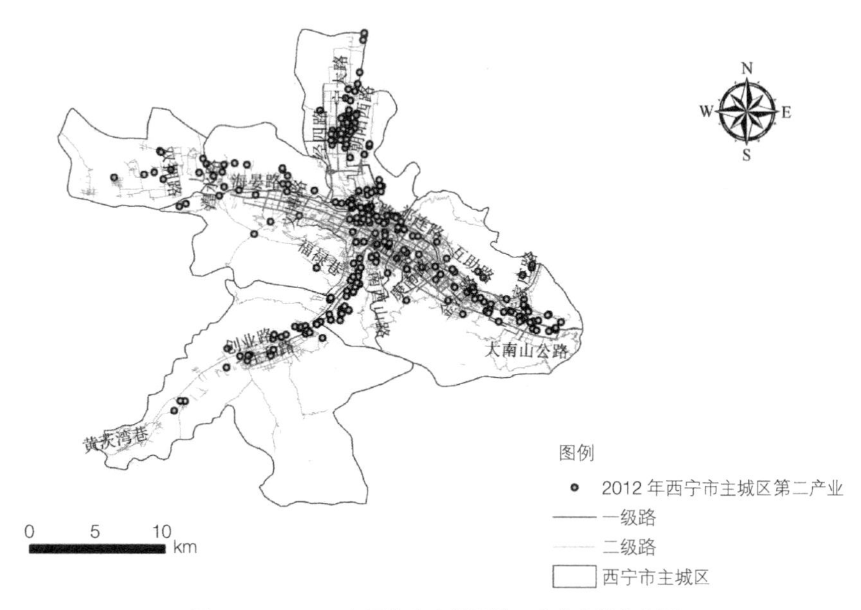


图 7—13　2012 年西宁市主城区第二产业空间分布图

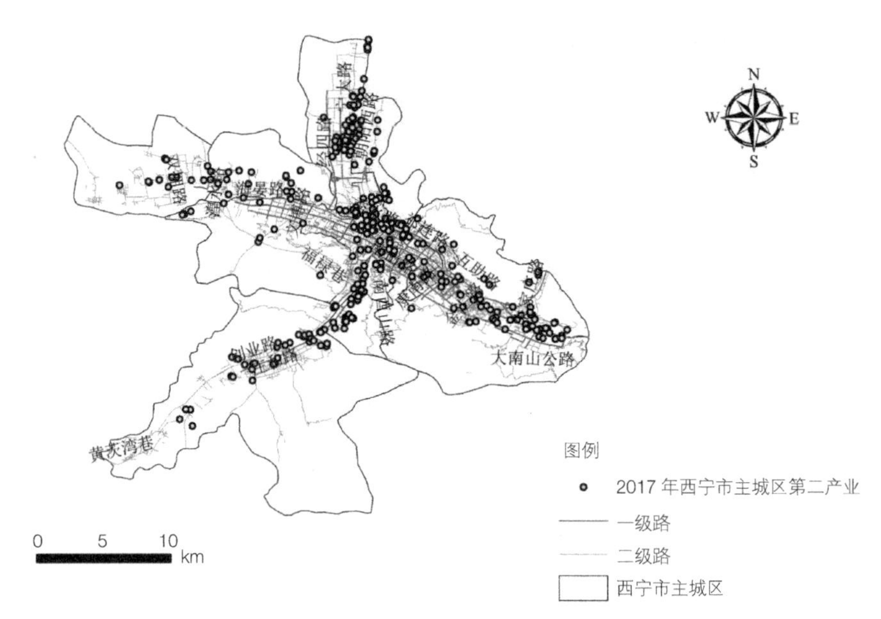


图 7—14　2017 年西宁市主城区第二产业空间分布图

### 7.3.3　第三产业空间结构演变

（1）住宿和餐饮业空间布局演变

西宁市主城区第三产业以住宿和餐饮业为主，本节所使用的餐饮数据（数据来源于百度外卖后台）主要包括各种类型的餐厅、饭店和酒店、全国各地的代表菜馆以及西北地区典型的面馆等便于市民就餐的饮食场所，住宿业主要包括商务酒店、星级宾馆、家庭宾馆、连锁酒店、旅社和度假村宾馆等。受地租、交通便捷性和消费群体密集度等因素的影响，因此该行业对客户群体和市场具有高度的依赖性。

西宁市主城区住宿和餐饮业明显集中于城区范围内，多集中于人口密集地带。如图 7—15 所示，2009 年西宁市主城区住宿和餐饮业东西范围主要集中在冷湖路和博雅路之间，南北范围主要集中在祁连路、互助路和昆仑中路之间；如图 7—16 所示，2013 年西宁市主城区住宿和餐饮业东西范围主要集中在海湖路和明杏路之间，不过在柴达木路和青藏高速之间有一定的零星分布，南北范围主要集中在祁连路、互助路和往南沿宁贵高速至奉青路之间；如图 7—17 所示，2017 年西宁市主城区住宿和餐饮业东西范围主要分布在西部的海湖新区、青藏高速至双拥路和东部的贵南路之间，从北部的装备路到南部的庄河路。由此可见，2009—2017 年西宁市主城区住宿和餐饮业的空间布局是向外扩散的，这跟西宁市主城区的扩建和人口的涌入有很大的关系。

西宁市主城区住宿和餐饮业高度集中在中心广场附近，且圈层结构比较明显。如图 7—18 所示，2009 年西宁市主城区住宿和餐饮业主要集中在海湖路与金汇路之间、祁连路与南山路之间，圈层结构明显，其中中心广场附近集中度最高，并且东南地区集中度高于西北地区（以中心广场为界），北部地区集中度高于南部地区，在东南部地区还有两个小圈层，这跟青海民族大学和东川工业园区的位置有很大关系；如图 7—19 所示，2013 年西宁市主城区住宿和餐饮业的圈层布局较 2009 年向南沿着交通线有一定的扩展，经二路和双拥路附近的圈层结构也有一定的发展，这跟城市扩建有着紧密的联系；如图 7—20 所示，2017 年西宁市主城区住宿和餐饮业的圈层连成一片，南部地区的圈层由于城南新区的开发建设直接与中心城区沿着交通线连接到一起，经二路和双拥路的两个圈层也跟中心城区融为一体，宁大路又形成一个新的圈层但集中度不高，这跟青海师范大学新校区的建立有着很大关系。

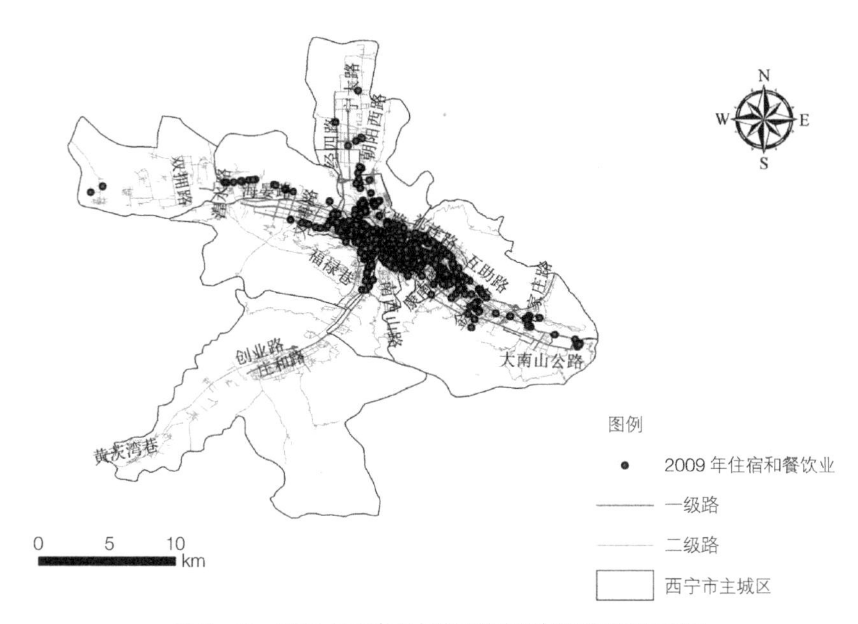


**图 7—15　2009 年西宁市主城区住宿和餐饮业空间分布图**

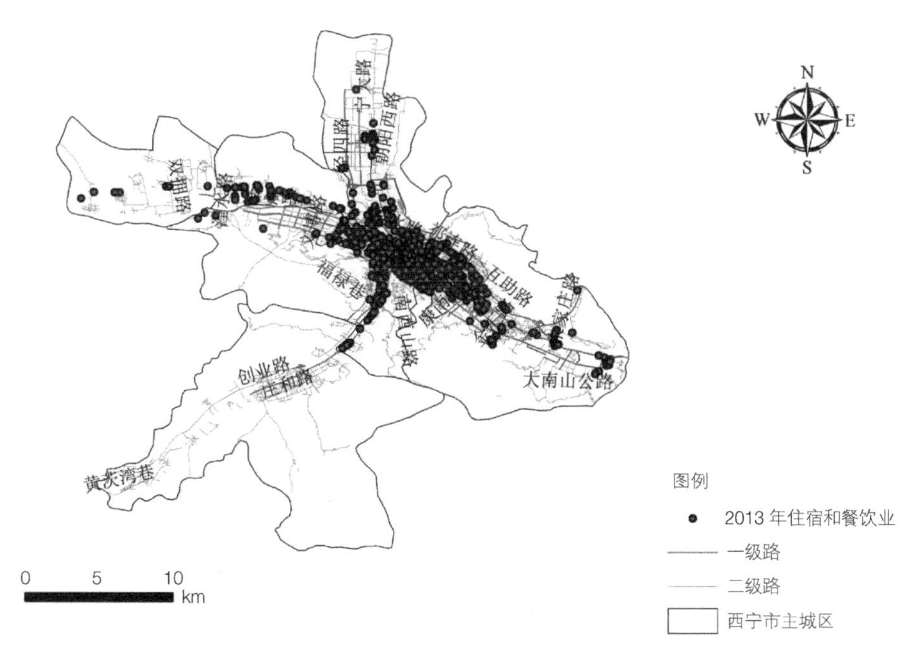


**图 7—16　2013 年西宁市主城区住宿和餐饮业空间分布图**

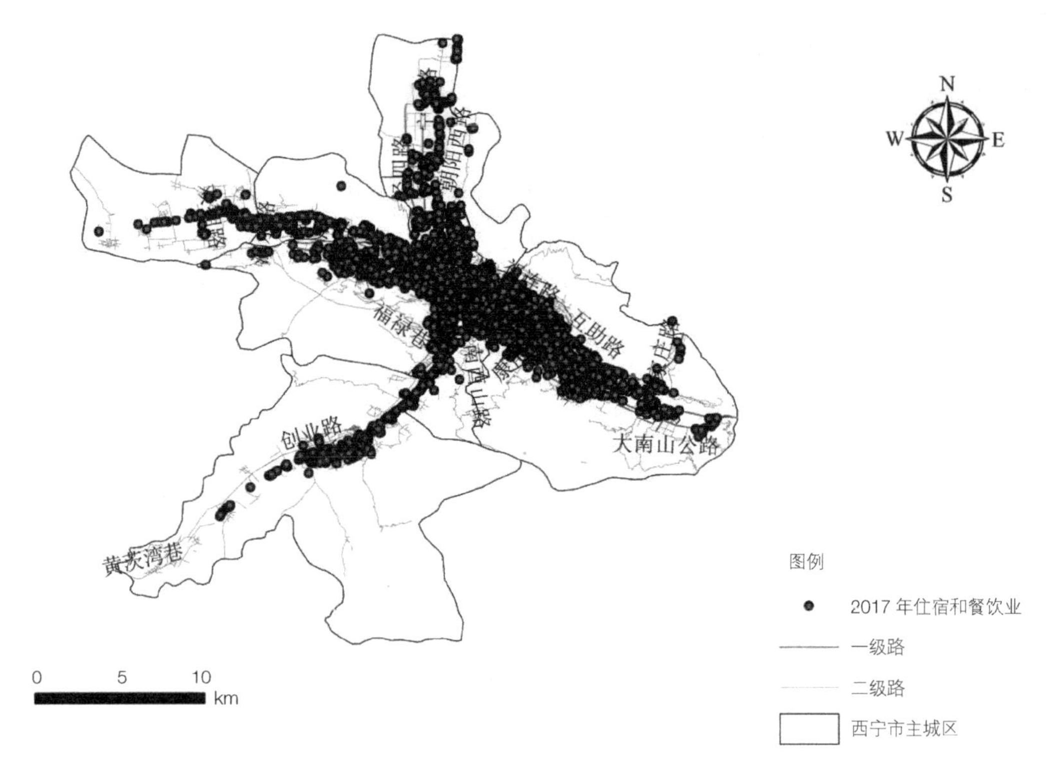


图 7—17　2017 年西宁市主城区住宿和餐饮业空间分布图

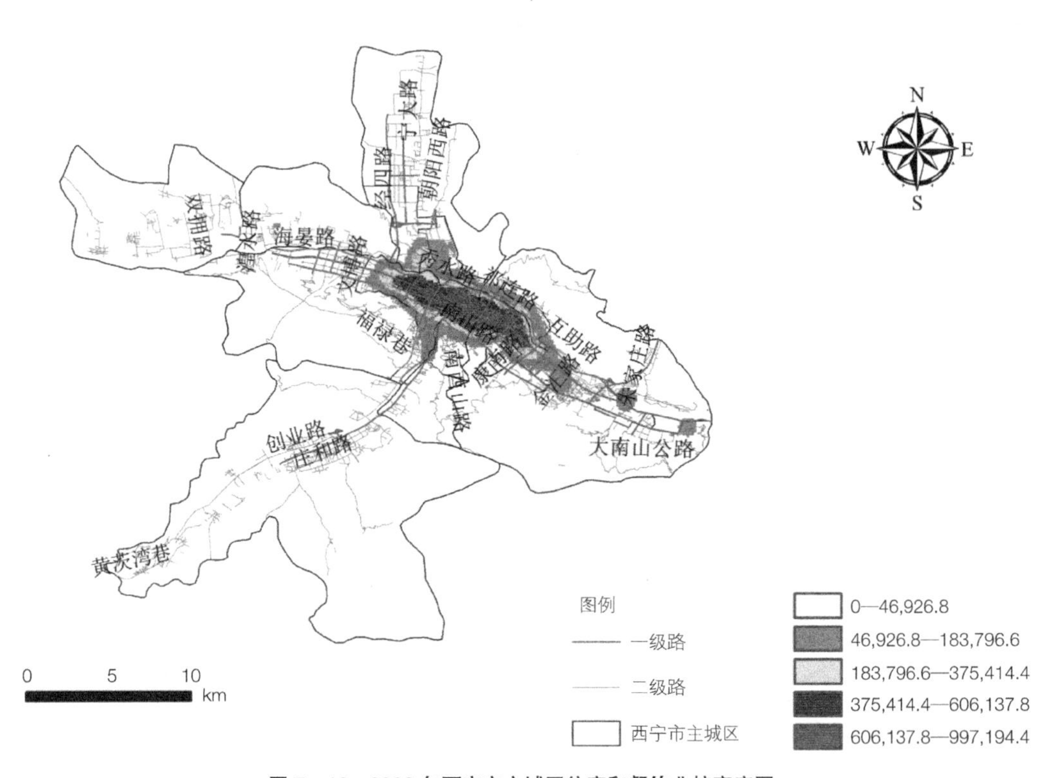


图 7—18　2009 年西宁市主城区住宿和餐饮业核密度图

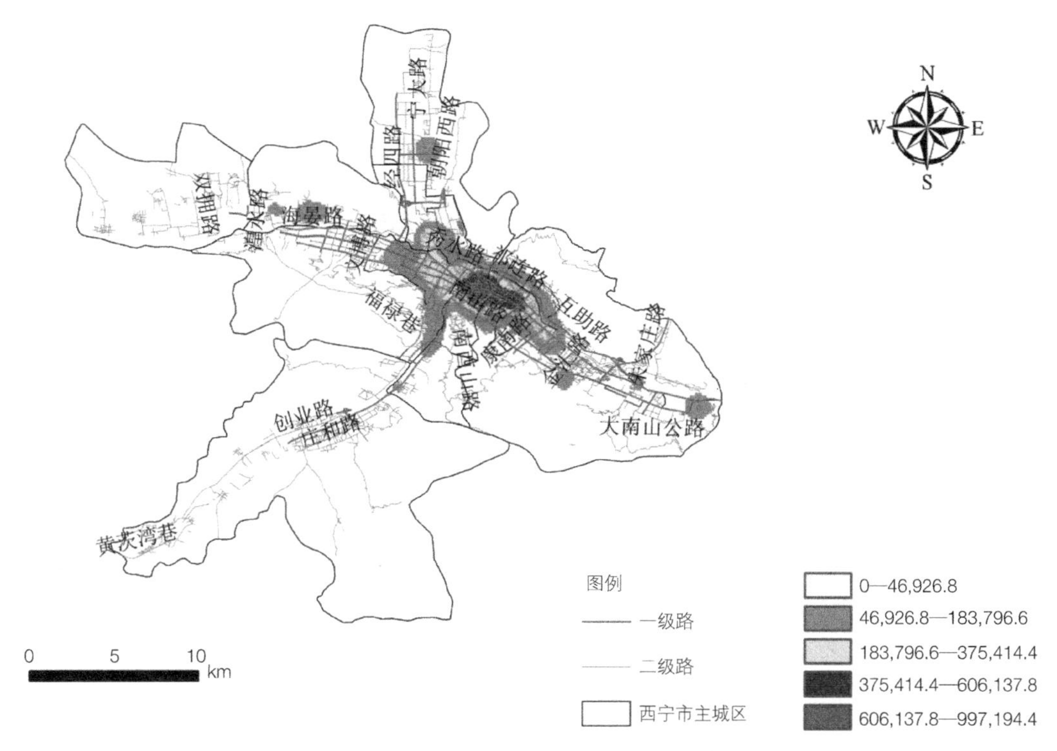


图 7—19　2013 年西宁市主城区住宿和餐饮业核密度图

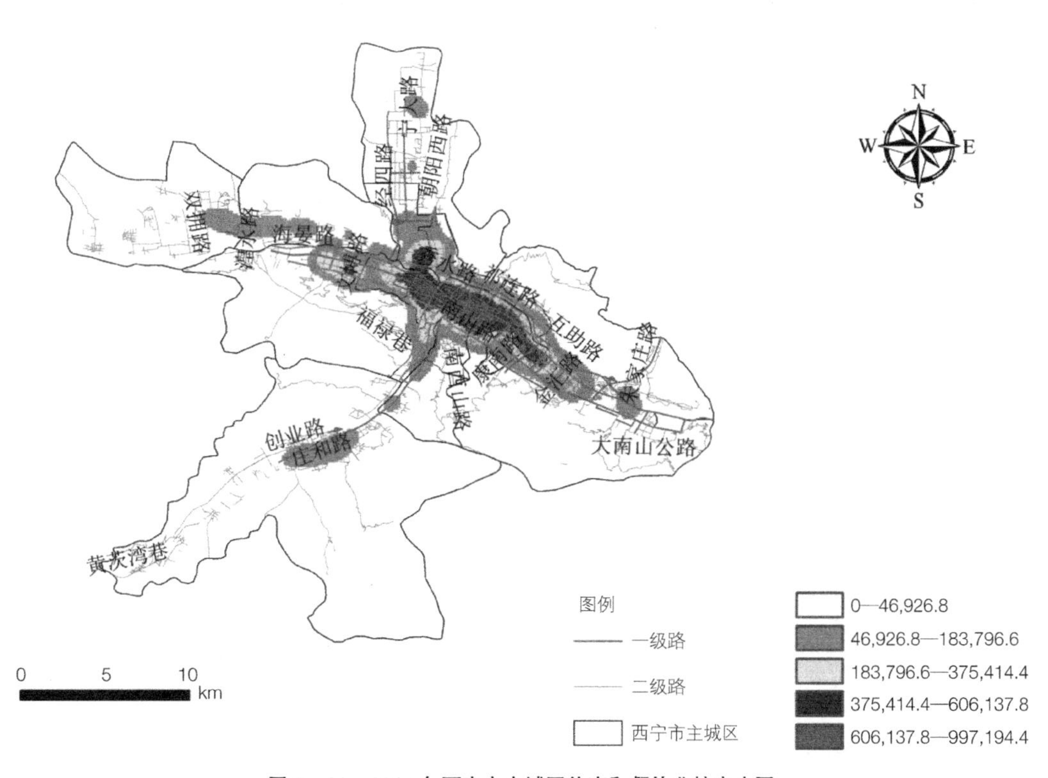


图 7—20　2017 年西宁市主城区住宿和餐饮业核密度图

（2）房地产业空间布局演变

目前，房地产业已经成为我国经济发展的重要行业，全国的“房地产热”也居高不下。本研究的房地产业所涉及的企业主要包括房地产公司、房地产中介公司和物业公司。房地产公司和地产中介公司具有较强的求心性，交通通达性往往是影响其空间布局的重要因素。物业公司主要是为家庭和个人服务，它们经常选择居民区进行布局，因此地理位置和租金往往成为影响物业管理企业进行区位选择的重要因素。

由图 7—21 ~ 图 7—23 可知，西宁市主城区房地产业往往沿着道路及其交叉路口分布。2009 年西宁市主城区房地产业分布密集度大的道路主要有五四大街、昆仑路、西关大街、东关大街、夏都大街、黄河路、南关街和冷湖路等，分布密度大的交叉路口主要有五四大街与冷湖路交叉口、西关大街与黄河路交叉口、五四大街与黄河路交叉口、南关街与南小街交叉口等，无论是沿道路分布还是沿交叉口分布，2009 年西宁市主城区房地产业都主要集中在中心广场、大十字附近。与 2009 年相比，2013 年西宁市主城区房地产业分布范围有了一定的扩大，北川河路、湟中路、明杏路、经二路、宁贵高速等沿线附近有所发展，北川河路与西海路交叉口、海湖路与西海路交叉口、湟中路与昆仑中路交叉口、明杏路与昆仑东路交叉口等有一定的增长。到 2017 年，西宁市主城区房地产业与 2009 年相比又有了很大的发展，这与海湖新区规划、城南新区、物流园区的发展是紧密相连的，海湖路、经二路、聚源路、五四西路、文景街、宁贵高速、创业路、明杏路、昆仑东路、天津路、朝阳东路等沿线的房地产业密集度越来越高，昆仑西路与海湖路交叉口、五四西路与海湖路交叉口、文苑路与五四西路交叉口、明杏路与京拉线交叉口等房地产企业分布的密集度进一步提高。

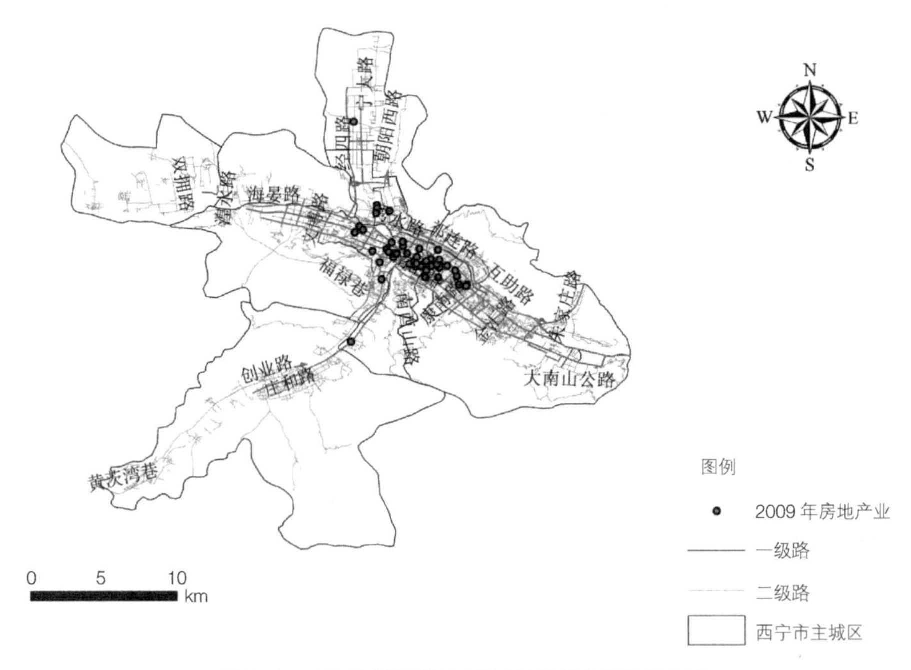


图 7—21　2009 年西宁市主城区房地产业空间分布图

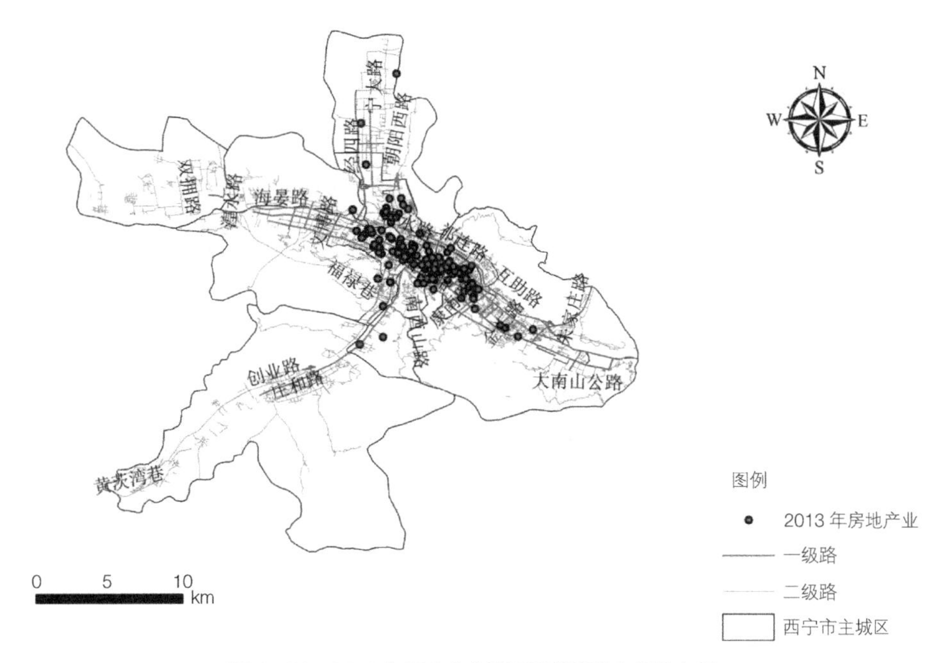


**图 7—22　2013 年西宁市主城区房地产业空间分布图**

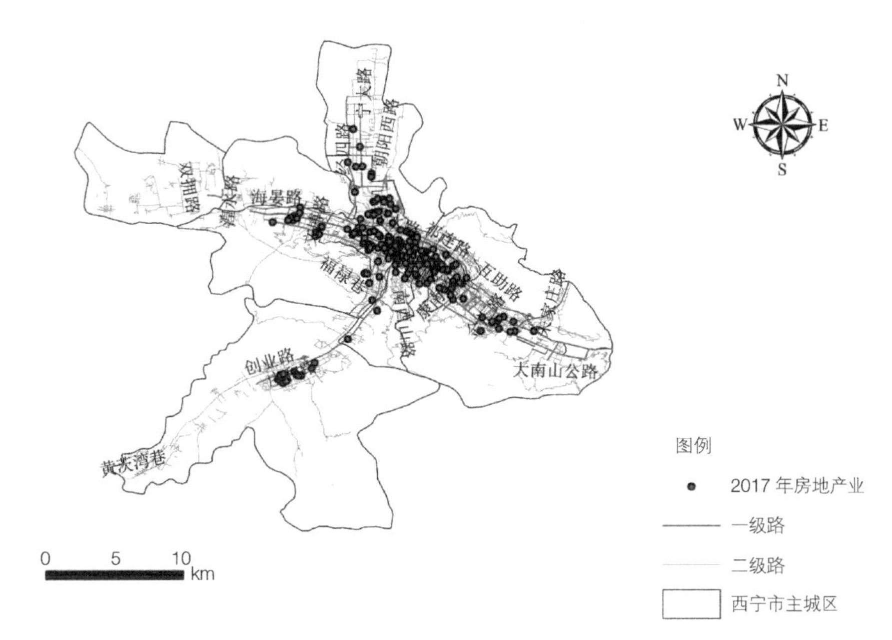


**图 7—23　2017 年西宁市主城区房地产业空间分布图**

西宁市主城区房地产业的空间分布具有明显的圈层和多中心的特征。由图 7—24 可知，2009 年西宁市主城区房地产业具有 7 个等级不同的核心，分别以小桥市场、大十字、五岔路口、新宁广场、城北生物园区、城南新区城东区建国路区域为核心。由图 7—25 可知，与 2009 年相比，2013 年主城区房地产业的空间布局在中心城区连接成片呈带状分布，新的核心主要有物流园区、城南新区、青海民族大学等。由图 7—26 可知，2017 年西宁市主城区房地产业的空间分布呈现出新的特点，城北生物园区、物流园区、中心城区的房地产业已经集中连成一片呈带状分布，海湖新区的快速发展成为西宁市主城区房地产业重点发展的区域，万达广场的入驻为海湖新区房地产业的发展奠定了坚实的基础，城南新区房地产业继续沿着宁贵高速向南发展，城东区的房地产业发展也十分迅速，未来几年可能会与中心城区的发展连成一片，火车站附近的房地产业发展规模不断扩大，这跟小商品城的发展密不可分。这些核心的共同点是人口密集、交通便利以及商贸活动频繁，也在一定程度上证明了西宁市主城区房地产业的发展与其他城市房地产业的发展相吻合，受人口、交通和商贸等因素的影响。



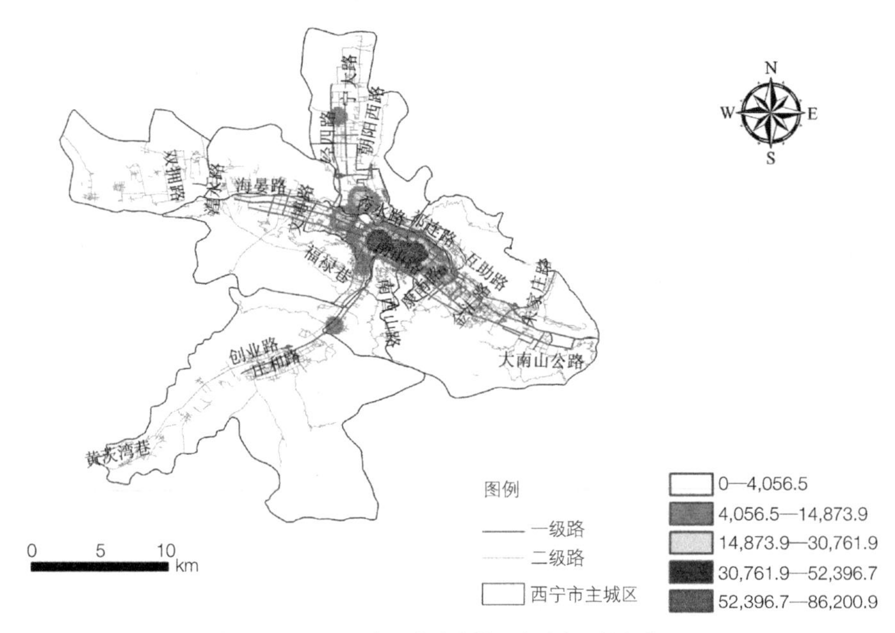


图 7—24　2009 年西宁市主城区房地产业核密度图

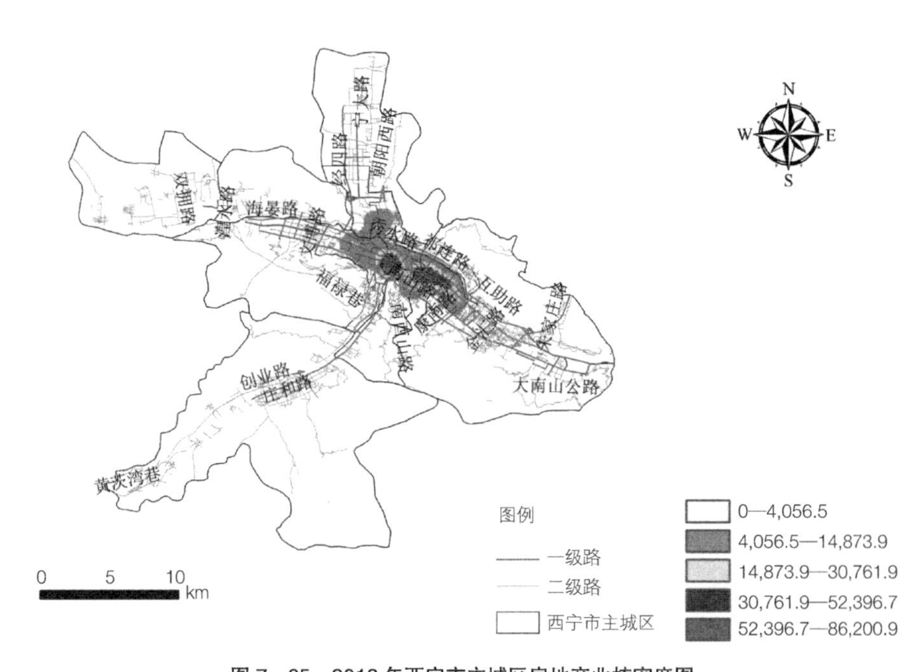


图 7—25　2013 年西宁市主城区房地产业核密度图

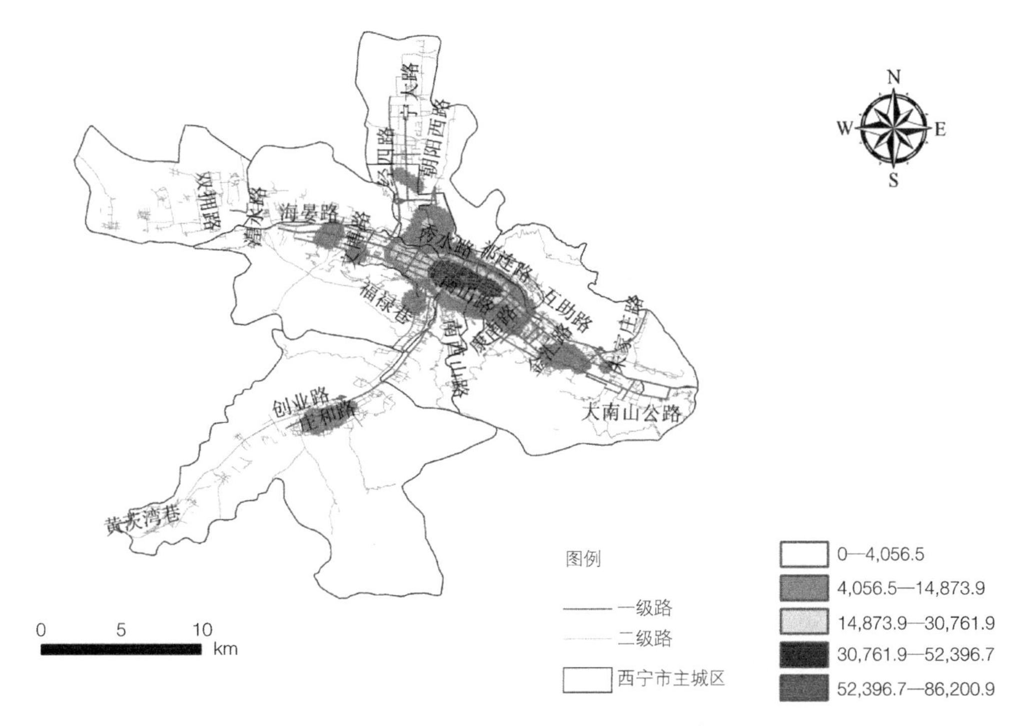


**图 7—26　2017 年西宁市主城区房地产业核密度图**

（3）金融业空间布局演变

金融业的服务对象主要面向与经济、社会有关的机关和企业，也包括部分家庭和个人。金融业根据其职能可以划分为三大类：①银行业和保险业的总部等。主要发挥管理职能，具备较强的权威性和高度的决定权，这类金融业追求信息的通达性和交通的便捷度，往往布局在城市的中心；②金融业下属的分行。主要负责居民家庭和大部分小型企业的存贷款等业务，这类金融业往往接近客户群体，通常布局在城市的次中心地区；③会计类和税务类等类型的金融业。这种金融业往往布局在政府机关（如税务局）附近。

由图 7—27 可知，2009 年西宁市主城区金融业主要分布在海湖路以东、祁连路与互助路以南、博雅路以西和南山路与昆仑路以北，南部沿宁贵高速有一定的集中分布，小桥市场附近金融业集中度也比较高，这些区域以外分布较为零散。西宁市主城区金融业沿街道分布的特征十分明显，在主城区主干道的分布集中度远远高于街巷，其中五四大街、胜利路和南关街以及黄河路的集中度最高，七一路、南关街、西大街等集中度次之。西宁市主城区金融业在一些交叉口的集中度较高，如夏都大街、大十字与北小街、南大街、共和路的交叉口，西关大街与黄河路、同仁路的交叉口等。很多金融业在主干道附近的大厦集中度也比较高，如银龙大厦、金都大厦、兴旺大厦和国贸大厦等。在胜利路和长江路附近，许多金融企业往往布局在国家税务局以及青海省下属的地方税务局附近，便于获取最新的金融信息。与 2009 年相比，2013 年西宁市主城区金融业的空间布局有了一定的变化（图 7—28），博雅路和明杏路之间的金融业集中度有很大的提高，往南沿宁贵高速集中度也越来越高，这跟交通的便捷性和邻近中心城区有很大关系，城北区的生物园区、青海大学、小桥市场的金融业分布密集度不断增强。到

2017 年，西宁市主城区金融业发展到了一个新高度。如图 7—29 所示，城南新区由于交通设施完善和政策支持，金融业在此不断集中，已经发展到了创业路附近；随着青海师范大学新校区的建立，学院路附近的金融业有一定发展；东部地区的金融业在贵南路附近有所集聚；生物园区和小桥市场的金融业集中度越来越高，在未来几年就会连成一片。

西宁市主城区金融业的空间极化现象比较明显，且空间上圈层结构比较突出。由图 7—30 可知，2009 年海湖路、天津路、金汇路和兴旺巷之间的金融业已经有了很高的集中度，圈层结构十分明显，受地形影响大致为西北—东南的带状分布，其中五岔路口的集中度最高且向外逐级减弱，城西区和城中区的集中度要高于城东区与城北区，湟水路、贵南路、生物园区和青海大学附近形成了 4 个低层级的中心。由图 7—31 可知，与 2009 年相比，2013 年西宁市主城区金融业圈层结构有了一定变化，城北生物园区金融业集中密度加强且形成一定圈层，未来将与中心城区的大圈层连成一片；湟水路附近、明杏路附近、贵南路附近的圈层结构也有一定发展。2017 年，西宁市主城区金融业密集度达到了新高度（图 7—32），与 2013 年相比，青海大学与青海师范大学形成了新的核心；城南新区变化十分明显，呈组团状分布，且圈层结构有一定的等级；海湖新区的不断发展使得城西区金融业发展十分迅速，并与中心城区的大圈层连成一体，未来海湖新区将成为金融业发展的新高地。

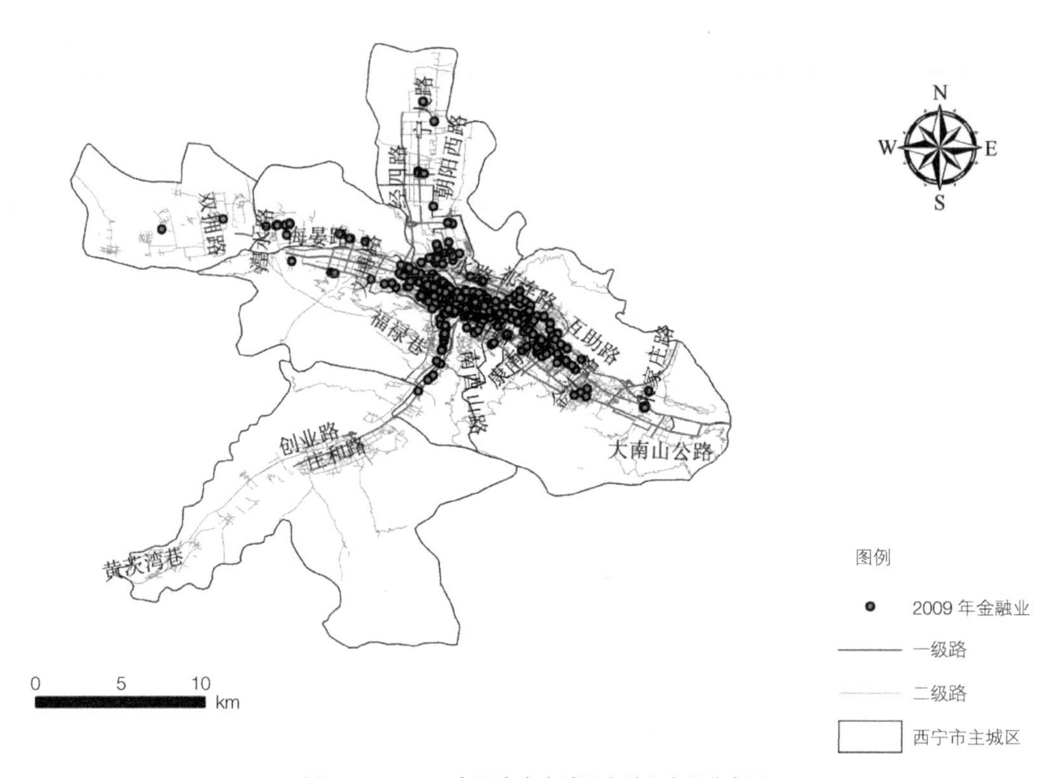


图 7—27　2009 年西宁市主城区金融业空间分布图

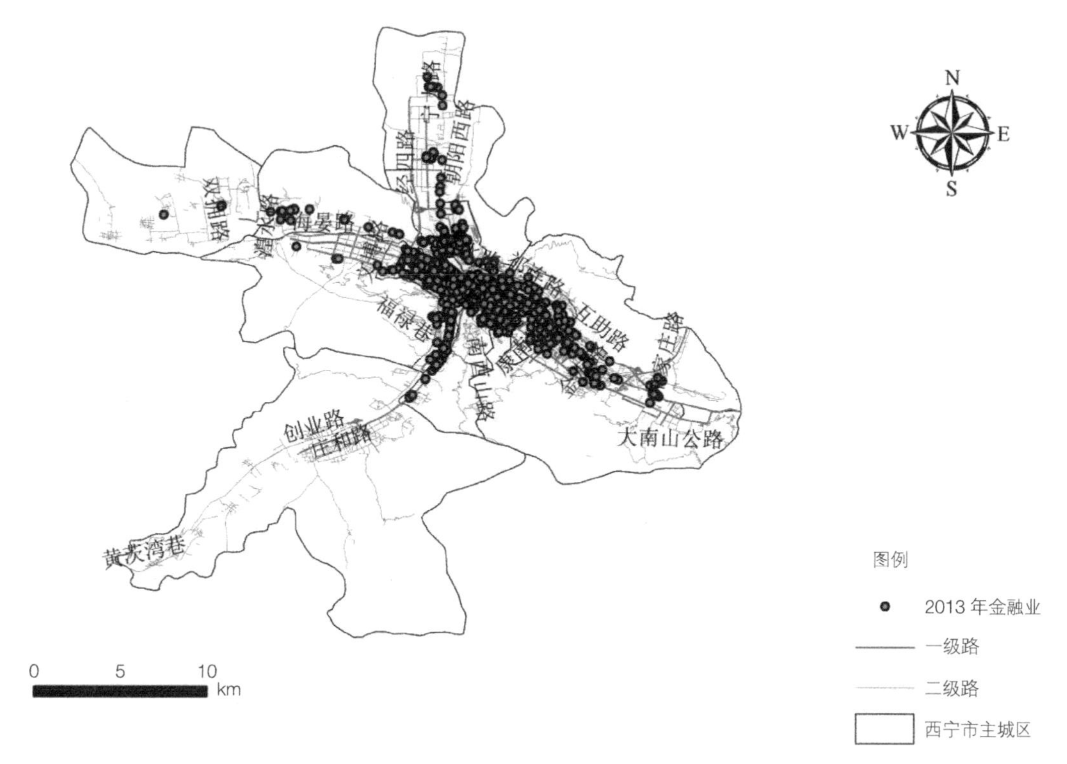


图 7—28　2013 年西宁市主城区金融业空间分布图

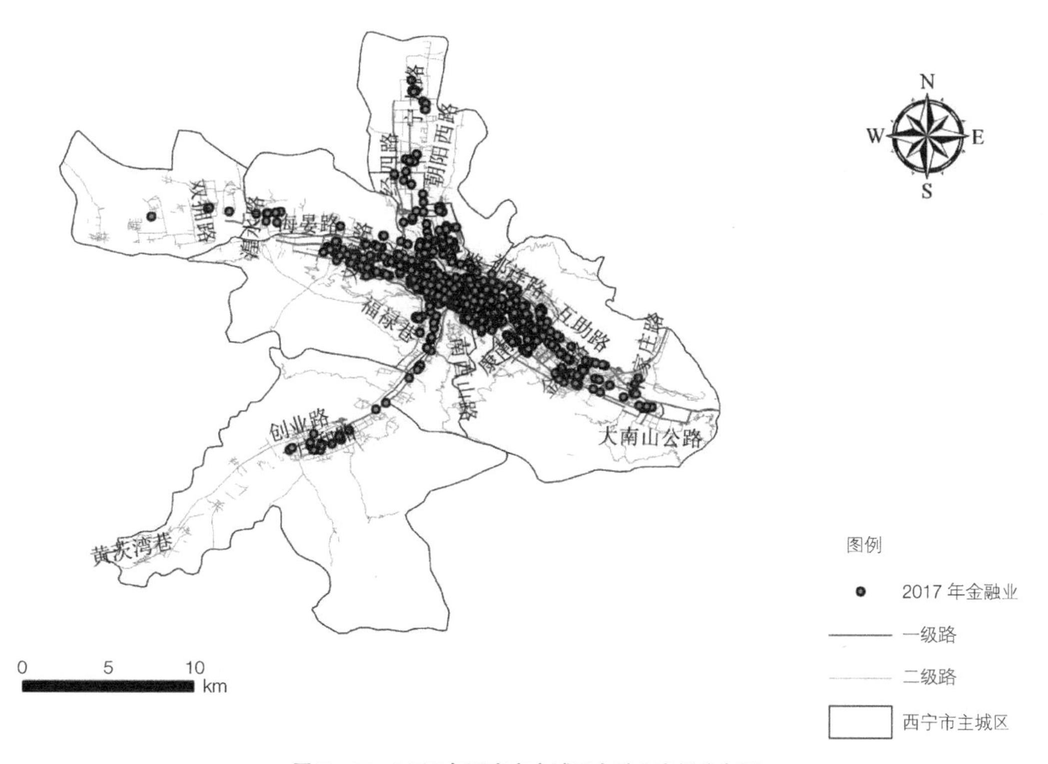


图 7—29　2017 年西宁市主城区金融业空间分布图

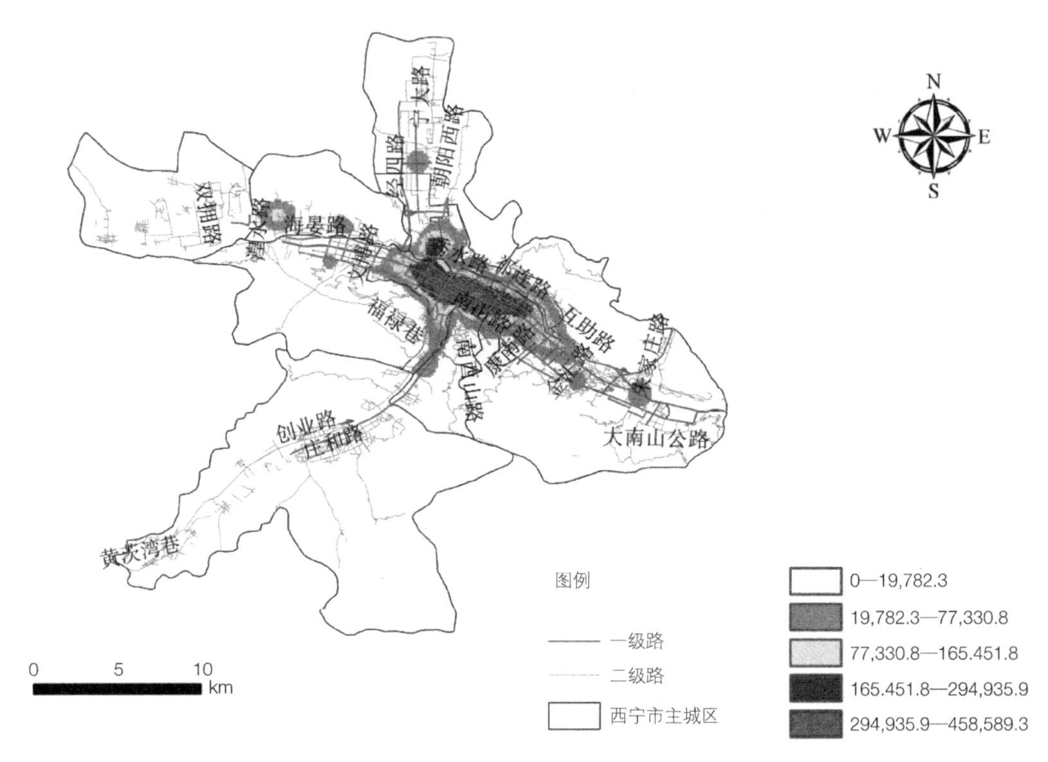


图 7—30　2009 年西宁市主城区金融业核密度图

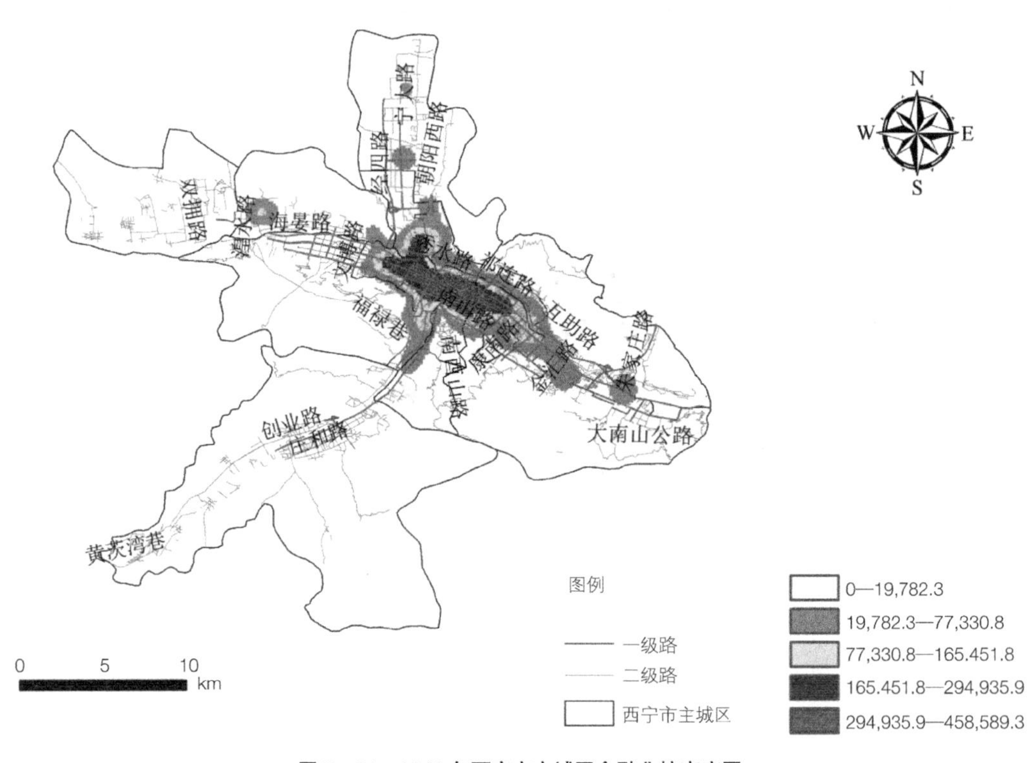


图 7—31　2013 年西宁市主城区金融业核密度图

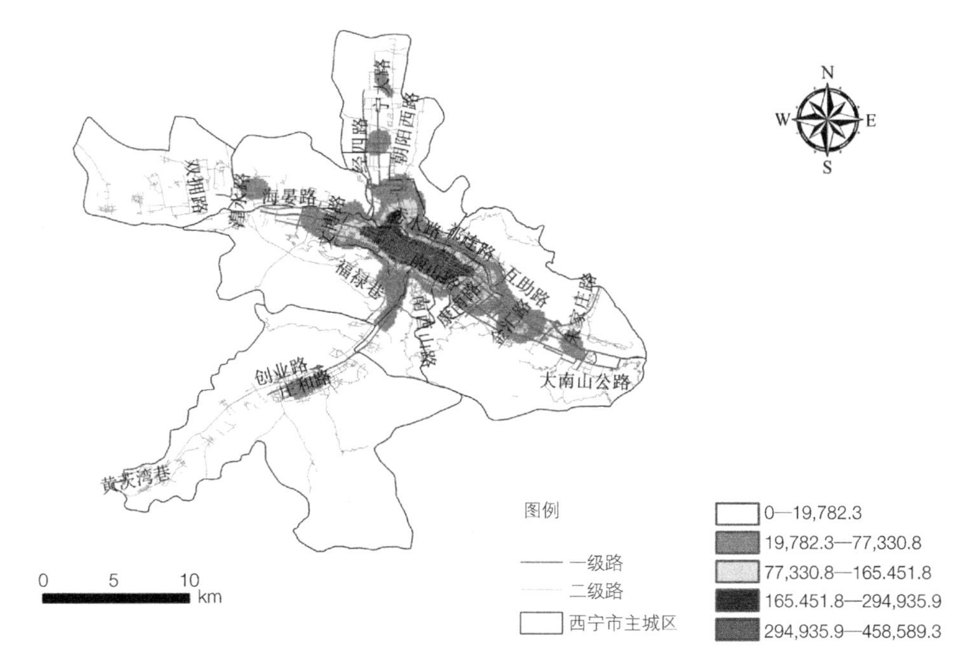


**图 7—32　2017 年西宁市主城区金融业核密度图**

（4）科学研究、技术服务和地质勘查业空间布局演变

科学研究、技术服务和地质勘查业对劳动者的专业技能要求比较高，因此该行业往往分布在高等院校、信息技术创新园区和高等人才聚集区，如科研机构、大学和各种产业协会等。

西宁市主城区科学研究、技术服务和地质勘查业总体分布在科研机构、高等院校、技术园区和电子城附近。由图 7—33 可知，2009 年西宁市主城区科学研究、技术服务和地质勘查业主要分布在以下区域：①以青海师范大学老校区与其周边科研机构为核心的区域，该区域为高校人才聚集区，通常以科学研究为主，技术服务在一定程度上来讲较少；②以胜利路电子城、赛博数码广场为核心的区域，该区域主要以电子技术支持服务为主，科研能力相对较弱；③以青海大学为核心的区域，青海大学是青海省唯一一所 211 院校，科研实力雄厚，技术服务相对较弱；④以城北生物园区为核心的区域，该区域靠近青海大学且科研机构分布较多，可以对生物园区各产业发展提供技术支持和科研保障；⑤以青海民族大学为核心的区域，该区域科研实力较强，但技术服务能力相对较弱。

与 2009 年相比（图 7—34），2013 年主城区科学研究、技术服务和地质勘查业有了很大的发展，这与国家和青海省重视科教投入密不可分。青海大学、生物园区的密集程度有所提高，而中心城区的密集程度已达到了很高的水平。由图 7—35 可知，2017 年西宁市主城区科学研究、技术服务和地质勘查业不断向四周扩展，青海师范大学新校区和青海大学成为重要的科研院校，对装备园路的企业和生物园区的发展起到了至关重要的作用，海湖新区的不断发展也吸引了很多科研机构入驻，宁贵高速的便捷和城南新区地价相对较低以及政策优惠也吸引了很多科研机构相继入驻，生物园区、物流园区和东川工业园区具有政策支持、交通通达性高和邻近院校等优势，许多科研机构、技术企业也不断选择在附近布局。

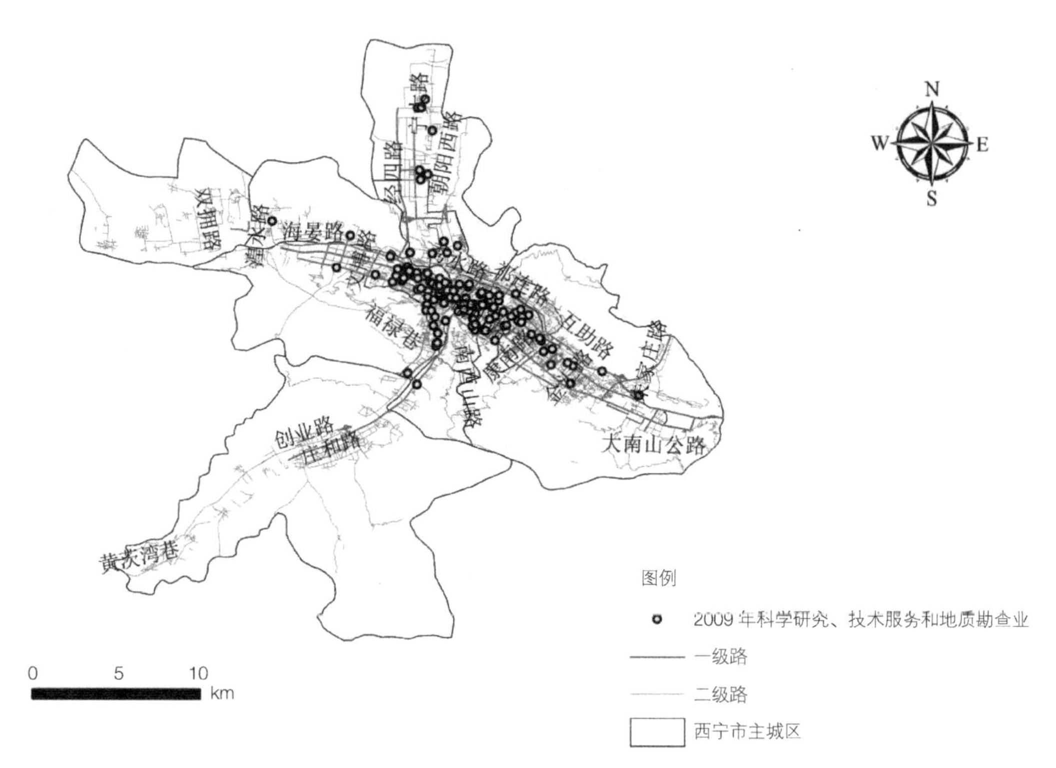


图 7—33　2009 年西宁市主城区科学研究、技术服务和地质勘查业空间分布图

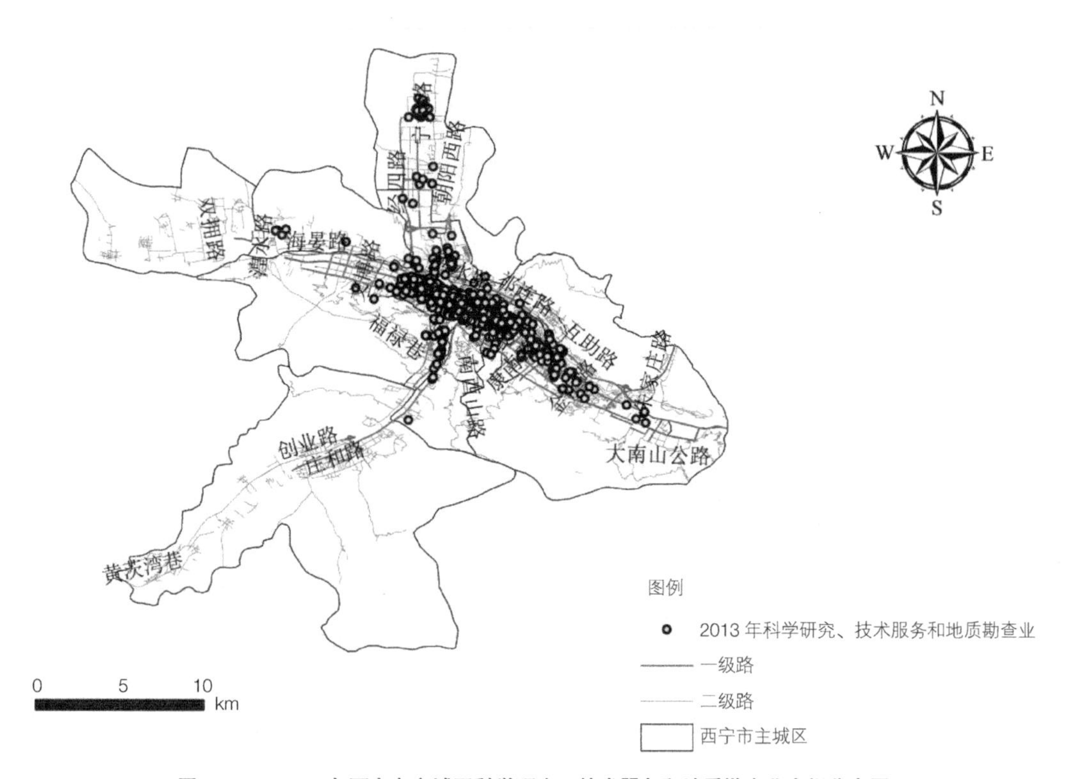


图 7—34　2013 年西宁市主城区科学研究、技术服务和地质勘查业空间分布图

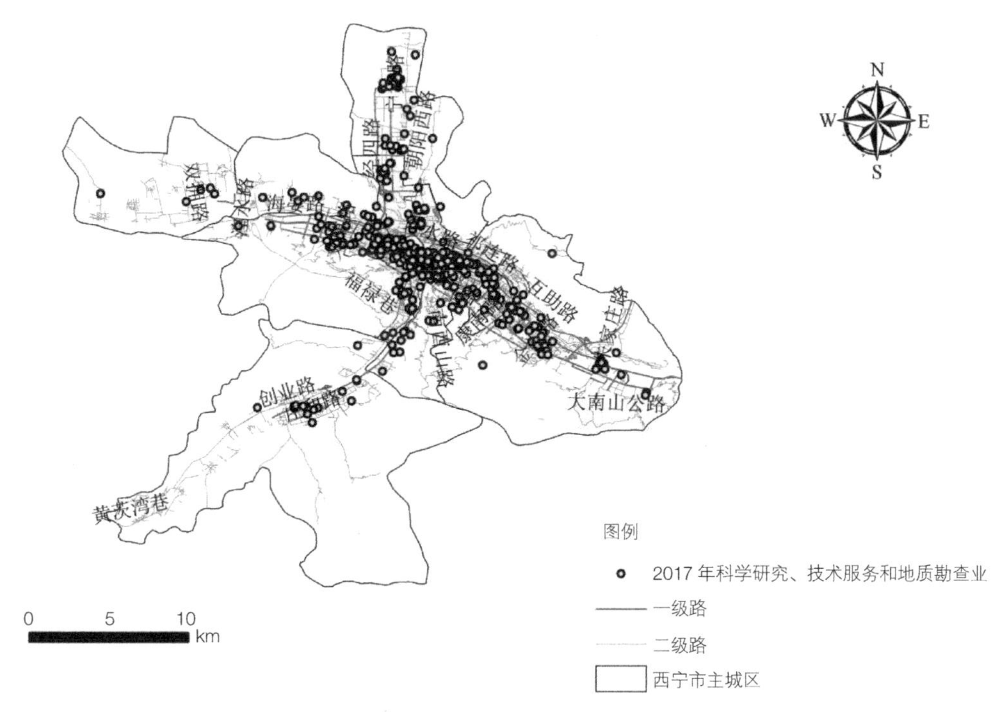


**图 7—35　2017 年西宁市主城区科学研究、技术服务和地质勘查业空间分布图**

西宁市主城区科学研究、技术服务和地质勘查业呈现出多中心分布的圈层结构。2009 年，根据布局的集中度和布局区域的大小，将西宁市主城区该产业布局中心分为三类（图 7—36）：①第一类集中度最高，分别以青海师范大学老校区及其周围科研机构为核心和以胜利路电子城、赛博数码广场及其周围科研机构为核心，这两个核心辐射范围最广且密度最高，每个中心的圈层结构等级分明且距离很近，这很容易吸引一些类似的企业在这两个中心之间布局，既可以得到技术支持，更可以得到科研保障；②第二类以青海大学及其周边的科研机构为核心，这类核心布局范围小但集中程度高。青海大学是青海省唯一一所 211 院校，国家和省、市对青海大学的科研资金投入巨大，因此青海大学具有较为雄厚的科研实力，技术创新能力也很强，不过由于青海大学在城北区郊区，离中心城区距离比较远，不能吸引相关企业在其周围入驻；③第三类以城北生物园区和青海民族大学为核心，城北生物园区占地面积较大，但科研能力和技术服务水平相对较弱，而青海民族大学拥有较为雄厚的科研资金和众多科研人才，创新能力较强，不过学校占地面积相对较小。除了以上三类布局中心，还有几个实力较弱的中心，比如东川工业园区、西钢工业区，不过根据青海省经济发展要求，这两个布局中心在未来的发展中有可能成为新的经济发展引擎。与 2009 年相比，2013 年主城区科学研究、技术服务和地质勘查业有了很大变化（图 7—37），以青海大学为核心的圈层结构越来越复杂，这说明由于国家和青海省、西宁市对“创新驱动”战略的重视程度越来越强，充分发挥青海大学科技创新领头羊的作用，因此吸引了很多科研机构和相关企业分布在其周边；南部地区的小核心也与中心城区的大圈层融为一体。2017 年，西宁市主城区科学研究、技术服务和地质勘查业密集度达到了新高度，与 2013 年相比（图 7—38），青海大学与青海师范大学新校区成为学院路上的新核心且圈层结构明显；生物园区面积不断扩大，入驻企业增多，使得生物园区的圈层范围扩大；中心城区这个大的圈层结构不断向南和向东扩张且呈带状分布；城南新区沿宁贵高速形成了两个低等级的核心区域，这跟城南新区地价低、交通便利和政策支持有很大关系。

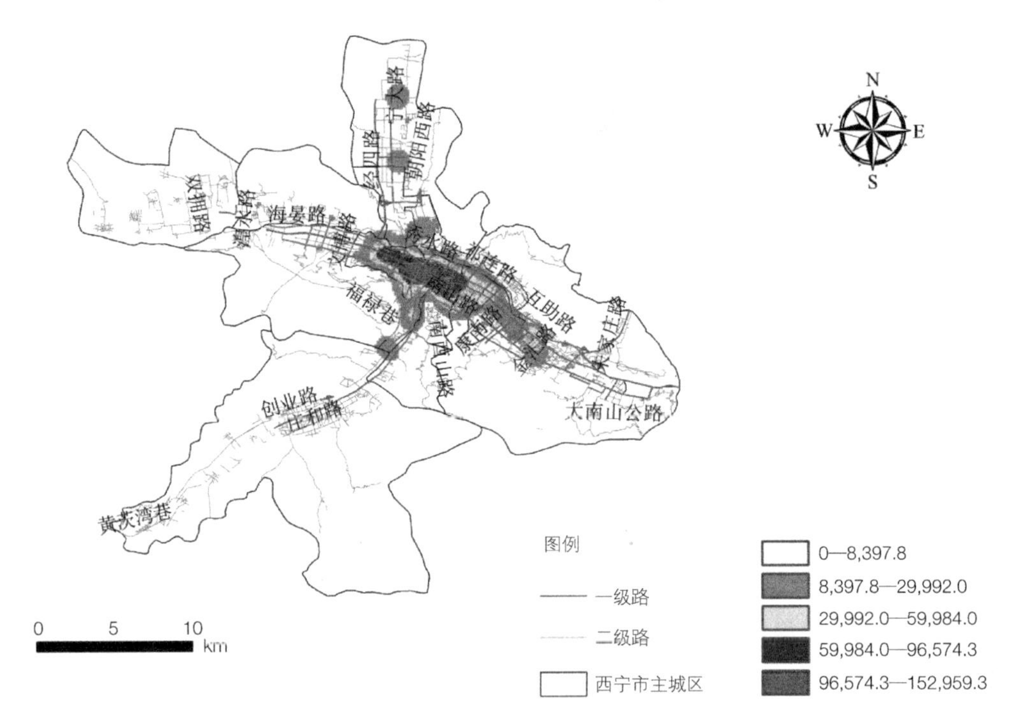


图 7—36 2009 年西宁市主城区科学研究、技术服务和地质勘查业核密度图

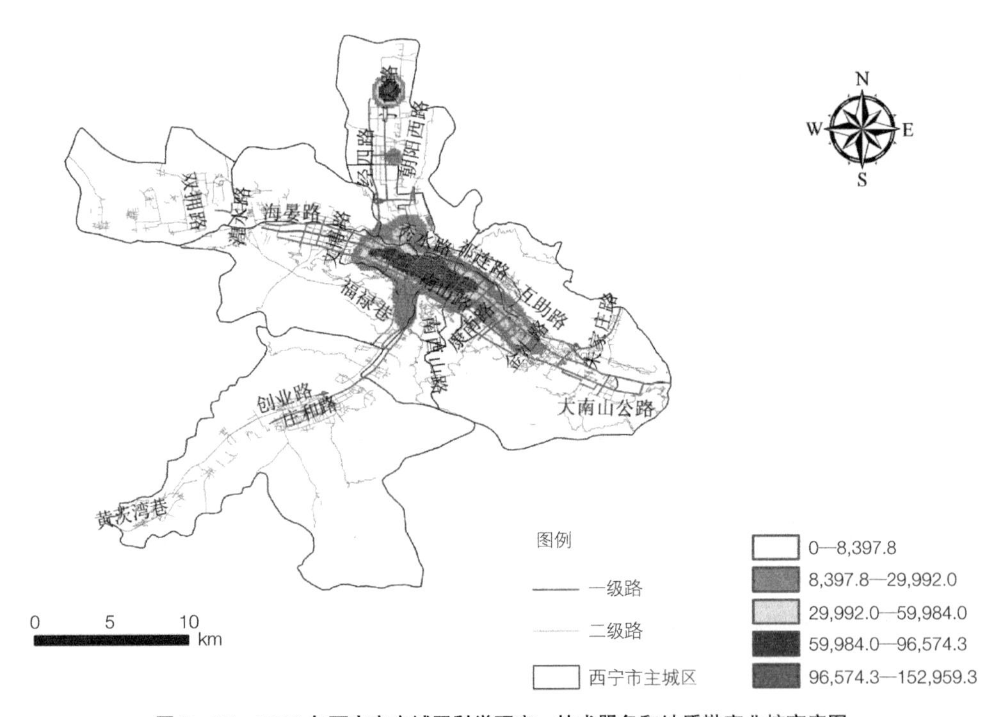


图 7—37 2013 年西宁市主城区科学研究、技术服务和地质勘查业核密度图

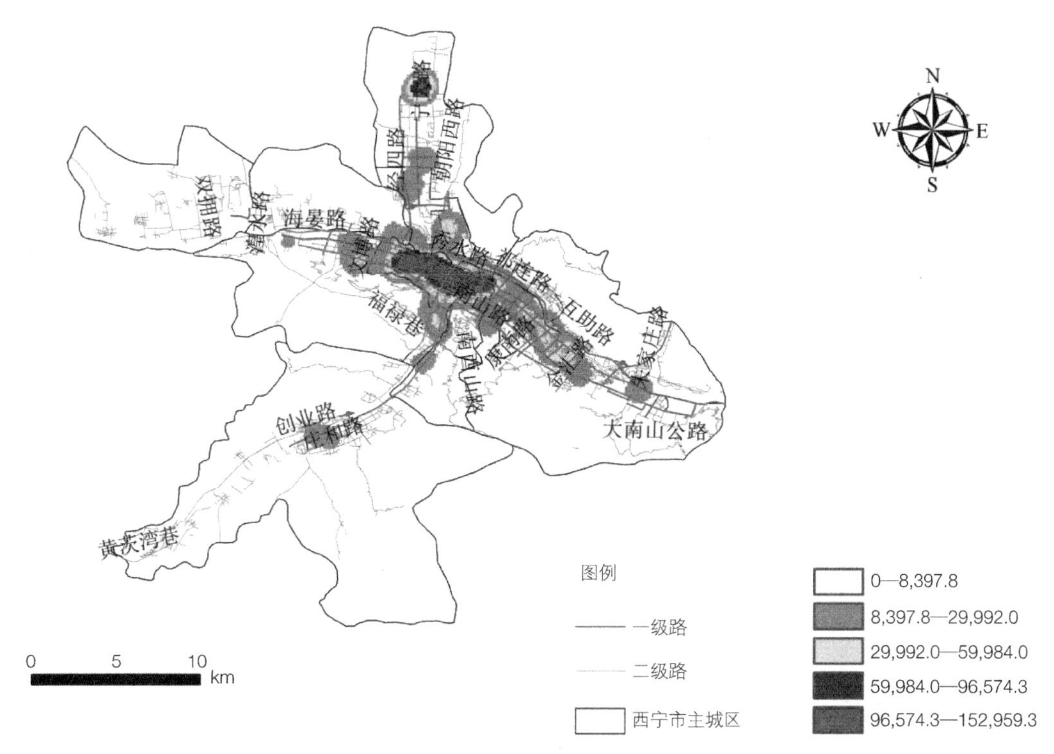


**图 7—38　2017 年西宁市主城区科学研究、技术服务和地质勘查业核密度图**

（5）交通运输、仓储和邮政业空间布局演变

作为连接生产与消费的重要纽带，交通运输、仓储和邮政业是保障生产与消费顺利转换的传送带，它的发展既依赖其他行业的发展，也可以推动其他行业向前发展。它的发展主要受租金、交通便捷度和服务对象等因子的影响，逐步形成了交通、信息流和地租以及市场等区位指向。

西宁市主城区交通运输、仓储和邮政业通常布局在火车站、汽车站和交通干线以及物流园区附近。由图 7—39 可知，2009 年西宁市主城区交通运输、仓储和邮政业主要分布在冷湖路以东、七一路与互助路以南、湟中路以西和昆仑路以北，分布较为零散。布局密度最高处在西宁站附近，这是因为西宁站具有强大的信息流和丰富的货源，且周围就是八一客运站，西宁站还建有自己的货场，这就吸引了许多相关企业在周围布局；集中度次之的是西宁西站和西宁客运站，而其他地域布局较为零散且密度较低；此外很多相关企业还选择在大型超市、各类商品批发市场和大型商场附近布局，离居民区比较近，既节省了交易成本，又靠近了销售市场。与 2009 年相比，2013 年主城区交通运输、仓储和邮政业（图 7—40）在城北朝阳物流园区、西宁西站附近的集中度有所提高，西宁站和八一客运站周围的集中度向东扩展，主要分布在互助路，中心城区内部也有很多相关企业入驻且分布在市场和街道周围。2017 年，西宁市主城区交通运输、仓储和邮政业密集度达到了新高度（图 7—41），与 2013 年相比，主要分布在城北生物园区附近、青海大学与青海师范大学新校区附近、西宁西站、朝阳物流园区、西宁客运站、沿宁贵高速往南至城南新区，分布范围主要在装备园路以南、双拥路以东、贵南路以西和新庄路以北，布局的密度达到了前所未有的新高度。

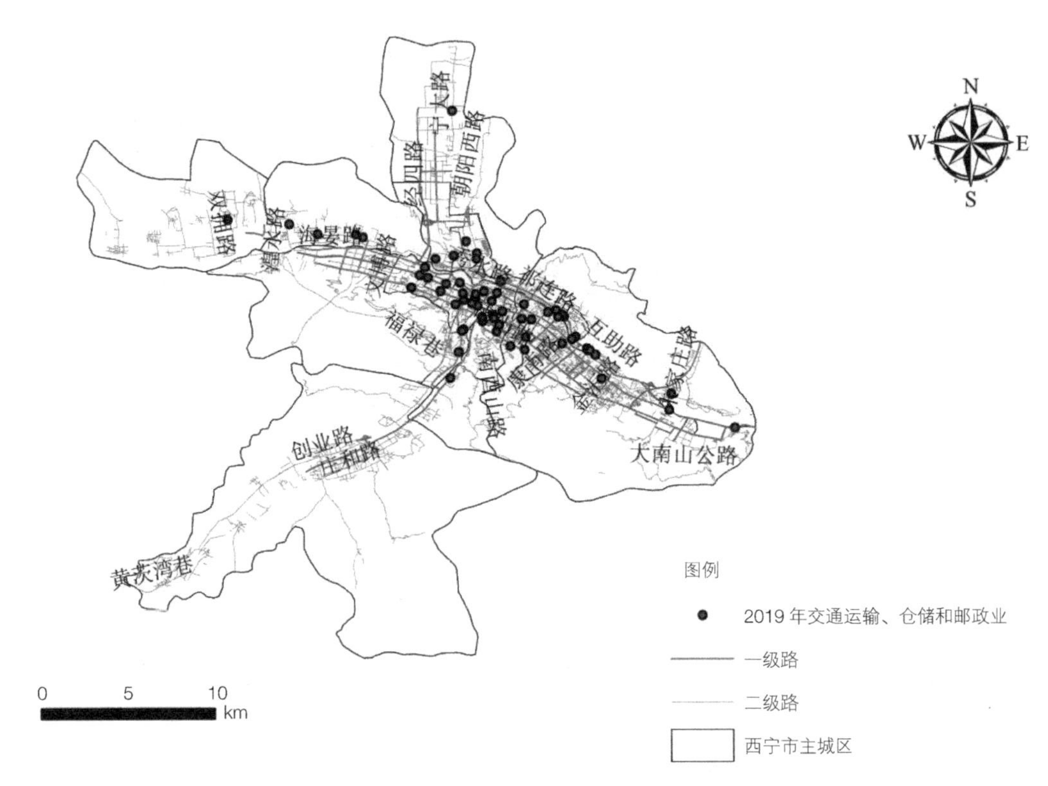


图 7—39　2009 年西宁市主城区交通运输、仓储和邮政业空间分布图

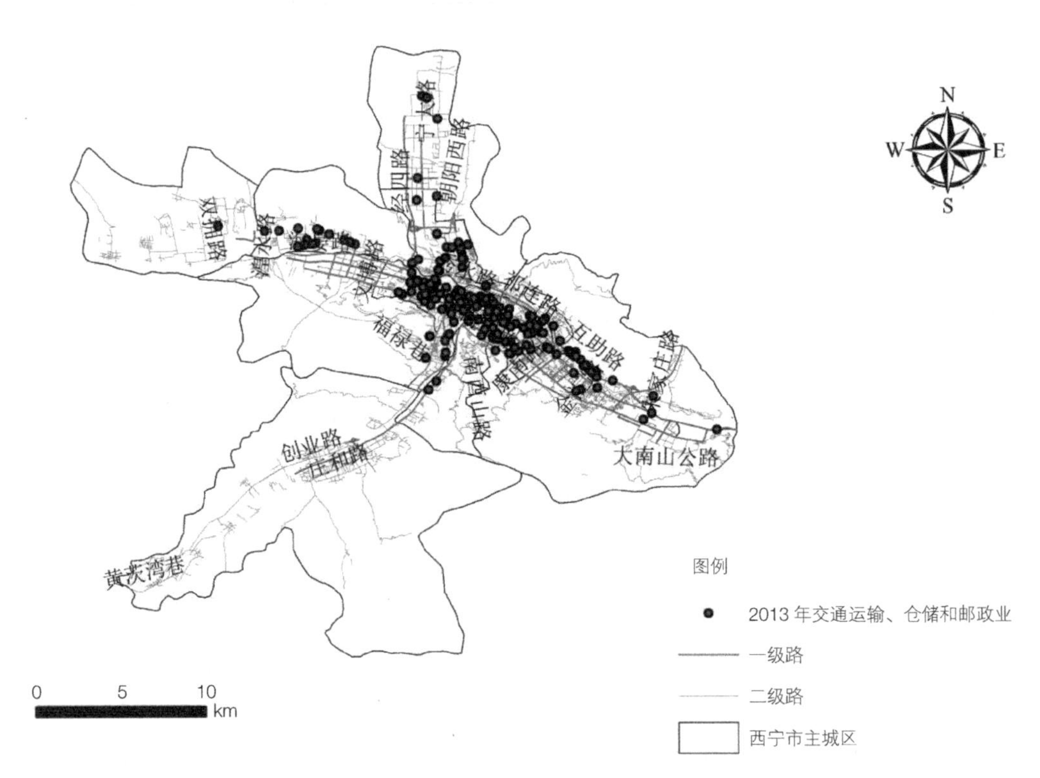


图 7—40　2013 年西宁市主城区交通运输、仓储和邮政业空间分布图

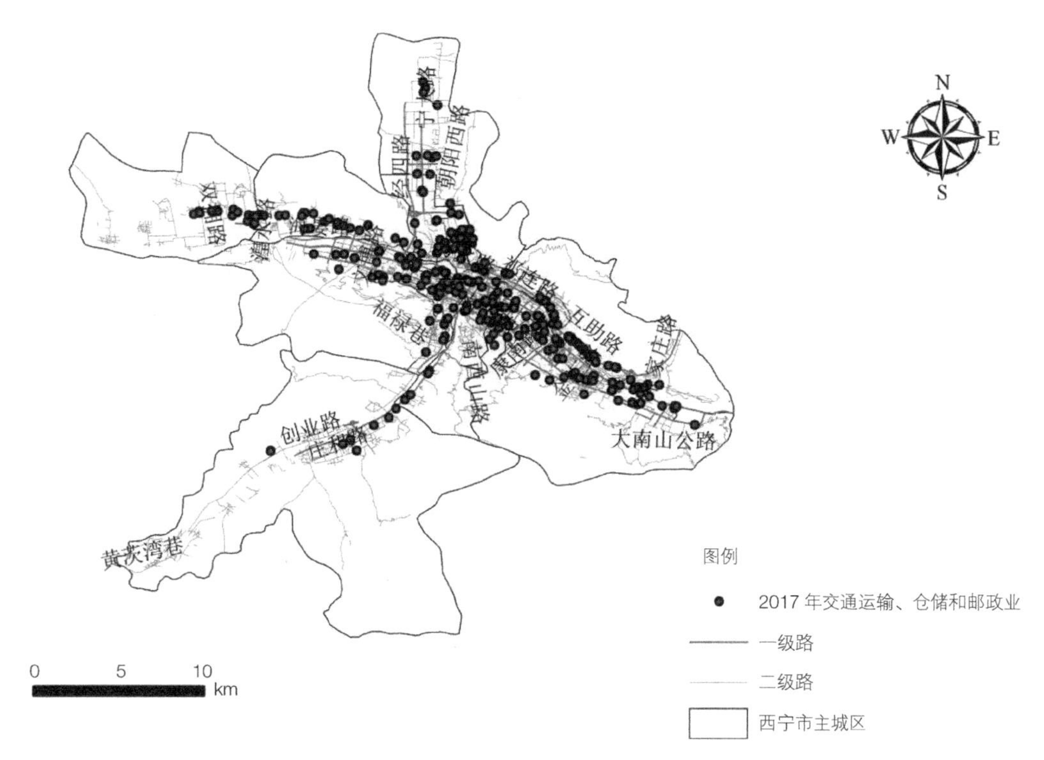


**图 7—41　2017 年西宁市主城区交通运输、仓储和邮政业空间分布图**

西宁市主城区交通运输、仓储和邮政业主要集中在中心城区和西宁火车站周围且圈层结构比较弱。由图 7—42 可知，2009 年中心广场、西宁站、小桥市场形成了 3 个集中度最强的核心，且向外逐步减弱，这 3 个核心连接成片；生物园区有一个较弱的核心，西宁西站附近有 4 个等级较弱的核心，曹家堡机场和东川工业园区各有一个较弱的核心，这些企业的区位选择都跟地租和交通有着直接的关系。与 2009 年相比，2013 年主城区交通运输、仓储和邮政业空间布局有了新变化（图 7—43）。西宁西站由于布局企业较多，之前的 3 个核心已经连接成片呈带状分布，只有一个较弱核心孤立存在，未来几年肯定也会与西站融为一体；青海大学附近、城北生物园区、东川工业园区和曹家堡机场附近的布局密度有所提高，未来将会与中心城区这个庞大的核心连接在一起；往南沿宁贵高速有一定的拓展，这跟城南新区地租低和交通便捷有着很大关系。2017 年，西宁市主城区交通运输、仓储和邮政业密集度达到了新高度（图 7—44），与 2013 年相比，青海大学与青海师范大学新校区附近布局密度有所提高，生物园区很快与市中心这个强核心融为一体，东川工业园区和曹家堡机场以及西宁西站这 3 个核心已经与中心城区连接成片，沿宁贵高速到城南新区也有明显的带状分布。从城市规划可以得知，西宁市主城区交通运输、仓储和邮政业基本布局在火车站、客运站、物流园区、工业园区和机场附近，这说明该行业布局的重要影响因子是地租和交通。

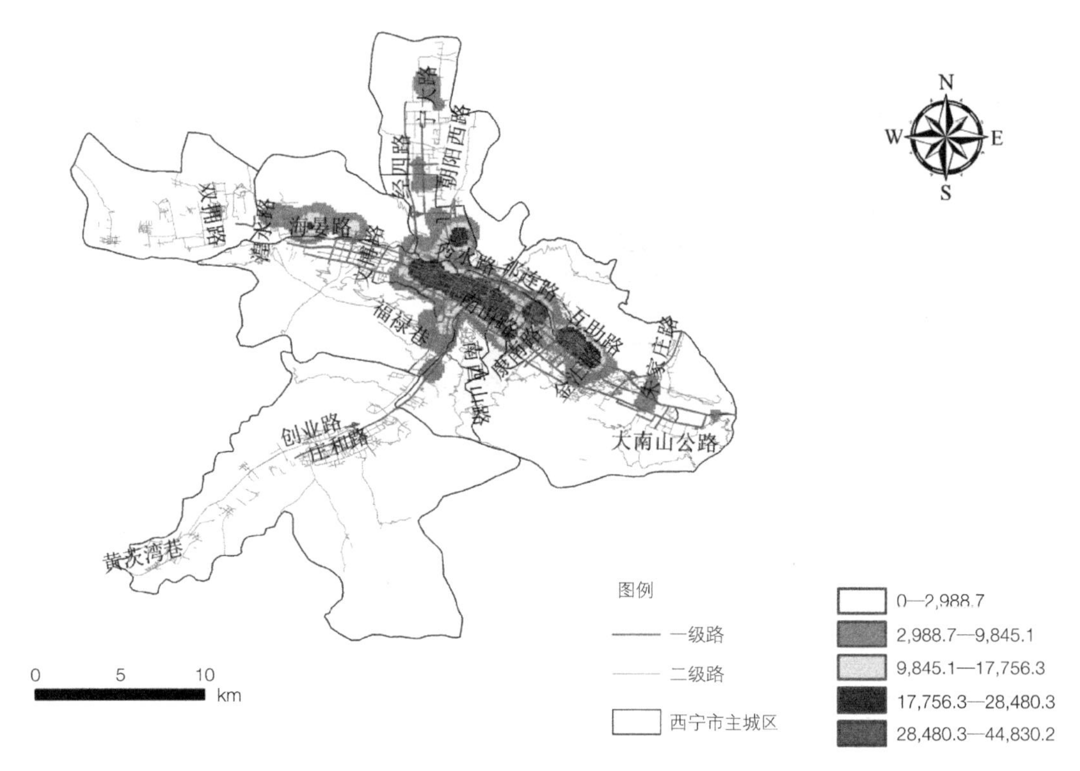


图 7—42　2009 年西宁市主城区交通运输、仓储和邮政业核密度图

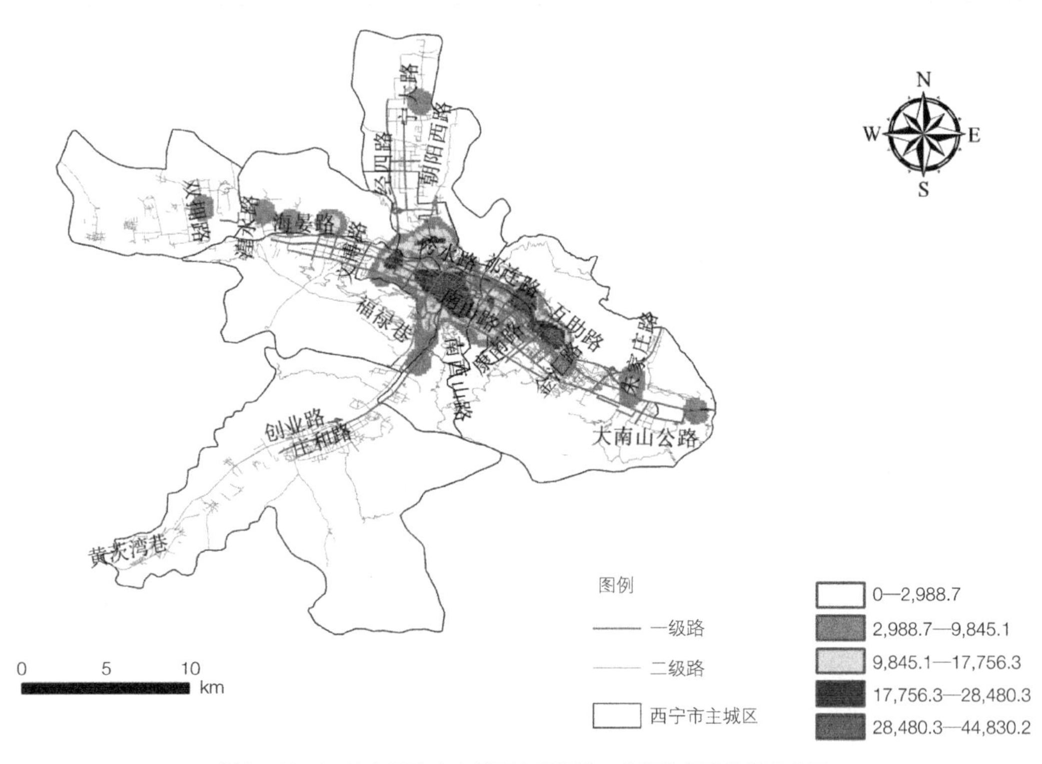


图 7—43　2013 年西宁市主城区交通运输、仓储和邮政业核密度图

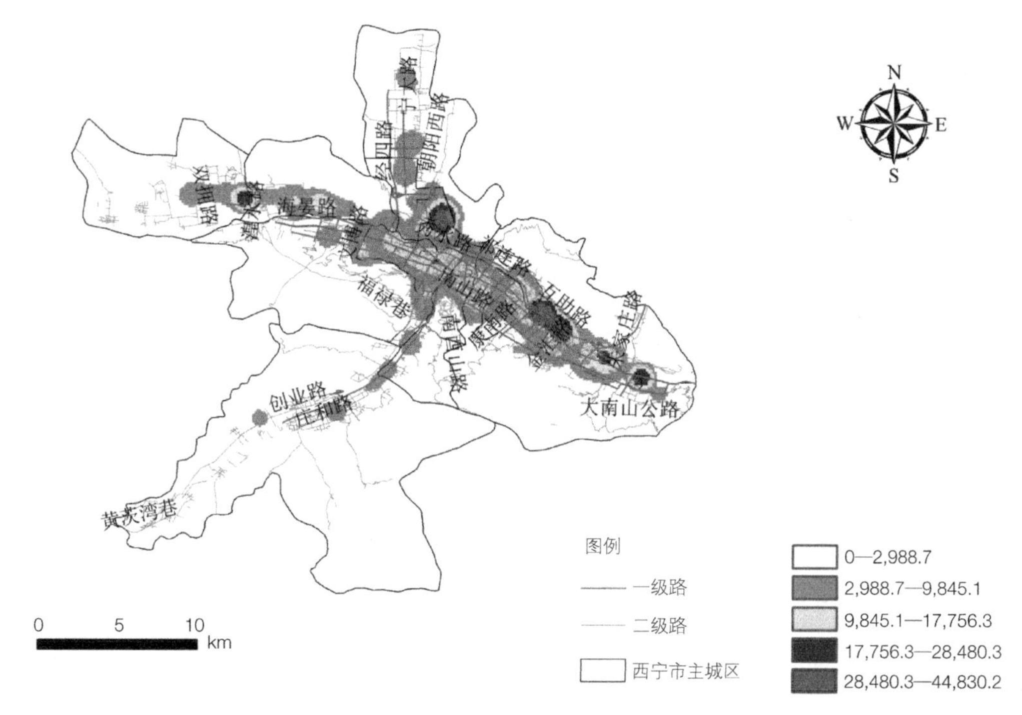


**图 7—44　2017 年西宁市主城区交通运输、仓储和邮政业核密度图**

（6）信息传输、计算机服务和软件业空间布局演变

与其他行业相比，信息传输、计算机服务和软件业是一个辅助性行业，但它与其他行业的关联程度比较高，与客户群体面对面交流的需求明显低于其他行业。

由图 7—45 可知，2009 年西宁市主城区信息传输、计算机服务和软件业主要集中在市中心，集中度较高的道路包括五四大街、同仁路和胜利路，主要区域包括青海信息研究所、赛博数码城和青海广播电台附近，其次是生物园区、东川工业园区和朝阳物流园区，最后是西宁站、西宁西站和曹家堡机场。由于赛博数码城和电脑市场都布局在胜利路，这里人口密集且企业较多，市场需求量大，逐步成为西宁市主城区现代化电子商业和服务中心，加上自身的辐射功能，五四大街也有很多企业就近布局；青海信息研究所和青海广播电台具有强大的信息传输、服务和保障能力，对那些互联网企业、通信类企业和信息服务企业具有很强的吸引力。生物园区、东川工业园区和朝阳物流园区需要获取及时的信息来进行市场判断，因此企业里面也会有相关部门负责信息甄别；西宁站、西宁西站和曹家堡机场主要业务还是运输，为了保障交通信息的及时获取，它们也会设立相应的部门予以应对。与 2009 年相比，2013 年主城区信息传输、计算机服务和软件业在市中心的密度有了很大的增强（图 7—46），往南沿宁贵高速有所拓展，其他地区没有太多变化。2017 年，西宁市主城区信息传输、计算机服务和软件业密集度达到了新高度（图 7—47），与 2013 年相比，海湖新区的快速发展、青海师范大学新校区的启用使得这两个区域附近有很多相关企业入驻；往南沿宁贵高速到城南新区也有相关企业布局，这与城南新区地租低和该行业不需要面对面交流的特点有关；西宁西站、市中心、西宁站、各工业园区的布局密度达到了新高度，说明该行业在西宁市主城区具有非常广阔的前景。

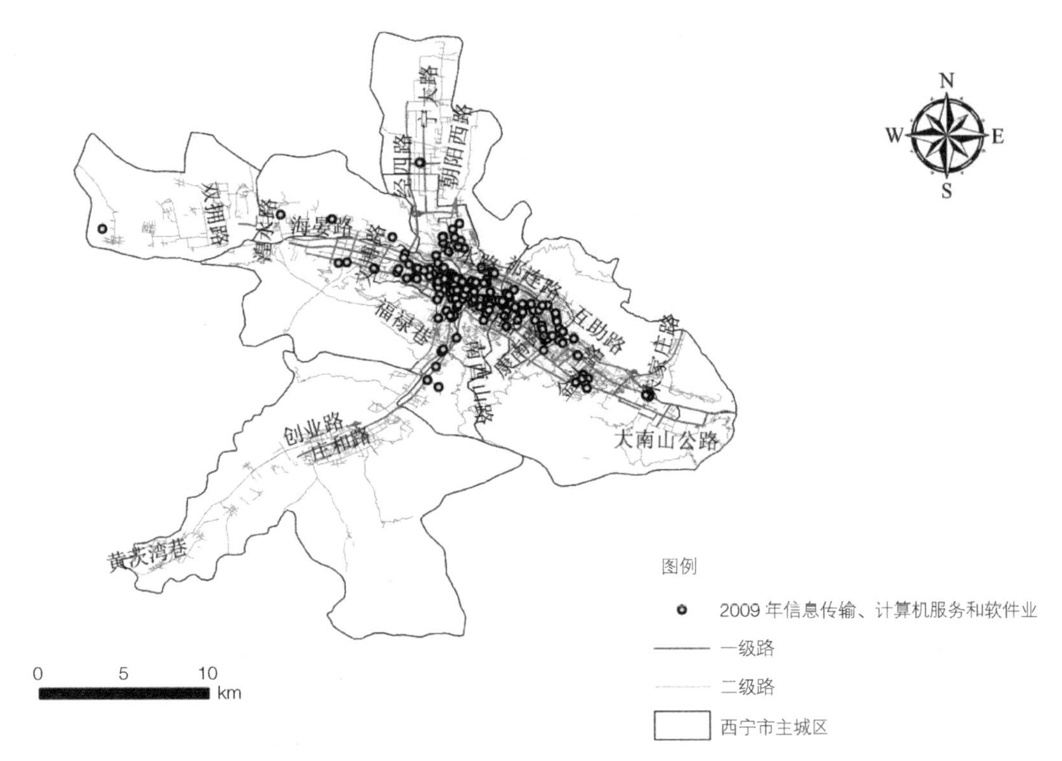


图 7—45　2009 年西宁市主城区信息传输、计算机服务和软件业空间分布图

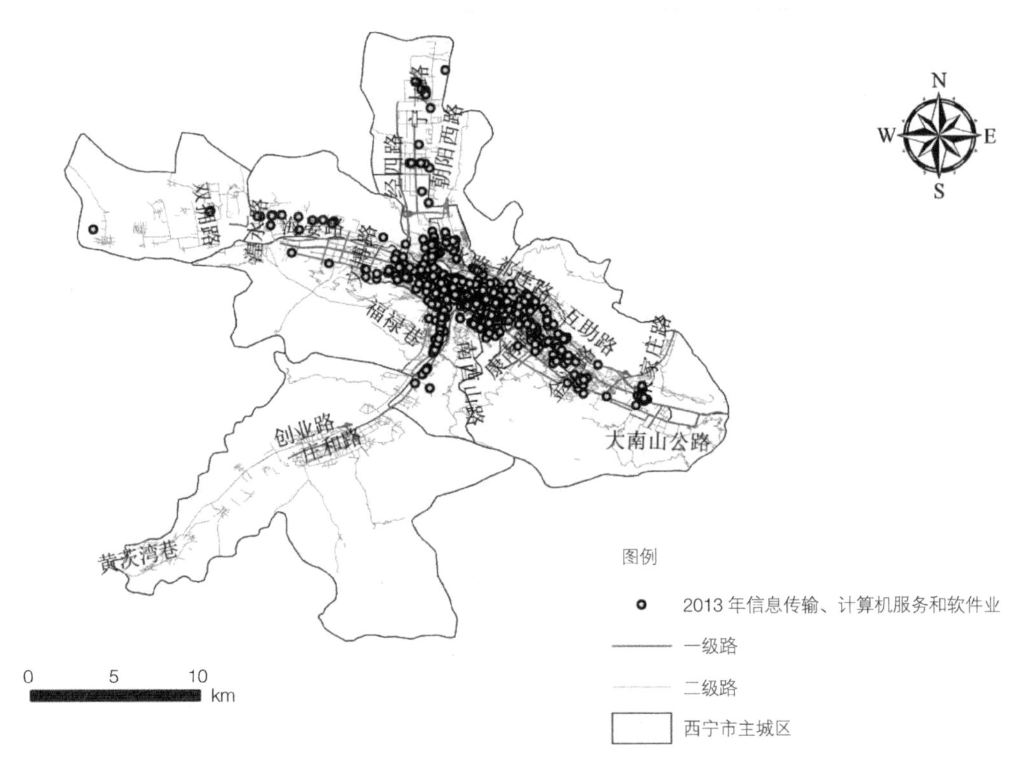


图 7—46　2013 年西宁市主城区信息传输、计算机服务和软件业空间分布图

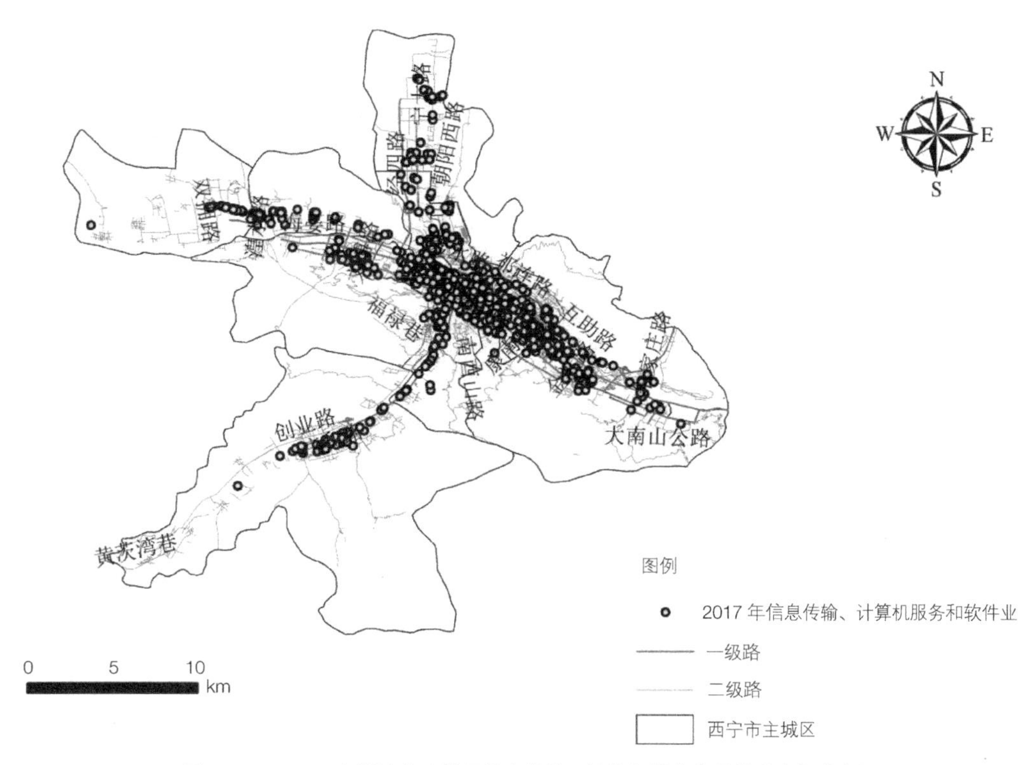


**图 7—47　2017 年西宁市主城区信息传输、计算机服务和软件业空间分布图**

西宁市主城区信息传输、计算机服务和软件业圈层结构显著，空间极化现象明显。由图 7—48 可知，2009 年主城区信息传输、计算机服务和软件业主要集中在赛博数码城和胜利路电子城，并向青海信息研究所和青海广播电台两个区域延伸，圈层结构明显呈带状分布，主要向东部地区和南部地区延伸，东部地区的延伸度明显高于西部地区，但西部地区圈层等级高于东部地区。与 2009 年相比，2013 年主城区信息传输、计算机服务和软件业有一定发展（图 7—49），青海大学、西宁西站、东川工业园形成了一定等级规模的圈层结构，生物园区的圈层等级比较弱，以赛博数码城和胜利路电子城为核心的圈层继续沿着宁贵高速向南扩展。2017 年，西宁市主城区信息传输、计算机服务和软件业密集度达到了新高度（图 7—50），与 2013 年相比，青海大学与青海师范大学新校区形成新的核心，西宁西站附近形成了两个较弱核心圈层，海湖新区的快速发展吸引了许多相关企业入驻，形成了一定等级规模的圈层结构，生物园区与以市中心为核心的圈层连成一片，以东川工业园区为核心的圈层有了一定的规模，以赛博数码城和胜利路电子城为核心的圈层往南沿着宁贵高速向南继续扩展，城南新区形成了一定规模的圈层，未来很有可能沿着宁贵高速与以赛博数码城和胜利路电子城为核心的圈层融为一体。西宁市主城区信息传输、计算机服务和软件业具有明显的空间极化现象，主要原因有两点：①这个行业具有特殊性，需要及时获取准而精的信息，并且能够根据信息的及时性更新产品模式和获取市场需求情报与竞争对手的相关信息，因此在空间上的集聚有利于相关企业及时获取和交流相关的信息与情报；②虽然西宁市主城区该行业的企业较多，但是规模小、实力并不强，在空间上集聚对企业的互利共赢和未来发展大有裨益。

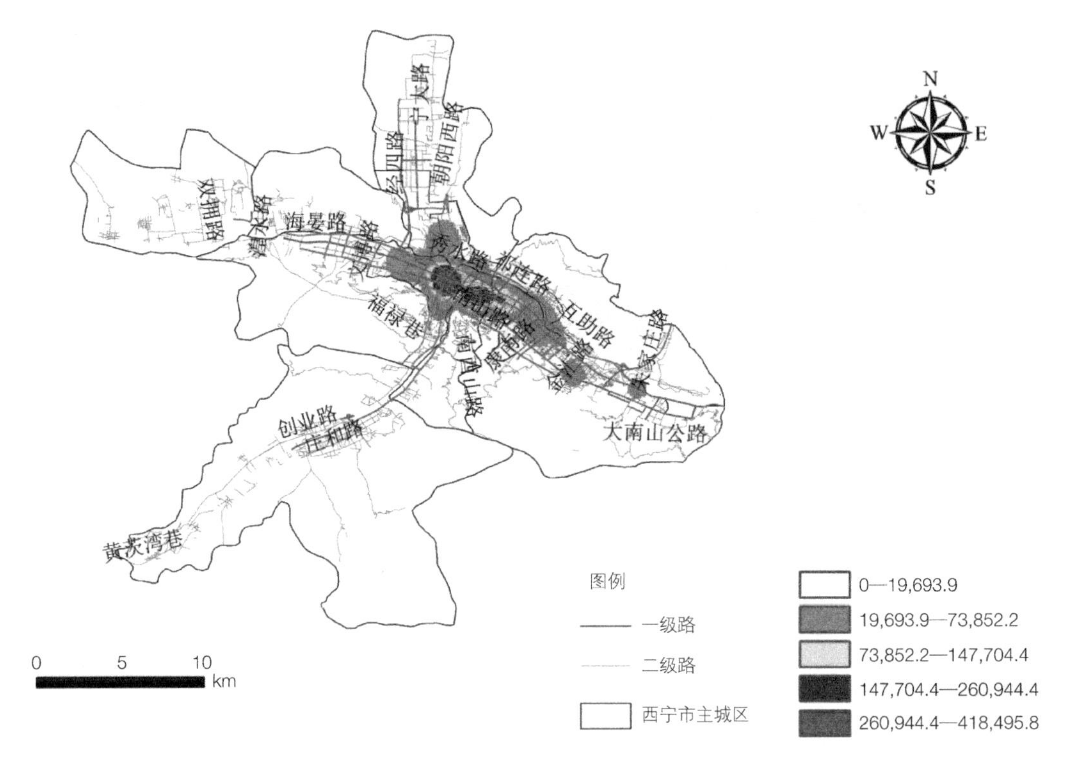


图 7—48　2009 年西宁市主城区信息传输、计算机服务和软件业核密度图

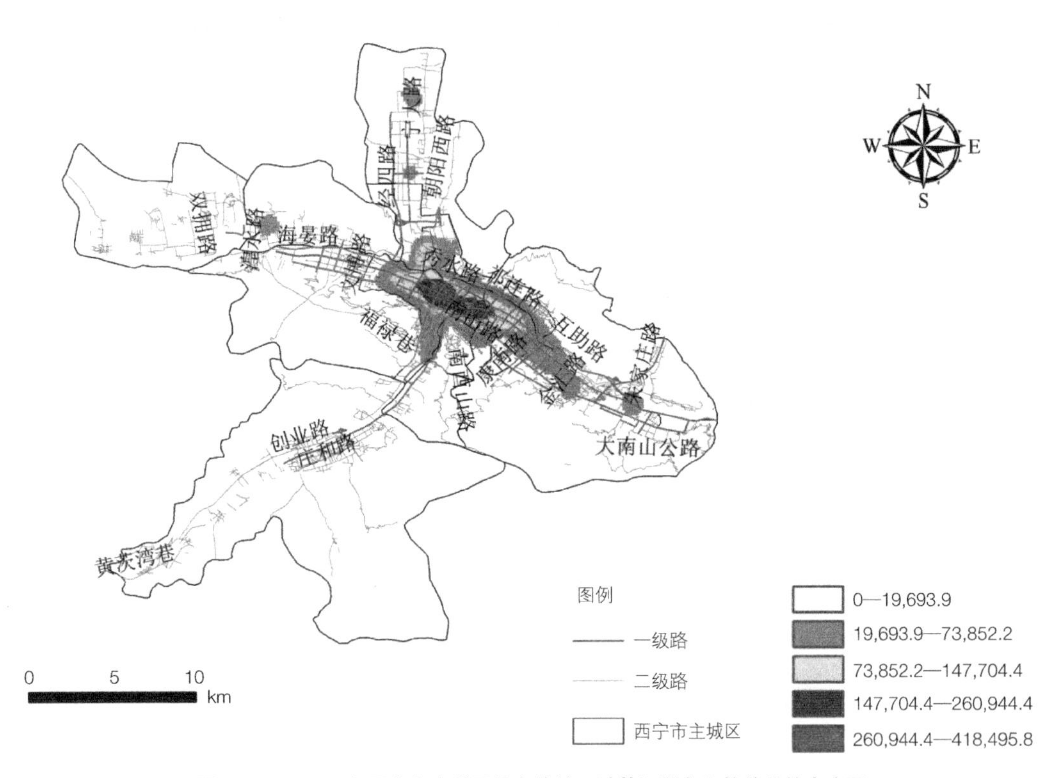


图 7—49　2013 年西宁市主城区信息传输、计算机服务和软件业核密度图

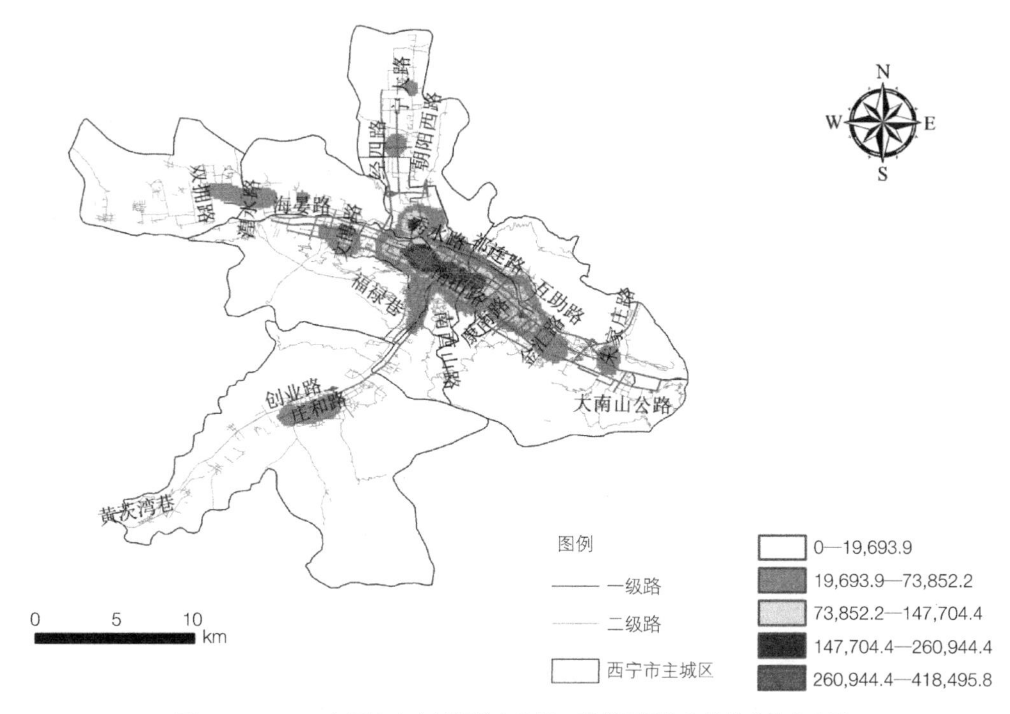


**图 7—50　2017 年西宁市主城区信息传输、计算机服务和软件业核密度图**

## 7.4　西宁市主城区产业空间结构演变影响因素

每个区域或城市都有自己独特的发展模式，所以影响产业空间结构的因素也不一样。通过对 2000—2017 年西宁主城区产业空间结构演变特征进行研究，并结合主城区发展的特殊性，本研究将西宁主城区产业空间结构演变的影响因素分为自然因素、区位因素、交通运输因素、政策因素和城市产业规划布局五大类。

### 7.4.1　自然因素

西宁市作为青海省的省会城市，其主城区有着独特的自然条件，位于湟水的上游地带，湟水及其支流北川河和南川河分别从西面、北面和南面汇集于主城区，并向东流经整个主城区，地势东南低西北高，东西比较狭长，湟水、南山和北山将西宁主城区包围，是青藏高原海拔最低的河谷城市，含氧量高，是中国“百大宜居城市”之一，是青海省基础设施、人力资源条件、技术条件最好的城市。西宁主城区就是在“两山对峙，三川汇聚”的地形条件下逐渐发展起来的，主城区的空间演变具有明显的带状发展特征。由于西宁主城区深居内陆，位于温带季风的边缘地带，因此主城区的水资源短缺，严重限制了西宁主城区产业的发展。地表水资源在一定程度上也不达标，导致生产生活供需矛盾突出。湟水作为西宁主城区重要的河流水资源，它的总量和水质关系到西宁主城区未来的发展潜力。西宁主城区属于典型的河谷城市，且位于湟水的上游，因此山区边缘不适合第二产业和第三产业的发展，但可以根据山区有利的地形发展生态农业、观光农业和农家乐，近些年山区农业发展还是比较迅速。根据主体功能区规划的相关要求，南山和北山肯定禁止二三产业在此布局。“两山对峙，三川汇聚”的地形条件对西宁主城区的发展限制比较严重，但是旅游业、服务业可以作为主城区未来的支柱产业，巩固第二产业的发展地位。根据《西宁市城市总体规划（2001—2020年）》的要求，西宁未来的发展要以第三产业为主，重点打造海湖新区，着重发展现代服务业、金融业、休闲娱乐和旅游业等，重视各区产业园区的发展，强化主城区的中心功能，将西宁主城区建设成为高品质、高质量、舒适便捷的商业区与居住区融为一体的现代化高原明珠城市。



### 7.4.2 区位因素

西宁主城区的区位优势还是比较显著的，地处青藏高原，东临兰州—西宁城市群、青海东部城市群，是西部地区重要的枢纽城市。北临地大物博的新疆，南有素称“天府之国”的四川盆地。同时西宁还是西部大开发战略和“一带一路”倡议的关键城市，素有“青藏门户”和“海藏咽喉”之称，战略地位十分重要，自古就是兵家必争之地。众所周知，西宁的交通优势现在愈加明显，是西北地区与中亚、南亚和西亚等区域进行交流联系的重要交通枢纽，西成铁路的修建打通了长江黄金水道与丝绸之路的通道，青藏铁路的修建加强了青藏高原与内地的联系。西宁还是全国重要的信息枢纽城市，凭借优越的区位优势，在承接外来产业转移、自然资源开发、辐射周边区域和增强城市竞争力等方面有着得天独厚的优势。西宁还被联合国评为“宜居城市”，夏天气候凉爽，有“夏都”之称。

从全国来看，西宁被确定为“一带一路”倡议的关键城市，未来会成为“一带一路”上的金三角城市（西宁、兰州和乌鲁木齐），是西部大开发战略的重要中心城市之一。西宁作为“一带一路”倡议的明珠城市，在东部城市群和成渝城市群之间起着重要的联系作用。从青海省内来看，西宁不但是青海省的省会城市，还是连接青海省其他市州的重要交通枢纽城市，是青海省双核心城市（西宁和格尔木）之一。从产业职能定位来看，西宁市被定位成青藏高原金融中心、西北地区重要交通枢纽城市、全国锂电池制造基地、新材料生产基地、机械制造基地、藏药生产基地和食品医药基地、电子信息工程基地以及重要毛毯生产基地等。

优越的区位因素，对西宁主城区的产业空间结构也形成了一定的影响。对主城区中的第二产业来说，吸引了大批省内外企业来西宁投资，许多工业企业入驻各产业园区，扩大了西宁主城区第二产业的规模。通过吸收省内外技术、资金和人才等生产要素，加上青海省对创新驱动理念的重视和支持，实现了西宁主城区产业由外向内进行辐射带动。除此之外，西宁主城区从周边城市吸收人才和资源等，对产品进行直接或深加工，延长产业链增加了附加值，再让产品流入市场，实现了从内往外的辐射带动。西宁素有“夏都”之称，随着人民生活水平的日益提高，来西宁旅游的游客逐年增加，为西宁主城区的住宿、餐饮、购物、休闲娱乐等服务型行业展现出广阔的发展前景，大大刺激了主城区第三产业的发展。

### 7.4.3　交通运输因素

四通八达的交通运输网络和便捷的交通换乘方式是影响一个城市产业空间布局的重要因素。对于西宁主城区第二产业布局而言，交通可达性的提高对各种规模、各种类型的工厂企业在空间选址上会产生特别大的影响，最终导致主城区第二产业结构的不断演变，比如城东区的东川工业园区，交通运输通达性就有一定的优势。东川工业园区邻近京拉线、西和高速、青藏高速、宁贵高速等 4 条高速路，还靠近西宁火车站和八一路客运站，具有比较密集的交通路网和很高的交通优势。以东川经济技术开发区为中心，到西宁火车站、八一路客运站和曹家堡机场已形成了“30 分钟交通圈”，便捷的智能交通为园区到中心广场提高了换乘效率。此外，西宁主城区以建国路作为对外纵向交通主轴，以互助路、祁连路为对外横向交通轴，形成了“一纵一横”的主路网空间格局。“一纵一横”的主路网现已成为西宁主城区产业发展的重要生命线，并以此为核心形成产业走廊。随着主城区对外交通大动脉的不断新建或扩建，必将实现西宁主城区与全国其他城市的密切交流，可以促进主城区产业不断沿交通干线向城市边缘地区转移，进而改变西宁主城区的产业布局（图 7—51）。

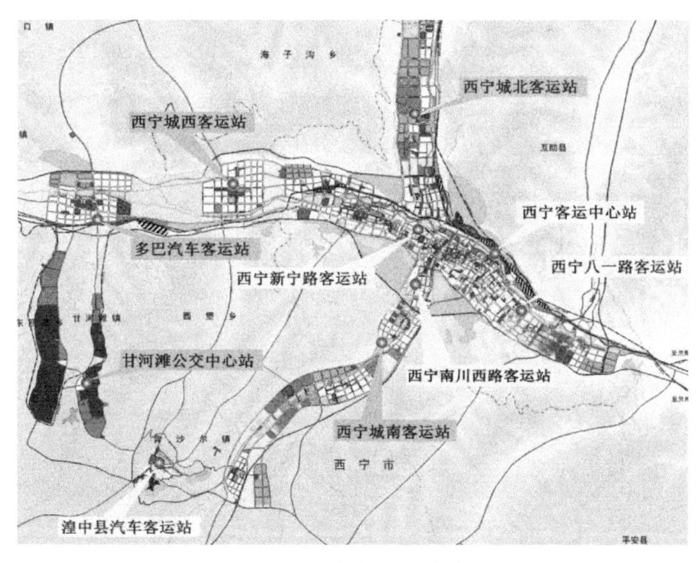


**图 7—51　西宁市客运站规划图**

西宁主城区内部交通网的逐步完善在很大程度上提高了第三产业的发展速度。目前，西宁主城区的主要干道构建成“十”字形交通网络体系（图 7—52）。曹家堡机场的建设，加强了西宁市主城区与国内其他城市的联系，对城区产业的发展起到了重要推动作用。无缝化对接的交通为主城区市民生产生活带来了极大方便，吸引了大量人口向中心城区不断集聚，为第三产业的蓬勃发展提供了广阔的发展前景。今后随着西宁市地铁的规划建设，肯定会带动沿线服务业、休闲娱乐和商业的腾飞，进而改变主城区第三产业空间布局。除此之外，现代物流运输的

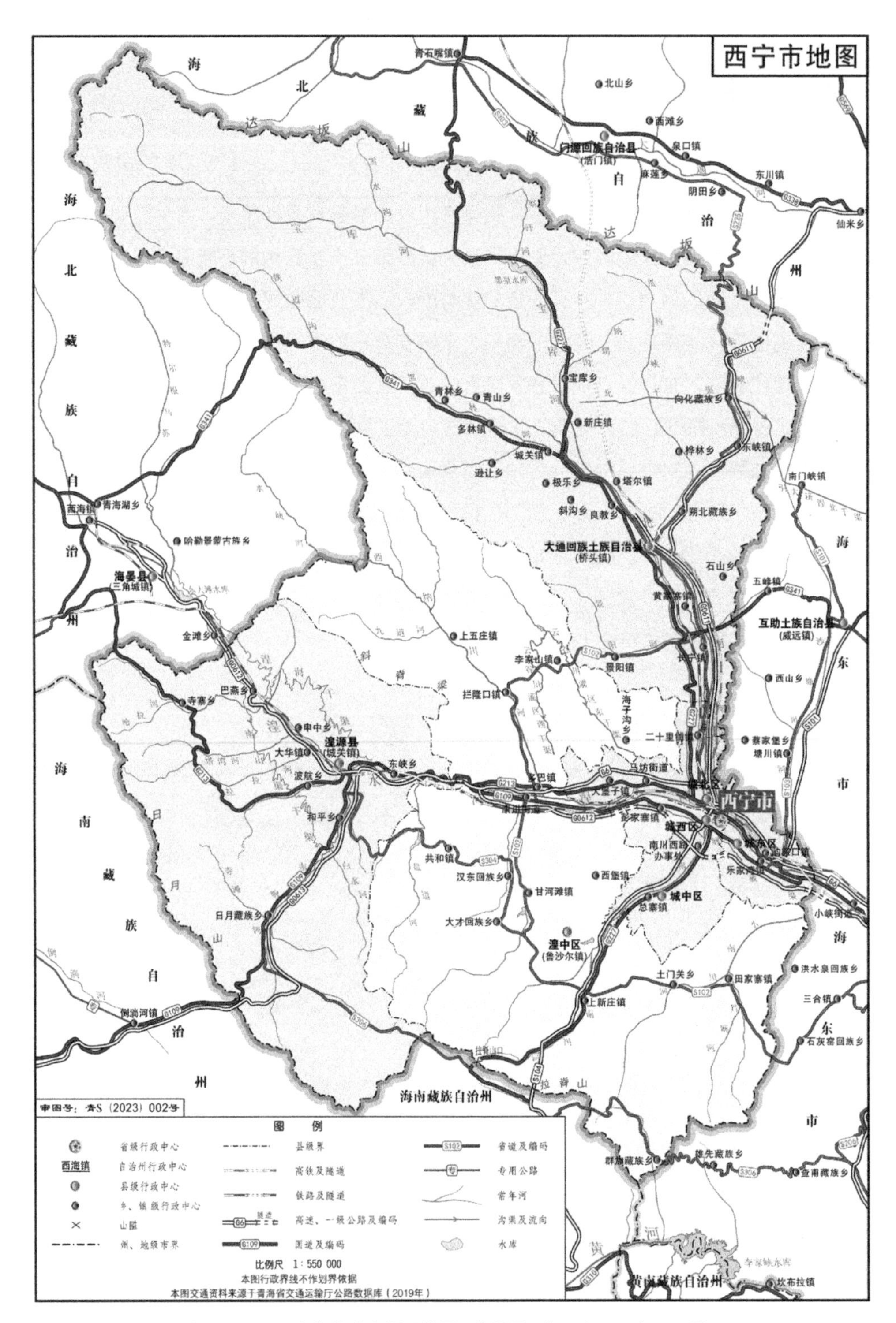


图 7—52　西宁市公路交通干线图［审图号：青 S（2023）002 号］

规划建设同样是影响一个城市产业空间布局的重要因素之一。根据《西宁市“十三五”规划》的要求，未来西宁将建设“一城四园三基地九中心”的现代物流业发展大格局。西宁主城区物流业的发展离不开逐渐完善的交通运输，而主城区零售业、商业、服务业和制造业的发展同样有赖于现代物流业的支撑。因此，现代物流运输的规划建设也在深刻地影响着西宁主城区的产业空间布局。

### 7.4.4 政策因素

政府的重大政策和决策在很大程度上会对西宁主城区产业布局和结构产生重要影响。众所周知，产业规划和产业政策是政府相关政策和决策的两大重要组成部分。产业规划和产业政策的制定，对一个城市的产业发展思路、产业结构的调整优化升级和城市空间结构演变都会产生一定的引导作用。因此，政府制定的相关产业政策对一个城市产业空间结构的演变起到了催化剂的作用。科学合理的产业规划和产业政策可以促进一个城市产业结构朝着合理的方向发展，使产业空间布局更加和谐。产业规划和产业政策不是亘古不变的，它会随着城市在不同时期、不同阶段的发展特征相应地做出改变，使之适应城市的发展要求。目前，西宁主城区产业空间结构正是在不同历史背景下逐渐形成的。十一届三中全会以后，西宁主城区开始招商引资吸引大批工业企业来西宁发展，由于缺乏科学合理的产业规划，造成了主城区较为混乱的产业布局。为了缩小与东部地区的差距，西宁市政府制定了一系列的产业政策，许多重污染和高耗能的工厂企业逐渐由主城区核心区域迁往城市边缘地域，主城区内部的第三产业开始蓬勃发展。进入21世纪，西宁市政府根据中国经济的发展要求，在每一次五年规划中都制定了详细的产业政策指导西宁市三次产业的发展（表7—15），成为西宁市经济社会发展和城市空间演变的启明灯。此外，根据全国先进开发区和产业园区的成功经验，西宁市政府因地制宜制定了一系列适合西宁主城区产业发展的政策，开始申报西宁自己的开发区和产业园区，在招商引资方面给予企业相当丰厚的优惠条件和政策支持，鼓励主城区内部的工业企业陆续搬到开发区和产业园区谋发展，形成一定规模的产业集群。近十几年来，国家在追求经济总量的同时越来越重视生态环境建设，先后提出循环经济、绿色发展等理念。根据国家生态环境建设的要求，西宁主城区分批次、分规模将那些对生态环境建设有威胁的企业工厂搬离市区，在创新驱动理念的指导下大力发展高新技术产业，在主城区内鼓励第三产业的发展，从而使主城区产业布局越来越合理，产业结构优化升级也迈向新台阶。除了国家、青海省和西宁市给予的优惠政策外，生物园区、东川工业园和南川工业园也根据自己的发展需求对入园的企业工厂给予优厚的入驻条件，择优选择发展前景好的企业。

**西宁市各项规划关于产业政策和城市发展的主要内容** 表7—15

| 时间 | 规划名称 | 产业政策主要内容 | 城市发展政策主要内容 |
|---|---|---|---|
| 2011—2020年 | 西宁市城市总体规划 | 全力推动西宁经济转型，优化经济与产业结构，实现经济的平稳快速增长 | 引领区域、主动转型、彰显特色 |
| 2011—2015年 | 西宁市“十二五”规划 | 构建结构优化、技术先进、清洁安全、附加值高、吸纳就业能力强的现代产业体系 | 完善城市布局和形态，以现有城镇为基础，强化中心城市的辐射带动作用 |

续表

| 时间 | 规划名称 | 产业政策主要内容 | 城市发展政策主要内容 |
| --- | --- | --- | --- |
| 2016—2020年 | 西宁市“十三五”规划 | 优化提升产业布局、产业效益和产业结构，推动产业转型升级 | 优化提升城市形态、城市功能和城市管理，推动城市转型升级 |

### 7.4.5 城市产业规划布局

城市发展到一定的阶段，都会进行相应的产业调整。工业发展迅速必然会导致工业用地占用耕地，退耕会导致部分农村劳动力转入其他产业，而工业园区对劳动力的综合素质要求较高，对这部分劳动力的吸纳能力有限，就会导致外出打工或闲赋在家的现象发生，因此必须重视对农民进行就业培训，提高农村劳动力的综合素质，保证他们能够再就业。根据地理学相关知识，工业选址必须考虑以下几个方面：①盛行风下风向或与盛行风垂直的区域；②河流下游；③远离居住区；④城市规划中对工业用地的划分与布局；⑤城市产业政策等。西宁市主城区在推进城镇化的过程中，政府为了追求经济效益，许多乡镇企业由于管理不善、技术落后，污水和废气排放十分严重，极大威胁了当地居民的健康和生活，第二产业发展必须考虑土地成本和环境污染两方面的制约。从产业产品升级换代、工艺设备更新改造的角度考虑，应实施梯度转移，把一些低档设备、产品、技术与当地的劳动力、土地等资源优势进行重新组合，发挥最佳效益，把工厂外迁到城市边缘。政府为了更好地管理这些企业，借鉴发达国家或地区相关经验，设立工业园区，对企业进行统一管理、统一控制污染，充分发挥园区的产业集群效应，极大地促进了第二产业的发展。第一产业退耕和第二产业落户工业园区，大量劳动力就会涌入第三产业。许多农民文化素养较低，多数会进入住宿和餐饮业、批发和零售业、交通运输业等，如小桥批发市场和大十字等；文化水平高的劳动力则会转行进入金融业、商业，如海湖新区、水井巷CBD等。因此，围绕把西宁建设成全省商贸流通中心，运用现代经营方式和信息技术改造提升传统商贸流通业，大力发展连锁经营等新型业态，优化商业网点布局，抓好专业市场建设，提高科技含量，增强行业综合竞争能力。积极培育富有特色的餐饮文化企业，提高餐饮业的档次和水平；以多元化投融资机制加快旅游资源开发和建设，推进旅游产业市场化进程，完善旅游基础设施，增强接待能力，加快发展特色旅游，扩大旅游经济总量，发挥中心城市对周边地区旅游业的辐射带动作用，进一步提升“中国夏都”的品牌效应；以信息技术推广应用和信息资源的开发利用为核心，加快信息服务业发展，全面提高政府、企业、产业、公共领域及社会的信息化水平；加快金融保险业经营机制的转换，进一步完善信贷和投融资体制，加强银政、银企合作，开拓新业务，扩大覆盖面；加大金融保险服务业的业务总量，促进经济与金融保险业的协调快速发展；按照“整体规划、分步推进、联合开发”的思路，把新城区建设与旧城区改造结合起来，以扩大需求、改善供给、搞活流通为重点，健全、完善房地产开发建设和服务体系，促进房地产业平稳健康发展。

## 7.5 西宁市产业空间优化政策建议

针对上述西宁主城区产业空间结构演变过程与特征的研究，本节重点提出了未来主城区产业空间结构优化的五项策略。

（1）用产业政策和法规为产业发展保驾护航

在未来西宁主城区产业发展的过程中，应加强产业政策体系的建设，重视为土地资源开发利用、创新驱动发展和人才引进等方面制定配套的产业政策，具体表现为产业集聚政策、土地利用政策、人才引进政策和鼓励创新政策以及招商引资政策等，确保主城区产业发展在良好环境下进行。制定产业集聚政策一定要建立合理的制度补偿体系，给予迁入产业园区发展且布局较为分散的工厂企业一些补偿来保护它们的经济利益，为园区内合作交流能力较强的企业创造良好的发展空间，鼓励企业在园区内形成产业链产生集聚效应。制定相应的鼓励创新政策，大力实施创新驱动战略，鼓励大型企业运用科技提高自主创新能力，在人才引进和技术上给予中小企业创新支持，增强园区内企业的综合创新能力。根据经济发展要求，科学合理调整西宁主城区三次产业比重，早日实现第一产业退出主城区、第二产业比重下降但产品附加值大幅提高以及第三产业蓬勃发展的愿望。

（2）加强园区交流合作，保证产业均衡发展

在未来主城区产业发展过程中，科学规划好各项产业布局，鼓励各产业集聚错位发展。对那些已经确定为重点扶持的产业，各产业园区要在资金、土地和人才等资源上尽量满足，优先安排财政补贴和贷款发放，帮助相关企业引进循环经济型的设备等。西宁主城区内部的各产业园区要根据自身产业发展定位、区位条件、交通通达性和环境优化指标以及科技创新能力等综合评价体系，科学错位布局各产业园区和工厂及企业，不但保证各产业园区内产业协调集群发展，还要保证各产业园区在西宁主城区的错位均衡发展。

（3）制定合理产业规划，发挥城市发展潜力

在未来西宁主城区产业发展的过程中，以明确产业发展定位和促进产业结构调整优化为目标，进一步加强对西宁主城区产业的空间布局的科学规划，加快青藏高原特色产业和新材料、新能源等产业的发展，促进产业集聚、集群和基地分层次、分步骤依次进行。通过“三规合一”的方式加强主城区三次产业的规划布局，既可以提高主城区土地资源的利用效率，避免土地资源的浪费，还可以推动城镇化进程朝着科学合理的方向发展。通过产业规划加强对主城区三次产业结构的调整和优化，根据主城区现有的土地存量，优化各项资源的配置，通过空间规划科学利用地上地下空间，为主城区第三产业的蓬勃发展打下坚实的基础。

（4）实施产业集群发展，重视西宁主城区产业园区的发展

扩大西宁市主城区产业园区规模，发挥各产业园区的集群效应，这是西宁市主城区产业空间结构优化调整和升级的必经之路。由市、区两级政府共同引导，将那些有合作分工且交流密切的工厂企业集聚在一起，形成一定规模的产业集群。最大限度地发挥产业集群效应，必须发

挥主导产业的独特优势，做大做强单个产业（比如藏毯产业），同时发挥单体龙头企业的引擎辐射作用，通过产业政策和产业规划将与其相关的产业聚集在一起，然后进行产业内部的分工与合作，使各产业发展相互促进相互融合，最终形成产业集群并产生相应的集群效应。城北生物园区和西钢工业区应充分利用各自的区位优势，由西宁市政府牵头，利用好北川文教区的人才资源，引进一批高新技术产业项目在各自的园区内规划布局。加快北川文教区、城北生物园区、西钢工业区、南川工业园区和东川工业园区的交流合作，按照产业定位清晰、分工明确和产业集中等原则，打造西宁市产业集群。各产业园区加快培育和引进先进的信息技术、金融贸易和工程建设等服务咨询机构，建立完备的咨询服务体系，加强园区内基础设施配套工程建设，引导国家级、省级重点项目向产业园区集中，提升西宁主城区各产业基地的综合竞争力。

（5）实施创新驱动战略，提高企业自主创新能力

西宁主城区必须坚持创新驱动战略来促进三次产业的合理发展，通过科技创新基金鼓励新兴产业的发展，制定有利于新兴产业合理布局的产业规划，鼓励重大产业项目（比如新材料和新能源项目）自主创新，支持创新品牌的建立和产业创新技术的发展。加大金融资金对西宁主城区产业发展的扶持力度，建立相应的产业风险担保补偿制度，以税收减半或返还等措施激励各类金融机构加大对西宁主城区新兴产业的投资。大力支持各类工业企业进行的创新活动，通过有限发放银行贷款等方式鼓励企业引进先进的人才和加强研发平台建设，鼓励企业申请创新专利，打造高原特色品牌，鼓励、培育和发展一批自主创新能力强且未来发展潜力巨大的工业企业。

# 第八章　西宁市社会空间结构演变与机理 EIGHT

## 8.1 西宁市社会空间分异格局

社会空间是建构在物质基础之上的社会群体所感知和利用的物质空间（江文政，2015）。社会空间分异可理解为不同社会群体所感知和利用的物质空间，是不同社会群体在城市物质空间的分布格局。相似社会特征的群体集聚在一起形成社会区（集聚区、聚居区），不同社会区组成了城市社会空间的整体格局。居住地域分异是城市社会空间分异的基础和前提，也是社会阶层分异在地域空间上最直观的表现（艾大兵，2001）。本章分析计划经济时期和市场经济时期以来西宁市社会空间的分异格局及不同时期社会空间分异格局的演变。

新中国成立前西宁市汉族人口和回族人口居多，藏族、撒拉族、土族和蒙古族数量极少。回族居民主要以“寺坊制”为主，居住集中在城东区清真大寺周边，汉族居民居住相对分散。这一时期，居民自行建造住宅，署衙、官厅、书院、会馆及地主、绅士和富商院落多为砖柱土坯墙房屋，有的还磨砖对缝、雕檐画栋装饰。住宅为二层结构，与院落相连，粉墙黛瓦，栽树种花。多数普通居民住房为简易木结构，大多为土墙、土地坪、厚土屋面的平房，房屋破烂，居住条件恶劣（西宁市志，2001）。



### 8.1.1 计划经济时期的社会空间分异

新中国成立后，为结束混乱状态，恢复社会秩序，构建有效的组织体系非常必要，单位制度成为当时的最佳选择。在“城市建设必须为社会主义工业化服务”的指导思想和“变消费城市为生产城市”的指导方针下，西宁变成了一座工业城市，这一时期单位成为城市空间的基本单元，在城市发展过程中发挥了主要作用。为利于生产和管理，单位居住区往往靠近单位布局，单位房成为计划经济时期居民主要的住房类型。

（1）计划经济时期居住空间的发展

①西宁市房屋建筑面积

新中国成立前，西宁市共有住房 94.36 万 $m^2$，私人房产约占 97%，以私有房产为主。到 1985 年，西宁市共有房屋建筑面积 1352.6 万 $m^2$，单位自管房屋面积 1183.09 万 $m^2$，占总数的 87.47%，私人房产建筑面积 83.69 万 $m^2$，占总数的 6.19%，房管部门直管房屋面积 82.01 万 $m^2$，占总数的 6.06%，单位自管房所占比重最大。

在国民经济恢复时期，全国城市百废待兴，西宁也不例外，从表 8—1 可以看出这一时期住房建筑面积增长较缓，年均增长率仅有 1.32%；“一五”期间，城市经济发展较快，政府划拨较多的资金来进行大规模住房建设，5 年间建筑面积共增加 94.79 万 $m^2$，年平均增长率为 11.41%。1958—1965 年为“大跃进”和国民经济调整时期，工业建设盲目推进，住房建设增长规模趋势放缓，尤其是 1960—1965 年 5 年间住房建设面积仅增加 61.21 万 $m^2$，年均增长率为 3.38%。从 1977 年起，住房建设面积增长速度又开始回升，特别是“六五”期间，建筑面积由 667.1 万 $m^2$ 增长到 1352.6 万 $m^2$，增加了 685.5 万 $m^2$，年均增长率为 15.18%。总体来看，计划经济时期西宁市住房建筑面积呈现不断上升趋势，但增长速度有所不同，与国家的政策紧密相关。

**1949—1990 年西宁市住房建筑面积的增长量和年均增长率　　表 8—1**

| 时间（年） | 实有住房建筑面积增长量（$m^2$） | 年均增长率（%） |
|---|---|---|
| 恢复时期（1949—1952） | 64000 | 1.32 |
| 一五时期（1952—1957） | 947900 | 11.41 |
| “大跃进”时期（1958—1960） | 639300 | 7.44 |
| 国民经济调整时期（1961—1965） | 612100 | 3.38 |
| 五五时期（1976—1980） | 980500 | 4.36 |
| 六五时期（1981—1985） | 6855000 | 15.18 |
| 七五时期（1986—1990） | 1330000 | 1.82 |

②西宁市人均居住面积

从图 8—1 中可以看出，西宁市人均居住面积经历了 3 个阶段，分别呈现为急速下降（1949—1960 年）、迂回曲折（1960—1965 年）及稳步增加（1977—1990 年）。1949—1960 年，国家全力进行工业生产，导致住房建设速度落后于人口增长速度。新中国成立后，西宁作为战略要地，人口总量不足严重制约了城市发展，为此国家陆续从外省调入大量军队、干部、大学毕业生、企业工人支持青海及西宁建设。特别是从 1956 年开始，第一批搬迁企业落户西宁，保证了西宁市的稳步发展，这一阶段西宁市出现了第一个人口增长高峰，人均居住面积下降。1960 年后，城市人口上山下乡，西宁市城市人口大幅下降，人均居住面积先增长后下降再增长，迂回曲折。党中央的第十一届三中全会召开之后，西宁的经济社会水平和城市建设情况相继发生了一系列的变化，城市也由传统的单一结构向多功能、复合型结构发展，房地产的发展在西宁城市空间结构变化中发挥了重要作用。1979 年，西宁市住宅统建办公室正式成立，投资 300 万元，新建了一批住宅。1984 年成立西宁市房屋开发公司，建设商品房，开发住宅小区。据《西宁市志·城市建设志》资料统计，自 1978 年以来，安排住宅建设资金达 2020 万元，房屋竣工面积 1038 万 $m^2$，交付使用住房共计 2095 套，大大改善了居民住房条件。这一时期，由于计划生育政策的实施，人口失控问题得到了有效解决，人口进入缓慢增长阶段，人均住房面积稳步增长。

（2）计划经济时期西宁市社会空间分异格局

计划经济时期，在城市发展历史和城市规划的共同作用下，城市以单位功能区布局为基础，相似职能和性质的单位集中在城市某一特定区域形成社会区（艾大兵，2001）。这一时期为方便生产和管理，学习“苏联模式”靠近生产地安排居住，工作单位兼具生产和居住生活两个空间属性。单位区位决定了职工的居住区位，单位布局的分异反映了不同职业居民的居住分异。

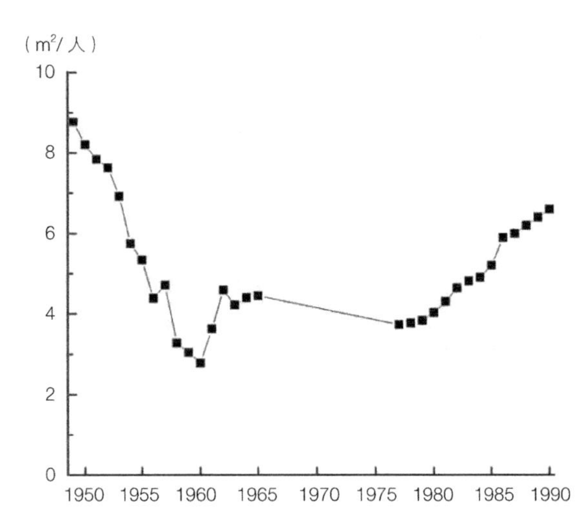


**图 8—1　1949—1990 年间西宁市人均居住面积（“文化大革命”期间数据缺失）**

与我国其他城市一样，“单位制”在西宁市社会空间结构中发挥着主导作用。由于计划经济时期街道尺度的人口普查数据资料获取不全，本研究在参考《城北区志》《城西区志》《城东区志》及《西宁市志·城市建设志》资料后，将西宁市社会区抽象划分为四种类型（图 8—2）:

①机关干部集聚区

该类型主要为行政机关和事业单位大院，政治地位、学历层次较高，主要集中分布在城市老城区，如礼让街街道、饮马街街道、人民街街道、仓门街街道、兴海路街道、西关大街街道、古城台街道等，该空间类型呈单核心分布。

②工人集聚区

该类型主要为企业单位居住区，1965 年国家组织三线建设，从上海、山东、黑龙江、河南、辽宁、天津等大中城市搬迁一部分企业落户西宁，工业的发展使城市人口大量增加，住房需求提高。借鉴苏联模式，以单位为组织集中建设了成片的工人新村，建设的房屋多数为三到四层楼房，房屋结构为砖木或砖混。该居住区主要集聚在工业企业附近，初期主要沿交通布局，三线建设之后，北川、西川、南川和小桥等几个工业区均有了雏形，主要分布在小桥大街街道、朝阳街道、南滩街道、马坊柴达木路、南川西路沿线、兰青铁路及宁大支路的沿线。

③少数民族集聚区

在宗教信仰和风俗习惯的影响下，少数民族（回族）依然集中在城东区清真大寺周边，且人口数量及规模大幅增加。西宁市少数民族人口 1964 年为 33102 人，到 1982 年时增长至 64885 人，主要集聚在城东区，分布在东关大街街道、清真巷街道、周家泉街道及大众街街道等区域。这一时期，其他少数民族人口数量也在增加，因为整体数量少、分布相对均匀，在城市中没有形成独立的、大规模的社会区。

④农业人口集聚区

农业人口主要分布在主城区边缘，包括城北区的大堡子镇、马坊街道、二十里铺镇、城西区的彭家寨镇、城东区的韵家口镇、城中区的总寨镇等区域。

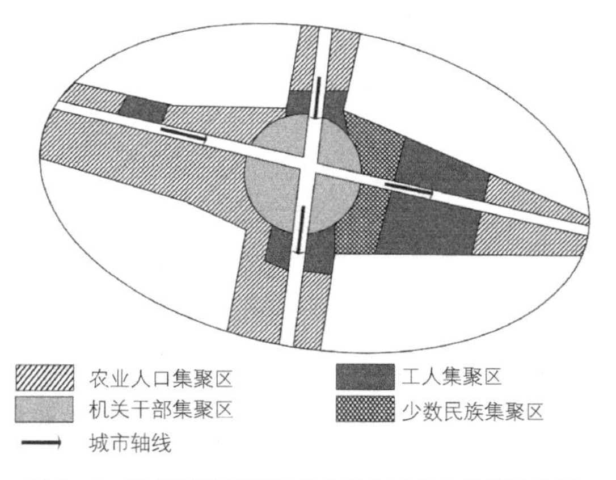


**图 8—2　计划经济时期西宁市社会区分布格局抽象图**

计划经济时期，单位身份和民族是影响西宁市社会区形成的主要因素。在宗教活动和生活方式的影响下，少数民族（回族）群体集聚在清真大寺周边，形成少数民族社会区。在户籍制度的限制下，农业人口固定在农村，在主城区的边缘形成集聚区。在单位制的影响下，职工没有主动选择居住空间的机会，更多体现为被动的安排。单位住房的分配标准大致依靠职工工龄、职务、职称、家庭人数等条件自定评分标准。相同条件（级别）的职工享受着同等级别的住房条件。尽管单位在分配住房时也有一定的等级分化，但在城市空间尺度上，形成了由众多单位相互组合而成的相对平等、均一的巨型蜂巢式社会地理空间结构（柴彦威，2016），社会空间格局相对均质、统一。

## 8.1.2　市场经济时期以来的社会空间分异

土地有偿使用制度的实施，带动了城市的传统产业结构向高级化方向发展。市场经济的转型推动了城市“非公有制”经济的发展，个体从单位制中解脱出来，获取外部资源和机会的途径增多，加之受教育水平、职业技能及社会资本的差异，居民的职业和收入开始分化（柴彦威，2016）。同时，户籍制度的改革带来城市外来人口的增加，住房制度的改革带来房地产市场的快速发展和居民择居的自由化。不同职业和收入的群体按照其能力及需求选择购房，城市社会空间格局呈现出新的特征。

参考西宁市住房发展的实际进程，将市场经济时期以来西宁市的社会空间分异格局分为两个阶段：1990—1999 年和 2000 年至今。由于未获取到西宁市（主城区）的房地产开发投资额、房屋竣工面积、销售面积及人均住房居住面积等数据，本研究以西宁市市域相关住房数据作为参考。

（1）1990—1999 年社会空间分异格局

① 1990—1999 年西宁市居住空间的发展

据 1990—1999 年《西宁市统计年鉴》显示，西宁市房地产开发投资始于 1990 年，当年西宁市房地产开发投资额仅为 0.3 亿元。到 1999 年时，西宁市房地产投资额达到 11.01 亿元

（图 8—3a），房屋竣工面积也由 1990 年的 72.83 万 $m^2$ 增加到 217.16 万 $m^2$（图 8—3b），人均住宅居住面积从 1990 年的 6.6$m^2$ 提高到 1999 年的 9.08$m^2$（图 8—3c）。

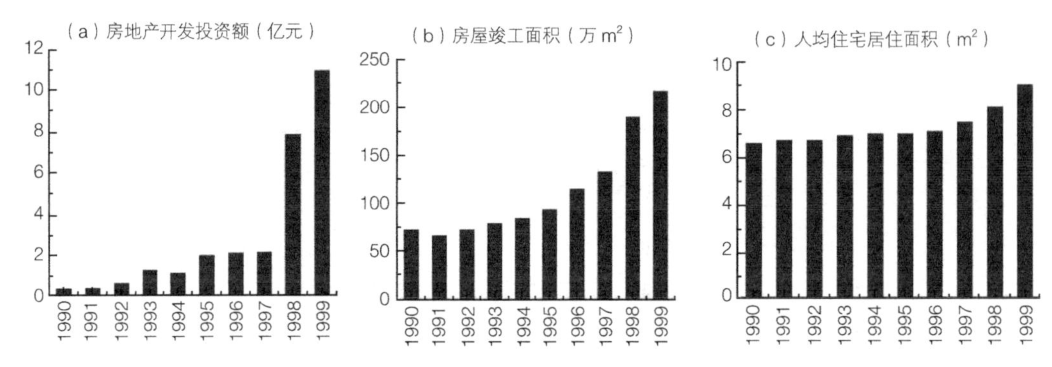


**图 8—3　1990—1999 年西宁市市域房地产开发投资额、房屋竣工面积和人均住宅居住面积**

②1990—1999 年西宁市社会空间分异格局

土地有偿使用制度的实施导致城市土地“退二进三”功能的置换，西宁市内城区占地面积较大且利润产出较低的工业用地以及居住密度较低、环境较差的老旧住宅区被替代为占地面积较小、经济产出较高的第三产业，特别是金融、保险、房地产以及旅游、信息等产业在市中心得到快速发展，第三产业也表现出了较强的包容性，提供了许多低门槛就业岗位（冯健，2004；张志斌，2008）。土地利用结构的改变导致居民居住空间和就业空间开始发生变化，引起部分居民的迁居行为，导致“单位制”时期社会空间的格局开始调整。工业企业的“退城进郊”扩大了城市边缘工人居住区的范围，第三产业的“进城”使得部分三产从业人员集聚在老城区，老城区的社会区从机关干部单位居住区变化为机关单位及三产人员居住区。由于民族文化和民族经济的影响，回族群体依旧主要集聚在城东区。这一时期，城市的扩张占用了周边的农业用地，农业人口集聚区（社会区）的面积逐渐减少。

旧城改造和产业结构的调整使得单位制的居住模式开始被打破，市场经济推动了民营企业、投资企业和个体企业的发展，居民的职业和收入开始出现分化，少数经济条件好的居民开始购买非单位住房或其他单位住房，城市中非国有单位居民的增加进一步冲击了单位制度（曾文，2015）。城市社会空间格局开始呈现多样化、复杂化特征。

（2）2000 年以来社会空间分异格局

① 2000 年以来西宁市居住空间的发展

2000 年之后西宁市市域房地产市场开始了跳跃式发展。据 2000—2018 年《西宁市统计年鉴》显示，2000 年时西宁市房地产投资额为 11.82 亿元，到 2018 年增加至 292.25 亿元，尤其是 2010 年以来，增幅非常明显（图 8—4）。

这一时期，房地产交易市场非常活跃。商品房销售面积和销售额大幅增加。据 2000—2018 年《西宁市统计年鉴》显示，房屋销售面积从 2000 年的 29.45 万 $m^2$ 增长到 2018 年的 332.22 万 $m^2$，年均增长率为 13.52%，2018 年房屋销售额为 242.97 亿元，是 2000 年的 59

倍。在城市人口快速增长及住房需求的刺激下，西宁市商品房发展迅速，房地产开发成为城市住房供给的主体。同时，人均住宅建筑面积也在增加（图 8—5a），2000 年人均住宅建筑面积为 10.08m²，到 2010 年时增加到 25.66m²，2018 年超过 30m²（图 8—5b）。住房条件得到了很大程度的改善，居住水平不断提升。

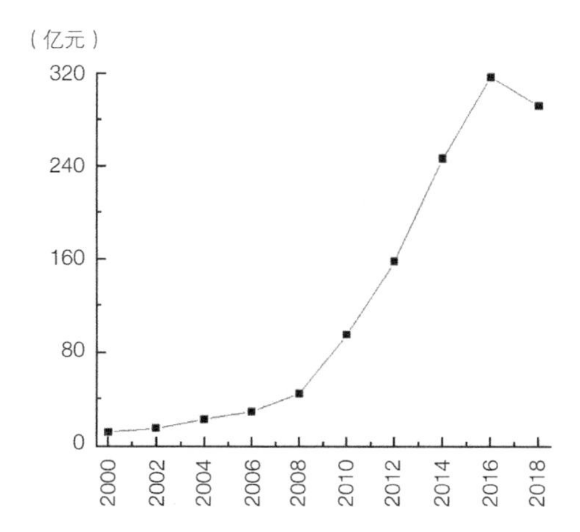


**图 8—4　2000—2018 年西宁市市域房地产开发投资额**

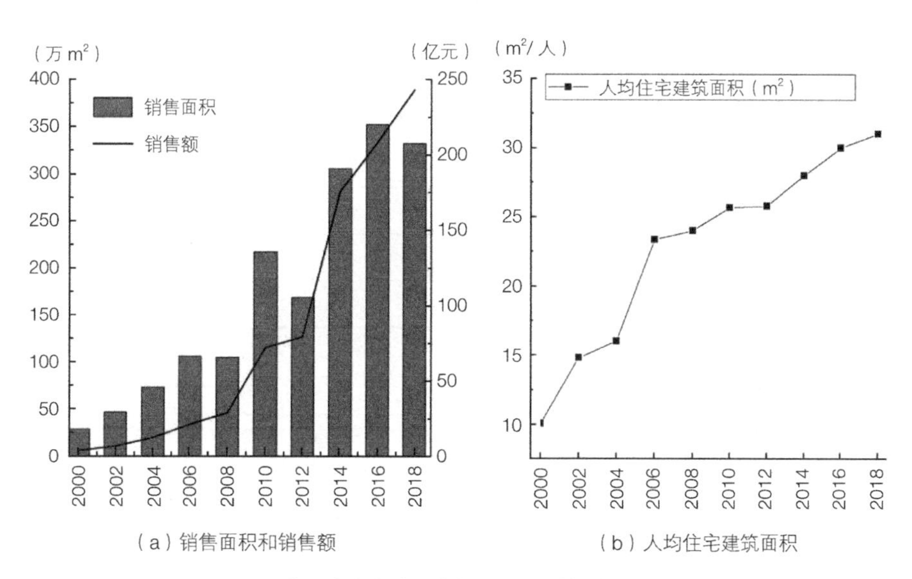


**图 8—5　2000—2018 年西宁市市域住房销售面积、销售额及人均住宅建筑面积**

②社会区划分方法

本节数据来源于西宁市 60 个小区居民的基本信息和住房信息，涉及居民年龄、民族、户籍、教育程度、家庭人数、职业类型、收入、居住小区区位（与市中心“大十字”的距离）、居住小区房价、工作地点、住房面积、居住小区建设年代、居住小区属性及居住时间 14 个要素。

本节主要采用因子生态分析法，借助 SPSS 软件完成。构建 60×14 的数据矩阵，用因子分析提取主因子，依据主因子在各小区的得分，运用反距离空间插值，得到各主因子空间分布的可视化（图 8—6）。再对各小区主因子得分进行聚类分析，根据聚类结果和实地考察进行判断，探讨西宁市社会空间分异格局（图 8—7）。对 14 个变量进行适合度检验，得到 KMO 值为 0.62，Bartlett 检验显著性 Sig=0.000（表 8—2）。抽取大于 1 的特征值，用最大方差法进行旋转，得到旋转后因子载荷矩阵（表 8—3）。提取累加贡献率大于 75%、载荷大于 0.4 的 5 个主因子（表 8—4），分别为：阶层因子、职住因子、住区因子、生命周期因子以及民族因子。根据主因子得分并稍加调整，将得分大于 0 的主因子划为高得分小区，得分小于 0 的主因子划为低得分小区。



**KMO 和 Bartlett 检验结果　　表 8—2**

| KMO 与 Bartlett 的检验 | | |
|---|---|---|
| 取样足够度的 Kaiser—Meyer—Olkin 度量 | | 0.62 |
| Bartlett 的球形度检验 | 近似卡方 | 355.05 |
| | df | 91 |
| | Sig. | 0 |

**主因子特征根及方差贡献率　　表 8—3**

| 成分 | 提取平方和载入 | | | 旋转平方和载入 | | |
|---|---|---|---|---|---|---|
| | 特征根 | 方差贡献（%） | 累加贡献率（%） | 特征根 | 方差贡献（%） | 累加贡献率（%） |
| 1 | 3.901 | 27.862 | 27.862 | 2.845 | 20.322 | 20.322 |
| 2 | 2.246 | 16.044 | 43.906 | 2.176 | 15.545 | 35.867 |
| 3 | 1.752 | 12.513 | 56.418 | 2.102 | 15.016 | 50.882 |
| 4 | 1.514 | 10.816 | 67.234 | 1.973 | 14.096 | 64.978 |
| 5 | 1.089 | 7.775 | 75.009 | 1.404 | 10.031 | 75.009 |

**主因子载荷矩阵　　表 8—4**

| 变量序号 | 各主因子的载荷 | | | | |
|---|---|---|---|---|---|
| | 1 | 2 | 3 | 4 | 5 |
| 居民年龄 | −0.149 | −0.120 | −0.394 | 0.753 | −0.059 |
| 居民民族 | −0.030 | 0.210 | 0.061 | 0.041 | 0.899 |
| 居民户籍 | −0.050 | 0.798 | −0.006 | −0.142 | 0.254 |
| 家庭人数 | −0.087 | 0.062 | 0.005 | −0.831 | 0.056 |
| 教育水平 | 0.839 | 0.115 | 0.007 | −0.259 | −0.121 |
| 职业类型 | −0.428 | 0.183 | −0.140 | 0.455 | 0.253 |
| 居民收入 | 0.840 | 0.069 | 0.144 | 0.307 | 0.069 |
| 住房房价 | 0.820 | 0.153 | −0.100 | −0.107 | −0.129 |
| 住房面积 | 0.566 | 0.525 | 0.017 | −0.383 | −0.029 |
| 工作地点 | 0.249 | 0.801 | 0.252 | 0.052 | −0.080 |

续表

| 变量序号 | 各主因子的载荷 | | | | |
| --- | --- | --- | --- | --- | --- |
| | 1 | 2 | 3 | 4 | 5 |
| 住房年代 | 0.237 | 0.232 | 0.821 | −0.158 | −0.036 |
| 住房属性 | −0.329 | −0.265 | 0.775 | 0.002 | 0.174 |
| 居住时间 | −0.018 | −0.359 | −0.710 | 0.187 | 0.271 |
| 住区区位 | 0.013 | 0.481 | 0.227 | 0.322 | −0.559 |

③社会主因子及空间分布

主因子 1：阶层因子

该因子方差贡献率为 20.32%，主要反映的要素有教育水平、住房房价、居民收入和住房面积。该因子总体特征：高得分小区所占比重为 60%，大专及以上学历人群占 54.43% 以上，房屋价格均在 7501 元以上，居民收入 5001 元以上者占 49.96%，近 84% 的住房面积在 $101m^2$ 以上；低得分小区所占比重为 40%，中学以下学历占比为 78%，5000 元及以下收入者所占比重 82.96%，房价均在 1 万元以下，近 91% 的住房面积在 $100m^2$ 及以下。

空间分布：高值区主要分布在海湖新区，在城西区、城北区和城东区的部分街区也有分布；低值区主要分布在主城区边缘的一些老旧单位房和保障房中，在中心城区的老旧单位房和自建房中也有零星分布（图 8—6a）。

主因子 2：职住因子

该因子的贡献率为 15.55%，主要反映的有居民户籍、住房面积、工作地点和居住小区区位。该因子总体特征：高得分小区所占比重为 40%，77% 的居住小区住房面积在 $101m^2$ 以上，77.5% 的居住小区到市中心（大十字）的距离大于 5km 以上，有 32.41% 的居民户籍不在西宁市主城区内，其中近 15% 的居民工作地点在西宁市主城区外，多分布在大通县、湟中区、湟源县、玉树州、果洛州、海西州等地方；低得分小区所占比重为 60%，38.5% 的小区住房面积在 $101m^2$ 以下，83.3% 的小区距市中心距离在 7.5km 范围内，75.86% 的居民户籍在西宁市主城区，95.78% 的居民工作地点在主城区范围内。

空间分布：高值区主要分布在城北区的马坊街道、城西区的海湖新区和城南新区，在城东区及城中区的部分街区也有分布；低值区主要分布在保障房和中心城区的部分街区中（图 8—6b）。

主因子 3：住区因子

该因子的贡献率为 15.02%，主要反映的要素有住房年代和住房属性。该因子总体特征：高得分小区比重为 36.67%，72.27% 的居住小区建设年代在 2010 年之后，主要为商品房和保障房；低得分小区比重为 63.33%，92.11% 小区建设年代在 2010 年及之前，60.53% 小区属于单位房。

空间分布：高值区集中在保障房、城北区的马坊街道和城西区海湖新区、虎台街道部分街区的商品房中；低值区集中在老城区，以单位房为主，开发年代较早（图 8—6c）。

主因子 4：生命周期因子

该因子的贡献率为 14.10%，主要反映的要素有居民年龄、职业类型。该因子总体特征：高得分小区比重为 41.67%，60 岁及以上群体比重为 34.42%，退休及无业群体占比为 33.51%，公务员及事业单位群体比重为 24.03%，服务人员占比为 10.39%，其他职业者比重均低于 10%；低得分小区比重为 58.33%，60 岁及以上群体比重为 22.62%，公务员及事业单位群体比重 21.41%，退休及无业群体占比为 24.58%，个体经营者比重为 12.86%，公司职员比重为 11.64%，其他职业者比重较小。

空间分布：高值区主要分布在保障房和老旧单位房；低值区主要分布在主城区内的自建房和商品房中，中青年群体居多（图 8—6d）。

主因子 5：民族因子

该因子的贡献率为 10.03%，主要反映的要素有居民民族。该因子总体特征：高得分小区所占比重为 43.33%，少数民族群体比重为 46.94%，其中回族群体比重为 29.53%，藏族群体比重为 12.63%；低得分小区所占比重为 56.67%，以汉族群体为主，所占比重为 89.54%。

空间分布：高值区主要分布在城东区和城中区的部分街区；低值区分布在西宁市的其他区域（图 8—6e）。

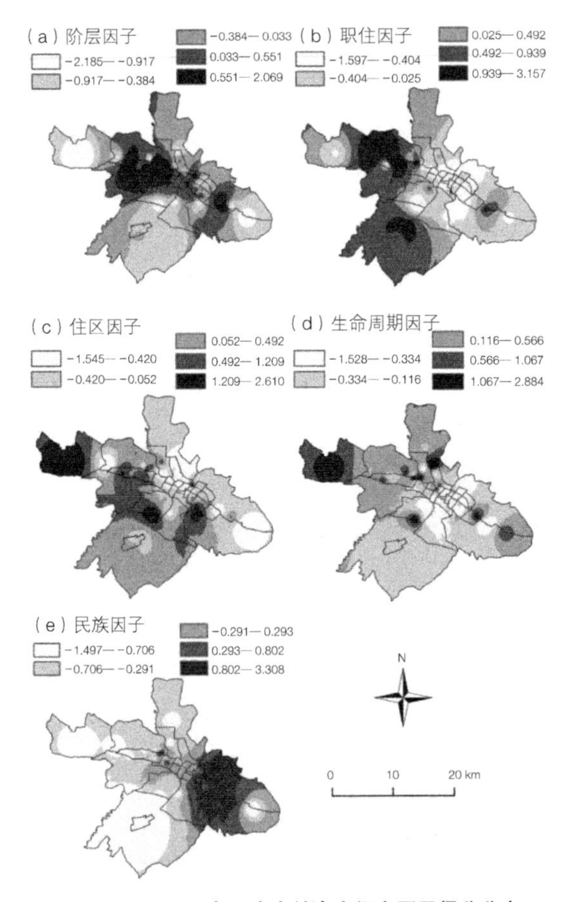


**图 8—6　2019 年西宁市社会空间主因子得分分布**

④社会区划分结果

对社会空间主因子进行聚类分析，归纳不同群体在空间上的集聚，有助于了解城市社会空间类型。本节选取系统聚类方法中的ward法，平方欧式距离测度，根据所得聚类分析谱系图反复调整，并结合西宁市的实际现状，选取6类群体抽象概括西宁市城市社会空间格局，计算6类群体的平方和均值和平均值（表8—5），将不同群体的分布情况表示在空间上，如图8—7所示。

**平方和均值和平均值** 表8—5

| 单位区数量 | 项目 | 第1主因子 | 第2主因子 | 第3主因子 | 第4主因子 | 第5主因子 |
|---|---|---|---|---|---|---|
| 16 | 平方和均值 | 0.963 | 0.798 | 0.773 | 0.405 | 0.575 |
| | 平均值 | 0.593 | 0.528 | 0.630 | −0.242 | −0.627 |
| 19 | 平方和均值 | 0.697 | 0.590 | 0.606 | 0.881 | 0.188 |
| | 平均值 | 0.537 | −0.595 | −0.670 | −0.244 | 0.011 |
| 8 | 平方和均值 | 1.672 | 0.735 | 1.282 | 3.426 | 0.721 |
| | 平均值 | −0.699 | −0.076 | −1.092 | 1.297 | −0.388 |
| 10 | 平方和均值 | 1.129 | 1.922 | 0.238 | 1.167 | 3.199 |
| | 平均值 | −0.244 | 0.148 | 0.093 | −0.294 | 1.652 |
| 3 | 平方和均值 | 2.625 | 1.594 | 6.489 | 1.555 | 0.717 |
| | 平均值 | −1.595 | −1.159 | 2.546 | 1.117 | −0.314 |
| 4 | 平方和均值 | 0.389 | 1.535 | 0.085 | 0.005 | 1.083 |
| | 平均值 | −0.521 | 1.155 | −0.065 | 0.001 | −1.039 |

第一类群体：高收入和外来群体混居区

此类社会区包含了16个居住小区，在第1主因子、第2主因子和第3主因子中平方和均值和平均值得分比较高。该社会区特征为：住房平均面积大于101m$^2$，户籍和工作地点在西宁市的居多，有部分群体户籍和工作在州县，在西宁购房置家，成为“候鸟”一族。居住群体收入及学历水平均比较高，房屋价格大部分在10001元以上，主要为商品房，距市中心相对较远，以汉族群体为主，公务员及事业单位人员和退休群体相对较多。这类群体主要覆盖海湖新区以及城西区和城北区的部分街区。

第二类群体：中等收入集聚区

此类社会区包含了19个居住小区，第1和第5主因子平方和均值和平均值得分比较突出。该社会区以老旧单位小区为主，房价多数在10000元及以下，大专以下学历者比重50.16%，收入5000元以下者比重为56.15%，多数居民住房面积在100m$^2$及以下，以汉族为主。这类群体主要分布于城市老城区。

第三类群体：老年群体集聚区

此类社会区包含了8个居住小区，在第4主因子中平方和均值和平均值得分最高。该类型中 50 岁及以上群体所占比重为 60.54%，退休人员近 50%。这类群体主要位于主城区边缘，在老城区内部也有零星分布。

第四类群体：少数民族集聚区

此类社会区包含了 10 个居住小区，在第 5 主因子中平方和均值和平均值得分最高，少数民族所占比重为 62.94%。这类群体主要覆盖城东区和城中区的部分街区。

第五类群体：低收入群体集聚区

此类社会区包含了 3 个居住小区，在第 3 主因子和第 4 主因子中平方和均值和平均值得分较高。此类型为 2015 年左右竣工的保障房，职业类型以服务人员居多，老年群体所占比重也相对较大，该类群体主要位于主城区边缘。

第六类群体：外来群体集聚区

此类社会区包含了 4 个居住小区，在第 2 主因子中平方和均值和平均值得分较高。此类型居民户籍和工作地点在青海各州县的比较多，住房面积多数大于 101$m^2$，居住小区距市中心较远，多分布于西宁市城南新区。

⑤社会空间格局

根据社会区类型（图 8—7）和实地观察，抽象概括出西宁市社会空间大体呈现“多核心 + 扇形”的分布模式（图 8—8）。核心区（老城区）主要为中等收入群体集聚区，集聚了年轻有孩子的家庭和商业从业人员，也有部分老年群体、高收入群体和低收入群体小规模的聚集，在城市更新的推动下，老城区破碎化程度高。核心区左侧为高收入和外来群体混居区，主要分布在海湖新区、城西区和城北区的部分街区。核心区右侧为少数民族群体集聚区，在历史发展、民族文化和民族经济的影响下，主要集聚在城东区。高收入和外来群体混居区以及少数民族群体集聚区在地形和交通的作用下，呈“扇形”分布。老年群体和低收入群体在主城区边缘也有分布，呈现“多核心”分布格局。此外，在城南新区形成了外来群体集聚区，主要集聚了来自青海省各州县的居民。

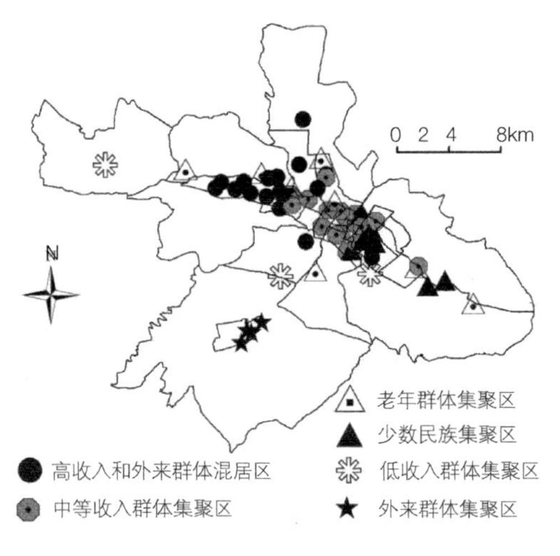


图 8—7　2019 年西宁市社会区类型

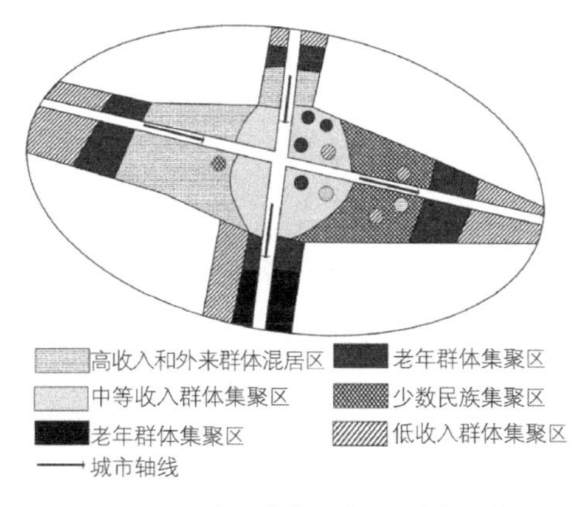


**图 8—8 2019 年西宁市社会区分布格局抽象图**

市场经济时期，收入和民族成为影响社会空间分异的主要因素。在西部大开发战略的影响下，西宁市城市建设步伐加快，居民收入水平大幅提高。生活水平的提升催生了居民购房的欲望和需求，住房市场的发展为居民提供了多样化的房源，城市社会空间发生剧烈重构。高收入群体有能力按照自己的偏好及需求自由选择居住区，低收入群体因无力支付市中心或新区高昂的房价被迫迁往或安置在城市主城区边缘，整个社会呈现一种“同质集聚、异质分离”空间格局（宣国富，2010）。

## 8.1.3 社会空间分异格局演变

西宁市社会空间由计划经济时期民族、单位身份集聚的相对均质化演变到市场经济时期民族、收入并存异质性的格局，既有继承，也有新的发展，具体表现特征如下（图 8—9）：

（1）少数民族集聚区具有继承性

少数民族集聚区（回族）具有历史继承性。尽管职业和收入分异的加大，引起民族群体内部社会空间分异特征非常显著，但在历史发展、宗教文化和生活习惯的影响下，他们仍主要集聚在清真大寺周边，且集聚规模不断壮大，社会区发展具有继承性。

（2）机关干部集聚区演变为以中等收入群体为主的混合集聚区

单位制小区在社会空间格局的演变过程中发挥了重要作用。计划经济时期，受城市规划、单位职能的影响，城市老城核心区形成机关单位居住区。市场经济时期以来，老城区部分经济条件较好的行政事业单位职工为追求更好的居住环境而选择迁出，在城市其他区域购房，而具有消费能力的年轻家庭由于工作及子女教育等原因迁入老城区。在土地“退二进三”的影响下，城市核心区商业市场不断壮大，就业机会增多，吸引了大量的商业从业人员集聚。部分居民为享受老城区优质、丰富的生活设施仍选择居住在原地，尤其是已退休的老年群体。同时老城区生活设施便利，房产开发商看中其重要价值开发高档商品房，吸引了部分高收入群体，致使老城区破碎化程度高，由计划经济时期的机关单位居住区演变成以年轻家庭、商业从业人员为主的中等收入群体混合居住区。

（3）工人集聚区演变为老年群体集聚区

原先工人居住小区多数位于主城区边缘，位置较为偏远，他们中有经济能力的群体为追求更好的居住环境或享受更优质、便捷的生活设施已迁出原址，经过生命历程的变迁，留下的多数为老年群体，形成了老年群体集聚区。

（4）农业群体集聚区演化为高收入和外来群体混居区、低收入群体集聚区以及外来群体集聚区

随着经济的发展，城市建成区不断扩张，占用城市大量农业用地，农业用地大幅减少，到2019年，农业人口已不再作为典型社会区存在。海湖新区高规格、高质量的居住小区吸引了西宁市本地、青海省各州县甚至青海省外的高收入群体购房，形成高收入和外来群体混居区。此外，城南新区的开发也吸引了青海省各州县群体集聚，形成外来群体集聚区。在城市边缘区，还有政府为解决低收入群体的住房问题建设的保障房，形成低收入群体集聚区。

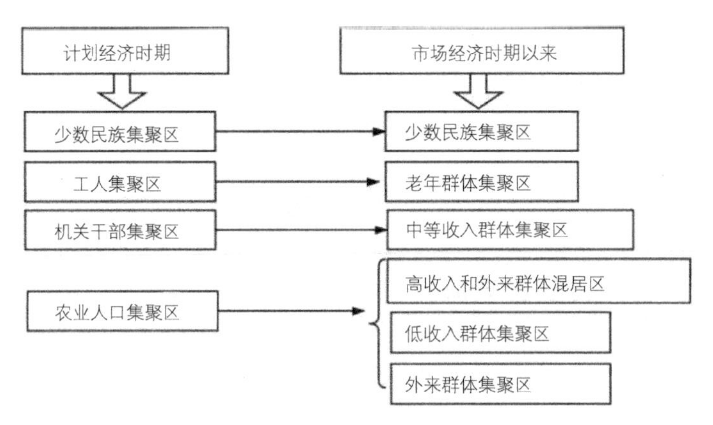


**图 8—9　不同时期社会空间分异格局演变**

## 8.1.4　小结

本节主要探讨了计划经济时期和市场经济时期以来西宁市社会空间的分布格局，并对比了不同时期社会空间的演变特征。

计划经济时期，单位身份、民族是影响社会空间分异的主要因素，城市社会空间格局大体分为机关干部集聚区、少数民族集聚区、工人集聚区以及农业人口集聚区，城市社会空间格局相对均衡、统一。市场经济时期以来，收入和民族成为影响社会空间分异的主要因素，城市社会空间格局大体分为高收入和外来群体混居区、中等收入群体集聚区、少数民族集聚区、老年群体集聚区、低收入群体集聚区和外来群体集聚区，呈现“多核心 + 扇形”的分布模式，城市社会空间呈现破碎化、复杂化特征。

从计划经济时期到市场经济时期，少数民族集聚区具有稳定性和历史延续性。机关干部集聚区演变为以中等收入群体为主的混合集聚区，工人集聚区演变为老年群体集聚区，农业人口集聚区演变为高收入和外来群体混居区、低收入群体集聚区以及外来群体集聚区。

## 8.2 西宁市社会空间分异特征

地理学者将社会空间按活动对象分为居住空间、行为空间和感知空间。本节借鉴胡华颖、柴彦威的观点，从居住空间、行为空间和感知空间三个维度来解读城市社会空间的分异特征。

计划经济时期，单位不仅为居民提供住房、工作，还提供食堂、公共浴室、商店、学校及医院等生活设施，单位职工既是同事，也是邻居，彼此间交往频繁，信任度高。居民在封闭的单位空间范围内即可完成基本的生活需求。单位内职工具有相似的单位身份和社会背景，也具有相似的行为模式和生活方式（柴彦威，2016）。这一时期社会物品主要通过国营商店和集体商店供给，且数量和种类比较有限，居民获取物品需通过固定场所和居民的职位、职业、年龄等要素计划供应和定额分配（凭票购买）。各级单位重视群众的文化生活，设置文化场馆、文化站、文化室等休闲场所，居民的大部分休闲活动也依托单位开展起来。居民收入水平和消费水平总体较低，社会供给的物品种类也非常固定。从整体来看，城市社会空间分异特征不明显。

市场经济时期以来，1994 年国务院颁布了《国务院关于深化城镇住房制度改革的决定》（国发〔1994〕43 号），给我国运行了几十年的单位分配住房制度划上了休止符，开始了我国住房社会化、市场化的进程（沈玲，2009）。1998 年单位福利分房制度的终结，标志着单位剥离供给住房和生活设施服务的责任，城市居民按照自身和家庭的经济实力及需求，在城市内部选择合适的居住空间（曾文，2015）。同时，商业经济发展带动城市社会物品开始出现多样化供给，居民可以根据自己的能力及需求选择自己的生活方式和消费空间。

### 8.2.1 居住空间分异

（1）居住空间发展方向

借助网络爬虫软件收集百度地图和高德地图中 2009 年和 2019 年西宁市居住小区的兴趣点（POI）数据，根据椭圆标准差来分析西宁市居住空间的发展方向与重心。2009 年和 2019 年居住空间主要沿长轴扩展，旋转方向为西北—东南走向，短轴方向上分布的数量较少（图 8—10）。2009 年居住空间的重心位于城中区，2019 年居住空间的重心向西北方向偏移至城西区。西宁市居住空间主要沿东西方向拓展，南北方向较少。目前西宁市城东区可盘活的土地资源较少，未来居住空间主要向西、向北扩展。

（2）居住空间数量分异

从各街道（镇）居住小区增长数量来分析（图 8—11）（2009 年和 2019 年居住小区 POI 数据），城西区海湖新区居住小区开发数量及规模位于西宁市主城区首位。为缓解老城区压力，2006 年市委、市政府决定开发海湖新区，该新区以“充满活力的服务型高原生态新城区”为功能定位，成为西宁市近 10 年来发展的主要空间。在政府规划的作用下，该区域基础设施日益完善，办公设施、商业设施及文体设施蓬勃兴起，万达、新华联、庄和地产等大型房地产开发企业纷纷入驻；城中区的南滩街道和南川西路街道、城东区的乐家湾镇、大众街街道以及清真巷街道、城北区的小桥街道、朝阳街道、马坊街道以及城西区的虎台街道居住小区数量增长也比较多，这些区域商业、教育、医疗、交通等设施配套齐全，是西宁市相对成熟区域；人民街街道、林家崖街道、总寨镇以及大堡子镇居住小区增长数量较少，人民街街道主要以商业为主，在地价制约下住宅数量相对稳定。而林家崖街道、总寨镇以及大堡子镇距中心城区远，设施配套相对滞后，对房地产开发的吸引力弱。从整体分析，西宁市居住小区的增长数量从城市最核心区向外围扩展，居住郊区化趋势明显。



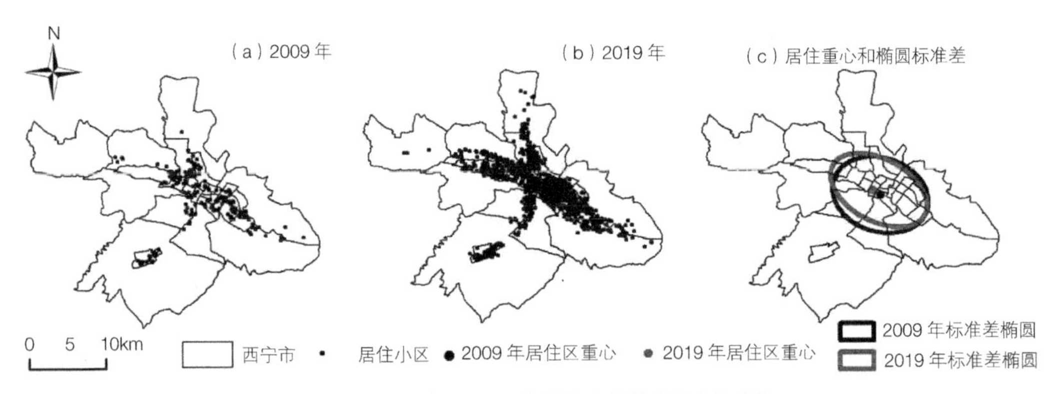


**图 8—10　2009 年和 2019 年西宁市居住小区空间分布**

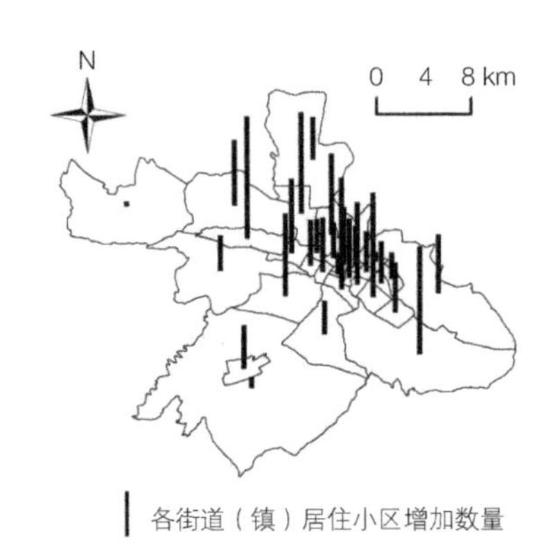


**图 8—11　2009—2019 年西宁市各街道（镇）居住小区增长数量**

（3）居住空间价格分异

根据安居客网站提供的房价信息，2019 年 6 月西宁市居住小区房屋均价为 8400 元 /m$^2$ 左右。将不同小区住宅价格分为五个等级，分别为：13000 元 /m$^2$ 以上，10001—13000 元 /m$^2$，7501—10000 元 /m$^2$，5000—7500 元 /m$^2$，5000 元 /m$^2$ 以下（图 8—12）。

高等价位居住小区（＞13000 元 /m$^2$）占全部样本总数的 4.7%，建筑样式以别墅和高层为主，大部分位于海湖新区、城西区和城北区的部分街区，中房萨尔斯堡、安泰华庭、新华联家园、绿地公馆、万达华府、时代盛华等高档小区集聚于此。部分小区还分布在城西区虎台街道、兴海路街道及胜利路街道，这些街区中优质教育设施分布较多，带动小区价格也非常高。

中高等价位居住小区房价集中在 10001—13000 元 /m²，占全部样本数据的 19.1%，主要为商品房。价格在 10001—13000 元的小区，除分布在海湖新区外，在虎台街道、古城台街道、兴海路街道和西关大街街道也有分布。此外，在老城区（城中区）的人民街街道、南滩街道、仓门街街道分布也比较多，这些区域不仅是医疗、教育设施的核心集聚区，也是商业繁华区，土地价格非常高，开发高档住宅小区的成本太高，主要以开发中高档小区为主。

中等价位居住小区（7501—10000 元 /m²）占全部样本数据的 35.9%，商品房居多，部分为位置较好的单位居住小区。主要分布在城中区礼让街街道、南滩街道，城东区清真巷街道、大众街街道以及城北区朝阳街道和小桥街道。

中低等价位居住小区（5000—7500 元 /m²）占全部样本数据的 37.8%，老旧单位小区较多，多数建造年代在 2000 年之前，主要分布于城东区东关街道、清真巷街道、大众街街道和八一路街道，城中区的南川西路街道，城北区的朝阳街道，还有部分分布在距老城区较远的城南新区。

低等价位居住小区（< 5000 元 /m²）占全部样本数据的 2.6%，主要集中在主城区边缘。

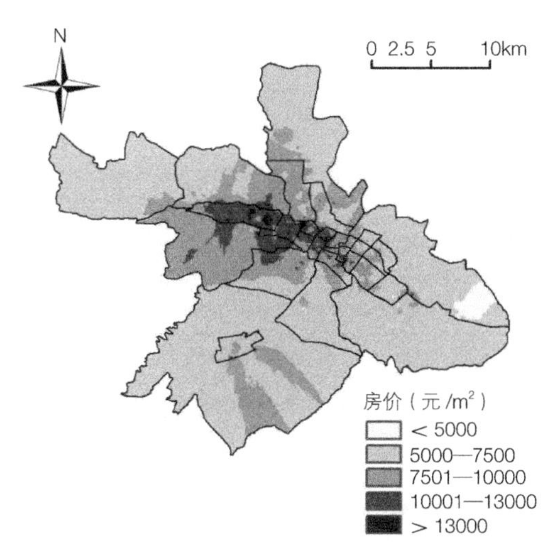


**图 8—12　2019 年 6 月西宁市居住小区房价**

基于以上居住小区房价，运用分异指数（公式 8—1）来计算西宁市不同房价的集聚程度，结果见表 8—6。

分异指数是为了反映某一住房价格或某一社会群体相对于整个城市或整个社会群体在居住空间上的分异程度。文章选取房价为基础的分异指数，衡量西宁市居住空间分异程度，研究每个单元与总体平均值的偏差程度。

$$S = \frac{\sum_{i=1}^{n} \left| \frac{wi}{W} - \frac{bi}{B} \right|}{2} \qquad (8—1)$$

其中，$S$为分异指数，$w_i$表示区域$i$单元内某种住宅价格$w$的数量，$W$表示研究区域住宅价格$w$的总数量，$b_i$表示区域$i$单元内其余住宅价格$b$的数量，$B$表示研究区域内其余住宅价格$b$的总数量。$S$在0—1之间变化，当$S$等于0时，意味着各种类别的空间分布完全均匀，当$S$等于1时，则说明不同类别空间分布的极端隔离化。$S$越高则分异程度越高。

由表8—6可以看出，低档价位和高档价位分异指数比较高。高档价位住宅分异指数为0.73，低档价位分异指数为0.61，高收入人群集聚程度高于低收入人群。中档价位、中低档价位和中高档价位分异指数相对较低，分布相对均衡。

**居住小区价格分异指数** **表8—6**

| 指标 | 低档价位＜5000（元/$m^2$） | 中低档价位 5000—7500（元/$m^2$） | 中档价位 7501—10000（元/$m^2$） | 中高档价位 10001—13000（元/$m^2$） | 高档价位＞13000（元/$m^2$） |
|---|---|---|---|---|---|
| 分异指数 | 0.61 | 0.49 | 0.32 | 0.58 | 0.73 |

通过图8—12和表8—6可以看出，西宁市居住空间同质集聚、异质分离现象显著。中高房价居住小区集中在海湖新区、城西区和城北新开发的部分街区，低房价居住小区主要位于主城区边缘。海湖新区和城北部分街区因良好的自然人文环境、优越的投资环境吸引了一大批高品质小区集聚，成为城区内高房价区域。城西区优质资源（尤其是教育资源）的集聚导致房价高居榜首，过高的房价门槛将许多低收入群体排斥在外。在居住空间重构过程中，高收入群体不断靠近居住环境较好或生活设施较为集中的区域，低收入群体不断被边缘化，由“社会边缘化”群体被动转变为“空间边缘化”群体。

（4）不同收入群体居住空间分异

居住空间分异主要体现在居住区位、住宅面积、房屋价格、建筑样式、配套设施、绿化环境、物业管理、周边生活设施及入住群体等方面。依据以上房价的分类，以萨尔斯堡、夏都景苑、瑞华园、盛世华城5号园、东关自建房为例，分析不同群体居住空间的分异。

①高等收入群体居住小区——萨尔斯堡

萨尔斯堡（图8—13）属于2016年竣工的高档商品房，建筑类型为别墅、小高层和高层，小区定位为高品质、高标准花园洋房、高层景观房，靠近湟水及海湖湿地公园。绿化环境方面，内部绿化面积高且伴有部分名贵树种，分布有人工水域、喷泉、亭台等景观；物业管理方面，实行封闭式管理，人车分离，地面不允许车辆通行，设有门禁和监控系统，专业保安24小时巡察，安保、消防措施严格；设施配套方面，小区内有健身器材、小广场、书吧、摇椅聊天室、儿童活动场所、流动便民购物车等，周边1km范围内有公交站点、幼儿园、小学、中学、水果蔬菜市场、餐饮店及运动场馆等；住户属性方面，多为西宁市及青海省各州县经济条件较好的商人、青海省高端引进人才及行政事业单位工作人员等，文化水平差别较大，月收入高于10001元以上的群体比重较大。

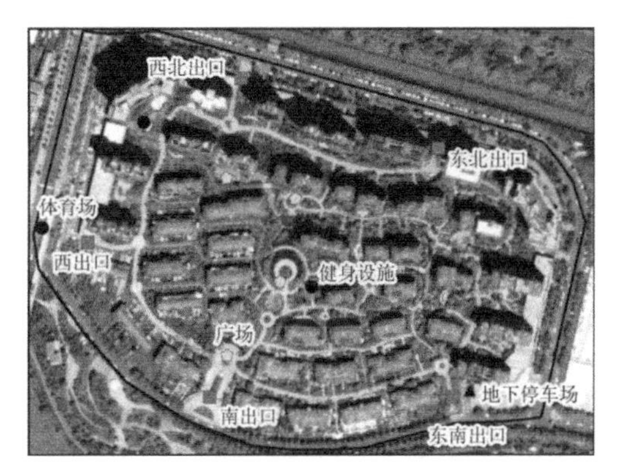


**图 8—13　萨尔斯堡居住小区**

②中高等收入群体居住小区——夏都景苑

夏都景苑（图 8—14）属于 2013 年竣工的商品房，建筑类型以高层为主，户型以两室、三室为主，位于城西区与海湖新区的交界区域。绿化环境方面，绿地主要集中在小区中心广场附近；物业管理方面，实行封闭式管理，地下设停车位，保安、门禁、监控、消防等安保措施齐全；设施配套方面，小区内部有社区服务中心、幼儿园、健身设施及休闲广场，周边 1km 范围有公交站点、小学、便利店及医疗设施等；住户属性方面，有公务员及事业单位人员、青海省州县居民及少部分拆迁居民，文化水平本科及以上的比重较大，月收入在 5001—10000 元的居多。

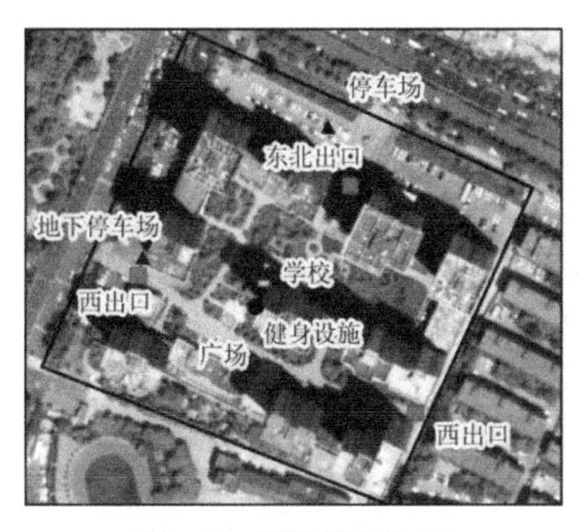


**图 8—14　夏都景苑居住小区**

③中等收入群体居住小区——瑞华园

瑞华园（图 8—15）属于 2004 年建成的单位团购房，位于老城区礼让街街道，建筑类型为多层，户型为二室、三室，周边生活设施齐全，房价居中。绿化环境方面，绿地面积较小且以普通草坪为主；物业管理方面，以前为单位托管，目前已移交第三方物业公司，有保安、门禁、监控、消防等安保措施；设施配套方面，小区内有健身设施、小型休闲广场；住户属性方面，以前入住群体为单位职工，现多数房屋已出售或出租，目前住户老年人较多，租户也比较多。

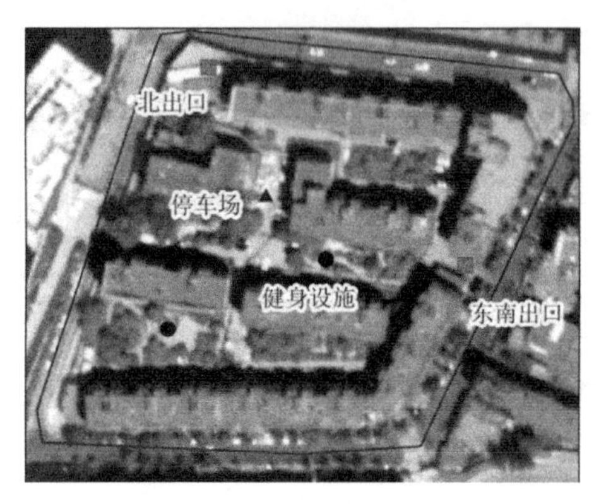


图 8—15　瑞华园居住小区

④中低等收入群体居住小区——盛世华城 5 号园

盛世华城 5 号园（图 8—16）属于西钢集团 2000 年左右建成的单位房，小区规模大，位于主城区边缘的柴达木路。绿化环境方面，绿地面积相对少且较少打理，处于自然生长状态；物业管理方面，目前由钢城物业管理，收费水平较低，实行半开放式管理，没有地下停车场，仅能在地上停车，门禁系统仅对出入车辆有效，对出入行人管理较松；设施配套方面，小区内有小卖部、诊所、幼儿园、休闲广场、健身设施等，周边 1km 范围内有公交站、商业街、医院、学校等设施；住户属性方面，多为西钢退休职工、在职职工以及周边大堡子市场做生意的租户，文化水平大专及以下的居多，月收入在 3001—5000 元的比重较大。

图 8—16　盛世华城居住小区

⑤低等收入群体居住区——东关自建房

东关自建房（图 8—17）属于遗留在市中心的城中村，为 2—3 层的砖混结构平房，现多为出租房，出租面积在 50—80m$^2$ 的比较多。绿化环境方面，高密度的居住空间挤压了绿地生存空间，绿地面积少；物业管理方面，属于社区代管，只收取卫生费，道路狭窄，消防设施陈旧，极易发生安全隐患，属于开放型居住区；设施配套方面，居住区内及周边商业设施繁华，公交、教育及医疗设施也配套齐全；住户属性方面，以回族居民为主，除世居居民外，青海省内及周边省份的回族流动人口租户较多，多从事餐饮业、零售业等民族商业经济；居民文化水平较低，中学及以下学历比重较高；受访群体中月收入在3000元左右的比较多。

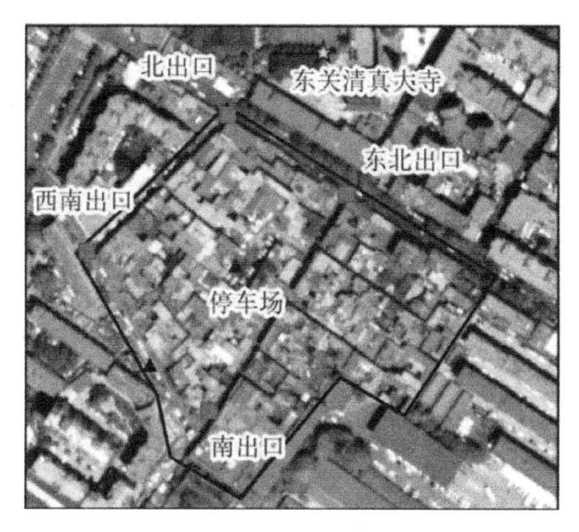


**图8—17　东关自建房**

## 8.2.2　行为空间分异

居住小区区位会影响居民通勤、购物、休闲及医疗等相关行为空间的变化。位于市中心的小区周边生活设施齐全且多样，居民选择类型多、范围广，可以在较小辐射半径中享受丰富的资源与服务；而主城区边缘小区生活设施数量少、等级低，居民选择机会少且出行距离较大，付出的成本相对过高。依据西宁市居住小区类型和居住小区区位（老城区—距“大十字”距离小于等于5km、老城边缘区—距“大十字”距离在5.1—10km之间、主城区边缘—距“大十字”距离大于10km），参考社会区类型，从60个小区中选取21个小区的问卷数据来分析不同类型和不同区位居住小区以及不同社会群体在通勤、购物、休闲、教育、医疗及邻里交往等方面的空间分异特征（图8—18和表8—7）。

（1）居住小区类型划分及空间抽样设计

单位小区包括事业单位小区、企业单位小区和行政机关单位小区。学校单位小区选取青海民族大学老校区家属院、青海民族大学职工家属院和青海师范大学家属院。企业单位小区选取丰泽园、西钢家属院和地毯厂家属院。行政机关单位小区选取七一路省委家属院和海湖省委家属院，以及州县单位小区玉树新村和海西干休所。商品房包括一般商品房、中高档商品房和高级商品房。一般商品房选取索麻小区、新三江花园。中高档商品房选取夏都府邸、海宏壹号和夏都景苑。高档商品房则选取新华联家园和萨尔斯堡。保障房选取百韵华居、丽康瑞居和青塘小镇。自建房选取下南关街和清真巷交汇街区独门独院的回族居民聚居区。

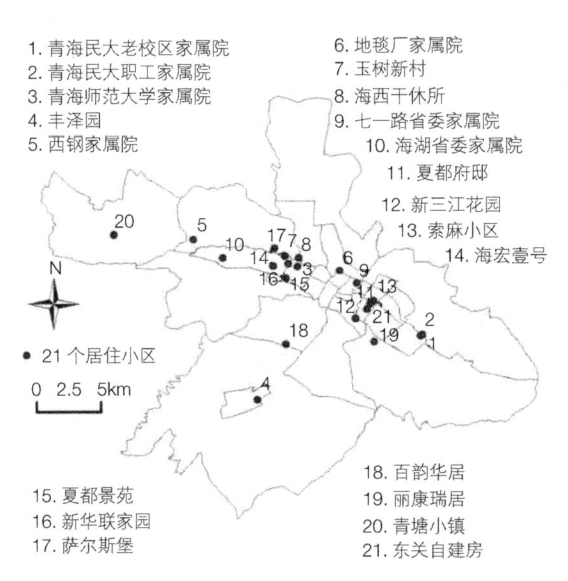


**图 8—18　21 个居住小区空间分布**

**21 个居住小区类型**　　表 8—7

| 序号 | 居住小区名称 | 居住小区属性（类型） | 居住小区区位（距老城区“大十字”距离）(km) | 社会区类型（集聚区） | 有效问卷数量（份） |
|---|---|---|---|---|---|
| 1 | 青海民族大学老校区家属院 | 单位房 | 5.1—10 | 老年群体集聚区 | 33 |
| 2 | 青海民族大学职工家属院 | | 5.1—10 | 中等收入群体集聚区 | 57 |
| 3 | 青海师范大学家属院 | | 0—5 | 中等收入群体集聚区 | 53 |
| 4 | 丰泽园 | | 5.1—10 | 外来群体集聚区 | 67 |
| 5 | 西钢家属院 | | ＞10 | 老年群体集聚区 | 155 |
| 6 | 地毯厂家属院 | | 0—5 | 老年群体集聚区 | 49 |
| 7 | 玉树新村 | | 5.1—10 | 少数民族集聚区 | 47 |
| 8 | 海西干休所 | | 0—5 | 老年群体集聚区 | 32 |
| 9 | 七一路省委家属院 | | 0—5 | 中等收入群体集聚区 | 59 |
| 10 | 海湖省委家属院 | | 5.1—10 | 高收入和外来群体混居区 | 85 |
| 11 | 夏都府邸 | | 0—5 | 少数民族集聚区 | 60 |
| 12 | 新三江花园 | | 0—5 | 少数民族集聚区 | 33 |
| 13 | 索麻小区 | 商品房 | 0—5 | 少数民族集聚区 | 42 |
| 14 | 海宏壹号 | | 0—5 | 高收入和外来群体混居区 | 100 |
| 15 | 夏都景苑 | | 0—5 | 高收入和外来群体混居区 | 64 |
| 16 | 新华联家园 | | 5.1—10 | 高收入和外来群体混居区 | 60 |
| 17 | 萨尔斯堡 | | 5.1—10 | 高收入和外来群体混居区 | 35 |
| 18 | 百韵华居 | 保障房 | 5.1—10 | 低收入群体集聚区 | 81 |
| 19 | 丽康瑞居 | | 0—5 | 低收入群体集聚区 | 77 |
| 20 | 青塘小镇 | | ＞10 | 低收入群体集聚区 | 81 |
| 21 | 东关自建房 | 自建房 | 0—5 | 少数民族集聚区 | 42 |

（2）通勤空间

通勤，源于居住地和工作地分离，是指居民在居住地和就业地之间进行空间移动（曾文，2015）。新中国成立后，单位制影响下职住空间一体化，通勤方式较为单一，职住接近、低机动化出行是居民通勤的基本特征；市场经济以来，以单位为基础的住房分配制度逐渐瓦解，商品房快速发展为居民居住空间提供了多样化的选择，居住空间的变化影响通勤空间的变化。

①通勤时间特征

通勤时间指居民单程从居住地到就业地的时间，本研究调查的是居民通勤的时间段。总体分析（图 8—19），西宁市 70.59% 的居民通勤时间在 30 分钟以内，20.44% 居民在 30 分—1 小时，1—1.5 小时以及 1.5 小时以上的居民所占比重较少，分别为 6.76% 和 2.21%。

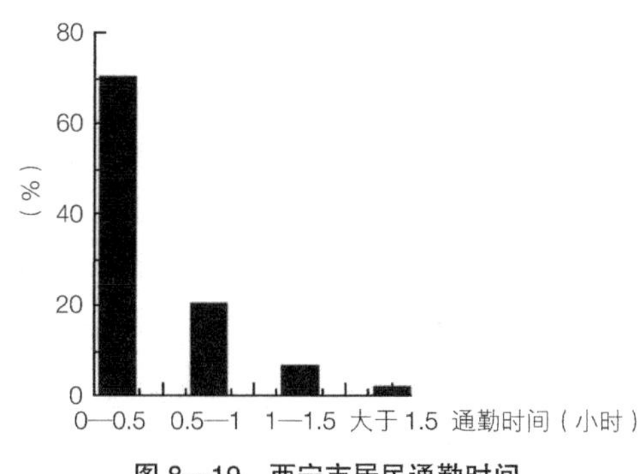


**图 8—19　西宁市居民通勤时间**

②通勤方式特征

西宁市居民主要通勤方式中，步行所占比重（30.44%）稍大于公交车（28.19%）和私家车（26.37%）（图 8—20）。部分单位房、自建房居民步行通勤比重极高，这与潘婷（2015）的研究结果相似。近些年来，西宁市政府大力发展公共交通，调整与优化公交路线，不断对公共车辆补充与更新，给广大居民带来快捷与便利，满足居民个性化与多样化的出行需求。同时，随着居民生活水平不断提高，私家车拥有量不断增多。机动车的不断增加，导致交通拥堵现象日益严重。自行车、摩托车和电动车通勤比重极低，城市未规划相应的出行车道，致使这三类交通工具出行的危险性增加，再加上青藏高原城市特殊的自然条件，不适宜这几类交通工具的长时间出行。

从居住小区类型分析（图 8—21），单位房居民通勤步行比重较大，其次为私家车。青海民族大学职工家属院、西钢家属院仍保持单位大院职住接近的特征。部分因单位新置或居住区新置，职住距离较远，如青海师范大学通勤方式私家车和单位通勤车比重较大；商品房居民通勤步行、公交车和私家车比重相当；保障房居民公交车通勤比重较大；自建房居民通勤以步行为主。

从居住小区区位分析（图 8—22），老城区居民通勤以步行和公交车为主，比重均为 32.39%；老城边缘区居民私家车通勤比重最高占 37.27%，其次为公交车占 25.78%；主城区边缘居民公交车通勤比重最高，为 43.41%。

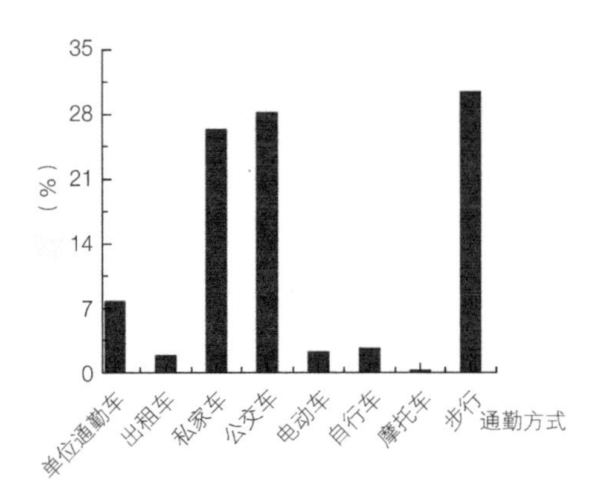


**图 8—20　西宁市居民通勤主要方式**

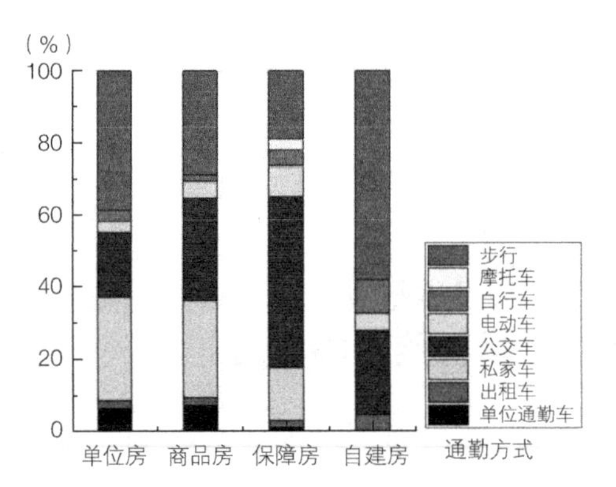


**图 8—21　西宁市不同类型小区居民主要通勤方式**

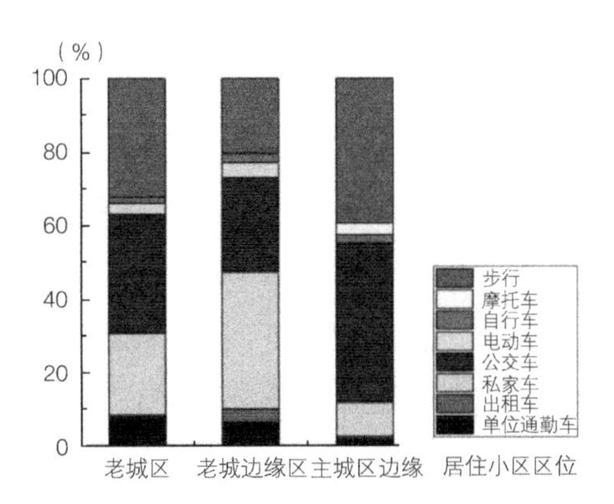


**图 8—22　西宁市不同区位小区居民通勤方式**

从不同社会属性群体分析（图 8—23），女性群体公交车和步行所占比重较大，男性群体公交车和私家车比重较大。30 岁以下群体通勤以公交车为主，30—49 岁群体以私家车和公交车为主，50 岁及以上群体私家车比例最高，其次为公交车和步行。学历层次在小学及以下群体以步行居多，中学学历群体以公交车和步行为主，大专及以上学历群体以私家车和公交车为主，其中大学本科及以上群体私家车比重较大。回族群体步行比重最大。收入水平低于 5000 元以下群体，通勤方式以步行为主，其次为公交车；收入在 5001—10000 元的群体公交车比重最高，私家车和步行比重相当；收入在 10001 元以上的群体以私家车为主。事业单位及公务人员通勤方式以私家车为主，服务人员、公司职员及其他职业者以公交车为主，个体经营者步行比重大，其次为私家车。

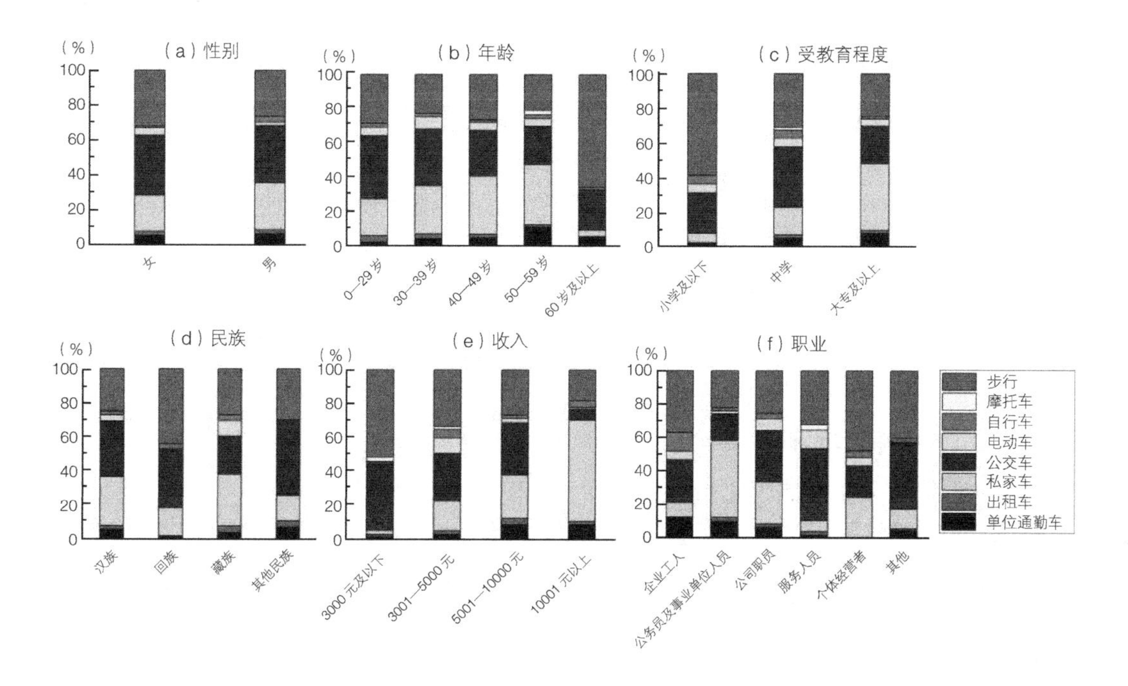


**图 8—23　西宁市不同社会属性群体主要通勤方式**

③通勤空间特征

**西宁市职住分离现象已出现**

本小节中的通勤空间距离主要是通过计算居民居住地与就业地的直线距离而得出。根据居民通勤距离的累计变化可以看出（图 8—24），居民就业地在 2km 范围内的比重占 30.69%，在 4km 范围内的比重累计为 45.42%，在 10km 范围内的比重累计为 71.67%，西宁市职住空间分离现象已出现。

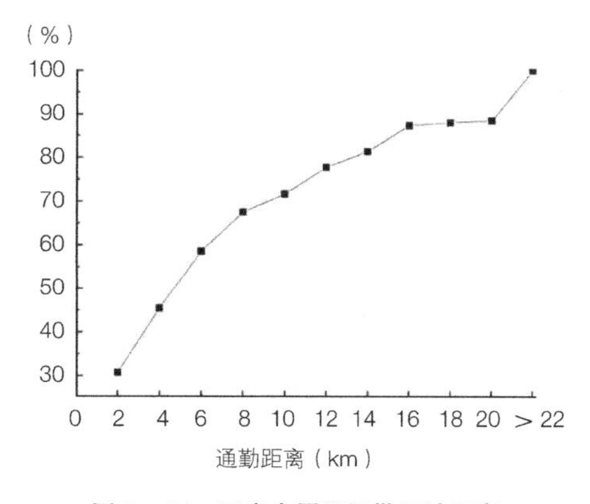


**图 8—24　西宁市居民通勤累计距离**

**跨区域通勤空间**

从居民就业地空间分布来看，单位房和自建房居民通勤空间较为集中，保障房和商品房居民就业方向较为分散，且部分单位房和商品房居民跨区域通勤空间特征显著（图 8—25），这与柴彦威（2017）的研究结果一致。这类群体主要来自西宁市的湟中区、大通县、湟源县及青海省其他各州县，在空间上表现出多数通勤距离大于 22km、通勤时间大于 1 个小时，通勤方式为私家车，也有部分为单位通勤车。这种跨区域通勤空间现象，与西宁市特殊的城市背景相关。西宁市属于青藏高原居住环境和生活设施相对优越的城市，吸引了青海省内各州县居民来西宁购房安家。这部分群体主要来自两种类型：一种为州县政府与单位在西宁市提供单位小区的单位职工，另一种来自州县经济条件较好的居民为追求更好的居住环境和生活设施而在西宁市自行购买商品房的居民。

**不同类型小区通勤空间**

本小节中通勤距离只考虑居住地和就业地均在西宁市主城区的样本。从居住小区类型分析（图 8—26），保障房居民通勤呈现长时间、长距离及高机动化的出行特征。通勤平均距离为 7.45km，其中青塘小镇平均距离最远，为 10.96km。保障房位于主城区边缘，周边就业岗位缺乏，居民不得不忍受职住分离带来的通勤时间和通勤成本的增加；单位房居民通勤距离为 5.56km，与任瑜艳对 2013 年西宁市单位房通勤距离的研究结果相比，通勤距离显著增加。住房市场化以来，城市用地逐渐由计划经济时期的职住一体化混合型用地向职住分离的功能分区转变。办公用地或居住用地在异地新建，以青海师范大学家属院和海湖省委家属院为例，平均通勤距离分别为 9.87km 和 8.48km，职住分离现象出现，通勤距离增加。但部分小区依旧延续单位制时期职住接近的特征，如青海民族大学职工家属院和西钢家属院；商品房（4.43km）小于单位房（5.56km）的平均通勤距离，这和刘伯初对 2013 年西宁市商品房通勤距离大于单位房的结果有偏差，原因是西宁市人口和居住郊区化的同时，就业岗位也随之郊区化。新区的开发，不仅带来了部分单位搬迁，也吸引了不同等级商业综合体的开发，为居民提供大量就业岗位，尤其是靠近商业区的居住区，周边商场打工群体也比较多；自建房（以回族群体为主）通勤呈现短时间、短距离及低机动出行特征，通勤距离为 1.57km，居民就业地和居住地空间集聚性非常强。

**不同社会属性群体通勤空间**

图 8—27 显示不同社会属性群体居民通勤空间。男性通勤距离大于女性，男性私家车通勤方式高于女性，女性在家庭中需承担更多的家务，择业时会考虑距家较近的工作岗位。50—59 岁群体通勤距离最长，这类型群体收入相对稳定，私家车通勤比重较高。60 岁及以上群体通勤距离最短，考虑到身体原因，主要选择在家附近择业。汉族群体和藏族群体通勤距离较长，回族群体通勤距离最短，在宗教活动的影响下，回族群体居住、行为活动均围绕在清真寺周边。西宁主城区户籍群体通勤距离明显大于其他群体，本地居民就业场所选择限制性因素较少，空间选择性较大。随着学历的提升，居民通勤距离越来越长，高学历群体在择业时选择空间较大，且有高等级机动化的通勤工具。小学及以下群体择业范围小，在考虑通勤成本的限制下，多靠

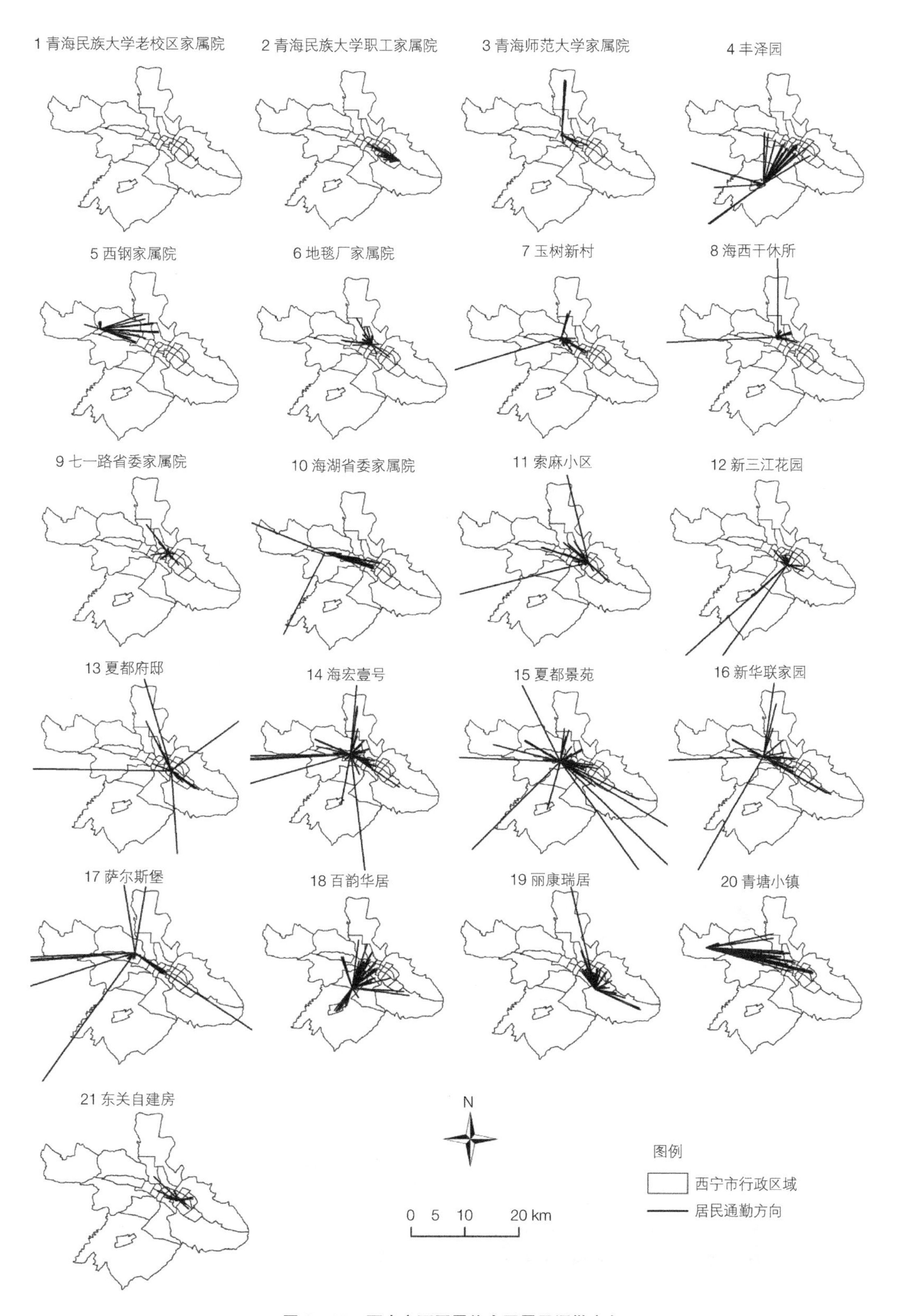


**图 8—25 西宁市不同居住小区居民通勤方向**

近居住地择业。其他职业者中有一些无固定工作的群体，为寻求就业机会，他们不得不忍受长距离通勤。部分公务员和事业单位人员为改善居住环境会选择迁出原居住地，因此通勤距离较长、多选择私家车出行。个体经营者通勤距离最短，他们为做生意方便选择在就业地附近居住。随着收入的增加，居民通勤距离逐渐增加。低收入群体在通勤支付能力和机动化出行的制约下，其就业空间选择多集中于居住地附近。而高收入群体多选择高机动化的出行方式，选择工作地点自由度较大，因此通勤距离相对较长。

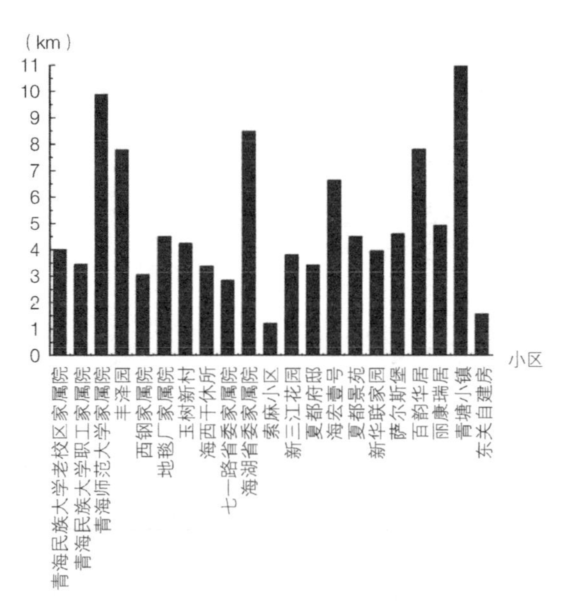


图 8—26　西宁市不同居住小区居民通勤距离

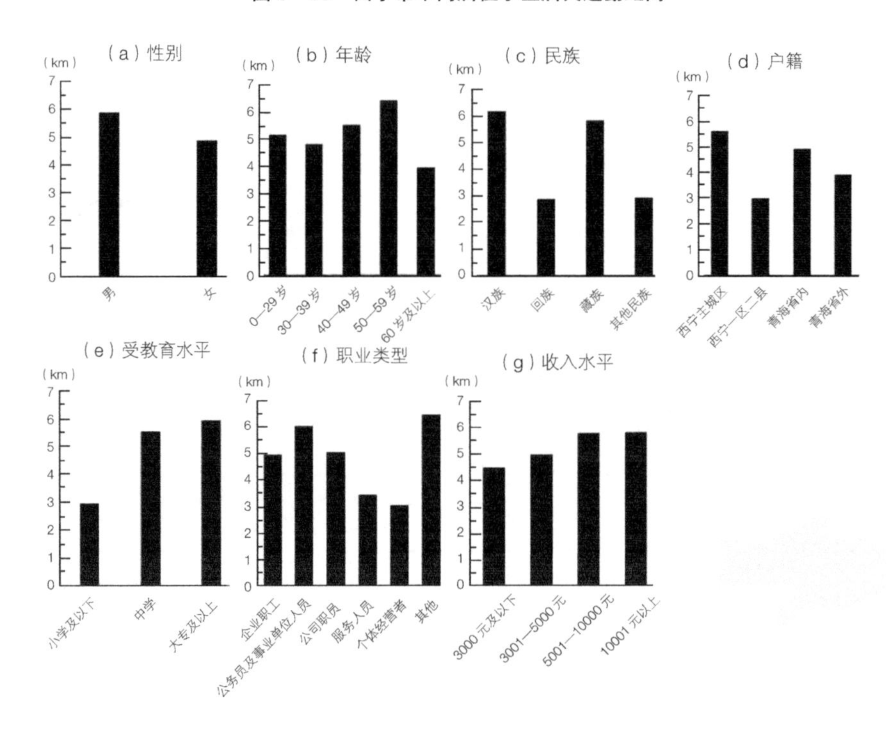


图 8—27　西宁市不同社会属性群体通勤空间距离

（3）购物空间

随着商业市场的发展和居民消费方式的复杂化，居民购物类型、购物场所的选择、购物频次及方式、购物距离及购物圈层以及不同社会属性群体购物空间分异等内容引起了学者们的关注（柴彦威，2002）。对居民购物行为及空间特征的研究，可以为城市商业设施的合理选址和居民购物活动的便利性提供参考。

①购物频率及方式特征

居民的购物频率通常会与出行距离成反比。西宁市居民购物出行频率最高为食品蔬菜类，购物平均频率为 3.76 次 / 周，大约 2 天购买一次，属于日更新消费品；日常生活用品更新频率低于蔬菜食品，为 0.571 次 / 周，为月更新消费品。随着生活水平的提高，居民购买服装（鞋）的次数并不固定，尤其是中青年群体，对服装购买次数比较模糊，因此本研究并未对居民年内购买服装（鞋）类商品的次数做统计。

在购买食品蔬菜和生活日用品中，居民以步行为主，分别占总人数比重的 85.8% 和 81%（图 8—28）；其次为公交车，分别占总人数的 8.6% 和 14%，机动化程度非常低；在购买服装（鞋）类商品时，居民表现出高机动化的出行方式，主要以公交车为主，所占比重为 55.9%；购买高等级商品时，呈现出高机动化的出行方式（程财，2015）。此外，在受访群体中，有 8.71% 的居民会经常选择网购，网购也日渐成为西宁市居民服装（鞋）类商品购物的重要方式。

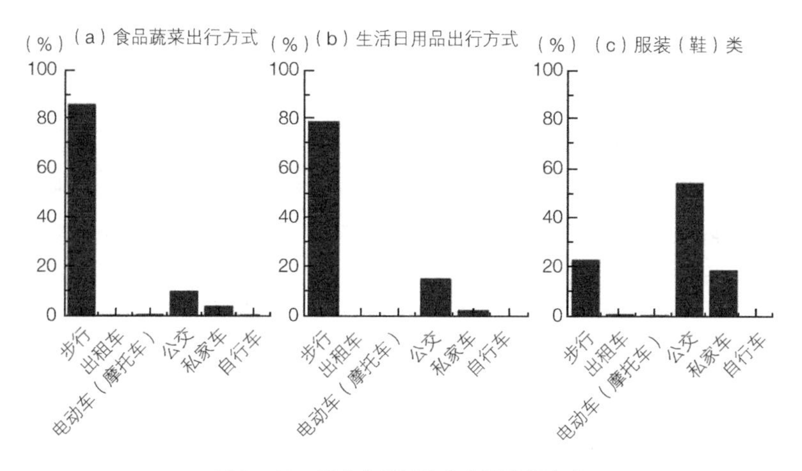


**图 8—28　西宁市居民购物主要出行方式**

②购物圈层特征

**购物距离特征**

食品蔬菜、日常生活用品、服装（鞋）类代表商品谱系中从低级到高级的不同等级的商品，所以在日常购物活动中，因商品等级不同，居民购物空间呈现出显著的差异性。整体分析，西宁市居民购买食品蔬菜、生活日用品及服装（鞋）类的平均出行距离为 0.828km、1.078km 及 4.356km。与 2013 年西宁市购物空间的调研结果相比，平均出行距离均有减少趋势，说明西宁市商业设施在不断增多，各类型商业等级体系不断完善。

**不同类型商品的购物距离特征**

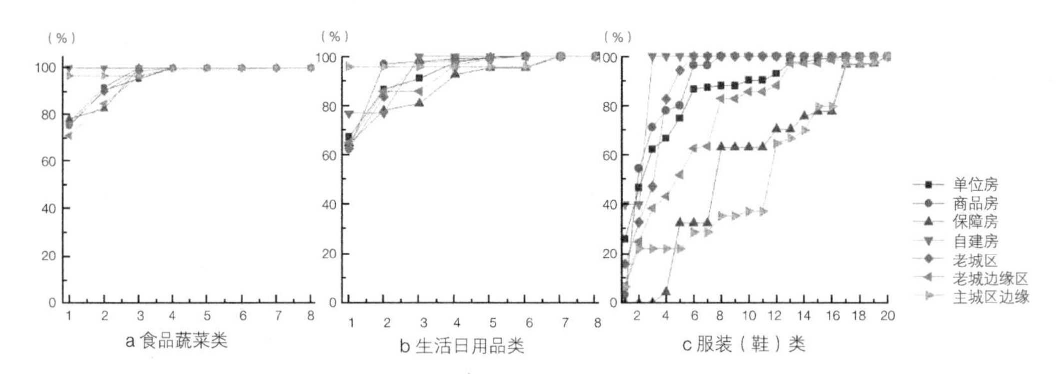


**图 8—29 西宁市不同类型和不同区位居住小区购物空间距离**

食品蔬菜类商品购物（图 8—29a）。从居住小区类型分析，单位房居民购物平均出行距离为 1.03km，在 1km 范围内居民购物活动比重为 75.28%，超过 90% 的居民在 2km 范围内完成购物活动。商品房居民购物平均出行距离为 0.775km，在 1km 范围内居民购物活动比重为 76.83%，在 2km 范围内居民购物活动比重超过 91.83%。自建房居民出行的平均购物距离最短，居民购物活动发生在 1km 范围内。保障房居民购物平均出行距离为 0.88km，在 2km 以内居民购物活动发生的比重 82.7%，保障房周边商业设施数量少，居民购物空间的选择性较少。在受访中，部分居民表示小区周边的商铺蔬菜种类少、不新鲜，且价格较贵，他们仍会选择距小区较近的菜市场或早市；而部分居民表示由于时间、精力的关系，仍会选择周边商铺购物。从居住小区区位分析，老城区居民平均购物出行距离为 0.77km，75.73% 的居民购物发生在 1km 内，90.1% 的居民购物在 2km 以内。老城边缘区居民购物平均出行距离为 0.9km，84.82% 的居民购物活动在 2km 范围内。主城区边缘居民购物平均出行距离为 0.75km，在 1km 范围内居民购物活动发生比重为 96.61%，西钢家属院建设年代久，周边较低等级的商业体系比较成熟，可以满足居民基本的生活需求。而保障房周边商业设施较为缺乏，且出行距离又远，导致部分居民在购买商品时，被迫就近选择。总体来看，食品蔬菜类商品属于日更新商品，购物频率高，出行距离短，西宁市居民购物出行距离集中在 2km 范围内。

生活日用品商品购物（图 8—29b）。从居住小区类型分析，单位房、商品房、保障房及自建房居民平均出行购物距离分别为 1.23km、0.84km、1.58km、0.8km，在 1km 范围内居民购物比重超过 60%，2km 范围内超过 78%，4km 范围内达到 90%。从居住小区区位分析，老城区、老城边缘区及主城区边缘居民购物距离分别为 1.17km、1.04km 和 1.49km，在 4km 范围内购物活动发生比重超过 93%。整体分析，生活日用商品购物出行距离集中在 4km 范围内。生活日用品与食品蔬菜类商品一样，均属于低等级商品，但生活日用品属于月更新商品，购物频率相对较低，居民长距离出行也可以接受。

服装（鞋）类商品购物（图 8—29c）。从居住小区类型分析，单位房、商品房、保障房及自建房居民的平均出行购物距离分别为 4.13km、2.71km、9.85km 及 1.63km。单位房居民在 11km 范围内购物活动发生的比重超过 90%，在 1—3km 处坡度最大，5—7km 处坡度次之，较多的居民购物活动发生在1—3km和5—7km处；商品房居民购物95%集中在7km范围内，在1—5km 范围内坡度最陡；保障房居民出行较远，30% 的居民购物集中在 5km 范围内，在 17km 处购物累计活动超过 90%，且网购比重最大，因此，与短距离的出行相比，长距离、长时间的出行居民更倾向于用便利网购替代实体店购物；自建房周边商业设施非常成熟，居民在 3km 范围内就可以完成购物活动。从居住小区区位分析，老城区、老城边缘区和主城区边缘居民平均购物距离为 2.9km、5.96km 和 13.31km，老城区 94.31% 的居民出行在 5km 范围内，老城边缘区居民在 1km 内出行比重不超过 10%，在 18km 内均有居民购物。主城区边缘在 11km 内仅有 35.4% 的居民购物，在 17km 范围内有近 97% 的居民购物。服装（鞋）类商品与食品蔬菜类商品、生活日用品不同，属于高等级商品，可以体现购买者的身份和地位，同时附加在高档服装上的符号价值也有差异，高等级商品的购物场所一般也是城市中较高等级的商业中心。通过调查发现，西宁市居民购买服装（鞋）类商品主要集中在西门购物中心、力盟步行街、万达广场附近、小桥市场附近等区域（图 8—30）。

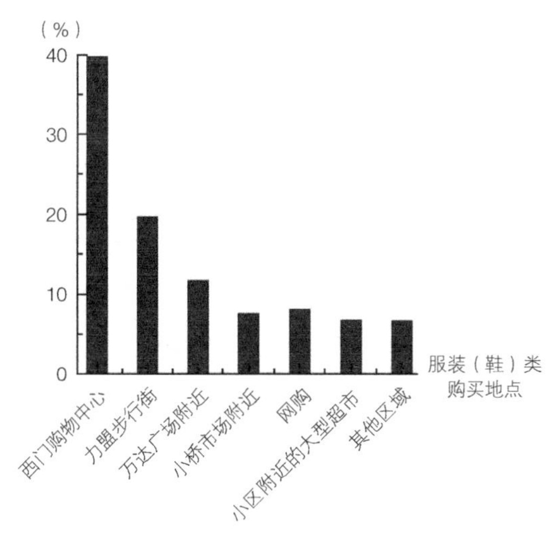


**图 8—30　西宁市居民服装（鞋）类商品购物地点**

③购物空间特征

**整体购物空间特征**

商品等级不同，居民的购物场所也不同。整体分析（图 8—31），居民购买蔬菜食品类商品集中在小区内及附近便利店、小超市的比重为 34.99%，集中在附近市场及早市的比重占 56.61%；在购买生活日用品方面，居民购物空间主要集中在大型商场及超市、小区内及附近便利店和小超市，所占比重分别为 48.77% 和 42.75%；在购买服装（鞋）类商品方面，大型超市及商场所占比重为 36.62%，大型低等级市场及商场比重为 44.89%。另外，网购也成为一种新型的购物方式，服装（鞋）类商品网购的比重为 8.71%。

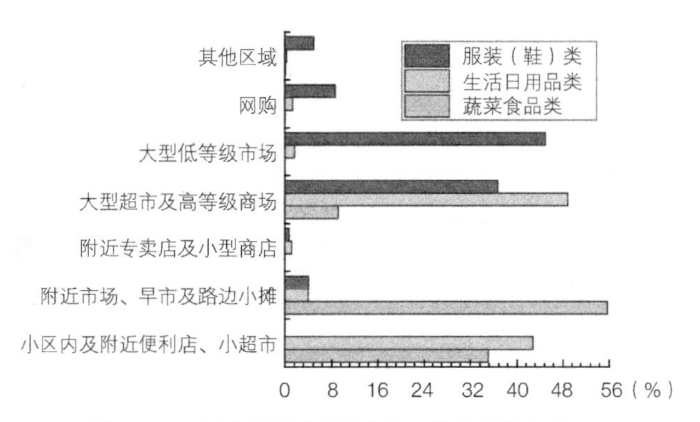


**图 8—31　西宁市居民不同商品的购物场所比重**

### 不同社会属性群体购物空间特征

图 8—32 显示了不同社会属性群体购物空间特征。女性购买日常生活用品喜欢去大型超市，购买服装（鞋）时场所较为多元，且网购的比重也大于男性；而男士在购物时以快捷为主，对价格要求不是很高，多集中于距家较近的购物地点，受访中不少男士表示购买服装（鞋）类商品一般由妻子做主，自己不操心。随着年龄的增加，居民购买食品蔬菜类商品在附近市场、早市及路边小摊的比重在增加，尤其是 60 岁及以上群体，购买比重近 60%，老年群体空闲时间较多，有时间支撑较远距离的购物选择。在服装（鞋）类商品方面，年龄越小，低等级市场及商场的购物比重越大；年龄越大，高等级商场购物比重越高，这与居民的收入水平密切相关。60 岁及以上群体出于身体原因在家附近专卖店及小型商店购买的比重相对较大，也有部分群体表示自己一般不买，亲人买的较多。中学以下受教育群体购买服装（鞋）在低等级市场及商场、小区附近专卖店及小型商店比重较大，大专及以上学历者在大型超市及商场购物比重较高。回族群体在购买食品蔬菜类商品和生活日用品时倾向于去小区附近的便利店及小型超市，回族群体多居住于老城区，周边商业设施繁华，购物可选择空间较大；藏族群体和汉族群体购买服装（鞋）类商品在高等级商场购物比重略大于其他民族群体。随着收入的增加，在大型超市及商场购买生活日用品和服装（鞋）类商品的比重增大：5000 元以下群体多选择小商店、低等级市场及商场，且网购比重最大；5000—10000 元居民在中高等级商场购物的比重增大，部分收入高于 10001 元的居民有自己固定的购物场所。企业职工和服务人员购买服装（鞋）类商品时在小区附近专卖店、小型商店及低等级市场及商场较多，公务员及事业单位人员在大型超市及高等级商场较多。

总体来看，居民的购物行为受到客观建成环境、居住小区区位、商品等级及居民社会经济属性的影响。居民购物行为的空间效应显示：老城区居民购物距离小于老城边缘区和主城区边缘；不同社会属性的群体在购买不同等级商品时，对出行方式和购物空间的选择存在显著的差异。因此在未来的商业布局中应考虑不同特征人群在空间中的分布，适当配置不同等级的商业场所。网购作为实体零售业的补充，在未来会发挥越来越重要的作用。针对不同等级的商品，居民购物空间显著不同。食品蔬菜类商品和日常生活用品主要集中在居住小区附近，服装（鞋）类商品多集中在城市主商业中心、副商业中心或网购。购物空间的选择还受到居民社会属性和客观环境的影响，西门购物中心作为西宁市的主商业中心，对西宁市乃至青海省具有较强的辐射带动作用，而部分商业中心因其较高的消费门槛将许多中低等收入阶层拒之门外。

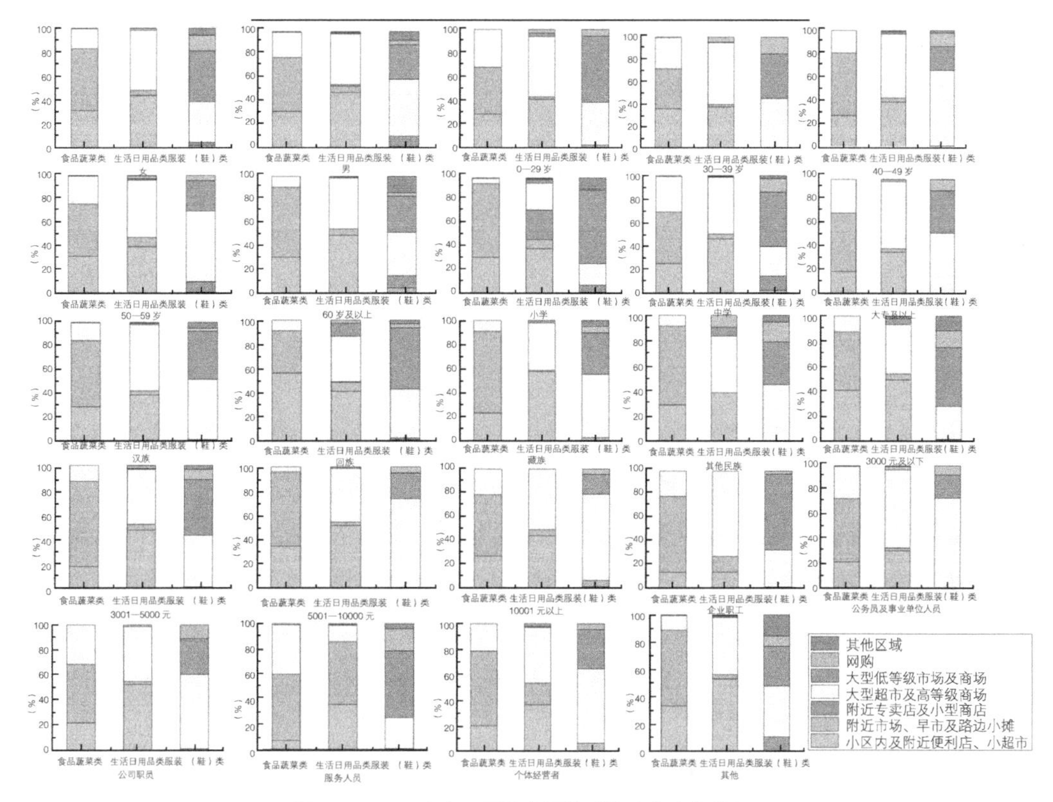


**图 8—32　西宁市不同社会属性群体购物空间特征**

（4）休闲空间

①休闲行为特征

休闲活动作为居民日常生活的重要组成部分，对城市产业发展和空间演化产生了显著的影响，影响到了个人的生活质量和水平。参考郭新伟（2020）、王斌（2008）等学者对休闲活动的分类，结合西宁市实际情况，将休闲活动分为娱乐消遣类、运动康体类、社会交往类、观光旅游类、修身养性类、教育发展类、公共发展类及其他类别。本研究将娱乐消遣类、运动康体类、社会交往类、修身养性类归为传统型休闲，将观光旅游类、教育发展类、公共发展类及其他类别归为新兴型休闲。

**西宁市居民休闲行为特征**　　**表 8—8**

| 活动类别 | 活动内容 | 比重（%） |
| --- | --- | --- |
| 体育健身类 | 运动健身 | 8.79 |
| （26.24%） | 公园散步 | 17.45 |
| 娱乐消遣类 | 上网 | 12.20 |
| （31.50%） | 看电视 | 12.71 |

续表

| 活动类别 | 活动内容 | 比重（%） |
|---|---|---|
|  | 看电影、购物 | 5.12 |
|  | 玩扑克、麻将、下棋等 | 1.46 |
| 社会交往类 | 陪伴家人 | 12.26 |
| （20.27%） | 陪朋友聊天 | 8.01 |
| 观光旅游类 | 旅游（出游） | 6.52 |
| 修身养性体类 | 补充睡眠 | 2.82 |
| 教育发展类 | 看书学习 | 6.45 |
| 公共发展类 | 参加公共活动 | 5.71 |
| 其他类别 |  | 0.49 |

据表 8—8 显示，西宁市居民日常休闲行为以传统类型为主，但新兴类型趋势明显。娱乐消遣类（31.5%）比重最高，居民平时工作压力或学习压力较大，在休闲时多以娱乐型为主；其次为体育健身类（26.24%）和社会交往类（20.27%），随着全民健身意识的提升，以体育健身类为主的休闲活动所占比重也比较大，同时居民也重视社会交往的需求。在家庭事务、工作压力及经济收入的限制下，居民观光旅游类休闲行为比重较低（6.52%）；教育发展类（6.45%）和公共发展类比重也比较低（5.71%），部分高校教师、公务员群体在休闲时仍会选择看书学习。回族群体在宗教信仰的影响下会经常参加公共活动。整体上西宁市居民休闲活动以娱乐消遣类、体育健身类及社会交往类为主。

②休闲空间特征

**西宁市居民休闲空间特征**

首先，西宁市居民休闲场所符合空间递减规律（图 8—33），主要的休闲空间集中在自己家和小区内，分别占的比重为 29.22 %、26.77%，两者达到将近 56%，说明居住小区不仅是居民居住的场所，也是居民至关重要的休闲空间（曾文，2015）。其次，25.89% 的居民休闲空间集中在小区周边的公园、广场。随着西宁市公园和广场老旧基础设施不断地维修和更新，公园水域和绿地景观不断地调整与改造，餐饮、公厕、停车场等相关配套服务设施不断地完善，越来越多的居民选择在居住地附近的公园、广场进行休闲（高子轶，2020）。图书馆、文化馆等公共场所和商场的比重分别达到 5.27% 和 4.85%，随着图书馆藏书的增加、文化馆服务内容的不断多样化，读者群体和参观群体不断增多。

**不同类型和区位小区居民的休闲场所**

从居住小区类型分析（图 8—34），保障房居民休闲活动在自己家和小区内比重较高，在小区周边公园、广场的比重最低。一方面，保障房位置偏远，离主城区公园、广场相对较远；另一方面，保障房面积规模大，绿化率高，也有小广场和健身设施，所以在小区内活动的居民较多。自建房居民除在自己家外，在居住区周边公园、广场休闲的也比较多，自建房以独家独户小院为主，居住环境较为拥挤，绿化面积少，因此居民在居住地附近公园、广场进行休闲活动的比重较高。与商品房相比，单位房居民老年群体比重较高，在小区内进行休闲的比重较大。从居住小区区位分析，老城区居民在周边公园、广场活动的比重较大。距市中心越远，居民在小区内休闲活动的比重越增加，与老城区相比，老城边缘区和主城区边缘居住小区内面积宽敞，绿化空间充足，有些小区还有独特的景观园林设计。

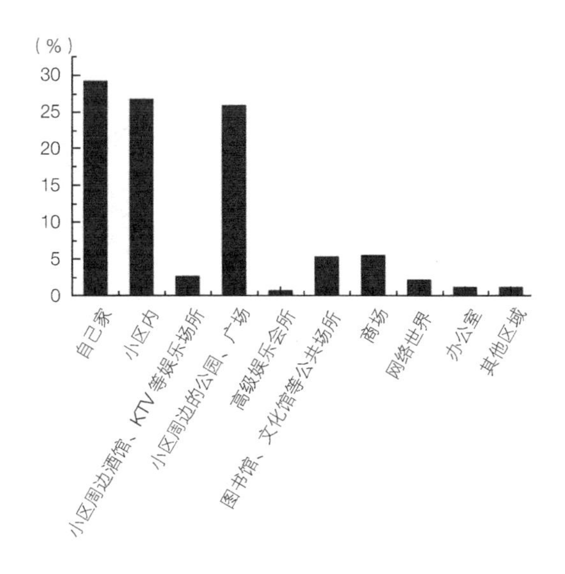


图 8—33　西宁市居民休闲场所特征

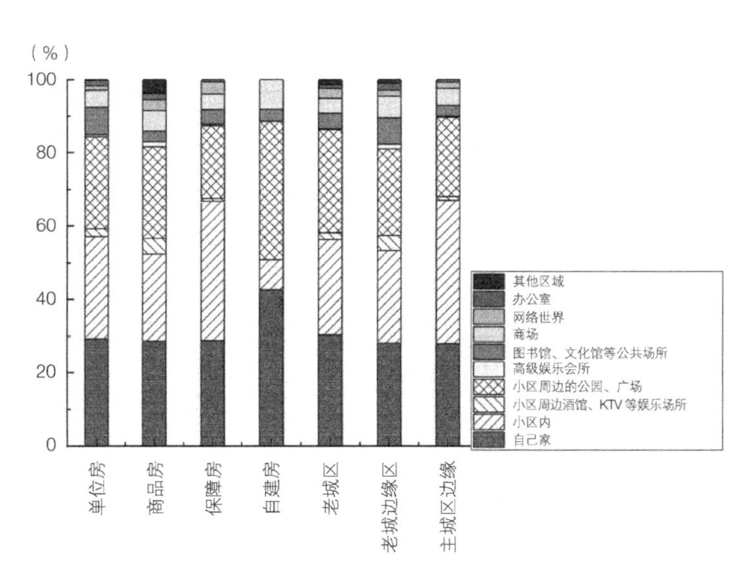


图 8—34　西宁市不同类型和区位居住小区居民的休闲场所

### 不同社会属性群体休闲场所

图 8—35 统计不同社会属性群体的休闲场所。女性群体在家、商场进行休闲活动的比重高于男性群体，基于中国传统文化中“女主内、男主外”的社会角色和社会观念，女性群体在休闲时仍然承担着较多的家务，购物活动也是家庭生活的延续。而男性群体休闲时倾向于比较独

立和封闭的社交场所，在周边酒馆、KTV 以及高等级娱乐场所的比重高于女性。

40 岁以下群体在图书馆、文化馆及办公室休闲活动的比重大于其他年龄群体，中青年加班成为常态，同时部分群体处于事业的初期，需要在休闲时间学习来提高职业技能。40—59 岁属于“三明治”群体，既有老人要照顾，又有孩子需要陪伴，因此休闲活动多在自己家进行。60 岁及以上群体因身体方面的原因，在小区内活动的比重较大。

随着学历层次和收入水平的提升，居民休闲场所越来越多元，消费型场所比重增大，多追求精神层次的享受，人际交往特征明显，商场、高级娱乐场所、周边酒馆、KTV 等娱乐场所消费比重有所增加。低学历及低收入群体以基本的生活需求为主，在高等级、消费型场所消费的比重相对较低。

少数民族群体在自己家休闲的比重大于汉族群体，同时在公共场所进行休闲的比重也相对较大，特别是回族男性群体，参与的宗教活动比较多，宗教活动已成为其日常生活中重要的组成部分。

公务员及事业单位人员在图书馆、文化馆等公共场所休闲的比重相对较高，公司职员因工作需要，休闲时间在办公室加班的比重相对较大。

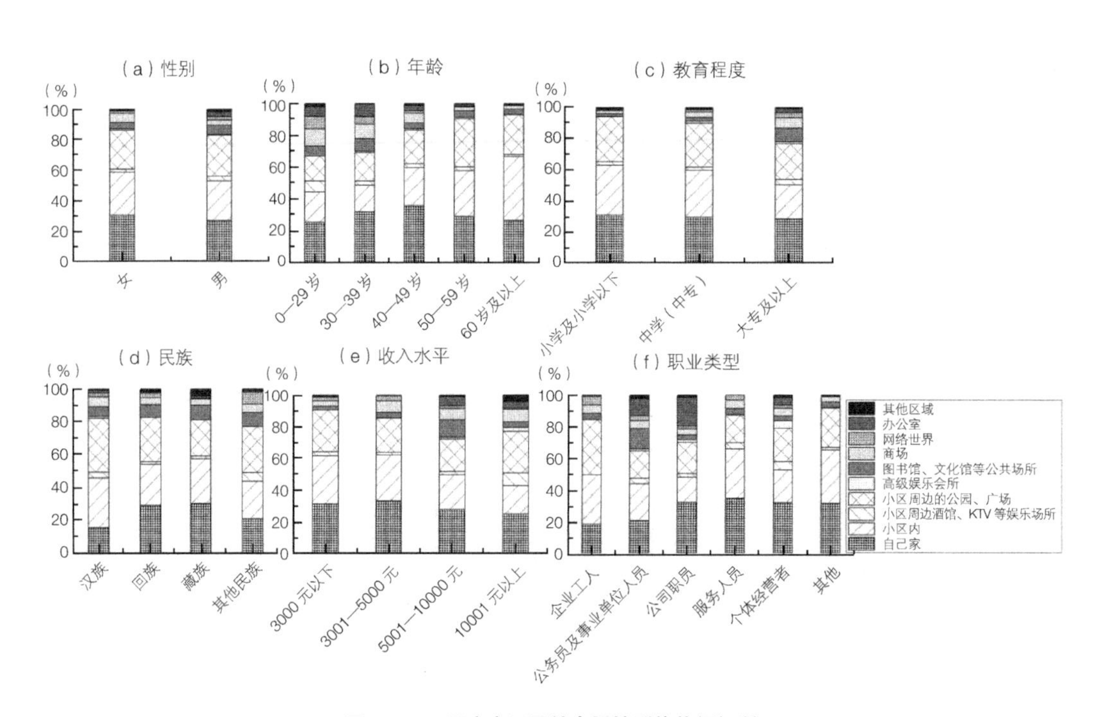


**图 8—35　西宁市不同社会属性群体休闲场所**

整体来看，西宁市居民日常休闲活动丰富且多元，主要以传统型为主，但新兴休闲活动已出现。休闲场所呈现距离衰减规律，家中、小区内及小区周边的公园、广场比重较高。不同居住小区区位、类型及不同社会属性群体的休闲空间均有差异。

（5）教育空间

居住小区周边教育设施分布的数量及质量会影响居民子女受教育的空间行为，教育设施的合理布局对居民子女的受教育行为有决定作用。本小节教育行为只考虑在西宁市范围内受教育的幼儿园、小学及中学群体。在重点研究的21个小区中，青海民族大学老校区家属院受访群体子女受教育水平均为大学及以上，对其不予考虑，只对其他20个小区居民子女的受教育行为及空间特征进行分析。

①居民子女受教育交通方式

通过图8—36可以看出，西宁市居民子女受教育方式以步行为主，所占比重为61.7%；其次为公交车和私家车，比重分别为20.21%和14.47%；其他方式（校车、电动车等）比重极小（图8—36a）。从居住小区类型来分析（图8—36b～e），自建房居民子女受教育方式步行的比重为100%，商品房和保障房居民子女受教育方式机动化出行比重较高。部分新开发小区周边教育设施数量少、质量相对较弱，居民为了让子女享受更好的教育而选择别处更优质的教育资源，步行和公交时间过长，只好选择私家车早晚接送。

“周边学校质量一般，孩子在沈娜中学上学，明年面临升学考试，身体不太好，一般早上送过去，晚上接回来给他加顿餐。距离太远了，孩子爸爸每天开车接送。每个月交通费也不少，但没办法，为了孩子。”

——青塘小镇住户

“孩子就在你们师大附小上学，小区周边倒是有个学校，感觉教学质量一般，不是很满意。”

——萨尔斯堡住户

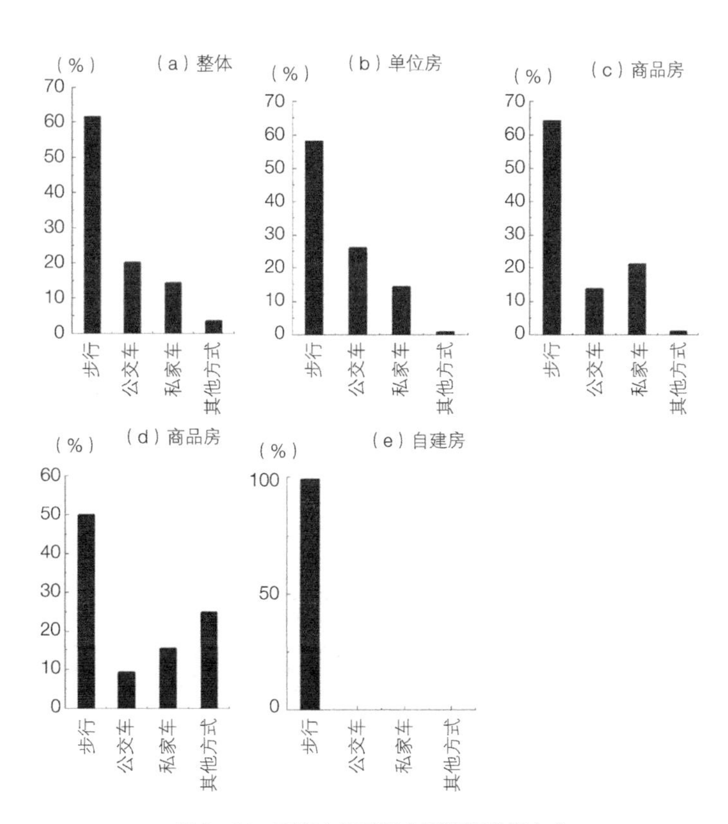


**图8—36　西宁市居民子女受教育出行方式**

②居民子女受教育距离及空间

**西宁市居民子女受教育以中短距离为主**

整体来看，居民子女受教育距离在0—500m比例最高，为39.48%；其次为500—1000m，比重为21.56%；在1000m范围内的累计距离比重为61.04%，2000m范围内累计距离比重达75.06%；西宁市居民子女受教育距离主要集中在2km范围内（图8—37）。

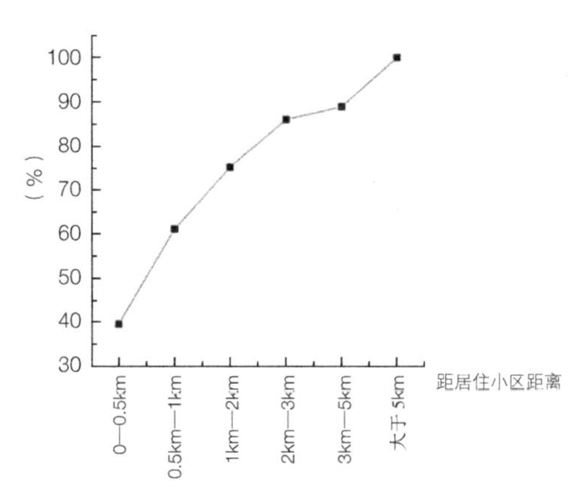


**图8—37　西宁市居民子女受教育累计距离**

**居民子女出现跨区域就读行为**

居民子女受教育从距离（图8—38）和空间（图8—39）分析，青塘小镇、百韵华居、萨尔斯堡、玉树新村、海西干休所、丰泽园、丽康瑞居、西钢家属院居民子女受教育空间平均距离大于2km，部分城市新区和主城区边缘小区居民子女出现跨区域就读行为。一方面，小区周边教育设施数量少，另一方面，学校本身硬件设施和教育质量也是居民考虑的一个重要因素。

整体上西宁市居民子女受教育空间以中短距离为主，交通方式以步行为主，与义务教育免试、就近入学的规定和“学校划片招生、生源就近入学”的目标相符，部分小区居民因不满足周边教育质量或周边教育设施数量缺乏而打破学区范围的壁垒，送子女跨区域就读。

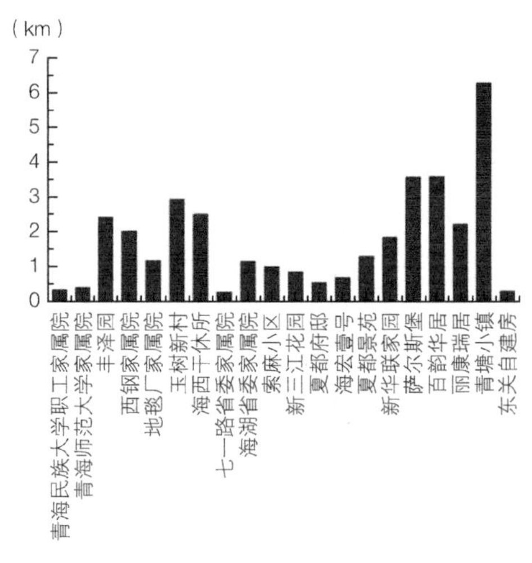


**图8—38　西宁市不同居住小区居民子女受教育距离**

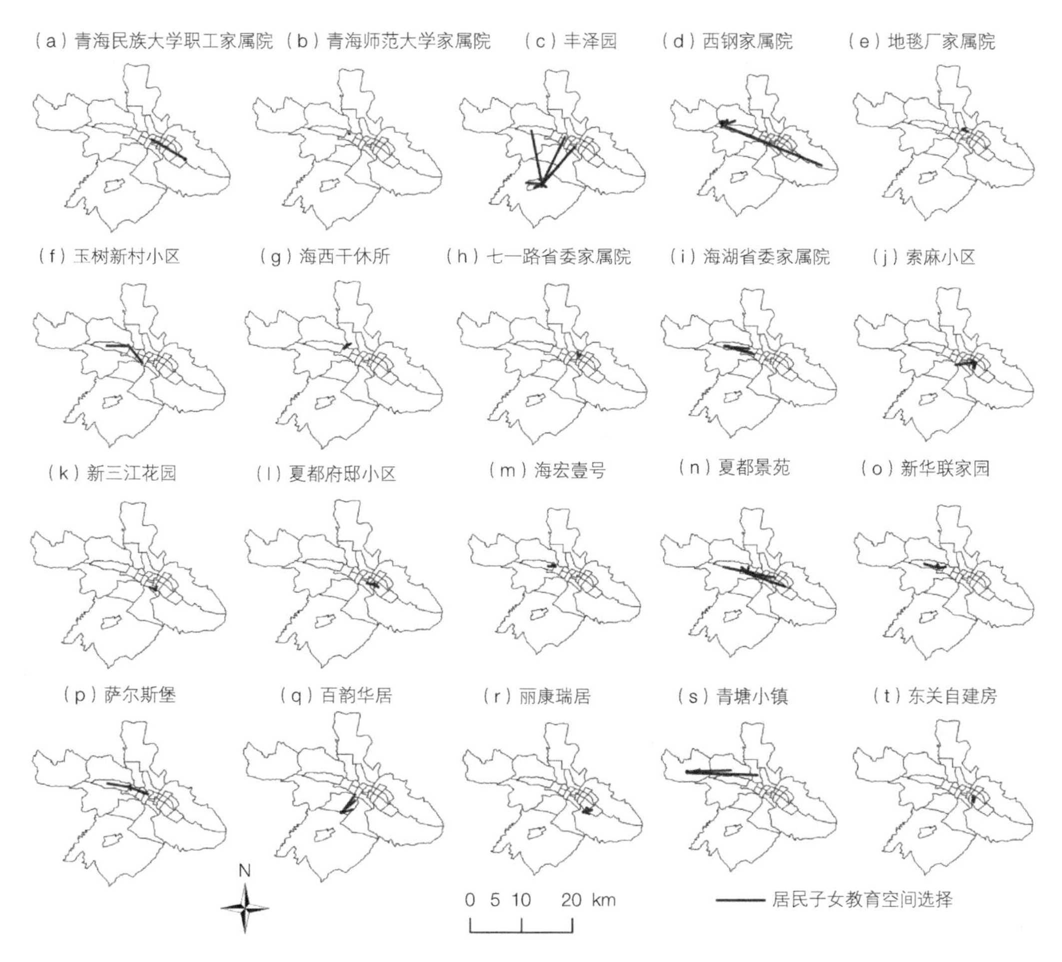


**图 8—39　西宁市不同居住小区子女受教育空间**

（6）医疗空间

①就医交通工具

西宁市居民就医交通工具以公交车和步行为主，比例分别为 38.89% 和 33.51%；其次为私家车，比重为 19.4%；出租车和其他方式的比例低（图 8—40a）。从居住小区类型来分析，单位房和商品房居民就医交通工具以公交车和私家车为主，步行次之；保障房和自建房居民就医以步行和公交车为主（图 8—40b ~ e）。

②就医空间特征

居民就医空间集中在 5km 范围内

从图 8—41 来分析，居民就医距离在 0—1km 范围内比例最高（33.8%），随着距离的增加，就医人数逐渐减少。在 5km 范围内，居民就医比例达 72.51%，西宁市居民就医以中短距离为主。

**高等级医院和基层医院对居民就医空间影响较大**

西宁市居民医疗空间选择类型多样，包括综合医院、专科医院、妇幼保健院、社区卫生服务中心及私人诊所等。从居民医疗服务空间选择来看，青海省人民医院、社区卫生服务中心和青海大学附属医院就医比重较大（图 8—42），分别为 23.55%、19.34% 和 16.5%；其次为西宁市第三人民医院、青海省红十字医院、青海省中医院和青海省交通医院，就医比重分别为 9.23%、7.58%、3.31% 和 3.16%。高等级医院和社区医院被选择的次数多，对居民的就医空间行为产生了重要的影响。

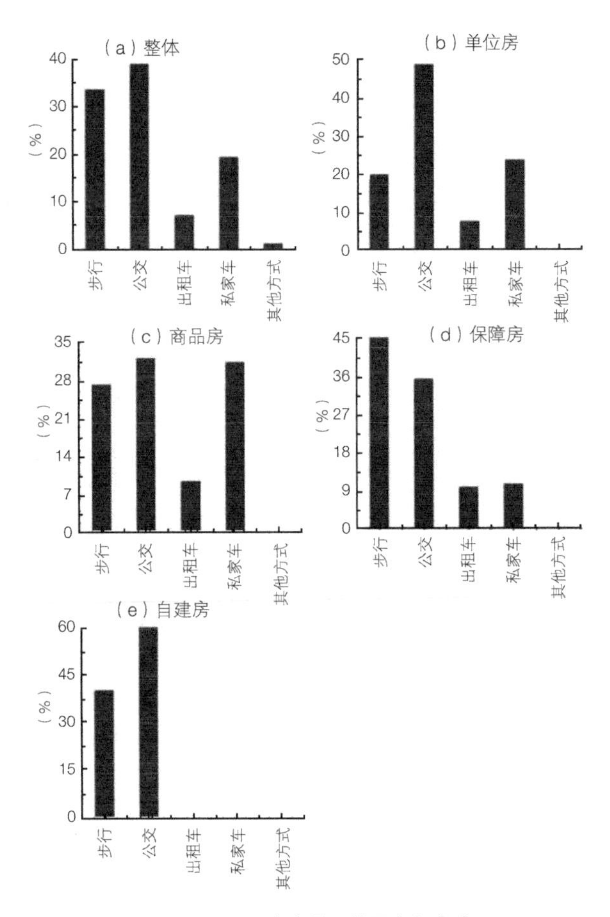


**图 8—40　西宁市居民就医出行方式**

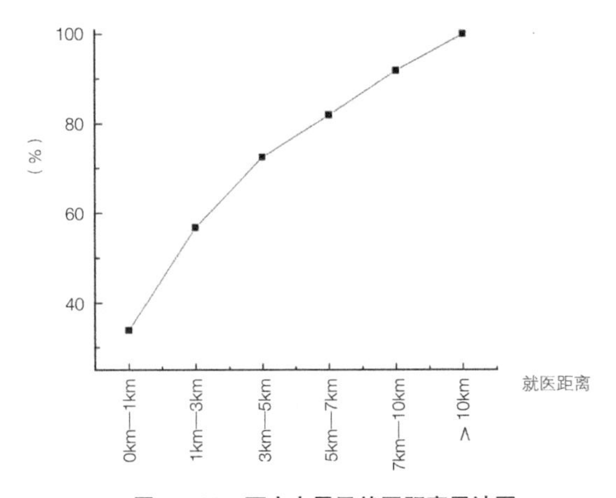


**图 8—41　西宁市居民就医距离累计图**

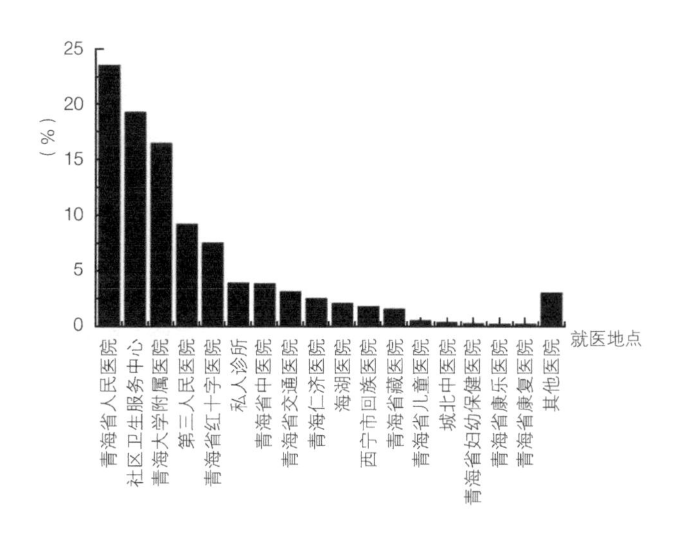


图 8—42　西宁市居民医疗服务选择

**中心城区居民就医选择空间大，边缘区居民就近选择特征突出**

从不同居住小区分析，就医平均距离小于 5km 的小区比重达 80.95%（图 8—43）。在城市历史惯性作用下，西宁市优质且丰富的医疗资源集中在中心城区，城市边缘区医疗资源等级低且数量少。居住在中心城区居民就医空间选择多，居住在城市边缘区居民就医空间选择相对较少。保障房居民在社区医院就诊的比例接近 50%，居民就医空间就近选择特征突出。

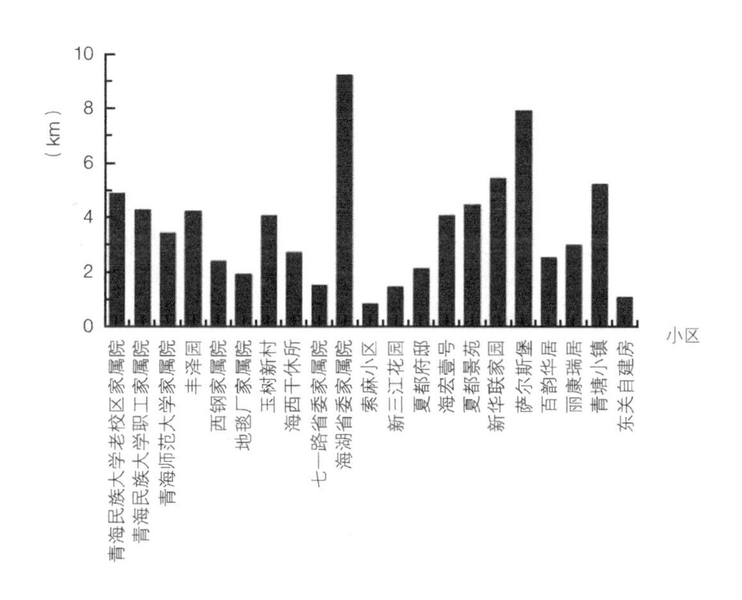


图 8—43　西宁市不同居住小区居民就医距离

“我们上了年纪的人，看病通常都去社区卫生服务中心，大医院看病一次就得好几百，基本上一个月生活费都没了。加上腿脚不方便，走不了长路，上下公交也不方便，一般不去。”

——百韵华居住户

“大医院离这里太远了，基本不去，头晕感冒就在附近社区医院或去亲人介绍的小诊所，社区医院治疗不好的话会去第三人民医院，主要是近。没什么文化，不识字，去大医院看病手续太复杂。”

——青塘小镇住户

**不同社会属性群体就医空间分异**

从不同社会属性群体分析（表8—9），随着年龄的增长，居民的就医空间距离呈现下降。中青年群体出行机动化程度高，且比较重视医疗技术和医院环境，多选择综合型医院就医；老年群体在就医时，多考虑的是医疗手续的繁简、医疗费用的高低、出行时间的多少和出行工具的便利性，因此倾向于选择居住地附近的社区医院。回族群体多集聚在老城区，居民居住区周边医院数量多且等级高。户籍为西宁一区两县群体就医空间距离最长，他们多数居住在主城区边缘小区，去老城区就医距离较长。企业职工和服务人员就医空间距离较短，这两类群体在社区卫生服务中心就医比重较大。高学历和高收入群体受就医观念的影响，多倾向于选择高质量、设备齐全的大型公立综合医院。不同社会属性群体就医距离不同，究其原因是受医疗消费意识、支付能力、出行工具、身体状况等因素的共同作用。

**西宁市不同社会属性群体就医距离** 表8—9

| 群体属性 | 就医距离（km） | 群体属性 | 就医距离（km） |
|---|---|---|---|
| 年龄 | | 教育程度 | |
| 0—29岁 | 3.99 | 小学及以下 | 3.34 |
| 30—39岁 | 3.97 | 中学 | 3.79 |
| 40—49岁 | 3.90 | 大专及以上 | 4.33 |
| 50—59岁 | 3.94 | 职业 | |
| 60岁及以上 | 3.73 | 企业职工 | 3.02 |
| 民族 | | 公务员及事业单位人员 | 4.11 |
| 汉族 | 4.29 | 公司职员 | 5.23 |
| 回族 | 2.23 | 服务人员 | 3.40 |
| 藏族 | 3.58 | 个体经营者 | 4.34 |
| 其他民族 | 5.53 | 其他 | 4.19 |
| 户籍 | | 收入 | |
| 西宁主城区 | 3.95 | 3000元及以下 | 3.94 |
| 西宁一区二县 | 4.21 | 3001—5000元 | 3.81 |
| 青海省内 | 3.31 | 5001—10000 | 3.96 |
| 青海省外 | 3.34 | 10001元以上 | 3.92 |

（7）邻里交往

①邻里熟知程度

总体分析（表8—10），西宁市居民邻里陌生度相对较高，仅有41.26%的居民与邻居经常交往，40.35% 的居民与邻居只是见面偶尔打个招呼，有 18.39% 的居民对邻居根本不认识。不同于计划经济时期开放型和共享型的单位大院，城市中现代楼房更强调的是独享性、安全性和封闭性，所以邻里间交往较少，彼此间陌生度越来越高。

**西宁市居民邻里熟知程度** **表 8—10**

| 邻里熟知程度 | 所占比重（%） |
|---|---|
| 认识，并经常交往 | 41.26 |
| 认识，偶尔打个招呼 | 40.35 |
| 不认识 | 18.39 |

②邻里互助程度

**整体互助程度**

从图 8—44 可以看出，西宁市居民遇到困难时求助对象所占比重依次为亲属（38.34%）＞物业（19.73%）＞朋友、同学（17.9%）＞同事（11.76%）＞邻居（11.76%）＞其他群体（0.46%）。在寻求帮助的对象调查中，亲缘型仍占最高比重。物业在求助对象中比重位居第二，随着物业管理水平的不断提升，“三供一业”政策的施行，许多小区也由“三无管院”、社区代管变为由专业物业公司管理，管理水平迅速提升，服务范围越来越广。向朋友及同学求助比重也比较高，西宁是一个典型的移民性城市，外来人口较多，趣缘型的社会关系网络正扮演着越来越重要的角色。在遇到困难时，居民求助邻里的比重仅为 11.76%，可见西宁市邻里互助程度较低。

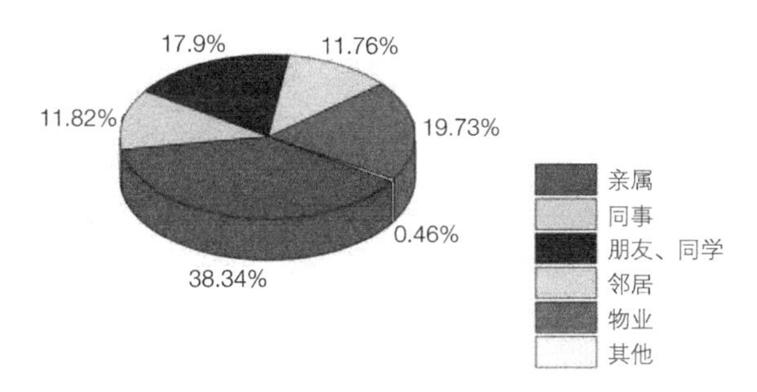


**图 8—44 西宁市居民邻里求助比重**

**不同居住小区邻里互助程度**

青海民族大学老校区家属院、海西干休所、东关自建房、索麻小区、地毯厂家属院、新三江花园的邻里互助程度较高，新华联家园、萨尔斯堡、海湖省委家属院、百韵华居、青塘小镇的邻里互助程度低（图 8—45）。可以看出老年人较多的老旧单位小区和少数民族较多的小区邻里互助程度高，中高档商品房和保障房居民邻里互助程度较低。

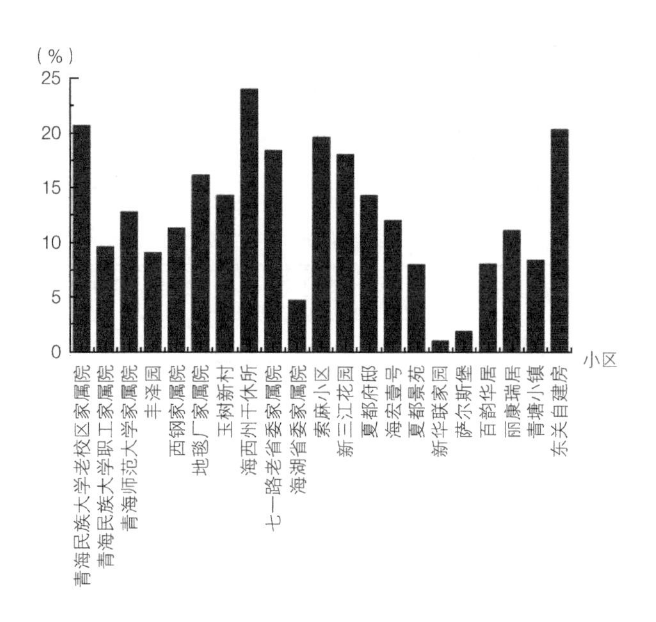


**图 8—45　西宁市不同居住小区邻里互助程度**



## 8.2.3　感知空间分异

（1）感知空间分异主因子

居民通过长期以来与住房及小区周边环境的互动，会产生一种主观的综合评价，这种主观的综合评价称为居住环境满意度评价，也可理解为居民的感知空间评价。本小节从居住内部环境和居住外部环境两方面来判断西宁市居民的空间感知。在遵循科学性、客观性、完整性和有效性原则基础上，构建了住房室内大小、住房质量、住房户型、小区物业服务、小区治安管理、小区卫生管理、小区设施维修、小区内及周边商购餐饮设施、小区内及周边交通设施、小区内及周边休闲娱乐设施、小区内及周边医疗卫生设施、小区内及周边教育设施、小区内及周边养老社会福利设施、小区内及周边绿化程度、邻里互助程度、邻里熟知程度 16 个比较合理的居住环境满意度评价指标体系。X1—X14 设置非常不满意、不满意、一般、比较满意、非常满意 5 个评价等级，分别赋值 1、2、3、4、5；X15（邻里互助程度）设置求助其他群体、求助邻居 2 个评价等级，分别赋值 1、2；X16（邻里熟知程度）设置不认识，认识、见面偶尔打个招呼，认识并经常交往 3 个评价等级，分别赋值 1、2、3。

借助 SPSS 软件中的因子分析方法，采用最大方差法进行因子旋转，得到 KMO=0.733，累积贡献率为 81.41%，同时得到 3 个主因子（表 8—11），分别为住房环境状况（第一主因子）、生活设施状况（第二主因子）、邻里交往状况（第三主因子），第一主因子贡献率为 48.50%，在“住房室内大小、住房质量、住房户型、小区物业服务、小区治安管理、小区卫生管理、小区设施维修管理、小区内及周边绿化程度”上载荷较高；第二主因子贡献率为 21.34%，在“小区内及周边商购餐饮、小区内及周边交通设施、小区内及周边休闲娱乐设施、小区内及周边医疗卫生设施、小区内及周边教育设施、小区内及周边养老及社会福利设施”上载荷较高；第三主因子贡献率为 11.57%，在“邻里互助程度、邻里熟知程度”上载荷较高。西宁市居住环境满意度包含三个维度，分别为住房环境满意度、生活设施满意度及邻里交往状况（表 8—12）。

**特征值及方差贡献率** **表 8—11**

| 主因子 | 特征值 | 方差贡献率（%） | 累计方差贡献率（%） |
|---|---|---|---|
| 1 | 7.76 | 48.50 | 48.50 |
| 2 | 3.41 | 21.34 | 69.84 |
| 3 | 1.85 | 11.57 | 81.41 |

**各主因子载荷** **表 8—12**

| 变量 | 各主因子载荷 | | |
|---|---|---|---|
| | 1 | 2 | 3 |
| 住房质量（X1） | 0.911 | 0.288 | −0.042 |
| 住房户型（X2） | 0.854 | 0.352 | −0.169 |
| 室内大小（X3） | 0.727 | 0.502 | −0.177 |
| 小区卫生管理（X4） | 0.967 | 0.177 | −0.045 |
| 小区设施维修管理（X5） | 0.958 | 0.222 | −0.077 |
| 小区治安管理（X6） | 0.946 | −0.026 | 0.124 |
| 小区物业服务（X7） | 0.917 | 0.015 | 0.132 |
| 小区内及周边休闲娱乐设施（X8） | 0.701 | 0.556 | −0.087 |
| 小区内及周边养老、社会福利设施（X9） | 0.699 | 0.582 | 0.003 |
| 小区内及周边教育设施（X10） | 0.591 | 0.568 | 0.18 |
| 小区内及周边商购餐饮设施（X11） | −0.202 | 0.862 | −0.197 |
| 小区内及周边交通设施（X12） | 0.23 | 0.824 | −0.02 |
| 小区内及周边医疗卫生设施（X13） | 0.247 | 0.686 | 0.274 |
| 小区内及周边绿化程度（X14） | 0.748 | −0.08 | −0.36 |
| 邻里互助程度（X15） | −0.189 | 0.046 | 0.864 |
| 邻里熟知程度（X16） | 0.054 | −0.044 | 0.847 |

（2）住房环境满意度

西宁市居民住房环境满意度平均值为 3.78，从表 8—13 中可得知：①居民对小区内及周边绿化程度满意度平均值 4.075，远大于整体平均值 3.78，西宁市居民对绿化程度满意度最高。近些年来，西宁市全力打造“绿色发展样板城”，将城市更新改造腾出来的地块用来进行绿化，改善城市环境，至 2018 年底，建成区绿化覆盖率达 40.5%，人均公园绿地面积 12.5m$^2$；②居民对住房室内大小和住房户型满意度平均值分别为 3.82 和 3.85，均高于平均值。调查中发现，多数居民对住房大小和户型满意度较高，部分企业老旧单位小区和自建房满意度较低。老旧小区建成时间久，住房面积小，户型格局差。自建房多为租房群体，生活环境较为拥挤，人口密度大，人均居住面积非常小；③物业服务、治安管理、卫生管理、设施维修管理及住房质量的平均满意度均低于整体满意度水平，中高档小区和部分新建单位小区居民对物业服务和住房质量满意度非常高，这些小区统一由单位或专业物业公司管理，门禁管理非常严格，需要刷门禁卡或人脸识别才能进入，外来访客需登记才能进入。保障房、部分城区边缘单位房及自建房满意度较差，保障房和部分老旧单位房虽然有专业物业公司管理，但物业收费低，形式重于管理，公共设施维修不及时。自建房物业由社区代管，每月只收取垃圾费，卫生环境差、治安混乱，建筑标准相对较低，使用年限相对较长，房屋质量较差。

**西宁市居民住房环境满意度** **表 8—13**

| 住房环境状况 | 满意度平均值 |
| --- | --- |
| 室内大小 | 3.82 |
| 小区卫生管理 | 3.78 |
| 住房质量 | 3.77 |
| 住房户型 | 3.85 |
| 小区设施维修 | 3.66 |
| 小区物业服务 | 3.54 |
| 小区治安管理 | 3.78 |
| 小区内及周边绿化环境 | 4.07 |
| 整体平均值 | 3.78 |

从住房环境满意度来看（图 8—46），行政事业单位房和建设年代较晚的商品房居民满意度较高，萨尔斯堡、夏都府邸、新华联家园、青海民族大学老校区、海西干休所、青海民族大学职工家属院、七一路省委家属院、青海师范大学家属院及玉树新村的满意度较高；建设年代较早的企业单位房和自建房满意度较低，居住空间狭小，房屋建设年代久，内部存在墙皮脱落、漏水、瓷砖损坏等现象。

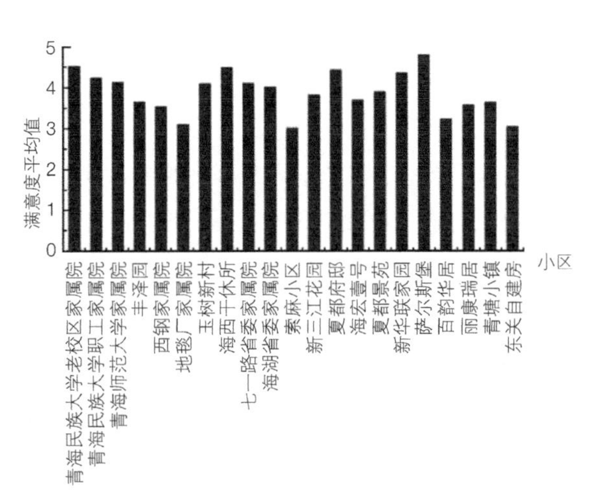


**图 8—46 西宁市不同居住小区居民住房环境满意度**

（3）生活设施满意度

西宁市居民生活设施满意度平均值为 3.49，从表 8—14 可以看出：①居民交通设施满意度最高，为 3.66，高于平均值 3.49。西宁为提升公共交通服务水平及质量，调整优化公交路线，扩大公交服务范围，并推出“掌上公交”APP，方便市民实时掌握公交的运营状况；②休闲设施和教育设施的满意度较高。近几年来，西宁市公园、游园数量不断增加，同时结合公园海绵化改造及景观提升建设项目，对公园的“颜值”进行升级改造。为进一步完善教育服务功能、扩大优势资源的影响力，新建、扩建及迁建一批学校以满足居民的上学需求。但与老城区相比，城市新区及主城区边缘教育设施相对较少，教育质量偏弱，居民满意度偏低；③商购餐饮设施、医疗设施、养老及社会福利设施的满意度低于整体水平。从数量上来看，商购餐饮设施在小区周边的数量最多，但居民对其感知较差，原因在于部分小区内及周边商购餐饮设施质量较差、价格高，供给与居民需求不匹配。而医疗卫生设施等级及规模分布不太均衡，新区及主城区边缘小区医疗设施数量少，等级较低，服务内容覆盖少。养老、社会福利设施整体满意度较低，除海西干休所、七一路省委家属院、青海民族大学老校区家属院、夏都府邸及东关自建房居民满意度较高外，其他居住小区居民满意度均比较低。

**西宁市居民生活设施满意度** **表 8—14**

| 生活设施 | 满意度平均值 |
| --- | --- |
| 小区内及周边商购餐饮设施 | 3.45 |
| 小区内及周边交通设施 | 3.66 |
| 小区内及周边休闲娱乐设施 | 3.52 |
| 小区内及周边医疗卫生设施 | 3.30 |
| 小区内及周边教育设施 | 3.61 |
| 小区内及周边养老、社会福利设施 | 3.40 |
| 整体平均值 | 3.49 |

从生活设施整体分析（图 8—47），多数建设年代较早、位于老城区的小区居民满意度较高，青海民族大学老校区家属院、七一路省委家属院、新三江花园、东关自建房、夏都府邸和丰泽园满意度较高，保障房满意度最低。

（4）邻里交往状况

在邻里交往状况方面，邻里熟知程度和邻里互助程度的平均值分别为 2.23 和 1.14。索麻小区、东关自建房区、青海民族大学老校区家属院、青海民族大学职工家属院、海西干休所、青海师范大学家属院、地毯厂家属院、玉树新村以及七一路省委家属院邻里熟知程度均大于平均值，青海民族大学老校区家属院、青海师范大学家属院、地毯厂家属院、海西干休所、索麻小区以及东关自建房的邻里互助程度高于平均值（图 8—48）。整体分析邻里交往状况可以看出，少数民族聚居小区及老旧单位房小区居民邻里交往较多。建设年代较晚的小区邻里交往少，以新华联为例，小区居民来源地较广，工作性质不同，生活方式不同，租户群体也比较多，邻里陌生度非常高。

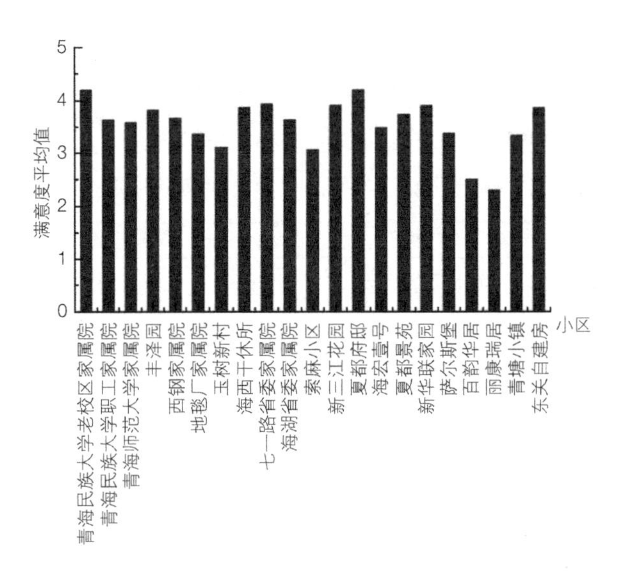


图 8—47　西宁市不同居住小区居民生活设施满意度

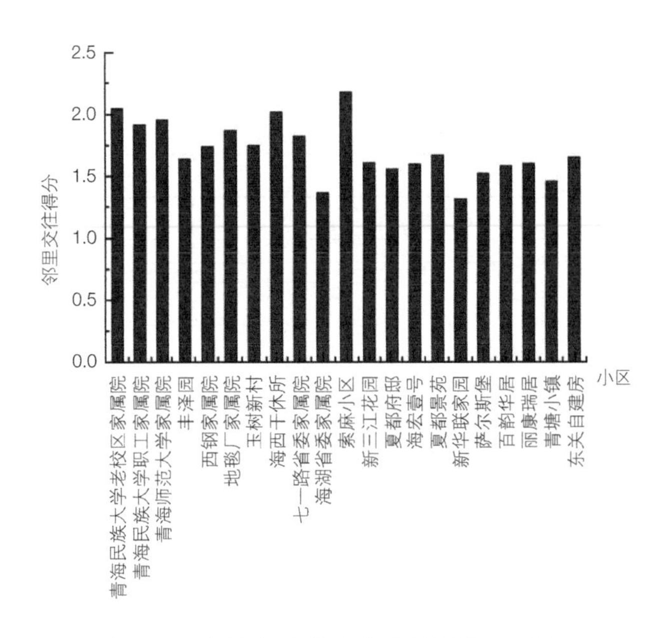


图 8—48　西宁市不同居住小区居民邻里交往状况

（5）不同社会属性群体感知空间分异

图 8—49 分析得出，女性群体的整体满意度略低于男性，在日常生活中，女性群体对房屋的状况、物业服务、卫生管理、生活设施以及邻里交往了解多于男性，在同等条件下，她们的需求会更多，要求改变现状的也很多，所以满意度相对较低。老年群体对住房环境的满意程度高于其他群体，大部分老年群体退休后对福利待遇比较满意，当今的生活与他们之前相比有质的提升，同时他们有更多的时间与精力去维持邻里间的关系，不少邻居也是之前的同事。30—49 岁群体对住房环境以及生活设施的满意度较低，尤其是生活设施满意度，这类型群体属于“三明治”群体，他们既注重对子女的教育问题，又重视老年父母的身体状况，同时还追求自身的

生活品质，小区内及周边的教育、医疗及商购餐饮设施不能满足他们的需求。户籍为青海省内的群体整体满意度较高，他们为改善居住环境、提升居住品质在西宁购房，无论从房屋质量、物业管理还是生活设施方面，他们均比较满意，同时，部分群体的邻居也是老乡和同事。而户籍为西宁一区两县和青海省外群体对住房环境和生活设施的满意度较低，一区两县群体多居住在西宁市主城区边缘，相比市中心，生活设施并不完善；而青海省外群体在西宁做生意的居多，早出晚归，大部分会选择距工作地近且租金便宜的小区租住，对居住环境的满意度比较低。高收入群体、大专及以上群体对住房环境状况、生活设施满意度较高，他们有能力根据自身需求选择居住小区，但生活节奏快，与邻居交往较少。公务员及事业单位人员对住房环境的满意度较低，他们对生活期望较高，对住房的要求也比较高；同时，他们中的部分群体为享受老城区优质、便利的生活设施仍居住在原单位小区，住房面积小、设施陈旧、物业管理相对松散等，影响住房满意度的整体评价。企业单位房建设年代早，周边设施比较完善，所以居民对小区内及周边生活设施的满意度较高。公司职员因忙于工作早出晚归，与邻居交往较少。距市中心距离近的小区居民邻里关系好、生活设施满意度高,但对住房环境满意度偏低。距市中心距离越远，居民住房环境满意度越高,生活设施满意度及邻里交往下降。居住时间越长,居民邻里交往越深，对周边生活设施的满意度也在增加。受性别、年龄、户籍、受教育程度、收入水平、居住区位及居住时间的影响，不同社会属性群体感知空间分异特征显著。

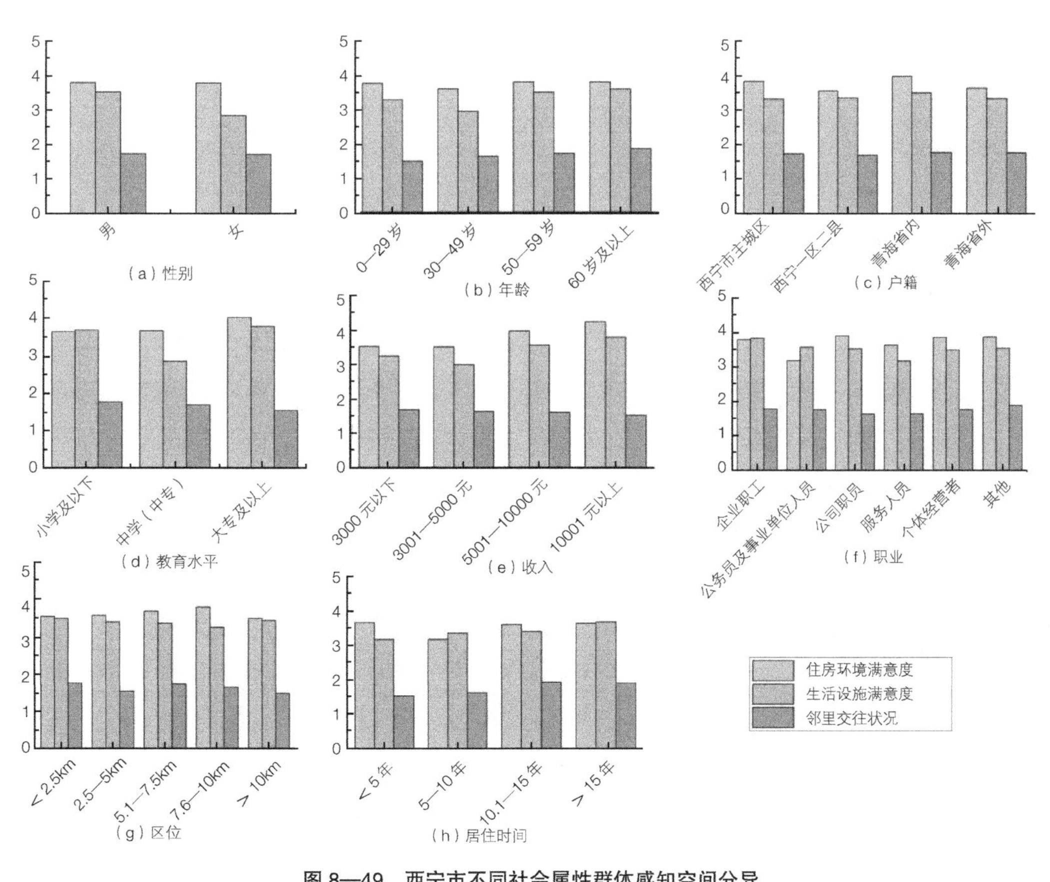


**图 8—49　西宁市不同社会属性群体感知空间分异**

## 8.2.4　不同空间的相互作用

社会空间是一种复杂的城市社会地域系统，是不同社会阶层与物质空间相互作用、相互影响的结果（江文政，2015）。本研究在参考杨卡（2008）、曾文（2015）两位学者的研究成果基础上，分析了居住空间、行为空间和感知空间的相互作用机理，如图 8—50 所示。

（1）社会阶层分异是社会空间分异的前提

新中国成立后至改革开放初期，我国实行公有制经济，统一分配和定额供给社会资源，居民间职业、学历及收入方面没有明显的分化，社会阶层分异不明显。市场经济体制确立后，非公有经济迅猛发展、产业结构深化调整、国有企业持续改革导致居民职业类型增多、流动性加快，收入出现分异，由职业和收入带来的社会阶层分异显著。高学历、高技术水平的居民收入较高，形成中高收入社会阶层，低学历、低技术水平的居民就业困难、收入低，成为中低收入阶层。不同社会阶层根据自身能力及需求选择不同的居住空间、不同的生活方式和消费场所。

（2）居住空间是行为空间的基础，行为空间也影响居住空间的选择

居住空间区位的变化直接决定居民享用周边生活服务设施数量、质量以及便捷程度，进而影响居民行为活动与空间范围。老城区生活设施种类丰富、质量等级高，居民往往会有更多元的空间选择和低机动化出行方式；城市边缘区因周边生活设施的匮乏和工作岗位机会的缺乏，居民需要面对长时间、长距离及高支出的生活成本。同时行为空间也影响着居住空间的选择，通勤距离长短、子女上学距离远近及周边生活设施便利程度等都是影响居民选择住房的重要因素。

（3）居住空间和行为空间是感知空间的基础，并在不同社会阶层中表现出显著的差异

在人与空间的相互作用下，满意度感知评价应运而生。感知是主体对复杂客体系统的反映与循环再反映（黄扬飞，2020）。住房质量、物业服务及周边生活设施数量的多少、质量的高低等均会影响居民的主观感知评价，且居民因年龄、性别、文化水平、收入、职业等社会属性的不同，会产生有差异的感知评价。

感知评价会影响居民的购物、休闲、教育等行为地点的选择，进而影响对居住空间的筛选。同时，感知评价也会影响居民对居住空间的选择，进而影响居民的行为空间。

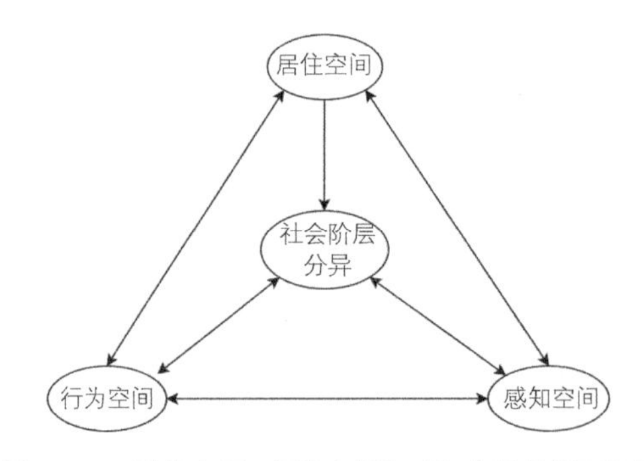


**图 8—50　居住空间、行为空间和感知空间的相互作用**

### 8.2.5 小结

本节从居住空间、行为空间及感知空间三个维度分析了城市社会空间的分异特征。

伴随着社会阶层分化和住房供给多样化，西宁市居住空间分异特征明显。同质集聚、异质分离特征显现，高收入群体占据城市空间较强的生态位，中低收入群体不断被迫边缘化；不同社会属性群体在居住区位、建筑样式、物业管理、内部配套设施及绿化环境、周边生活设施等方面差异明显。

居住空间的分异会影响居民行为空间的分异。西宁市职住空间不平衡出现，在特殊的地理环境背景下，居民出现跨区域通勤行为。食品蔬菜和生活日用品属于低等级商品，居民购物空间距离和购物场所空间分异小。服装（鞋）属于高等级商品，居民购物空间距离和购物场所空间分异较大。居民休闲空间遵循距离衰减规律，主要集中在家中和小区内，其次为小区周边的公园和广场。高收入群体追求精神层次的享受，休闲场所较为多样，在高等级、消费型场所消费的比重相对大。低学历及低收入群体以基本的生活需求为主，在高等级、消费型场所消费的比重相对较低。受就近入学政策的影响，居民子女受教育空间的分异较小，主要集中在小区附近，部分居民因周边教育设施匮乏或不满意周边教育质量而送子女跨区域就读。居民的就医空间主要集中在高等级医院和社区卫生服务中心，中心城区居民因靠近医疗资源集聚地选择空间较大，边缘区居民就近选择特征突出。老年群体和少数民族比重较大的居住小区邻里交往程度高。

通过人与居住空间、行为空间的互动，居民感知空间分异显著。整体上居民对小区内及周边绿化程度、住房室内大小和住房户型满意度较高，对小区物业服务、治安管理、卫生管理、设施维修管理及住房质量的满意度较低；对小区内及周边交通设施、休闲设施和教育设施的满意度较高，对小区内及周边商购餐饮设施、医疗卫生设施、养老及社会福利设施的满意度较低。老年人口、少数民族人口集聚较多的居住小区居民邻里互助程度高。居民的年龄、户籍、民族、受教育水平、收入、居住小区区位及居住时间均对感知空间满意度评价产生影响。

居住空间、行为空间和感知空间相互影响、相互作用。居住空间和行为空间是感知空间的基础，感知空间评价会影响居民的行为活动，进而影响居民对居住空间的筛选，同时感知空间评价也会影响居民居住空间的选择，进而影响居民的行为空间。

## 8.3 西宁市社会空间重构的典型模式

从计划经济时期到市场经济时期，西宁市社会空间结构经历了由简单到复杂、由均质化到异质化的过程，居民居住空间、行为空间和感知空间均出现了分异。定量的因子生态分析和统计分析可以从宏观的视角反映城市社会空间结构的整体特征，但却掩盖了城市社会空间结构形成过程中的特殊性，使得研究结果往往具有相似性（江文政，2015）。深度访谈法和实地观察法恰恰能揭示城市社会空间中局部性和碎片性的现象，这些现象潜移默化地影响着城市社会空间结构的形成。在第四章和第五章的研究中发现，西宁市部分单位小区仍保持职住一体化的特征，单位通勤车的通勤方式也占一定的比重。青海省各州县群体在西宁市城市新区集聚较多，出现跨区域的通勤行为；以回族为代表的少数民族群体表现出“依寺而居”“依寺而活动”的特征。本节基于深度访谈和实地观察的研究方法，以单位职工、流动人口及少数民族人口这三类群体为研究对象，挖掘西宁市社会空间重构过程中的典型特征。



### 8.3.1 单位制度隐性福利影响社会空间重构进程

（1）单位制度隐性福利对单位居住小区社会空间的影响

单位制度隐性福利的延续是“后单位时代”单位小区社会空间结构变迁的重要因素，形成不同单位小区独特的社会空间结构特征。在西宁市，单位制小区可概括为两种类型，第一种为计划经济时期遗留的老旧单位小区，依旧保持着职住一体化的模式，如青海民族大学老校区家属院、西钢家属院，第二种为住房制度改革以后，部分国有企业及相关单位通过多种方式（参与安居工程、经济适用房项目、棚户区改造、集资建房、组织团购等）为其职工提供单位住房，继续承担着计划经济时期的部分社会福利功能，这种类型住房叫新单位居住区，如国网电力家属院、海湖省委家属院、华益名筑等。同时部分单位还为职工提供通勤、物业管理、工资补贴，甚至还有职工食堂、医务室等设施，使职工在市场经济时期仍然享受着计划经济时期的待遇。本小节分别以青海师范大学单位小区、国网青海电力公司单位小区、西宁钢厂单位小区为研究案例，剖析单位制度隐性福利对西宁市不同单位小区社会空间重构的影响。

①稳定型——青海师范大学单位小区（家属院）

高校居住小区是单位制的典型，能体现市场经济时期以来中等收入群体、高等知识分子社会空间重构的特征。这类小区拥有优势教育资源、低成本的生活支出、较高素质的住户群体及良好的人文环境。这部分以青海师范大学单位小区（以下称为师大小区）（图 8—51）为研究案例，以探析稳定型单位小区社会空间重构的特征。

青海师范大学有两个校区，新校区位于城北区海湖大道前程大街，老校区位于城西区五四大街，两个校区相距约 12km，新校区主要为本科生，老校区主要为研究生。老校区始建于 1956 年，初始命名为青海师范专科学校，后经多次合并形成现在的青海师范大学。新校区于 2013 年动工，2016 年建成，现有教职工 1290 人。师大小区位于城西校区（老校区），分为南院小区和北院小区。南院小区已于 2017 年、2018 年拆迁，本节只讨论北院小区。北院小区始建于 20 世纪 50—60 年代，之后为改善居住环境进行旧址翻新（2007 年竣工）。目前北院小区共有 12 栋楼（其中 5 栋高层），829 户，约 2900 人。

图 8—51 青海师范大学单位小区

### 居住群体的同质性

据师大房产科工作人员讲述，目前师大本单位职工（包括退休职工和在职职工）入住率达95%，小区群体同质性非常高。师大有附属幼儿园、附小和附中，且教学质量水平较高，周边服务设施配套齐全，房价高，且在售二手房数量极少，2019 年普遍在 10000 元以上。住房价格高、供给数量少，筛选了很大一部分购房者，提高了“非本单位人员”的迁入门槛。同时，城西老校区仍然保持职住一体化的特征，城北新校区虽然距离远，但有通勤车，为方便通勤，本单位职工迁出的也比较少，所以居住群体较为稳定。

“我是本校的职工，以前在学校南院居住，后来住房拆迁了，现在在北院租房子住，一方面小孩在附小上学，一方面上班也要坐通勤车。”

——师大小区租房教师

“像我们这些年轻教师最近几年入职的很多，学校提供的教师公寓我们会过渡一阵子，部分老师会在学校附近购房，孩子去附中、附小上学也方便，还有通勤车，上班也比较方便。”

——师大小区新入职年轻教师

“现在师大小区仍以教职工为主，师大职工入住率达 95%，校区地理位置好，虽然距新校区远，但有通勤车，教职工上班也方便。”

——师大小区房产科工作人员

### 行为空间和感知空间的相似性

线性的社会关系简化了居民的行为空间。高校教师是高级知识分子的代表，社会关系简单线性不复杂，对物质的需求不旺盛，大部分时间以科研教学和家庭生活为主，重精神满足，加之周边商业配套很完善，西侧是海湖新区，东侧是新宁广场、商业巷，附近还有文化公园、青海大学附属医院等，在较近的范围内能满足不同群体的不同需求。这部分群体通勤距离大部分是从学校到学校，通勤方式以私家车和单位通勤车为主，子女教育大部分依靠师大附属学校完成。小区成员杂化现象缓慢，至今依然受单位业缘关系的主导，通过访谈发现，很多教师不只对楼宇内的邻居比较熟悉，对小区内的大部分居民也有一定的了解，邻里关系融洽。

在居住空间和行为空间的影响下，居民的感知空间也具有相似性。师大小区居民无论在居住环境还是生活设施方面，满意度都比较高。经历时代洗礼的高校单位制小区，仍然较为稳定地保留着计划经济时期单位小区的社会空间特征。

“小区很少有人卖房子，大部分还是以在职教师和退休老师为主，习惯了学校里的生活，配套很完善，不想自己做饭了还有餐厅，价格也不高，校园里环境也很好，还有职工锻炼的场所，不定期还会举办活动，在学校里面生活还是挺方便的，而且大家都认识。”

——师大小区教师职工

“你们老师是谁？你们地科院的好几个老师我都认识，××× 在这栋楼，××× 在那栋楼，我们很熟的，坐通勤车时会碰到他们，夏天在院子里散步时也会碰到，你们学院的 ××× 老师还在文化公园跳舞呢。”

——师大小区教师职工

目前，师大小区的物业管理、食堂等相关的福利设施已交由社会化管理，但其通勤车福利、教育资源福利、生活设施的便利等因素使得单位职工依旧牢牢地固定在本单位小区。以师大小区为代表的拥有优势资源的高校单位制小区，其社会空间重构过程明显滞后于其他类型的单位小区。

②主导型——国网青海电力公司单位小区（家属院）

国家电网作为关系国家经济命脉和国家能源安全的特大型国有重点骨干企业，行业具有垄断性，单位掌握公共资源（电力）的定价权和收益的分配权，本研究不探讨垄断企业，仅说明垄断企业单位居住小区在社会空间中的表征。国网电力公司实行垂直管理，国家电网青海电力公司是我国“西电东送”的重要输出通道之一，覆盖西宁市、海东市以及青海省的 6 个州（海南、海西、海北、黄南、果洛、玉树），职工分布在青海省各州县，其相关单位小区（以下统称电力小区）（图 8—52）在社会空间重构中表现出单位主导的特征。

**单位主导下的居住空间和行为空间**

电力小区的发展伴随着西宁城市的发展，在相对核心优质的区域布局，具有明显的主导性特征。自青海电力公司成立以来，在西宁市建设的单位小区共有 4 个，约 6600 多户，按照每户 3.5 人计算，居民约 23000 多人，包括海晏花园（647 户）、城南花苑（1000 户左右）、新宁路 3 号（280 多户）及华益名筑（4700 户）。2003 年建成城南花苑和海晏花园，2009 年建成城西区新宁路 3 号，2014 年在海湖新区建成华益名筑（同和园、谦和园和豫和园），可以看出 4 个小区的建设要么跟随新区开发，要么靠近优质的公共资源，呈现出多核心的分布特点。不同区位的小区，居住群体的社会属性和行为空间也表现出一定的差异性。

城南花苑位于西宁市城南新区，现基本为青海省各州县电力职工居住（多数为州县退休职工以及职工的父母），通过与物业人员的交流得知，退休群体比重超过 50%。因距城市主城区较远，居民的行为活动主要集中在居住小区附近。

海晏花园位于城西区海晏路，和师大小区相邻。据物业人员介绍，海晏花园属于学区房，出租或出售的非常多，目前仅有四成左右为电力单位职工。小区区位好，周边生活设施丰富且

**图 8—52 国家电网青海电力公司小区**

质量高，居民购物场所会选择海湖新区的万达和新华联、王府井城西分店，休闲场所多选择居住小区对面的文化公园，由于非单位群体入驻较多，邻里关系一般。

新宁路 3 号院紧邻国家电网青海省电力公司办公区，建设之初全部房屋建筑面积为 166$m^2$ 以上，初期单位领导有优先购买资格，目前退休干部群体相对较多。小区区位非常优越，对面是西宁市人民公园，周边生活设施齐全且成熟，质量等级高。二手房购房门槛非常高，所以住户以本单位职工（在职职工和退休职工）居多，邻里关系比较好。

华益名筑位于海湖新区，通过与居民访谈得知，小区 70% 以上的住户为青海省各州县电力职工，在职职工比较多，中青年群体比重相对较大，住房面积 90—202$m^2$ 不等。在调查中发现居民跨区域通勤特征非常显著，购物在海湖新区新华联购物中心和万达广场的居多，多数职工子女在小区附近上学。因单位分布在各州县，职工彼此间认识的较少，邻里陌生度比较高。

**电力部门经济效益好，企业职工在初次分配时也会近水楼台，获取比其他单位更好的福利**

在高福利的制度惯性下，潜移默化培育出居民的等级观念。计划经济时期电力部门的福利和其他单位一样，其优越性并未突显。市场经济时期以来，不少单位的相关福利全部取消或部分福利按照企业利润市场化分配，也有部分单位职工面临下岗，而国网电力的福利没有改变，甚至进一步加强。单位通勤车、单位物业管理、工资补贴、职工食堂、运动场所、医务室以及单位举办的各项活动等隐性福利（图 8—53），使职工在市场经济时期仍能够享受到计划经济时期单位的相关福利。良好的住房环境、齐全的单位福利设施以及高等级的工资待遇让电力职工产生了较高的满意度和优越感。

“我之前在运输队工作，之后调到了电力公司，刚去时同事们不太好相处，总觉得他们有种优越感，后来慢慢相处久了，大家关系都还不错，现在又成了邻居，关系比较亲切。电力职工的集资房面积普遍较大，很多职工不只有这一套房，在内地买房的也不在少数。”

——华益名筑小区电力职工

“单位会不定期举办各种文化体育活动，有时还会和社区联合举办。有运动会、歌咏比赛、猜谜语、象棋、曲艺、书法、绘画、大合唱等，一般老年人和在家待着的家庭主妇参与度很高。”

——海晏花园小区物业

“我是退休党支部的负责人，我刚参加完单位举办的运动会，我们老年退休群体活动特别多，法律小讲堂、乒乓球比赛、展览、绘画等，退休职工每月要进行一次理论学习，每天还挺忙的，生活挺有意思的。”

——华益名筑小区退休职工党支部负责人

“我们单位有医务室、老年人麻将室、舞蹈室，还为残疾人、行动不方便的老年人提供的活动中心等。今年年底会把我们交给社区管，但也要保证我们的福利三不变。”

——新宁路3号小区退休老人

（a）职工食堂

（b）医务室

（c）休闲场所

**图8—53　华益名筑小区职工福利设施**

总体来看，国网青海电力公司不仅决定了职工的居住区位和入住群体的社会属性，也间接影响了不同区位小区居民的行为空间，单位的相关福利也让职工产生了带有优越性的感知空间。通过我们与单位职工、小区物业管理人员的访谈得知，目前城南花苑、海晏花园及新宁路3号小区的物业均交由市场管理，仅有华益名筑还属单位自管。随着“三供一业”分离移交工作开展，华益名筑的物业管理在不久的将来也会交由社会管理。

③发展型——西宁钢厂单位小区（家属院）

规模效应不仅可以解释经济现象，也适用于解释城市转型期大规模单位小区的发展过程。在城市发展过程中，遗留了计划经济时期距市中心距离远、规模庞大的单位小区和相关配套的福利设施。随着市场经济的发展，人口、市场和社会资源不断围绕已形成的单位小区集聚并向周围扩散。以西宁钢厂单位小区为例，单位制时期居住小区周边的存量资源，再加上市场经济时期规模集聚效应吸附的增量资源，形成不断发展壮大的居住空间。

西宁特殊钢集团有限责任公司（以下统称为西钢），位于西宁市城北区柴达木路，是三线建设时期至今留存最大规模的企业之一，先后命名为五一六厂、西宁钢厂、西宁特殊钢集团有限责任公司。1964 年建厂，1969 年建成投产，发展至今，主营业务由特殊钢铁的冶炼加工发展到集钢铁制造、煤炭焦化、铁多金属、地产开发、建筑安装、物业管理及农业种植多产业板块联合的钢铁企业集团，是青海省省属四大财政支柱龙头企业之一，也是我国四大独立特殊钢企业集团之一。

**居住空间群体异质性增加**

西钢单位小区伴随着西宁特钢的建立发展而来（图 8—54）。人口集聚是西钢单位小区快速发展的动力。西钢建厂初期职工主要来源于本溪钢铁公司、鞍山钢铁公司和石景山钢铁公司，据《西钢厂史》记载，截至 1969 年 9 月，从本溪钢铁调入职工 1259 名。为解决职工住宿问题，1968 年钢厂修建了“干打垒”式住房（图 8—55a）。随着生产逐步稳定，职工家属搬迁较多，住房需求日益旺盛，从而催生了集体职工宿舍（筒子楼）的建设（现已拆迁，未收集到图片）。建厂中期开始在西宁当地招工，招收当地学徒工、农民轮换工、复转军人以及技工学校、职工大学和社会大学的毕业生等，1994 年年末从业人员达到历史高峰 13387 人，居住需求达到顶峰，1980—2000 年相继建成新村小区、西园一区、北园小区和盛世华城（多层）等（图 8—55b ~ c），形成现在西钢单位小区的雏形（图 8—55）。从建厂到 20 世纪 90 年代初，单位小区居民由钢一代、钢二代及家属组成，同质性特征显著。

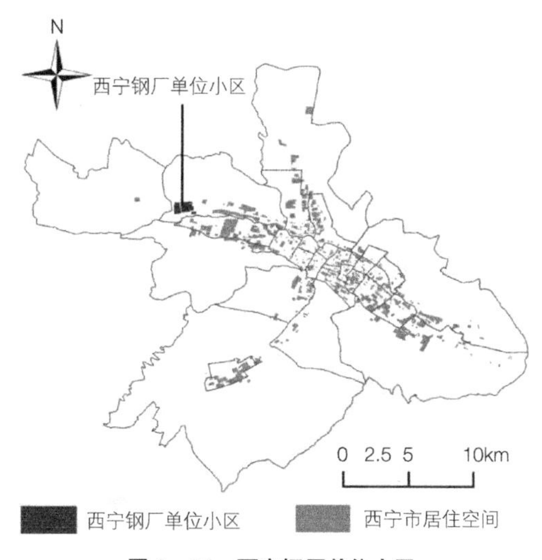


**图 8—54　西宁钢厂单位小区**

90 年代中后期，西钢发展遭遇困境，恰逢国企改革，便开展了一系列体制机制的调整。一方面减员增效、下岗分流，减少体制内职工，减轻国家和单位负担；另一方面调整工资制度，吸引优秀人才。这一时期，职工流动开始，居住区群体同质性被打破。2000 年之后西钢开始了多元化经营，企业坚持“转岗不下岗、转业不失业”的原则，将部分职工安置到公司其他产业板块，经过深化改革、人员优化和机构调整，到 2018 年时西钢职工共 7700 人左右（其中钢铁板块人数 4300 人左右）。退休、下岗、转岗等一系列举措导致居民职业和收入出现了分化，加上住房制度改革带来的迁居流动，部分退休职工回内地养老，将住房出售或出租，部分职工迫于生活压力搬出单位小区到别处打工，部分经济条件较好的领导和高级技术人员为追求更优越的生活环境在城市别处购房，居民群体异质性在 20 世纪 90 年代中后期开始出现。

（a）干打垒（1968 年左右修建）

（b）盛世华城（2000 年左右建成）

（c）新村小区（1980 年左右建成）

（d）盛世华城（2019 年左右建成）

**图 8—55　不同时期西钢单位小区的建设**

西钢置业公司开发的房产导致西钢单位小区居民群体异质性程度加深。2008 年开始修建盛世华城居住小区（高层）（图 8—54d），按照市场化运作发展房地产，西钢单位小区规模空前加大。据钢城物业工作人员介绍，现在西钢单位小区内本单位职工（退休职工和在职职工）仅占 50% 左右，其他群体多为周边失地农民和附近大市场的个体户，也有部分青海省其他州县居民，居住小区规模越来越大、成员构成越来越复杂。目前西钢单位小区共 5 个社区管辖，分别为：欣乐社区、光明社区、新村社区、幸福社区及火车西站社区，共 222 栋楼，15000 多户，近 6 万居民。

**封闭的行为空间和感知空间**

计划经济时期，“企业办社会”的制度安排不仅提供了住房福利，还提供了一系列相关的生活服务设施。西钢距主城区较远，单位考虑到职工的日常生活，配套相关的教育、医院、商业、文体活动等设施，钢城医院、钢城学校、职工大学、综合服务商店、文化宫、运动场馆等一应俱全，解决了居民基本的生活需求。“后单位制”时期，原有配套服务设施部分已拆除，部分转为市场化运作，面向市场开放，不断吸引着更多的人口聚居，同时大体量的人口集聚也为各类型商业活动的再次聚集提供了更广阔的市场。在访谈中了解到，除少数州县居民外，无论是钢厂职工还是周边新迁入的居民，基本的通勤、购物、休闲、教育、医疗等大部分需求在该居住空间内均能得到满足，日常活动呈现出低机动化的出行方式。同时基于业缘、地缘形成的邻里关系，交往非常融洽。西钢居住空间的开放导致原来以业缘为基础的社会空间向以日常生活为基础的社会空间转变。基于对周边居住空间的"累计惯性"，居民不愿意打破现有的生活状态和社会网络去探索未知的生活模式，他们的感知空间也主要围绕该居住空间展开，呈现封闭性特征。

与其他单位小区不同的是，西钢单位小区没有因为企业单位经营效益的变化而呈现衰退，反而在居住小区规模效应的影响下越发壮大。住房制度改革打破了西钢单位小区同质化的特征，但居民自主调节的模式使得市场经济时期的西钢单位小区仍然较大程度地延续着单位制时期的社会空间特征（刘玉亭，2005）。

（2）单位制度隐性福利对城市新区社会空间的影响

西宁市城市新区主要指城南新区和海湖新区。城南新区位于"西宁大南川"，是为了契合国家西部大开发战略、"扩市提位"战略和提升青藏高原区域性中心城市定位而重点开发的区域，南至湟中县徐家寨三岔路口，北至南郊水磨地区，面积约 30km$^2$，于 2001 年开工建设，是一个集房地产业、商业贸易、信息产业、行政办公、观光旅游、文化娱乐、生态园林、青藏高原特色资源精深加工及行政办公为主的城郊新区，在 2009 年已划归西宁市城中区管辖。在城南新区初具规模后，2006 年 7 月，市委、市政府决定开发建设海湖新区，海湖新区东起海湖路，西至湟水路，北临青藏铁路，南到昆仑大道，总面积 10.5km$^2$，规划人口 15 万人。西宁市政府对海湖新区实行"政府指导、市场运作、社会力量开发"的运作机制，以"充满活力的青藏高原现代化繁荣、美丽、宜居新城区"为其发展定位，计划把海湖新区建设成为集商贸金融、科技文化、旅游服务、行政办公、居住休闲为一体的现代化生态新城区。

①城南新区成为青海省各州县居民的集聚地

城南新区曾经是西宁市发展的时代标志，定位标准高，政府支持力度大，学校、医院、银行、休闲广场和副食品市场等配套设施基本健全，"六横五纵"的道路支撑了新区发展的骨架。但在发展过程中，城南新区的发展速度和水平远远不及海湖新区。究其原因，主要有：一是政府重点发展区域转移。继城南新区后，政府规划发展的重点分别转移到海湖新区、北川片区、南川片区以及多巴新城；二是距老城区位置偏远，缺乏人气活力。虽然西塔高速、时代大道的开通缩短了城南新区与老城区的距离，但还是给居民的日常通勤带来了诸多不便，且过于独立，与主城区在过渡地带几乎没有衔接递进，无法享受主城区成熟的配套设施，而且常住人口少、人气不旺、投资价值较低，相关的商业设施发展较为滞后。

新单位居住小区在城南新区初期发展中发挥着重要作用。新区开发成本低、房价低，购房者较多来自青海省各州县单位干部职工（单位福利房）以及西宁主城区第二套购房投资者（卢红娟，2012）。之后城南新区发展不景气，多数投资者将房屋出租或出售。在我们访谈中发现，主城区居民对城南新区心理感知距离远，青海省各州县居民则不同，他们希望在省会城市购房，城南新区提供了低门槛的房价，满足了更多省内州县普通居民的购房需求。最近几年城南新区也增加了不少省外流动人口，多为一些周边做生意的群体。据社区工作人员介绍，目前城南新区省内州县退休群体相对较多。

“我们新城社区共管辖18个小区，其中有5个为单位福利房，分别为省看守所家属院、海湖花园（青海湖农场后勤部）、丰泽园（西部矿业集团）、海北小区（海北州政府单位房）、国家电网（青海省电力公司检修公司家属院），州县人比较多，老年人居多。”

——新城社区工作人员

“清华园社区共7个单位房，福嘉苑（青海省国税局家属院）、移动家属院（青海省移动）、园丁园（青海省教育局）、金税小区（地税局家属院）、城南花苑（青海电力）、社保小区（社保局）、邮政家属院，这些都是2005年之前建好的。”

——清华园社区工作人员

“我们是州县上的，70多啦，主要来西宁养老。儿子在州县电力上班，我们住的是他的房子。”

——城南花苑住户

“这最早是海北州政府下属的单位房，包括一些事业单位和企业单位，14栋楼、540户，现在老年退休群体居多，藏族群体占15%左右，这几年人比较杂，所以管理也比较困难。”

——海北小区物业管理人员

“我是格尔木的，房子是买的二手的，老城区房子太贵了，海湖新区更贵，城南新区房价5000多，可以接受。我们一般不去市里，一年也就去那么两三次。”

——丰泽园住户

“去市区很少啊，感觉有点远，一年也去不了几次市里。周边生活设施也比较齐全，以前买衣服还去大十字，现在在麒麟名都也开了，买衣服方便了。我们年龄大了，买得也少，城南还是很方便的。”

——丰泽园住户

②海湖新区成为高收入和外来群体的混居地

与城南新区相比，海湖新区作为西宁市的新中心，发展是成功的。首先，机关单位搬迁和房地产开发商投资热潮的支持。海湖新区建成之后，青海省工信厅、青海省国资委、青海省住建厅、青海省招商局、青海省自然资源厅、青海省煤炭地质局、青海银行等单位迁至此。一批新单位团购房如恒邦紫荆城、文汇园、文华家园、五矿柴达木广场、海湖星城、山水佳苑、华益名筑、海湖省委家属院等在新区开发建设；同时，万达、五矿、新华联、阳光恒昌以及庄和地产等高品质、高规格大型房产商入驻，房价从2010年的3000多元增长到2019年的10000多元，大户型居多，走高端改善路线，吸引了一批高收入群体入住。其次，新商圈和休闲设施的支撑。海湖新区万达广场、唐道637、新华联购物中心、王府井大象城等大型商业综合体已趋于成熟，青海科技馆、青海大剧院、青海体育中心以及火烧沟湿地公园等休闲设施拓展了居民日常活动空间；同时，海湖新区位于城西区以西，城西区发展比较成熟，使得海湖新区可以直接享受城西区人口、配套服务设施的外溢。

新单位居住小区对海湖新区发展也起到了举足轻重的作用。不少房产开发商与相关单位联合起来开发单位团购房。海湖新区的新单位居住小区多属于办公地点在西宁市的单位团购房。随着机关单位的搬迁，为通勤方便，不少职工会选择在单位办公地附近居住。同时，海湖新区大型房产商开发的高品质、高投资价值的住房也吸引了西宁市和省内各州县经济条件好的群体，成为高收入群体的聚集地。在新单位小区和高品质住房的共同作用下，海湖新区形成高收入和外来群体的混居区。

“现在搬至海湖新区的单位特别多，比如工信厅、国资委、住建厅、民政厅、人社厅、西宁市市场监管局、省招商局、金融办、省科协、自然资源厅、地矿、煤炭地质局、青海银行、华夏银行、光大银行等。单位团购房也特别多，如恒邦紫荆城（省财政厅）、文汇园（省工信厅、国资委）、文华家园（省发改委）、五矿（海西州）、海湖星城（州县财政很多单位）、山水佳苑（省自然资源厅）、华益名筑（国网电力）、省委家属院（省委各单位）、九号公馆（省教育厅及各高校）等。”

——工作地点在海湖新区的公务员

## 8.3.2 环境驱动型流动人口推动社会空间结构的形成

青藏高原位于一级地势阶梯，有“世界屋脊”“第三极”之称，是地球上非常独特的一个地理单元，区域内自然环境差异很大，形成适宜大规模居住的城市较少，西宁市汇集了气候、水源、海拔等最平衡的自然环境特征，同时也拥有青藏高原最完善的基础生活设施，成为环境驱动型流动人口的首选之地。环境驱动型流动人口是指从生活条件艰苦的高海拔区域流动到居住环境、生活设施较好的较低海拔区域的居民。在西宁市，这部分群体特征为：工作单位不在西宁，但在西宁市（主城区）有固定居住场所的省内各州县群体。工作日这部分群体在州县生活，休息日或节假日会来西宁生活。初期主要表现在州县政府和事业单位为职工在西宁市提供的福利单位房，形成单位体制下的“飞地”空间结构，在城南新区和城市中其他区域零星分布。后期表现为经济条件较好的群体在西宁市购买商品房，这种类型群体在西宁市海湖新区及城北部分新开发小区中集聚的比较多。本节以萨尔斯堡小区为例，分析环境驱动型人口流动的社会空间特征。

萨尔斯堡位于西宁市海湖新区外围北侧，地块四周为南至湟水北路、东至德厚路、北至海西路、西至文苑路（图 8—56），属宁夏中房集团西宁公司开发的高档商品房，2016 年竣工，小区总户数 1898 户，总人口 2078 人，外来人口占一半。

（1）环境驱动型流动人口的社会空间特征

①异质性群体在居住空间的聚合

萨尔斯堡小区住户群体异质性特征显著。来源地较为复杂，有来自市内、省内的群体，也有部分来自省外的群体；职业类型较为多样，包括国家机关和事业单位公务员、商人、青海省高端人才引进的高校教师等；民族较为多元，以汉族为主，藏族、回族和其他民族也有分布；年

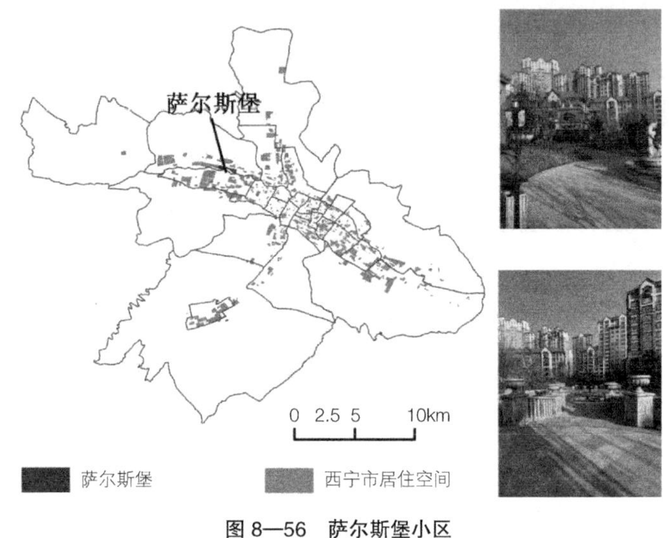


图 8—56　萨尔斯堡小区

龄结构层次明显，中青年居多，老年人相对较少。作为西宁市高端小区，萨尔斯堡满足了经济条件较好的省内各州县环境驱动型流动人口和本地群体对高质量居住环境的需求，居住空间群体异质性特征显著。

“萨尔斯堡小区开始卖的时候定位就比较高端，属于封闭独立小区，住户经济条件都比较好，大概分为三类：一类为青海省内各州县居民，这部分群体人数较多，差不多占到一半左右，大部分是州县的生意人或经济条件较好的公务员及事业单位人员，他们平时也不在小区住，只有在不忙的冬天或者节假日才回来，你也知道，州县上居住环境不太好，买这里多数是为了退休后来西宁养老；另一类是本地居民的改善性住房，这部分人平时工作也比较忙；还有一类就是在西宁做生意的外地人，像福建、浙江、安徽、河南等地方的，这些人大部分都在前面的别墅或者小高层，一年也住不了几天，大部分空着。”

——萨尔斯堡社区工作人员

“来西宁主要是老家那边条件比较差，环境艰苦，买房子的时候看了很多小区，最后选了萨尔斯堡。这个小区环境好，位置离海湖新区近，物业也比较负责，虽然在西宁属于比较贵的小区，但也值得，满足了我对住房环境的需求，住起来也比较舒服。”

———萨尔斯堡海西州籍住户

②时间空间特征在行为空间的离散

首先，环境驱动型流动人口在时间上表现为周期性的季节间和周内往返，即“候鸟”群体。季节性往返主要指青海省各州县退休老年人，夏季在户籍地居住，其他季节由于州县自然环境较差，在西宁市居住；周内往返主要指州县在职工作的居民，周一到周五由于工作关系在州县居住，周末和节假日返回西宁，这部分群体周期性往返间隔时间短、频次高，甚至在一周内也发生变化。

“我在果洛上班，最近有事才来西宁，一个人来的，一般的话我们冬天会带着全家人一起来西宁过春节，平时房子都是空着的。这个小区也有我们果洛州的退休人，他们夏季会回果洛，其他季节都在西宁。夏天老家气候也还可以，还有赛马节，非常热闹。”

——萨尔斯堡果洛州籍住户

“我在共和县上班，一周回来一次，工作日在共和居住，周末回来。平日里老人帮忙带孩子。”

——萨尔斯堡共和县籍住户

其次，在空间上表现为阶梯递进。青海省环境驱动型流动人口存在省内流动和跨省界流动，表现为典型的“三级阶梯递进”。从海拔 3000m 以上的各州县流动到 2300m 左右的西宁，从 2300m 左右的西宁流动到 500m 左右的成都、西安，甚至海拔更低的三亚、海口等城市，具有明显的阶梯递进特征。访谈中发现，西宁市部分经济条件较好的群体退休后会选择在西安、成都、昆明、三亚、海口等城市购房，追求更好的居住环境，这种类型的群体有时间、有经济能力支撑更远的流动，这部分人口在流入地的社会空间此部分不做探讨。

“西宁人在成都买房子的特别多，成都那边冬天不冷，气候湿润，到了冬天就过去了。我们在西宁住了几十年了，退休了也想换个环境生活，成都也不是很远，家里有个事情来回跑也挺快，飞机 2 个小时就到了。我的几个同事也在成都买房了，成都生活节奏非常慢，是个养老的好地方。还有去海南的，那边气候更好，尤其适合肺部有问题的人。”

——萨尔斯堡海西州籍住户

再次，行为空间的时空间特征也影响居民的购物、休闲、医疗等行为。未退休群体在西宁市的居住时间短，往往会选择海湖新区的万达和新华联广场、王府井城西分店等高档场所消费，就医空间则选择青海省人民医院、青海大学附属医院及青海省红十字医院等高等级、综合性医院；退休群体在西宁市居住时间长，有充分的时间享受生活，节奏较慢，更注重过程体验对身心健康的影响，各层次、各类型的消费场所均有涉及。环境驱动型流动人口乐于和流入地居民接触，但在深入交往中又会选择老乡、亲戚、同事等。同时，平时会通过网络、电话等方式与流出地居民保持联系。

“冬季回来就那么几天，买东西主要去海湖新区的万达、城西区王府井分店，回来就休息那么几天，不想到处跑，会带着家人去商场购物，也会在小区内或周边的公园转转。看病会选择正规大医院，有保障。”

——萨尔斯堡果洛州籍住户

③在流入地满意度感知评价较高

流入地与流出地相比，住房环境和生活设施均比较优越，所以环境驱动型流动人口对流入地的满意度感知评价比较高。

“搬过来以后各方面条件确实好多了，不习惯的地方就是只认识几个老乡，比较孤单。刚开始还不太习惯，不过现在好多了，有事的话就会主动去找老乡。我一般在夏天或者家里有事的时候回去，对家里那边的人和事还是挺关心的，亲戚朋友大部分都在老家，有什么事情还会给家里人打电话，看能帮上什么忙，你看现在通信、交通都比较好，实际上和他们的距离也不是很远，想回去一天也就能回去。我对这里的各方面均比较满意，萨尔斯堡物业好，是特别好，就是收费有点高，不过也能接受。生活设施也满意，与老家比，真的好很多，很满意。”

——萨尔斯堡格尔木籍居民

“州县来的居民和我们没什么区别，也没有什么本地外地的说法，都住一个院里，我在小区里还认识好几个州县过来的，平时我工作比较忙，接触的时间少，不是很了解。”

——萨尔斯堡本地居民

（2）环境驱动型流动人口社会空间的建构过程

图 8—57 展示了环境驱动型流动人口社会空间的建构过程。从流出地看，经济条件和生命周期是人口流动的基础。这部分群体大部分经济条件好、中老年群体居多；同时，追求较低海拔、更好居住环境和更完善生活设施是人口流动的驱动力。基于推拉理论解释这一现象，大部分居民对流出地自然环境感知较差，对迁居西宁早有打算，这成为人口流出的主要推力；从流入地看，西宁市拥有青藏高原较优越的自然环境和社会经济环境，成为人口流入的主要拉力。在流入地选择居住空间时，会重视以亲缘、地缘、业缘为主的社会关系，也会重点考虑居住环境，如区位、配套设施、小区绿化、物业管理等，在流入地多选择包容性较强、文化较为多元的城市新区，如多居住在西宁市的城南新区、海湖新区等。

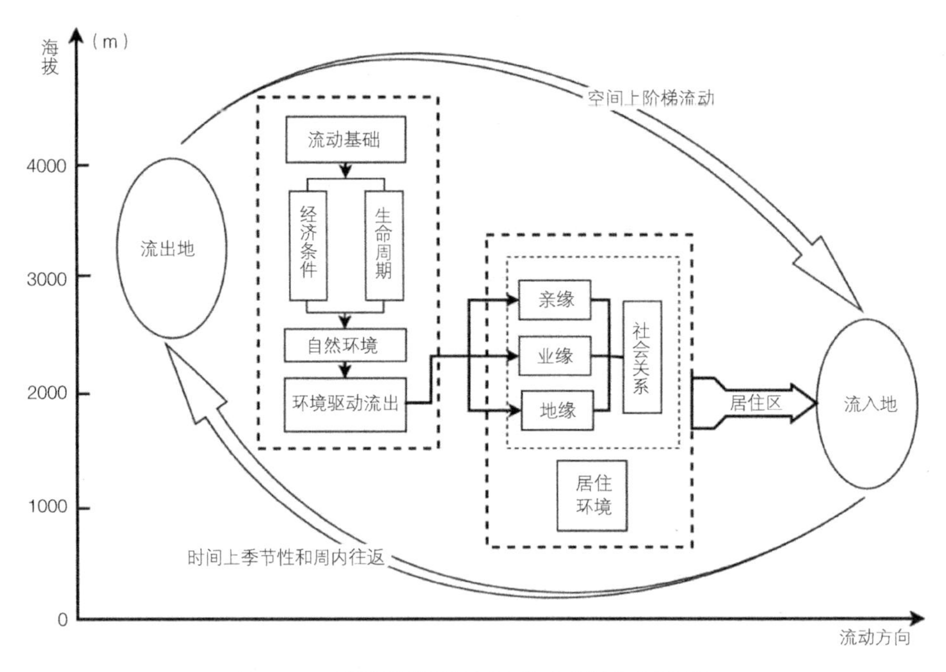


**图 8—57　环境驱动型流动人口社会空间的建构过程**

（3）环境驱动型流动人口补充了流动人口内部差异性的研究

西宁市拥有相对优越的自然环境和社会经济条件，与青藏高原环境驱动型流动人口的需求相吻合，是环境驱动型流动人口流入地的典型和代表，理论上可以补充流动人口内部差异性的研究。目前关于流动人口的研究主要集中在经济驱动型和生活方式驱动型两个方面，对于环境驱动型流动人口研究非常少。经济驱动型流动人口、生活方式驱动型流动人口及环境驱动型流动人口，他们在城市社会空间中的特征不尽相同（表 8—15）。

经济驱动型流动人口以生存为主要动机，以生产型为核心，由欠发达地区向发达地区流动，追求就业带来的经济收入和发展机会。以进城务工人员为代表，居住相对集中，分布于城中村、郊区、城乡结合部等地区，也有部分散居于城市中（姚华松，2010；吴晓，2003）。往往较为弱势，个人能力不强，收入不稳定，从事低级别的体力工作，职住分离现象显著。生活较为拮据，购物场所等级低，休闲方式主要以在街上闲逛或者打牌等非消费型为主（周大鸣，2005；唐香姐，2015）。社会关系主要围绕地缘、业缘型的封闭圈子，住房质量较差、周边生活设施也不便利，整体主观满意度评价较低。

生活方式驱动型流动人口以改变生活方式为主要动机（Gustafson P.，2008），一般从发达地区流动到欠发达地区，可分为退休流动人口和企业主流动人口。退休流动人口追求更为健康的养老方式，因此会选择环境优美、气候宜人的地方迁移。他们依靠养老金或前期积累支撑在目的地的生活，对退休后生活质量有较高的期待，在迁入地会选择居住环境较好的小区。生活方式以休闲和生活为主，有时间和精力真正了解和体验当地文化，在旅游地（迁入地）与日常生活方式相似，消费场所也与当地人趋同，社会交往形成自己同民族的圈子，通过电话、网络等通信设备维持来源地的社会关系，与目的地居民和其他移民互动有限，交往较浅（唐香姐，2015；杨钊，2007）。企业主流动人口则更看重精神层次的满足，在流入地创办酒馆、旅店等小型企业，不是为了获得超额利润和扩大生产，更看重生活上的收益，例如拥有更多时间保证工作与休闲的平衡（Henderson J，2002），企业运转仅仅是维持自己生活方式的主要途径，他们的生活方式可以概括为休闲和工作相结合，生活节奏慢，随意性强（张倩帆，2011；马少吟，2013），社会交往集中于住所和小企业的小型范围内，形成“熟人”内部交往，与游客、原圈子的人交往也比较多，社会关系以趣缘型、业缘型展开（杨钊，2007）。不同于经济驱动型流动人口，生活方式驱动型流动人口更多考虑的是自己的身心满足，加上较好的经济基础，有能力根据其需求选择与期望目标相差较小的居住环境，因此满意度评价会比较高。

环境驱动型流动人口可分为退休型和未退休型两种，他们追求的是居住地相对较好的住房环境和较为完善的基础设施。环境驱动型流动人口在城市社会空间中的诸多特征更接近生活方式驱动型流动人口，但也存在差异。在流动方向上，环境驱动型流动人口从欠发达地区向相对发达地区流动，从海拔较高的区域流向海拔相对低的区域；退休型流动人口以季节性流动为主，与流入地居民的生活方式较为相似，社会关系以地缘型、亲缘型为主，单位小区中的部分退休群体仍延续着业缘型的社会关系；未退休型流动人口流动周期较短，通常表现在以周内流动为主。跨区域通勤特征明显，也会伴随跨区域的消费行为。社会关系广泛，亲缘型、业缘型、地缘型均有。与迁出地相比，迁入地在住房环境和生活设施环境方面均优于迁出地，居民主观感知评价满意度较高。

不同驱动力流动人口在流入地的社会空间特征　表 8—15

| 比较维度（流动人口） | 经济驱动 | 生活方式驱动 | | 环境驱动 | |
|---|---|---|---|---|---|
| | | 退休流动 | 企业主流动 | 退休流动 | 未退休流动 |
| 属性 | 生产型 | 消费型 | 生产消费平衡型 | 消费型 | |
| 流动原因 | 生存 | 更健康的养老方式 | 自我实现 | 住房环境、生活设施 | |
| 流动方向 | 欠发达地区到发达地区 | 发达地区到欠发达地区 | | 欠发达地区到相对发达地区、高海拔地区到相对较低海拔地区 | |
| 居住选择 | 城市郊区、城中村、城乡结合部、散居 | 居住环境较好的小区 | 适宜就地开展生产、生活的区域 | 亲缘、地缘、业缘或居住环境较好的小区 | |
| 生活行为方式 | 年内流动，职住分离，低等级场所消费，非消费型休闲方式，以地缘、亲缘为主的社会关系 | 季节流动，以生活和休闲为主，与当地人消费场所较为相似，社会交往以同民族圈子为主，维持着来源地的社会关系 | 季节流动，休闲和工作相结合，悠闲自在、生活节奏较慢，社会关系以趣缘型、业缘型展开 | 季节流动，与流入地居民生活方式相似，社会关系围绕地缘、亲缘型为主 | 跨区域通勤行为，高消费型场所比重较大，社会关系广泛，亲缘、地缘、业缘型均有 |
| 主观感知评价 | 满意度较低 | 满意度较高 | | 满意度较高 | |
| 典型流入城市 | 北京、广州、上海 | 三亚、成都 | 大理、昆明 | 西宁 | |

### 8.3.3 民族边界延续少数民族社会区发展

参考巴斯对于边界的理解，本研究认为民族边界是建构在民族文化背景之上，不同民族间在行为约束、互相尊重基础上通过经济交往、文化交流与融合等方式互动后建立起更强烈的民族身份和民族认同感（费雷德里克·巴斯，2014）。在民族边界的影响下，民族群体自发在空间上集聚，表现为少数民族社会区的形成。民族边界更多地体现在主观方面，现实中找不到边界的准确范围。

西宁市有回、藏、撒拉、蒙古、土家等多个少数民族，其中回族最多，其次为藏族，受限于篇幅，本节主要以回族和藏族为例，来分析回族、藏族群体在城市社会空间中的边界。在论证回族群体社会空间边界的过程中，选取夏都府邸、东关自建房为研究对象。在论证藏族群体社会空间边界的过程中，选取玉树新村小区为研究对象。根据这些研究案例来分析回族群体和藏族群体社会空间呈现出的边界效应。

（1）主要少数民族社会空间分异特征

①回族社会空间主要特征

**回族群体社会空间边界比较清晰**

东关自建房（图 8—58），位于城东区下南关街与清真巷的交汇街区，现为西宁市老城区典型的"城中村"。属于世居的回族聚居区，多为 2—3 层的自建楼，以独门独院为主，家家彼此相连。聚居区内回族流动人口比重非常高，省内流动人口主要来自大通回族土族自治县、化隆回族自治县、民和回族土族自治县和循化撒拉族自治县等，省外流动人口来自四川、河南、陕西和甘肃等省，个体职业者居多，收入水平属于中等及以下，租房群体比重较大。

夏都府邸位于城东区夏都大道，2011 年竣工，属中房银川房地产开发的高档商品房（图 8—58），小区物业管理好、绿化面积大、居住环境好，居民做生意的比较多，部分为公务员及事业单位人员，也有部分州县上的退休干部，以中高收入水平的回族居民为主。

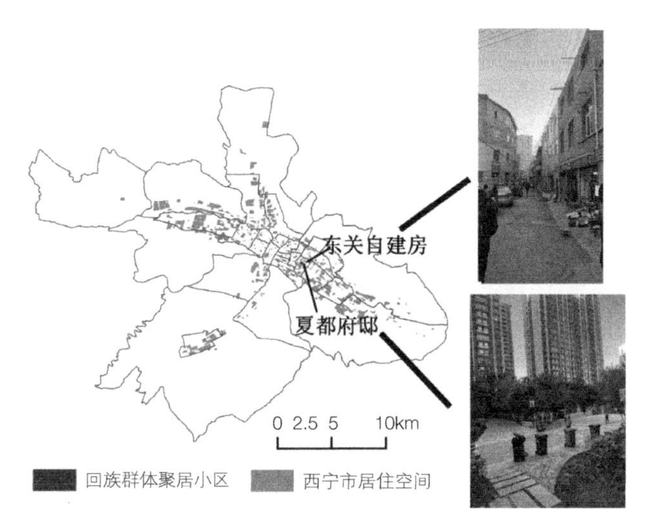


**图 8—58 东关自建房和夏都府邸小区**

**以清真寺为核心的社会空间**

回族居民形成以“教缘”为基础的“寺坊制”居住空间格局。通过东关自建房和夏都府邸的研究案例发现，无论是本地人口还是外地流动人口、高收入群体还是低收入群体、老年人还是中青年人，基于宗教活动的便利性，回族居民主要“依寺而居”。在宗教文化的影响下，他们的职业主要围绕民族商业经济展开，从事民族用品业、民族餐饮业、民族牛羊肉屠宰业的比较多，主要集中在清真寺周边，形成“依寺而商”的空间特征。同时，回族聚居区位于老城区，周边生活设施种类丰富，可满足居民日常的生活需求。在访谈中发现，夏都府邸居民消费场所多选择城东区的王府井、新千国际广场，东关自建房居民消费场所多集中在火车站附近的小商品市场。即使不同收入群体消费场所有分异，但他们都会集中在城东区的清真大寺周边，形成“依寺而活动”的空间特征。在“依寺而居”“依寺而活动”的影响下，居民的感知空间也围绕清真寺展开，当被问到对居住环境的满意度评价时，不少回答是“很不错，挺好的，无论是礼拜还是日常生活，都很方便”，呈现出“依寺而感知”的空间特征。

“来了西宁也没想过去其他地方住，对西宁不太了解，只知道回族居民多集中在东关清真大寺附近，礼拜、吃饭、买东西都比较方便，住的条件可能差点，但我就在这做点小本生意，还不错，挺好。”

——东关自建房卖橘子的回族租户

“从小就住东关这儿，结婚以后家里人多了就搬出来了，买房的时候也没考虑那么多，就在这儿买了，图方便么，我爸妈现在也在这附近居住，相互间有个照应。”

——夏都府邸回族居民

**多因素综合作用下形成清晰的社会空间边界**

回族居民信奉伊斯兰教，在宗教信仰的影响下，每天要进行礼拜，每周五还有“主麻”聚礼，回族男性居民在清真寺参与的宗教集体活动更多。在生活习惯方面，回族在饮食和穿戴上有部分禁忌，为避免生活上的差异，其他民族群体一般很少居住在回族聚居区内。在经济活动方面，回族居民重商善贾，从事民族商品经济的个体职业者非常多，为不同民族间商业活动的交流提供了丰富的物质供给，也提高了回族居民的生活水平。在社会交往方面，回族居民与其他民族仅保持浅层次的商业往来，深层次的交往主要在本民族内部展开，邻里关系非常融洽。在民族认同方面，一方面基于民族文化特征的存在，回族居民自发形成对本民族的认同感；另一方面由于与其他民族商业交往活动带来的经济效益，也激发了本民族群体内更强烈的民族认同感，同时增加了其他民族对回族的认同感。由此可见，在宗教信仰、生活习惯、民族经济、社会交往、民族认同等多因素的综合影响下，回族居民形成了以清真寺为中心，向四周扩散的有清晰边界的社会空间。

“我们主要和本民族的人打交道，过年、过节我们邻里间会互相赠送糕点或其他物品。回族人民特别义气，就算互不认识，见面也会对视几秒、点点头，这代表问候。”

——夏都府邸州县回族退休干部

“我在这里（东关）住了一辈子了，我儿子、孙子也和我住在一起住，邻居也都是回族，平时有个什么事情照应起来也很方便，关系很不错，朋友大部分也住在附近。和其他民族生意上的往来比较多，毕竟做生意，人脉还是很关键的。平日里的交往主要还是以我们本民族为主。”

——东关个体经营者

②藏族社会空间主要特征

**藏族群体社会空间边界相对模糊**

玉树新村小区位于城西区苏家河路 8 号（图 8—59），2005 年建成，共 289 户，属于玉树州政府为州县单位职工提供的集资房，住房面积在 117—220m$^2$，藏族人占 80% 以上，住户退休群体比较多。

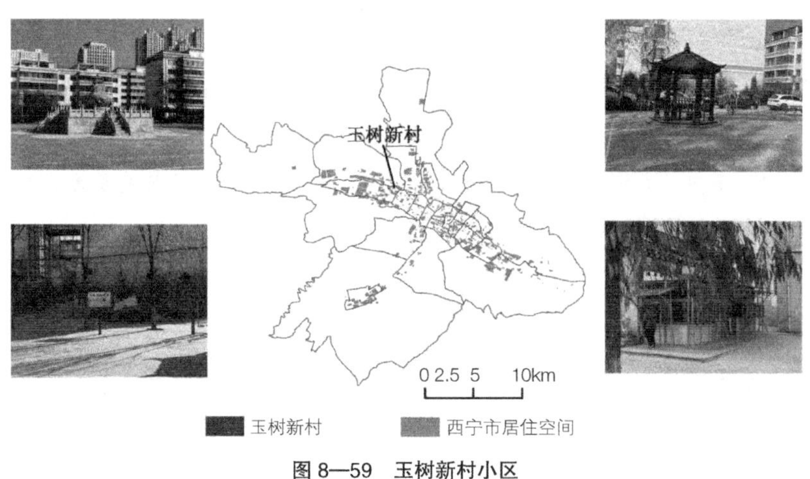


图 8—59　玉树新村小区

**以居住小区为核心的社会空间**

玉树新村小区居民同质性比较高，多数为玉树州各单位退休的藏族居民。基于居民的宗教信仰，小区内部设有转经筒、供香塔等宗教设施。小区内及周边生活设施比较齐全，同时居民因身体原因，大部分日常活动围绕小区展开，且基于业缘的邻里关系在居民退休后也得到了延续，邻里交往频率高。居民的感知空间也多围绕住房环境和周边设施展开，满意度感知评价较好。整体来看，藏族居民形成了一个以居住小区为核心，集居住、宗教、生活为核心的小型社会空间。

“西宁藏族人主要分布在南川西路、香格里拉、开发区广场附近、青藏花园附近，海湖新区的玉树新村、鼎安新城、安泰华庭也比较多，南山路藏医院附近的藏族人也挺多的，尤其是新三江花园小区。我们小区因为是单位集资房，藏族人比较多，不过我朋友们住的小区藏族人也不少，我们喜欢和认识的人居住在一起。”

——玉树新村藏族居民

**藏族群体的社会空间边界相对模糊**

藏族群体的宗教活动在时间和空间上比较灵活，不局限于寺院。时间安排上除了对早上诵经和重大节日有严格要求外，其余时间没有限制，对场所的要求也比较少，因而居民居住空间的选择受寺院影响较小。在访谈中了解到居民在选择居住空间时，更多会考虑住房环境和乡缘、地缘、业缘型的社会关系。在生活习惯方面，本身禁忌较少，同其他民族居民的生活需求较为相似。在职业属性方面，城市中的藏族群体，其生产生活不以传统的畜牧业为主，亦不重商，在西宁市多就职于行政事业单位（马晓东，2007）。在社会交往方面，工作在行政事业单位的藏族居民与其他民族来往较多，州县来西宁的藏族退休群体社会交往以本民族内部为主。在民族认同方面，对本民族的认同感非常强。

“我每天的生活比较固定，早上起床要诵经，给佛祖供水供香，之后吃早饭，然后上班下班，有时间的话自己会念珠，到了重大节日的时候就要去寺院里，其他时间和你们一样。”

——玉树新村在职藏族居民

“在这里住的大部分是藏族，不过对于我来说好像没什么区别，我也有几个在事业单位上班的藏族朋友，我感觉生活习惯差别不是很大。”

——玉树新村的汉族居民

“我们买房子不会太多受寺院的影响，更多的是看房子的价格和小区居住环境，也会和认识的人选择同一小区。我住在海湖新区，平日里在帮儿子带孩子，周六日早上会来这里转经筒。”

——大佛寺转经筒的藏族人

总体来看，藏族群体没有同回族群体一样在城市中形成鲜明的大规模聚居区，而是在更小的空间尺度上集聚，与其他民族的居住空间交错分布。相比回族聚居区社会空间清晰的边界，藏族群体社会空间的边界更为模糊，更多地体现在较微观的居住小区层面。

（2）少数民族社会空间边界的建构过程

少数民族聚居区是城市社会空间结构研究中不容忽视的内容，其存续直接影响城市社会空间结构。在西宁市，藏族群体居住相对均衡，没有像回族群体一样形成大规模的聚居区，本节以回族集聚区为例，分析少数民族（回族）社会空间边界的建构过程。目前部分研究认为，由于边界效应，城市中回族社区经历从封闭到开放的过程，存在衰落或发展两种结果，事实上，边界并不是造成少数民族聚居区走向衰败的主要原因，边界在一定程度上维系着少数民族的社会区。在西宁市，少数民族（回族）聚居区一直是社会空间中重要的社会区，具有历史延续性，现已成为集宗教、居住、历史、精神、文化、旅游等为一体的多元聚居区。

少数民族（回族）社会空间边界是一个不断建构的过程，可概括为四个阶段，循环往复，形成比较稳定的、具有历史延续性的社会区（图 8—60）。首先，文化差异带来主观上社会空间的边界，造成“我”与“他”的认同区别，在居住、行为和感知等方面有别于其他民族，形成民族边界（第一阶段）；其次，人们往往对异质性的商品感兴趣，民族文化形成有竞争力的民族商业经济，这种经济演化为商业竞争力，引起其他民族群体的需求，吸引不同民族间频繁的经济交往。双方通过自我约束、相互尊重彼此的文化，最终顺利满足各自的需求。在这个过程中，双方通过交往弱化了民族间边界的影响（第二阶段）；再次，民族商业活动增加提高了回族居民的经济收入，经济条件的改善进一步激发了回族居民对本民族的社会认同感，聚居意愿加强，完善聚居区功能的动力也增强。同时，其他民族通过购买、消费民族商品，加深了“我”与“他”文化差异的认同，双方的主观民族边界加强（第三阶段）；最后，聚居区功能不断完善，生活更加便利，居民外迁动力减弱，同时吸引本民族（回族）居民的迁入，聚居区的稳定性增强，聚居区的民族特色更加显著，与其他民族的文化差异更加明显，又会形成主观边界新一轮的建构过程（第四阶段）。民族边界在一定程度上维系着回族居民在城市空间中的社会区，对社会空间结构的形成具有稳定作用。由此可见，这种民族“文化—经济”的聚居模式，使得民族边界对维护少数民族社会区发挥着稳定和延续作用。

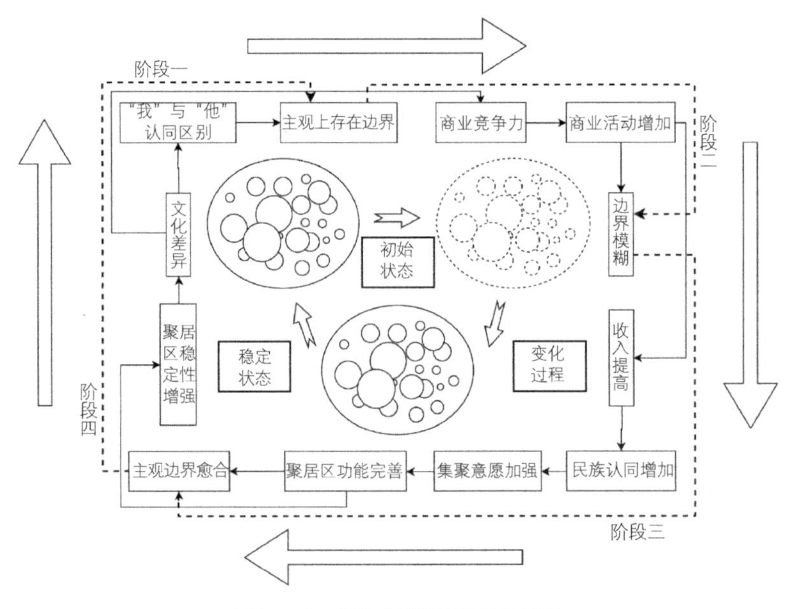


**图 8—60　少数民族边界的建构过程**

“来我饭店吃饭的人比较杂，以前回族顾客比较多，现在不一样了，其他民族的顾客也来，大家对我们的东西还是很认可的，你看很多都是老主顾了。做生意要讲究诚信，开门做生意会遇到不同的人，挣了钱当然好，家里的生活条件改善了。你提到的这个迁居呢，怎么说，我自己没想过要离开这里到其他地方，住东关还是比较方便的，礼拜方便，生活设施也齐全，我饭店也在这儿，碰到各种事情也方便处理。”

——东关大街街道餐厅回族老板

“我来这边办事，吃饭一般都会选择清真饭店，这家火锅店中午吃饭还是半价，我是在美团上看到的，一会顺便买点特色糕点回去。感觉清真大寺周边的食物会比其他地方的正宗，可能是心理作用。”

——东关大街街道餐厅吃饭的汉族顾客

（3）民族边界成为少数民族社会空间生态位的竞争优势

认识城市空间，关键在于对“过程”的解释，特别是城市中特殊群体的社会文化特征对空间发展轨迹影响的解释（Syssner J.，2019）。民族边界在城市社会空间中的实践，证明了民族“文化—经济”特征对民族社会区构建过程的重要影响，提供了一种认识城市社会空间建构机制的思路。

社会区可以看作是不同群体在城市社会空间所占据的生态位。对于民族边界的理解，更重要的是看中其建构的过程。国外和国内民族政策不同，导致民族边界在城市社会空间中竞争力的强弱也不同。我国实行平等、团结、互助的民族政策，不同民族间通过交流、融合及互助使得民族边界成为少数民族社会区的竞争优势，其在社会空间演变过程中发挥着延续和稳定作用。

种族因子作为影响西方城市社会区的三大主因子之一，其对城市社会空间结构的形成具有重要的影响。西方城市种族聚居区大部分是基于经济社会地位和种族歧视形成的，如在美国，黑人在城市社会空间中的竞争存在明显劣势，流离于主流阶层之外，形成明显的种族隔离，大部分被迫居住在城市旧街区，而广大中产阶级在城市社会空间竞争中占据优势，居住在环境优美、交通便利的郊区（Feijten P.,2005）。族群通过排斥“陌生人”的方式,达到维持边界的目的,这也是为什么国外学者提出要增加种族间的协商和接触,以解决族群边界问题（费雷德里克·巴斯，2014）。以黑人为代表的族群边界在城市社会空间生态位中处于弱势地位，种族歧视阻断了交流的可能，失去了解决边界问题的机会，造成了城市中不同社会属性群体的社会空间分异越来越大。

我国北京、成都、兰州、乌鲁木齐等城市也存在少数民族聚居区，有些城市即使没有形成社会区，也形成了具有民族特色的小规模集聚区域，如西安回民街、南京市七家湾回族社区等，这与我国的民族政策息息相关，不同民族间互动、交融，主动参与民族边界的建构过程中（冯健，2003；张鸿雁，2004；黄嘉颖，2010；张利，2012；张国庆，2014；陈志杰，2015）。在少数民族社会区边界的不断建构中，因其民族商业活动的竞争力，吸引不同民族间经济往来，在提高居民收入水平的同时提升了本民族的认同感，也增强了其他民族对本民族的认同，带来民族社会区规模的不断扩大并形成稳定的边界。

### 8.3.4 小结

本节从单位职工、流动人口及少数民族这三类群体的视角探讨了西宁市社会空间重构过程中的特殊性。

西宁市社会发育程度低、经济发展水平相对滞后，这就决定了其在转型过程中较为滞后。选取稳定型单位小区、主导型单位小区和发展型单位小区，分别探讨了这三类单位小区的社会空间特征，研究发现计划经济时期的单位制残留、市场经济时期以来新单位小区的建设以及相关的隐性福利影响着西宁市社会空间的重构进程。

西宁市是青藏高原海拔相对较低、基础设施最完善的城市，对追求良好居住环境的青海省各州县人口流入具有很大吸引力，研究中将这部分群体称为"环境驱动型流动人口"。环境驱动型流动人口在时间上表现为周期性的季节间和周内的往返、在空间上表现为阶梯递进特征。这部分群体初期主要集中在州县政府和事业单位为职工在西宁市提供的单位福利房，在城南新区和城市中其他区域零星分布，后期表现为经济条件较好的群体在西宁市购买商品房，这类型群体在西宁市海湖新区及城北部分新开发的小区中集聚比较多。环境驱动型流动人口理论上可以补充流动人口内部差异性的研究。

西宁市是少数民族聚居的多民族城市，不同民族在宗教信仰、生活习惯、经济活动、社会交往及民族认同等多因素的综合作用下，在社会空间中形成不同的边界，回族群体的社会空间边界相对清晰，藏族群体的边界相对模糊，民族边界成为少数民族社会空间生态位的竞争优势，对少数民族社会区的发展具有稳定、延续的作用。

## 8.4 西宁市社会空间结构的形成机理

### 8.4.1 西宁市社会空间结构的影响因素

城市社会空间结构的形成是多因素且复杂的过程。西宁市社会空间结构的形成是建立在其地理环境基础之上，是政府、经济、社会及个体等多因素共同作用的结果。

（1）地理环境

自然环境是城市社会空间结构形成的物质基底。西宁市位于青藏高原东北部湟水谷地，三面环山、三川汇聚，是典型的高原河谷型城市，也是青藏高原海拔相对较低的城市。城市空间规模受地形影响和限制非常大，只能沿河流两岸发展，形成"十"字形的河谷地貌格局。西宁市气候环境较好，冬无严寒，夏无酷暑，气候相对温和。海拔相对较低，含氧量相对较高，属于青藏高原为数不多的宜居城市之一。

人文环境是城市社会空间结构形成的人文基底。首先，西宁市是青海省乃至青藏高原经济发展水平最高的城市，GDP 居青海省首位，经济的发展提供了较多的就业机会；其次，西宁市拥有青海省最优的交通区位，作为青藏高原的东方门户、西部地区重要的交通枢纽，目前已形成机场、高铁、高速公路等多种现代交通工具搭建而成的立体网络，促进了区域间的人口流动；再次，西宁市作为省会城市、旅游城市、移民城市，近年来大力投资基础设施建设，特别是集聚全省乃至青藏高原最优质的医疗和教育资源。因此，相对丰富的就业岗位、便利的交通条件以及较完善的基础设施共同构成了西宁市社会空间结构形成的人文本底（图 8—61）。

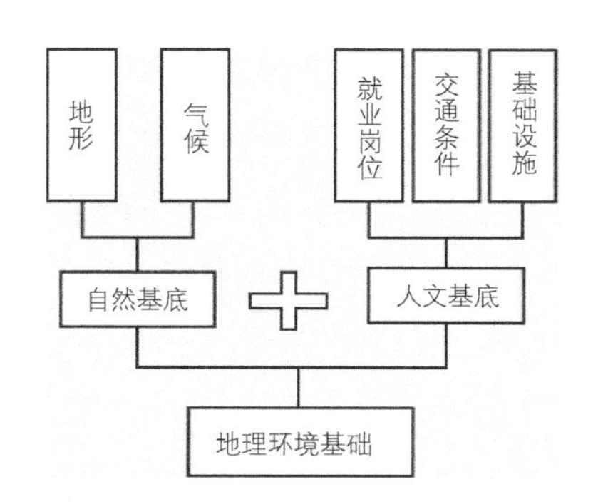


**图 8—61 地理环境对城市社会空间结构的影响**

（2）政府因素（图 8—62）

①城市规划

城市规划是以规范城市发展建设、实现一定时期内城市经济和社会发展为目标，确定城市性质、规模和发展方向，合理利用城市土地，协调城市空间布局和各项建设所作出的综合部署和具体安排。包括对城市居住、道路、绿地等各类型用地规划，也包括城市总体规划、旧城改造和新区开发规划（冯健，2004）。城市规划包括政府的历届规划建设和各项空间发展策略。

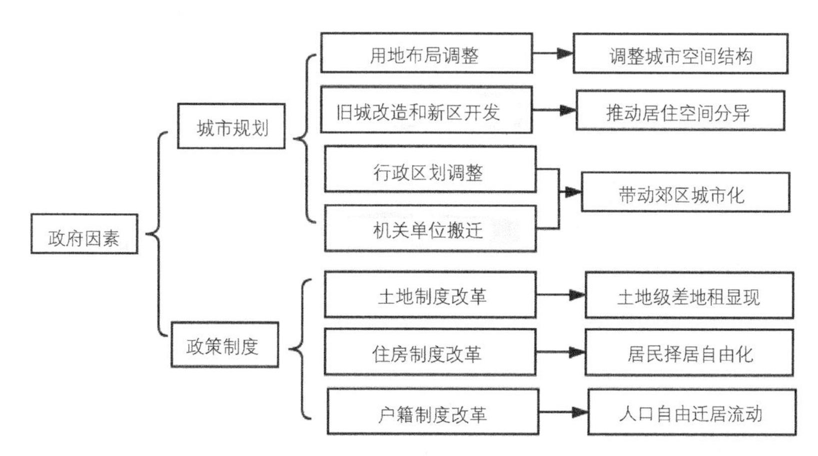


**图 8—62 政府因素对城市社会空间结构的影响**

**规划建设**

新中国成立以来的城市规划。改革开放前的城市空间建设，是计划经济体制下政府高度极化作用下的产物（冯健，2004）。1954 年 3 月西宁市人民政府组织技术人员编制的《西宁市总体规划》，拟定西宁城市性质为省会城市，是以毛纺工业和机械工业为主的工业城市，并确定城市用地规模、道路骨架、工业布局、文教卫生设施、园林绿化和居民住房等问题，城市成为工业生产的中心，城市建设为工业生产服务（宣国富，2010）。这一时期城市的发展以旧城建设为重点，主要借鉴苏联生产与生活就近布局的模式，对西宁市社会空间结构的形成发挥了重要作用。



产业布局方面，东川、北川、西川、南川、小桥等几个工业区逐步形成，城市用地功能明显发生分化。居住布局方面，湟水两岸、南川河两岸和西川河南岸均布置为生活居住用地，且向东西方向延伸（图 8—63）。20 世纪 50 年代，各单位依托旧城自成院落，“见缝插针”建房，所建住房大多数为土木、砖木结构的平方或二至三层的楼房。六七十年代，工业的发展带来城市人口大量增加，刺激了对住房的需求。单位组织集中建设了成片的工人新村，房屋多数为三四层楼房，房屋结构为砖木或砖混，绝大部分有供电、供水设备，部分住房有分户厨房、厕所。

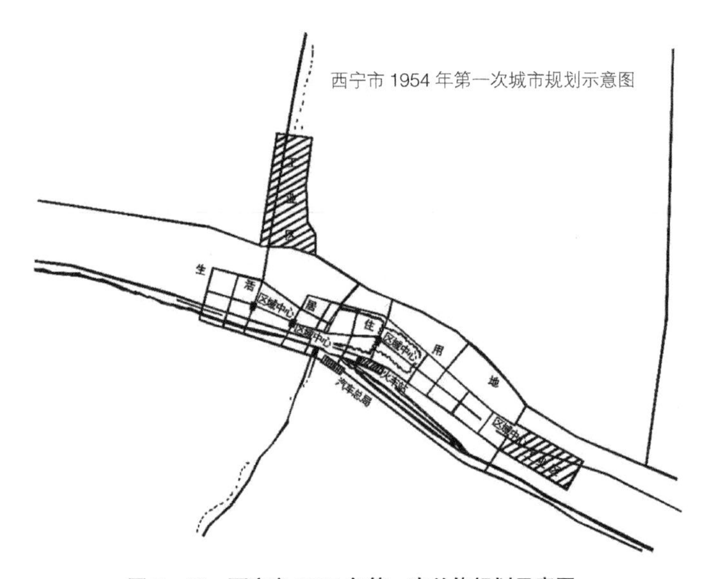


**图 8—63　西宁市 1954 年第一次总体规划示意图**

公共服务设施方面，先后修建纸坊街西端至师范大学道路，辟建五四大街、同仁路、黄河路、昆仑路、新宁路，开通建国路、互助路、祁连路、南川西路以及朝阳西路，拓宽八一路、南川东路、柴达木路和小桥大街，至 1979 年，市内公共汽车营运线路达 10 条；大学 6 所，中专 9 所，中学 46 所（包括职工子弟学校），小学 167 所（包括职工子弟学校），聋哑学校 1 所；专业剧团 6 个，影剧院 14 座；公共医疗机构 49 处；确定大十字为全市商业中心的地位，商业服务系统有百货、食品、饮食、医药、煤建、蔬菜、土产 7 个公司；在南山新建南山绿化组，植树种草，绿化南山。1979 年 11 月，国家城建总局决定在南山建立高原野生动物繁殖场，西宁市人民政府成立南山动物饲养场筹建处。1985 年 10 月，南山动物饲养场开辟为南山公园。随后开辟人民公园、苏家河湾苗圃和西山林场，绿地面积大幅增加。

改革开放时期以来的规划。中共十一届三中全会以后，西宁市委、市政府将城市建设、改善市民居住环境作为城市工作的重要任务。1980年西宁市总体规划确定城市性质为全省的政治、经济、文化和科研中心，以轻工业、机械工业为主的工业城市。对人口发展和用地规模进行明确限定，将工业用地规划为5个工业区，即西川工业区、南川工业区、南滩工业区、东川工业区和北川工业区。生活居住用地规划以建成区为中心，向东向西方向发展，西川、东川设独立生活区，西宁路以西为独立科研单位用地。在城市建设中，以旧城改造和外部扩展紧密结合为重点，加强市政设施和服务设施的建设（图8—64）。

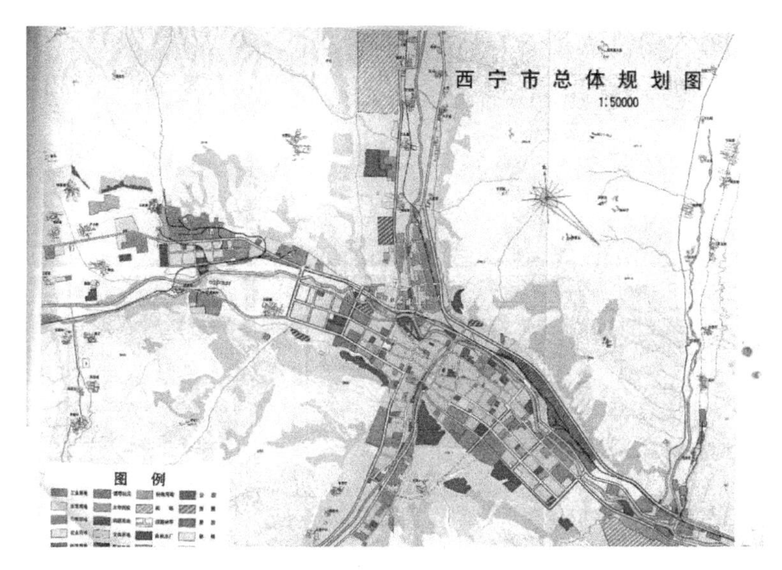


**图8—64　西宁市第六次总体规划图**

产业布局方面，引导污染型工业企业外迁至城市郊区，城市中心区则主要布局附加值高、占地小、污染少的现代商业、金融服务业。

居住布局方面，针对住宅不合理、房屋结构杂乱等情况，旧城改造和新区开发同步进行，且适当开发高层建筑，将房屋开发与鼓励机关团体、工厂、学校建房结合起来，按照“统一规划、合理布局、综合开发、配套建设”等原则，对中华巷、昆仑路、湟岸巷、树林巷4个片区集中进行危旧房改造，相继建成康乐住宅小区和虎台住宅小区，并在交通巷、南庄子、省委党校和朝阳等地区建成功能齐全、环境优美、生活方便的居民新村，同时也建成了毛胜寺住宅、西关大街住宅、胜利路住宅、砖厂路住宅、中南关住宅等一批拆迁安置房。新建住宅不仅有分户厨房、厕所、阳台，部分住宅还设客厅、卫生间和供暖设施，西宁市的住宅消费由低级逐渐向高级过渡，初步具备了现代住房的消费特征。

公共服务设施方面，基本形成三点一线十条街。从火车站开始，经过西门到小桥三点连成一线，沿此主干线十街即建国路、大众街、东关大街、东西大街、长江路、黄河路、西关大街、五四大街、胜利路、小桥大街；西宁体育馆、青海民贸大楼、民族旅社、长途汽车站等相继建成；在部分医院和学校，新添了一批不同功能的大楼，促进了文教事业的发展；建成和改造儿童公园、朝阳公园、人民公园、火车站小游园；绿化用地大量增加，南山公园、南川公园、湟乐公园、植物园等陆续开工。

西部大开发时期的城市规划。为配合国家西部大开发战略，西宁市编制了《西宁市城市总体规划（2001—2020）》，将城市发展与全国发展大局接轨，高标准定位了西宁市的城市职能为青藏高原现代区域性中心城市，规划内容包括调整产业结构、完善城市功能、开发新城区、改造旧城区等。西宁市城市规划继而从更宏观的视角对城市空间进行布局，最终形成东、南先行带动西、北发展的战略规划。在规划引导下西宁市开始了大规模的建设，形成多核心组团发展的空间格局（图 8—65）。

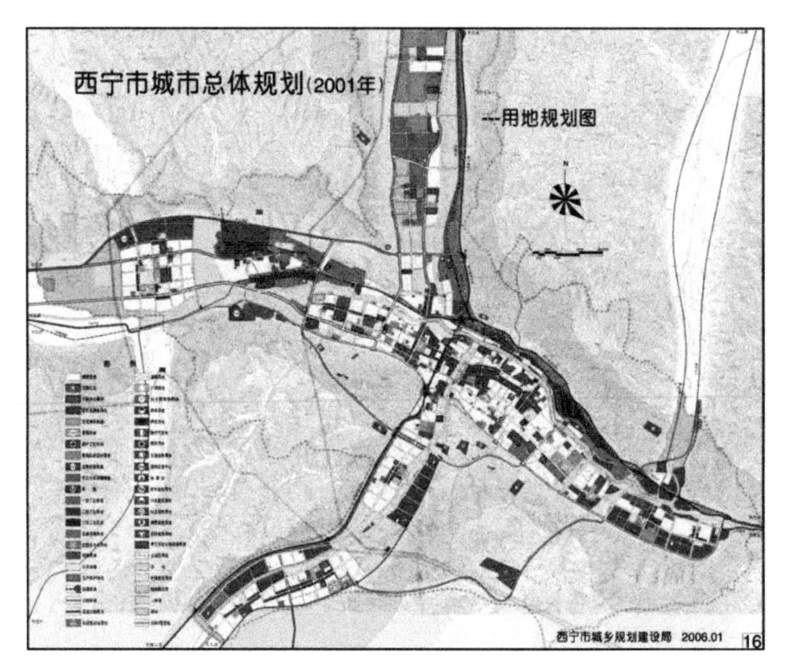


**图 8—65　2001—2020 年西宁市城市总体规划图（引自城市规划资料）**

产业布局上，形成东川工业园、南川工业园、生物科技产业园、甘河工业园以及北川工业园，同时第三产业发展更为成熟。

居住布局方面，划分 23 个居住片区，并按照规划配置学校、绿地、道路及停车场等公用设施，对居住环境质量也提出要求。2000 年后，西宁市房地产进入飞速发展时期，省内各州县干部驻西宁的单位集资房、国企及相关单位的新单位小区以及不同规模等级的商品房竞相建设，形成集中连片的居住区。2000 年时人均住宅建设面积为 10.08m$^2$，到 2018 年时人均住宅面积达到 33.3m$^2$。

公共设施方面，构建“一主、一新、四副”城市商贸格局，大十字—西门商贸聚集区为商业主中心、海湖新区商贸聚集区为商业新中心，商业巷、建国路、小桥大街、城南综合区为 4 个商业副中心；公共交通网络线路多达 134 条，公交站点 500m 覆盖率达 100%；对原有医院进行结构调整，在各个片区中心新增综合性医院；对公共文化服务设施按照省级、市级两个层级来进行完善与调整；同时建成新宁广场和中心广场，实施园林绿化工程，城市生活环境不断改善。

**旧城改造**

新中国成立时，西宁市居民居住条件恶劣，对房屋的更新和改造要求非常迫切。据《西宁市城市建设志》记载，1949 年至 1978 年，总计征用、更新拆除危旧房屋 29.26 万 $m^2$，约有 3 万居民改善了居住条件。改革开放以来，危房改造被列为城市管理的重点工作之一。1979 年至 1985 年，西宁市政府先后拨出城市维护费 184 万元用于房屋维修和危房改造，中共十一届三中全会以来，总售旧公房收入以及基本建设征拆公房建设费收入 457.59 万元，其中用于危旧房屋改造 308.43 万元。这一时期全市总计征用、危改拆除房屋 35.68 万 $m^2$，是 1949 年至 1978 年拆除危旧房屋总和的 1.22 倍，约有 7000 户 3 万人乔迁新居。这一时期拓宽并疏直东、西、南、北四条大街，对居住密度高的饮马街、南大街、下宏觉寺街、小桥官院、共和路等居民区进行了试点改造；1985 年开始又对中华巷、昆仑路、湟岸巷和树林巷 4 个危房片区进行改造。但由于地方财力的限制，这一时期以零星改造为主。1990 年后，尤其是 2000 年以来，随着西宁市经济实力的增强和土地批租政策的实施，旧城改造速度加快、力度大幅提升。2000 年以来主要实行规模改造、规模经营、片区改造，先后对周家泉片区、小桥片区、北川市场片区、杨家巷片区等区域进行了改造，大大提升了土地利用价值，城市人居环境得到了改善。

旧城改造加速了单位制的瓦解和中心城区的破碎化程度，也促进了居住郊区化，加剧了居住空间的分异。市中心生活设施齐全、地价成本高、房价昂贵，部分经济条件较差的居民因无力支付高昂的房价，被迫迁往城市郊区，促进了居住郊区化。而追求良好住房环境和优质生活设施的高收入群体选择主动迁入。以城东区回族集聚区为例，在城市更新改造过程中，部分低收入居民因无法支付过高的改造补偿差价被迫迁往城市居住环境、居住区位相对较差的南山、北山、富强巷和树林巷等区域，而部分经济条件较好的居民搬迁到以国际村和夏都府邸为代表的高档居住小区（安定明，2009；陈肖飞，2013）。在老城区还留有一部分传统世居回族居民的自建房，多为青海省各州县和省外回族流动人口提供出租，形成流动人口的聚居地。在旧城改造过程中，市中心既有“残余化的”单位大院、流动人口聚居地，也有普通商品房和高档商品房，中心城区破碎化程度高，不同群体居住空间分异特征显著。

**新开发区的发展**

城市新开发区包括经济技术开发区和城市新区。开发区是指在城市中划定小块区域，在完善软、硬件投资的基础上，为了扩大吸引外资规模、提高利用外资水平、扩大对外开放、促进经济快速发展而采取的举措。城市新区是城市郊区化发展的产物，是为缓解老城区人口压力和土地资源紧张的重要载体（冯健，2004）。

1992 年时，西宁市决定成立西宁高新技术开发区、桥头经济技术开发区、通海经济技术开发区，之后对开发区进行了合并与调整，2000 年时成立西宁（国家级）经济技术开发区。于 2001 年和 2006 年分别成立城南新区和海湖新区，2013 年市政府批复实施《多巴新城控制性详细规划》（表 8—16）。开发区和新区建设改变了原居住地居民的生产和生活方式，在短时间内解散了原有的社区，将原有的社会阶层安排在政府"预控"的城市空间框架中。开发区和新区大规模、高规格的基础设施建设，使各类经济要素迅速聚集，服务功能不断完善，吸引了大型房产商入住，带动房地市场的发展，促进居住郊区化，集聚了新的社会阶层，也带动了城市基础设施的发展，加剧了城市社会空间的重构。

**西宁市新开发区的建设时间** **表 8—16**

| 新开发区 | 建设时间 | 名称 |
| --- | --- | --- |
| 经济技术 | 1992 | 西宁高新技术开发区、桥头经济技术开发区、通海经济技术开发区 |
| 开发区 | 1995 | 西宁经济技术开发区（西宁高新技术开发区和桥头经济技术开发区合并） |
| | 2000 | 西宁（国家级）经济技术开发区 |
| 新区 | 2001 | 城南新区 |
| | 2006 | 海湖新区 |
| 新城 | 2013 | 《多巴新城控制性详细规划》 |

以海湖新区发展为例，2006 年在开发海湖新区时，将原来紧邻城西区海湖路以西的杨家寨村和苏家河湾村农民整体搬迁至昆仑西路—汇宁路—凤凰山路的交界处（靠近西宁市野生动物园），搬迁后村民的居住环境明显得到改善，但失去土地，村办企业也因再搬迁成本过高而倒闭，农民生计面临问题，现以出租房屋、打工来维持家庭收入来源。在短时间内，"村改居"使得村民社会身份发生改变。同时，拆迁安置区域移至主城区边缘，促进了居住郊区化。原来拆迁区域新建中高档住宅，吸引中高收入群体集聚。此外，海湖新区的开发还促成新商业中心和新休闲场所的形成，拓展了居民日常活动空间。

**行政区划的调整**

行政区划的调整扩大了西宁市管辖面积和人口规模，使得西宁市政府可以从更大的空间尺度去考虑城市产业布局及城市空间结构布局。按照"扩市提位"的战略要求，1999 年西宁市调整了行政区划，将原属海东市的湟中区（原为湟中县）、湟源县并入西宁市市域。行政区划调整后最典型的是西宁市城南新区的发展。2019 年湟中撤县改区后，成为西宁主城区的一部分，缓解了西宁市人口和土地压力，为西宁市向西扩展提供了更多的机会，能够带动西宁市的第二次发展。

**机关单位搬迁**

机关单位的搬迁一方面可以缓解旧城区人口密度高、基础服务设施负荷重与供给不足等问题，另一方面也引起迁入地人口数量与结构的变化。西宁市城中区政府搬迁至城南新区、许多机关事业单位先后迁至海湖新区，在带动城市新区基础设施建设的同时，也调整了基础设施在城市中的均衡布局，促进了新区房地产业和商业的发展，提升了新区发展的人气，改变了新区的社会空间结构。

②制度改革

**土地制度改革**

新中国成立以来到现在我国土地制度改革可以分为两个阶段：土地无偿使用阶段（1949—1978年）和土地有偿使用（1978年至今）阶段（党杨，2011）。计划经济时期，城市土地分为私有土地和国有土地两大类。1949年到1956年城市国有土地和私有土地并存，这一时期土地可以自由买卖；1956年国家出台《关于目前城市私有房产基本状况及社会主义改造的意见》的文件，标志着我国城市土地国有化进程的开始。这一时期土地使用制度完全由政府划拨，对土地使用价格、使用年限、流转方式都未作明确的限定，以致后期出现土地资源使用效率低、土地资源浪费和变相倒卖等问题。1979年国务院颁布《中华人民共和国中外合资经营企业法》，要求对中外合营企业的城市用地征收土地使用费，标志着我国城市土地有偿使用制度开始实施。之后，政府出台各类政策规范国有土地的使用和流转（党杨，2011；胡关红，2013）（表8—17）。土地作为一种生产要素进入市场，土地极差效应发挥作用。这一时期，土地分等定级工作在我国部分大城市开展起来，各城市依据发展情况制定不同类别、不同等级的土地基准地价（冯健，2004）。2000年后，土地制度改革持续完善深化，经营性国有土地的招标、拍卖、挂牌出让，作为一种市场配置模式正式确立，规范的城市土地市场正在逐步形成（党杨，2011）。

**改革开放以来中国城市土地制度改革历程**　　**表8—17**

| 时间 | 法律法规 | 内容 |
|---|---|---|
| 1979年 | 《中华人民共和国中外合资经营企业法》 | 规定中外合营企业城市用地征收土地使用费 |
| 1990年 | 《城镇国有土地使用权出让和转让暂行条例》 | 确立了城市国有土地使用权出让、转让制度 |
| 1992年 | 《划拨土地使用管理暂行办法》 | 规范划拨土地使用权 |
| 1995年 | 《城市房地产管理法》 | 规定国有土地使用权可以出让、转让、出租和抵押 |
| 1998年 | 修订《土地管理法》 | 进一步确立了城市土地有偿、有限期和流动的使用制度 |
| 2002年 | 《招标拍卖挂牌出让国有土地使用权规定》 | 规定商业、旅游、娱乐、房地产等四类经营性用地必须实行招标、拍卖和挂牌出让 |
| 2004年 | 《关于深化改革严格土地管理的决定》 | 进一步深化改革、加强土地管理制度 |
| 2006年 | 《招标拍卖挂牌出让国有建设用地使用权规定》 | 规定全部土地纳入招拍挂出让程序，建立工业用地出让最低价标准统一公布制度 |
| 2008年 | 《全国土地利用总体规划纲要（2006—2020年）》 | 规定不同地区不同性质的土地，施行有差别化的土地利用政策，加强对省、自治区、直辖市土地利用的调控 |

土地制度改革对增加政府财政收入发挥了积极作用，政府有更充足的资金推动旧城改造和新城开发、房地产的发展和基础设施的完善。土地制度改革带来土地空间的置换，城市呈现商业中心化和工业郊区化特征。居民的工作岗位和工作地点也发生相应的调整，通勤空间距离逐渐加大，职住分离现象日益显现。同时，部分居民居住地随工作地点发生变化，引起迁入地和迁出地人口结构的变化。在促进居住郊区化的同时，迁入地也形成新的社会阶层，对社会空间

结构的形成造成了一定的影响。

土地使用制度改革使得土地级差效应发挥作用，引起地价的差异，进而影响房价的差异。据 2019 年 6 月安居客房价显示，西宁市各区域房价差异明显（表 8—18），海湖新区、虎台街道、马坊街道、西关大街街道、兴海路街道、胜利路街道及古城台街道这些区域的中高档及以上住房分布比重较大，韵家口镇、南川东路街道、二十里铺镇、火车站街道这些街区低等级住房分布比重较高。不同区域因历史发展基础、生活设施布局及投资环境的差异导致地价差异显著，进而影响房价的差异，造成不同社会属性群体居住空间的分异。

**2019 年 6 月不同房价在西宁市各街道（镇）的空间分布　　表 8—18**

| 街道（镇） | 高等价（%） | 中高等价位（%） | 中等价位（%） | 中低等价位（%） | 低等价（%） |
|---|---|---|---|---|---|
| | ≥ 13000（元 /m²） | 10000—13000（元 /m²） | 7500—10000（元 /m²） | 5000—7500（元 /m²） | ≤ 5000（元 /m²） |
| 仓门街街道 | 0.00 | 4.06 | 2.43 | 1.79 | 0.00 |
| 海湖新区 | 29.17 | 19.29 | 2.70 | 0.51 | 0.00 |
| 虎台街道 | 20.83 | 16.24 | 2.16 | 0.51 | 0.00 |
| 大众街街道 | 0.00 | 0.51 | 6.49 | 9.18 | 4.17 |
| 马坊街道 | 10.42 | 0.51 | 5.95 | 3.83 | 4.17 |
| 朝阳街道 | 0.00 | 1.02 | 7.03 | 8.93 | 8.33 |
| 韵家口镇 | 0.00 | 0.51 | 1.62 | 6.38 | 41.67 |
| 西关大街街道 | 6.25 | 11.68 | 3.24 | 0.77 | 0.00 |
| 南川西路街道 | 0.00 | 4.06 | 4.59 | 5.87 | 4.17 |
| 清真巷街道 | 0.00 | 6.60 | 8.65 | 3.57 | 0.00 |
| 南滩街道 | 0.00 | 8.63 | 9.19 | 1.53 | 0.00 |
| 乐家湾镇 | 0.00 | 0.00 | 3.78 | 11.22 | 4.17 |
| 兴海路街道 | 12.50 | 6.09 | 0.54 | 0.51 | 0.00 |
| 小桥大街街道 | 0.00 | 1.52 | 10.81 | 5.10 | 0.00 |
| 胜利路街道 | 10.42 | 3.05 | 2.97 | 0.00 | 0.00 |
| 礼让街街道 | 2.08 | 4.06 | 4.05 | 2.30 | 0.00 |
| 城南新区 | 0.00 | 1.02 | 1.08 | 7.40 | 4.17 |
| 八一路街道 | 0.00 | 0.00 | 2.97 | 6.63 | 4.17 |
| 南川东路街道 | 0.00 | 1.02 | 0.00 | 5.87 | 8.33 |
| 二十里铺镇 | 0.00 | 0.51 | 2.16 | 2.55 | 8.33 |
| 古城台街道 | 4.17 | 3.05 | 1.35 | 0.77 | 0.00 |

续表

| 街道（镇） | 高等价（%） | 中高等价位（%） | 中等价位（%） | 中低等价位（%） | 低等价（%） |
|---|---|---|---|---|---|
| | ≥ 13000（元/m²） | 10000—13000（元/m²） | 7500—10000（元/m²） | 5000—7500（元/m²） | ≤ 5000（元/m²） |
| 彭家寨镇 | 2.08 | 1.02 | 3.24 | 0.51 | 0.00 |
| 火车站街道 | 0.00 | 0.00 | 0.27 | 1.28 | 8.33 |
| 人民街街道 | 2.08 | 3.05 | 1.35 | 0.00 | 0.00 |
| 饮马街街道 | 0.00 | 1.52 | 4.05 | 1.02 | 0.00 |
| 东关大街街道 | 0.00 | 0.51 | 1.89 | 3.32 | 0.00 |
| 总寨镇 | 0.00 | 0.51 | 0.27 | 1.53 | 0.00 |
| 林家崖街道 | 0.00 | 0.00 | 0.54 | 1.28 | 0.00 |
| 大堡子镇 | 0.00 | 0.00 | 0.00 | 0.26 | 0.00 |

**住房制度改革**

住房福利分配制度和住房货币化制度对西宁市社会空间结构产生了重要影响，原单位房、新商品房、保障房及自建房等共同推动着西宁市社会空间秩序，体现了计划经济与市场经济的双重色彩。

计划经济时期，我国实行住房实物福利分配制度和以单位为基础的住房分配体制，住房从供给、分配到管理的全过程均有单位参与，具有“高福利、低工资、低租金”的基本特征。在计划经济体制下，为最大效益地安排生产，将居民的家庭、社会生活以及政治管理结合在一起，单位一般按照职住接近原则规划居住区，个人生活范围限制在单位及其家属区所组成的空间单元中。在计划经济时期，西宁市兴建了大量机关事业单位小区、企业单位小区。随着福利房不断增加，其弊端也逐渐显现。供需失衡、供需失公现象不断出现，成为影响社会和谐的不稳定因素之一。此外，住房补贴也给国家和单位带来沉重的负担，促使政府出台新的政策去改变这种局面。

1998 年国务院发布《关于进一步深化城镇住房制度改革 加快住房建设的通知》，宣告住房福利分配制度彻底终结，住房货币化时代开始。改革使住房的供给主体由政府和单位逐渐过渡到市场和开发商，住房成为消费品进入市场。同时，政府还提供经济适用房、廉租房等保障住房，由政府统一调控，限定申请条件和租金标准，解决了部分中低收入者的住房问题。

城镇住房制度改革以后，西宁市的住房管理及方案也在循序渐进地推进（表 8—19）。主要措施为：提租发补贴、推行公积金、住房买债券、买房给优惠、集资建住房等，同时降低交易环节税费、简化交易办理手续以激发居民的购房热情。住房供给体系的变化，促进了房地产市场的发展，也使得居民能够按照自己的需求及偏好在城市中选择合适的住房，居住空间分异进一步加大。

**西宁市住房管理及方案实施** **表 8—19**

| 时间（年） | 住房制度管理及方案 |
| --- | --- |
| 1984 | 中国房屋建设开发总公司西宁公司 |
| 1985 | 西宁房地产交易所 |
| 1986 | 《西宁房产交易管理办法》 |
| 1998 | 《西宁市住房制度改革实施方案》 |
| 2000 | 《西宁市廉租住房建设与管理的实施意见》 |
| 2007 | 《西宁市城镇最低生活保障家庭廉租住房实施细则》 |
| 2007 | 《西宁市最低生活保障家庭住房情况调查方案》 |
| 2009 | 《西宁市城市房屋租赁管理办法》 |
| 2013 | 《西宁市公共租赁住房管理办法》 |
| 2019 | 《西宁市经济适用住房管理办法》 |



**户籍制度改革**

新中国成立以来，我国实行了“松—紧—松”的户籍管理过程。1951—1957 年，人口可以自由流动。1958 年 1 月全国人大通过颁布《中华人民共和国户口登记条例》，正式确立城乡分离的二元户籍结构，明确规定城镇人口与农村人口户口的法定隔离（王红扬，2000）。1984 年 10 月国务院发布《关于农民进入集镇落户问题的通知》，允许农民自理口粮进集镇落户。在户籍管理松动和城乡收入差距的拉力以及乡村大量剩余劳动力的推力下，农村大量人口涌入城市，城市流动人口大幅上涨。

西部大开发时期以来，西宁市流动人口显著增加。流动人口主要由两部分组成：一部分来源于青海省内农牧区，另一部分来自青海省外（甘肃、陕西、四川、山东、河南、浙江、湖北等）（马成俊，2006；郭静，2010）。省内流动人口比重较高，以经济流动型为主。流动人口因职业和收入的不同，社会阶层分异较大。一部分企事业管理人员、办事人员、专业技术人员的就业和收入稳定，在西宁市购房安家，融入了中高收入阶层，移民化倾向明显，出现“流动人口不流动现象”。而其他非技术人员、打工群体收入低且不稳定，大都选择租住于城市边缘居住区和老城区的“城中村”，形成以地缘和亲缘为纽带的外来人口集聚区。

除经济型流动人口外，随着居民生活水平的提高，西宁市环境驱动型流动人口在城市社会空间结构的形成过程中也发挥了重要作用。这部分群体主要来源于青海省内海拔较高的州县，有较好的经济基础，在城市中部分居民居住于州县政府与事业单位在西宁市提供的单位福利房，部分居民居住于自购的新开发的商品房，环境驱动型流动人口的社会空间分异相对较小。

（3）经济因素（图 8—66）

①地方资金来源多样化

城市建设及空间改造需要有足够资金保障，20 世纪 80 年代以来，尤其是城市土地有偿使用制度实施以来，城市建设资金来源渠道明显多样化。据 2000—2018 年《西宁市统计年鉴》数据显示，西宁市资金来源除了政府预算外，还有贷款、债券、利用外资、集体筹资以及其他资金等（债券资金只收集到 2004、2014、2016 和 2017 年数据）（图 8—67）。在资金投入保障下，城市建设进程不断加快，对城市的发展以及内部空间结构调整起到了重大的作用，进而影响城市社会空间结构。一方面资金投入可以保证新开发区的建设和房地产市场的发展，促进各类基础设施不断完善，带动城市交通、商业、教育、医疗、文化等各类型基础设施的建设；另一方面也给居民带来了许多就业的机会，影响到了居民日常行为空间。

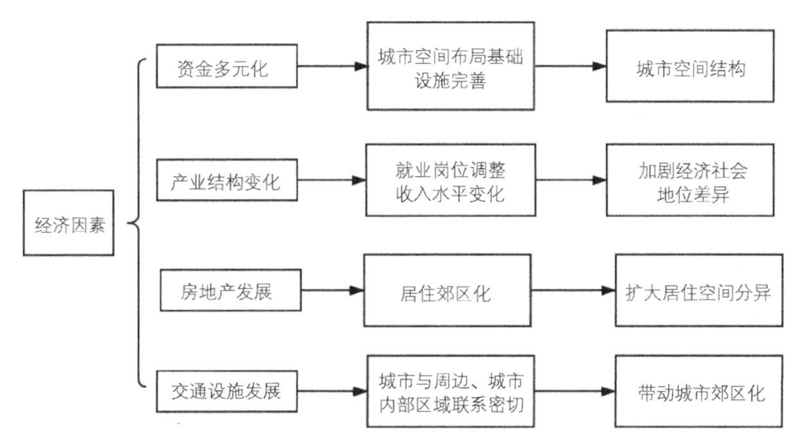


**图 8—66　经济因素对城市社会空间结构的影响**

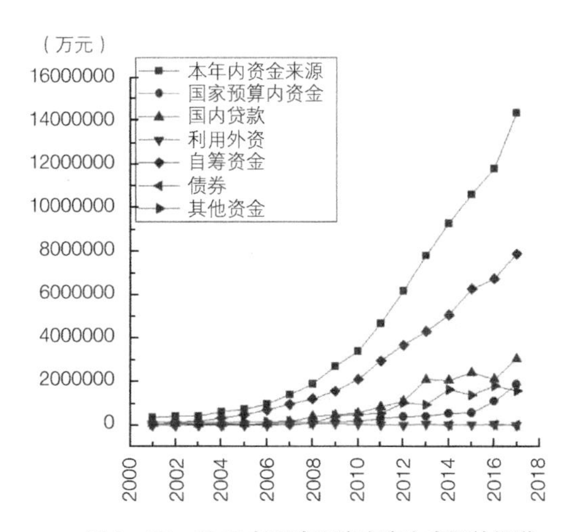


**图 8—67　2000 年以来西宁市资金来源的渠道**

②产业结构重组与调整

产业结构调整带动就业人口的构成及其空间流动发生变化，从而影响社会空间结构的演变。随着产业空间的重组与置换，相应的就业岗位及从业人员也发生了变化，2000 年，一、二、三产从业人员比重为 12.72%、28.17% 和 59.11%。2010 年，一、二、三产从业人员比重变化为 1.54%、24.92% 和 73.54%。如农、林、牧、渔业从业人员，2000 年为 5453 人，2018 年时仅有 948 人；采矿业从业人员，2000 年为 4563 人，2018 年下降至 1490 人；科学研究、技术服务业从业人员在 2000 年有 5017 人，2018 年增加至 15815 人；2010—2018 年信息传输、软件和信息服务业从业人员，从 2010 年 3799 人增至 2018 年 8066 人，从业人数翻了一番；交通运输、仓储和邮政业从业人员，2010 年为 5809 人，2018 年激增至 38898 人（表 8—20）。一产、二产从业人员比重均在下降，第三产业从业人员比重在上升。

产业空间重组也带动了人口的空间流动。在工业企业“退城进郊”的影响下，部分从业人员将居住地随工作岗位迁至郊区，引起迁入地新的人口集聚，同时也为郊区商业设施的空间集聚提供了消费市场。产业结构调整还带来劳动力、资本等要素在市场中的重新分配，在这过程中必然伴随企业之间的兼并与破产，影响居民职业和收入水平的变化，导致居民个体及家庭的经济社会地位发生调整，进一步加剧社会阶层的分异。

**2000、2010、2018 年西宁市各行业从业人数变化** **表 8—20**

| 行业分类 | 2010 年 从业人数（人） | 2018 年 从业人数（人） | 行业分类 | 2000 年 从业人数（人） |
|---|---|---|---|---|
| 农、林、牧、渔业 | 1369 | 948 | 农、林、牧、渔业 | 5453 |
| 采矿业 | 3870 | 1490 | 采掘业 | 4563 |
| 制造业 | 72498 | 50348 | 制造业 | 64524 |
| 电力、热力、燃气及水生产和供应业 | 5130 | 18102 | 电力、燃气及水的生产和供应 | 5623 |
| 建筑业 | 33669 | 42990 | 建筑业 | 48954 |
| 批发和零售业 | 23384 | 15763 | 国家机关、党政机关和社会团体 | 20699 |
| 交通运输、仓储和邮政业 | 5809 | 38898 | 教育、文化、艺术和广播电影电视业 | 29149 |
| 住宿和餐饮业 | 13956 | 2876 | 批发零售贸易、餐饮业 | 19471 |
| 信息传输、软件和信息技术服务业 | 3799 | 8066 | 金融、保险业 | 9694 |
| 金融业 | 12460 | 14633 | 房地产业 | 1455 |
| 房地产业 | 5569 | 8165 | 社会服务业 | 13262 |
| 租赁和商务服务业 | 4876 | 4610 | 卫生、体育和社会福利业 | 11798 |
| 科学研究、技术服务业 | 14111 | 15815 | 交通运输、仓储及邮电通信业 | 21401 |
| 水利、环境和公共设施管理业 | 6472 | 5366 | 科学研究和综合技术服务业 | 5017 |
| 居民服务、修理和其他服务业 | 640 | 374 | 地质勘查业、水利管理业 | 4913 |
| 教育 | 29169 | 28860 | 其他行业 | 2737 |
| 卫生和社会工作 | 17636 | 28374 | | |
| 文化、体育和娱乐业 | 4271 | 4774 | | |
| 公共管理、社会保障和社会组织 | 27800 | 41570 | | |

③房地产经济的发展

西宁市房地产投资始于 1990 年，当年西宁市市域投资额仅有 0.3 亿元，房地产开发企业非常少（张孟霞，2008）。1998 年房改之后，房地产投资额开始快速增长，尤其是 2000 年之后，以年均 18.53% 的速度增长。在房产投资额的带动下，房屋竣工面积也呈现不同程度的上升。1990 年房屋竣工面积 72.83 万 $m^2$，2014 年房屋竣工面积高达 490.96 万 $m^2$（图 8—68）。2000 年房屋销售面积为 29.45 万 $m^2$，2018 年是 2000 年的 11.28 倍，销售额是 2000 年的 59 倍。房产开发商不仅在老城区见缝插针开发商品房，老城区边缘和城市新区更是房产商的重点开发区域。房产开发商在城市中不同区域开发不同等级的居住小区，居民根据自己的需求及经济实力选择居住空间，房地产开发商成为推动城市社会空间重构的重要力量。

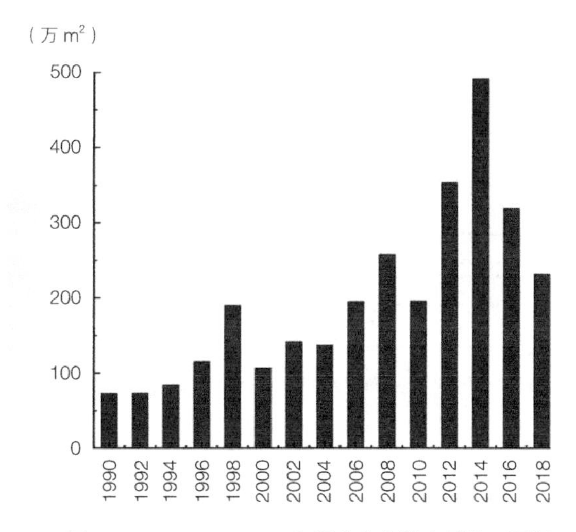


**图 8—68　1990—2018 年西宁市市域房屋竣工面积**

④交通设施的发展

交通设施的发展也引起城市社会空间结构的变化。交通线路是城市的脉络，公共汽车和私家车是城市的血液，交通设施的发展沟通了城市与周边区域、城市内部各区域之间的联系，拉开了城市社会空间结构的骨架（李志刚，2011），扩展了居民居住空间的最远距离，为居住郊区化提供了可能，也对居民的通勤、购物、休闲、就业和医疗等活动空间产生重要影响。

新中国成立后，政府拓宽老城区道路，开辟新城区路网。至 1979 年，市内公共汽车营运线路 10 条；到 2000 年，交通路线基本形成三点一线十条街；到 2018 年，公共交通网络线路多达 134 条，公交站点 500m 覆盖率达 100%。新中国成立之初西宁市交通运输工具以畜力车、人力车为主，仅有 14 辆汽车；1986 年，西宁市机动车保有量超过 1.3 万辆；2018 年 9 月，西宁市机动车保有量近 60 万辆（刘文，2018）。1990 年公共交通客运车辆总数为 289 辆，到 2000 年增至 1125 辆，增加 836 辆，2018 年增至 1767 辆，覆盖了城市的各个地方。

交通运输业的快速发展也吸引了青海省内各州县和省外的居民来西宁定居生活，给城市的发展增添了不少活力。青海省国土面积辽阔，主要城市之间距离多在 500km 以上，人口流动一直受限。2000 年西部大开发之后，交通运输业得到巨大的发展，截至 2017 年，全省公路总里程突破 8 万 km，高速公路达 3900km；2017 年全省铁路营运里程达到 2299km；到 2020 年，形成 1.5 小时覆盖县城的“一主六辅”民用机场格局，覆盖除西宁之外的格尔木、玉树、德令哈、花土沟、果洛、祁连等 6 个州县。对外交通也取得快速发展，高铁、通航城市达 50 多个，为人口的自由流动提供了诸多便利。

（4）社会因素（图 8—69）

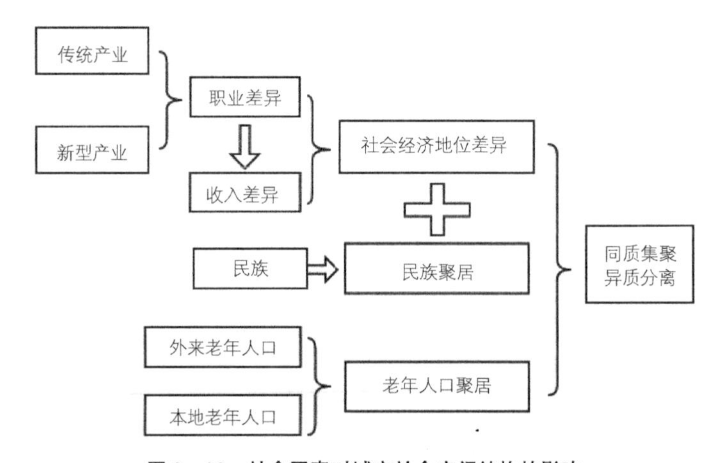


**图 8—69　社会因素对城市社会空间结构的影响**

①社会阶层分异

随着非公有制经济的发展和产业结构的调整，行业分类越来越多、越来越细（表 8—21）。西宁市行业部门从 1990 年的 12 类发展到 2018 年的 19 类。居民收入水平在不断提升，但各行业收入差异明显：第三产业中多数行业的劳动报酬增长率大于第一产业和第二产业，尤其是高新技术产业、金融业、交通运输和仓储邮政业以及水利和公共设施管理业的涨幅非常大。1990 年西宁市最高行业的年平均收入是最低行业收入的 1.59 倍，2000 年、2010 年和 2018 年收入差距逐渐增大，分别为 5.02、2.48 和 2.63 倍，与 1990 年相比呈现增大趋势。

职业差异和收入水平差异带来社会阶层差异，社会阶层的差异进一步影响居住空间的分化。不同社会阶层具有不同的经济能力、价值观念及偏好，其对居住区区位、居住类型、居住环境等需求存在显著差异。高收入阶层在城市空间资源竞争时处于优势“生态位势”，可以选择城市内部具有丰富生活设施的老城区，也可选择生态环境较好的城市新区，低收入群体由于无力支付市中心地区的高房价，被迫迁移到城市外围。高收入群体择居时更多考虑自身及家人的偏好，中低收入群体则多考虑工作地点、交通费用、房价房租等因素。

1990、2000、2010、2018 年西宁市各行业年平均工资 表 8—21

| 行业分类 | 1990 年平均工资（元） | 行业分类 | 2000 年平均工资（元） | 行业分类 | 2010 年平均工资（元） | 2018 年平均工资（元） |
|---|---|---|---|---|---|---|
| 农、林、牧、渔、水利业 | 2085 | 农、林、牧、渔业 | 7818 | 农、林、牧、渔业 | 21595 | 71722 |
| 工业 | 2612 | 采掘业 | 4182 | 采矿业 | 25935 | 74595 |
| 地质普查和勘探业 | 3182 | 制造业 | 7374 | 制造业 | 24901 | 58488 |
| 建筑业 | 2727 | 建筑业 | 5924 | 建筑业 | 25497 | 72786 |
| 交通运输、邮电通讯业 | 3146 | 地质勘查业、水利管理业 | 10494 | 批发和零售业 | 38547 | 66169 |
| 商业、公共饮食业、物质供销和仓储业 | 2556 | 国家机关、党政机关和社会团体 | 10513 | 电力、热力、燃气及水生产和供应业 | 46562 | 98157 |
| 房地产管理、公用事业、居民服务和咨询服务业 | 2007 | 教育、文化、艺术和广播电影电视业 | 10741 | 信息传输、软件和信息技术服务业 | 18751 | 88525 |
| 卫生、体育和社会福利事业 | 2876 | 批发零售贸易、餐饮业 | 6307 | 金融业 | 40379 | 109266 |
| 金融、保险业 | 2627 | 金融、保险业 | 14864 | 房地产业 | 22065 | 51378 |
| 教育、文化艺术和广播电视业 | 2698 | 房地产业 | 10671 | 租赁和商务服务业 | 27237 | 56820 |
| 科学研究和综合技术服务事业 | 2801 | 社会服务业 | 6825 | 科学研究、技术服务业 | 39618 | 99903 |
| 国家机关、党政机关和社会团体 | 2611 | 卫生、体育和社会福利业 | 10985 | 教育 | 38574 | 95277 |
|  |  | 交通运输、仓储及邮电通信业 | 14001 | 卫生和社会工作 | 32765 | 71091 |
|  |  | 电力、燃气及水的生产和供应 | 21003 | 文化、体育和娱乐业 | 38075 | 76438 |
|  |  | 科学研究和综合技术服务业 | 10731 | 水利、环境和公共设施管理业 | 23917 | 89305 |
|  |  | 其他行业 | 11963 | 交通运输、仓储和邮政业 | 40477 | 97150 |
|  |  |  |  | 住宿和餐饮业 | 23556 | 48475 |
|  |  |  |  | 居民服务、修理和其他服务业 | 20371 | 41484 |
|  |  |  |  | 公共管理、社会保障和社会组织 | 38872 | 93329 |

②民族因素影响

西宁市回族人口集聚始于唐、兴于明，于清朝达到顶峰。据《西宁东关清真大寺志·大事记》记载，唐天宝至贞元年间伊斯兰教传入西宁。从唐中、后期开始，西宁就有了零散的波斯、阿拉伯人，他们成为西宁市回族最早的先民。但有资料记载今西宁市区的首批回族却是始于宋，《西宁市城东区志》记载："回回"一词始于元初，远在宋代位于今西宁市城东地区的青塘东城就有回族居民居住。回族真止大量在西宁聚集始于元代。明洪武年间，有一批南京及江浙地区的色目人后裔移民青海东部，后来西迁定居于西宁城东区。清前期、中期以及清同治年间，陕西、甘肃两省爆发反清斗争，这一时期内地回族在战乱中流失西宁东关一带的较多。同治十一年（1872 年），陕西回族 2 万余人在白彦虎的率领下由宁夏进入西宁，在战争中溃败的陕西回族定居于西宁东关地区。除此之外，经商、学习、传教或逃荒的回族人留居于城东区的也比较多。新中国成立后，因工作调动、毕业分配、联姻等原因留居西宁城东区的回族人逐渐增多，50 年代也有部分回族居民从北京、天津、河南等地移民至西宁城东区。

回族居民的日常活动与宗教生活密切相关，清真寺不仅是回族居民的宗教中心，也是政治、教育、民事和社会活动中心。回族居民会在居住地修建清真寺，依寺而居，依寺而生活，以方便礼拜和生活，因此形成了"寺坊制"的居住空间格局。西宁市清真寺多集中在城东区，其中东关清真大寺属于青海省内规模最大，也是西北地区四大清真寺之一。

早在唐、宋时期，藏族人就居住于西宁，据《西宁市城西区志》记载：元、明以后，从贵德、湟源、湟中、大通等地迁来一些藏族人于西宁城西区。清朝和民国年间，从玉树、海西、互助等地迁来一些经商、谋生的藏族居民，定居于城西区的莫家路、纸坊街、古城台等地区。新中国成立后，因分配工作、嫁娶、经商而来西宁的藏族居民也比较多。

③老年人口的影响

根据西宁市公安局户籍数据，2018 年西宁市主城区 60 岁以上人口 189089 人，人口老龄化系数 19.28%，较 2010 年增长 3.17%。其中马坊街道、小桥大街街道、朝阳街道、古城台街道、西关大街街道、南川西路街道、人民街街道、礼让街街道、饮马街街道、东关街道、火车站街道、八一路街道、周家泉街道、韵家口镇人口老龄化系数大于 20%，进入深度老龄化阶段（图 8—70）。除本地老年人外，西宁市相对优质的气候环境和养老资源也吸引了青海省内各州县老年群体定居养老，本地人口的自然加龄，再加上青海省内各州县老年人口的集聚，使得西宁市人口老龄化在城市空间分布上集聚特征明显（图 8—70）。

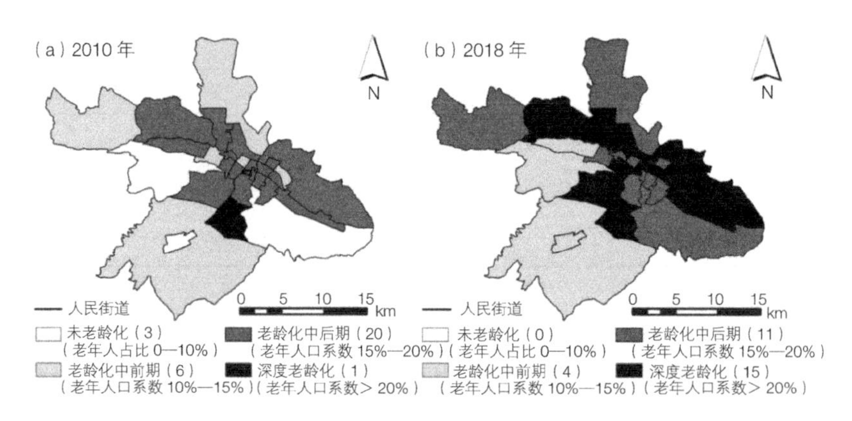


**图 8—70　2010 年和 2018 年西宁市老年人口系数分布（马晓帆，2020）**

（5）个人因素

①个人属性差异

个体差异主要指个体因性别、年龄、受教育程度等方面的差异影响职业和收入水平，也影响住房的支付能力及居住空间偏好。不同就业岗位有不同性别的需求，例如，住宿和餐饮业对女性从业者需求较大，采矿业、建筑业多需求男性群体（图 8—71）。2018 年西宁市各行业从业人员期末人数中，住宿和餐饮业女性群体所占比重超过 55%，采矿业和建筑业女性比重分别为 22.34% 和 16.37%。与老年群体相比，中青年更受就业岗位的青睐。个体的性别、年龄、受教育程度均通过职业和收入的分异显现出来，从而影响居民的社会经济地位。

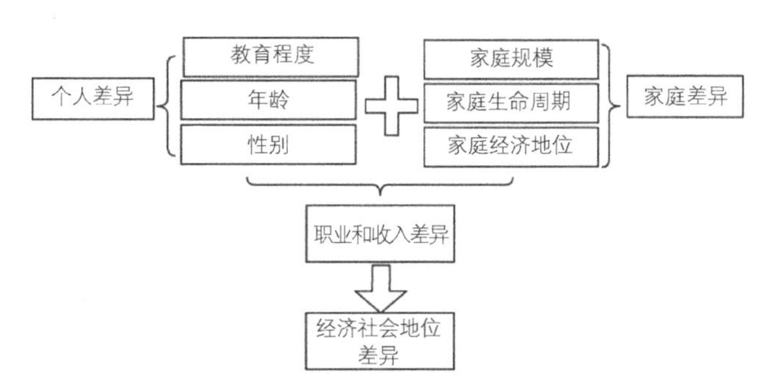


**图 8—71　个体因素对城市社会空间结构的影响**

②家庭规模、代际类型的需求

居民的家庭规模和代际类型会影响居住空间的需求及偏好。一般来讲，家庭规模越大，住房空间需求越大，消费能力就会提升，购买大住房空间的可能性就越高。据调查问卷显示（图 8—72），家庭规模与人均住房面积成正比，随着家庭人口规模增大，人均住房面积也呈增大趋势；代际类型也影响居住空间区位的选择。刚成立的年轻家庭在择居时多考虑住房成本、通勤距离等因素，扩展期和稳定期家庭在购房时多考虑教育设施的数量及质量，收缩期家庭更多考虑住房质量和住区环境，衰老期的家庭多选择在医疗资源丰富的老城区。此外，个体的社会地位也会引起家庭社会地位的变化，进而影响家庭居住空间的选择和家庭成员行为空间的变化。

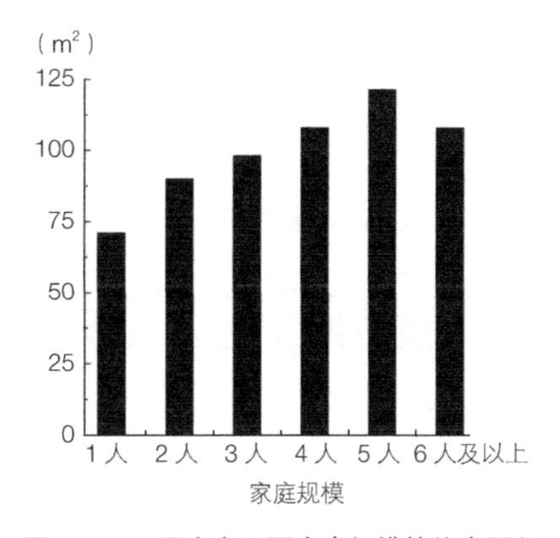


**图 8—72　西宁市不同家庭规模的住房面积**

### 8.4.2 西宁市社会空间结构形成的综合机制

（1）地理环境是城市社会空间结构形成的物质基础

气候相对温和，海拔相对较低，含氧量相对较高，是西宁市社会空间结构形成的自然基底；相对丰富的就业岗位、便利的交通条件以及较完善的生活设施是西宁市社会空间结构形成的人文基底。两者共同构成西宁市社会空间结构形成的物质基础。

（2）规划因素引导城市社会空间结构的形成

在城市规划及其相关空间发展政策的引导下，西宁市由计划经济时期的单核心向市场经济时期的多核心“十”字形空间格局发展。政府历次规划建设从宏观格局影响西宁市城市规模、经济结构及各区域公共服务设施的布局；旧城改造和城南新区、海湖新区的开发加速了单位制小区的瓦解和新区各项基础设施的建设，带动新区房地产发展，促进了居住郊区化；行政区划调整（湟中区、湟源县划归西宁）使政府从更大的空间布局城市空间结构，单位机构（城中区政府迁至城南新区、行政机关和事业单位迁至海湖新区）搬迁引起流出地和流入地人口数量与结构的变化，带动流入地房地产市场的发展。

（3）制度因素促进城市社会空间结构的形成

土地制度改革使土地级差效益发挥作用，不仅大幅增加了政府财政收入，也影响了地价差异，带动了商业中心化和工业郊区化。工业郊区化带来了职住分离，也引起了部分从业人员随工作岗位的搬迁，促进了居住郊区化。商业中心化推动了商业市场的发展，为居民提供了多样化的消费场所和消费方式。住房制度的改革激发了房地产投资热潮及个人择居的自由化，西宁市各区域房价上涨速度较快且差异明显，居民居住空间分异日益加大。户籍制度改革导致人口自由流动，西宁市外来流动人口大幅增长，加剧了社会阶层的分异。

（4）经济因素推动城市社会空间结构的形成

西宁市城市建设资金来源渠道较为多样，为旧城改造、新区开发、基础设施完善、产业结构调整以及房地产市场发展提供了经济保障。产业结构的调整不仅促进了商业中心化和工业郊区化，同时释放了大量的劳动力，导致不同群体在职业和收入上的分异，影响居民经济社会地位的差距。房地产的开发在促进居住空间发展的同时，为居民提供了多样化的住房来源，成为居住空间分异重构的重要推力。交通设施的不断完善，不断吸引省外和省内各州县居民来西宁定居生活，给城市发展增添了不少活力，也促进了居住郊区化和公共服务设施的郊区化。

（5）社会及个人因素加速城市社会空间结构的形成

西宁市是多民族“大杂居、小聚居”的城市，其社会空间结构形成必然受到民族文化、民族习惯和民族经济的影响，表现在城市景观上就是形成了一个稳定的、具有历史延续性的民族社会区。西宁市外来流动人口不断增多，尤其是西部大开发战略的实施使得经济驱动型流动人口大幅增加。西宁市也拥有青藏高原较为优质的居住环境和公共基础资源，随着单位福利房政策的延续及居民生活水平的提高，青海省各州县居住环境驱动型流动人口（“候鸟型”群体）在西宁市购房的比重不断提高，其中部分老年群体到西宁养老，加上本地人口的自然加龄，西宁市老龄化程度不断加剧，对城市社会空间结构的形成产生了重要影响。同时，“候鸟型”群体的增加也加大了西宁市居住空间的分异。居民因性别、年龄、民族及教育背景等不同带来职业和收入方面的差异，引起经济社会地位分异，进而分化成不同的社会阶层。不同社会阶层、家庭生命周期、个人偏好和消费观念的群体根据自身和家庭的经济实力和需求选择不同的居住空间、生活方式和消费场所。

居住空间是社会阶层分异在城市空间中最直观的体现，居住区位和公共设施的分布影响着居民的行为空间，通过人与居住空间、行为空间的互动，居民会产生有差异的主观感知评价。主观感知评价会影响居民的购物、休闲、教育等行为场所的选择，进而影响居民对居住空间的筛选；同时，主观感知评价也会影响居民对居住空间的选择，进而影响居民的行为空间。

综上所述，西宁市社会空间结构的形成是建立在地理环境基础之上，通过多因素相互作用形成的。计划经济时期，政府因素在塑造西宁市社会空间结构过程中发挥了主导作用。计划经济时期是典型的指令性经济体制，政府按照提前制定的城市发展计划和目标进行生产、分配和消费。城市建设的规模、空间格局围绕政府的计划开展。土地行政命令的划拨使得单位成为城市空间的基本单元，单位建房和福利分房制度将职工的社会空间牢牢地限制在单位空间内。市场经济时期以来，政府因素、经济因素、社会及个人因素相互影响、相互作用，共同作用于西宁市社会空间结构的形成。城市社会空间结构的形成体现了物质空间与社会空间的辩证关系（江文政，2015），政府、经济及社会因素改变着城市的物质空间和居民社会阶层，而居民社会阶层的变化又在不断地适应着城市物质空间的发展，并通过物质空间表现出来。

### 8.4.3 小结

本节主要研究西宁市社会空间结构形成的影响因素及作用机制。西宁市社会空间结构是在地理环境基础之上，通过政策因素、经济因素、社会及个人因素相互作用的结果。西宁市作为青藏高原河谷型城市和区域性中心城市，因相对优越的自然地理条件和较为完善的生活服务设施成为青海省乃至青藏高原人口最密集的地区；政府的历次规划、行政区划调整、机关单位搬迁、旧城改造和新城建设影响了城市空间布局和公共服务设施的配置。土地制度改革使得土地级差效应显著，大幅增加了政府的财政收入，也促使土地“退二进三”功能的置换，引起人口结构和就业空间的变化。再加上住房制度改革带来了房地产市场的发展和择居的自由化，居民居住空间分异显著。户籍制度改革带动了大量流动人口涌入城市，城市外来人口大幅增加。在多样化资金来源的保障下，政府加大城市空间改造力度，促进了房地产的开发和交通设施的发展，为居住郊区化和商业郊区化提供了可能，也加大了产业结构调整的步伐。此外，市场经济体制不断完善、产业结构的调整及收入分配方式的多样化，以职业和收入为标志的社会阶层分异现象日益突显。不同社会阶层的群体根据其能力及需求选择居住空间、生活方式和消费场所，进而产生有差异的感知评价，而不同的感知评价也会影响居民对居住空间和行为空间的选择。

计划经济时期，政府因素在塑造西宁市社会空间结构过程中发挥着主导作用。市场经济时期以来，政府因素、经济因素、社会及个人因素共同作用于西宁市社会空间结构的形成（图 8—73）。

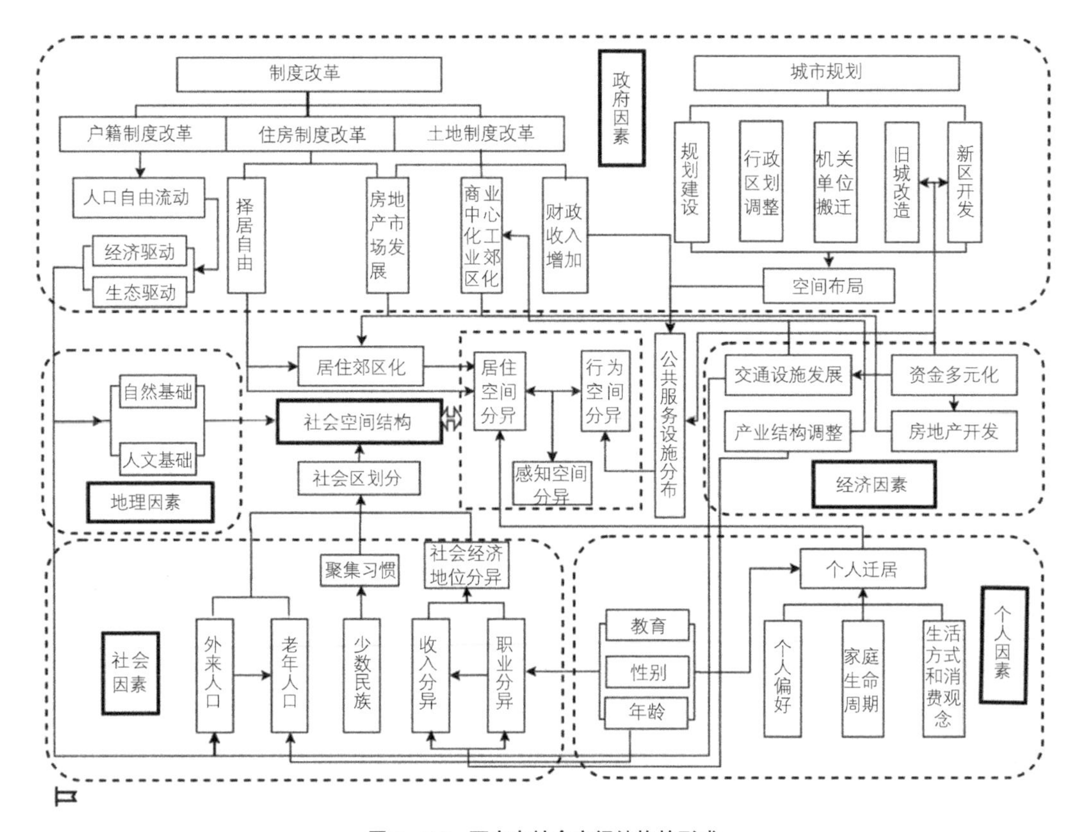


**图 8—73　西宁市社会空间结构的形成**

# 8.5　西宁市社会空间结构中存在的问题及优化路径

## 8.5.1　西宁市社会空间结构中存在的问题

市场经济时期以来，伴随着社会空间分异，西宁市在城市发展过程中也产生了一些社会问题，如贫富差距扩大、职住空间错位、公共服务设施配置不均衡、邻里关系淡化等。本节主要分析西宁市社会空间结构形成过程中存在的问题，并提出相应的优化策略。

（1）社会阶层分异带来城市空间发展的“马太效应”

西宁市同质集聚、异质分离现象已突显，高等收入群体多分布于海湖新区、城西区，占据着城市中较强的生态位，低收入群体不断被边缘化。由经济社会属性差异导致的社会阶层分异，带来城市空间发展的“马太效应”。

以新华联家园为代表的高等级商品房位于西宁市海湖新区，小区周边具有独特的城市环境，附近有湟水和火烧沟等城市资源景观，有新华联广场、万达广场、唐道 637 等大型高端商业综合体，距青海体育中心、青海科技馆、青海大剧院等休闲设施也较近。小区内户型舒适豪华，物业管理水平高，设施功能齐全。住户群体多为高学历、高收入的政府机关及事业单位人员、企业及公司高级技术人员以及个体职业者等。该小区内居民经济收入、价值观念、生活及消费水平较为相似，对物业管理、居住环境的要求较高，推动了居住小区向更好的方向发展；相反，在西宁市还存在一些破产企业单位小区，如地毯厂家属院（图 8—74），在企业破产后，职工生活非常窘迫，只好自谋职业，大部分职工的生活状况较差，只能维持最基本的生计。他们没有改变小区的动力及能力，多年来居住小区逐渐衰败，其居住空间的变化只能依靠政府老旧小区改造来更新、完善，居住小区发展较为滞后或迟缓。

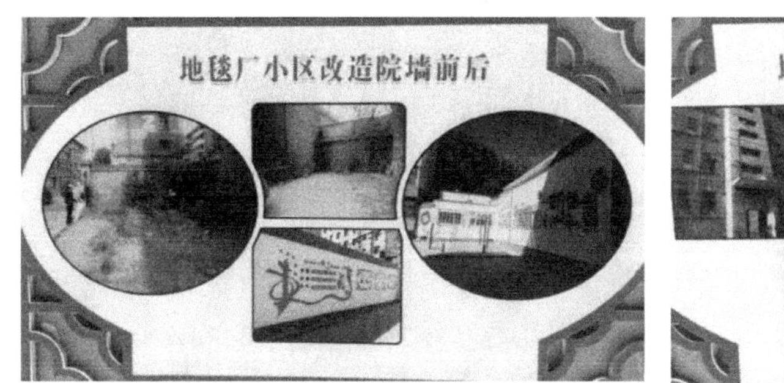

**图 8—74　地毯厂家属院墙和楼体改造前后对比图**

社会阶层分异不仅带来显性的空间分异，还带来隐性的空间分异。高收入群体多追求精神层次的生活享受，乐于接受新鲜事物，他们经常出入高档消费型场所，邻里关系更多依赖于身份认同或相同的兴趣爱好（王彦君，2018）。低收入群体以基本生活需求为主，消费方式和场所与高收入群体也不同，这就减少了不同群体间接触和交流的机会，不同社会阶层群体形成了自己的社会网络。尤其对于低收入群体来说，不仅在空间上被边缘化，在思想上也被边缘化，容易出现贫困固化，这样会影响不同阶层之间的社会融合。

（2）居住空间重构带来生活设施结构性供给差异

居住空间分异带来城市内不同区域居民享受公共服务资源机会的不均等，集中表现为结构性的供给差异，通俗讲就是“提供的不是我最需要的，我最需要的没有提供”。通过对 21 个居住小区调研发现：居民对休闲设施和交通设施的满意度较高，对教育设施和医疗设施的满意度参差不齐。基于 2019 年 6 月兴趣点数据通过核密度方法分析教育设施和医疗设施的空间分布格局发现，这两类设施高密度值主要集中在城市老城区，城市新区和城市边缘区则分布较少（图 8—75）。城市中心区居民对教育设施和医疗设施的满意度比较高，而海湖新区和城北区新开发居住小区以及保障房的居民认为教育设施和医疗设施还需要提升。教育设施和医疗设施数量少、距离远、质量需提升是部分居民的主观感知。受访中有上学孩子的家庭选择休息日回居住小区，工作日在别处租住“陪读”，以便让孩子接受更好的教育。

“孩子在北大街小学读书，我们在学校附近租房子住，周一到周五都在学校附近住，周末才会回来这边。与老城区相比，这边生活设施不是很方便，不过环境好，附近就是海棠公园和体育公园，这点感觉非常好。”

——景岳公寓住户

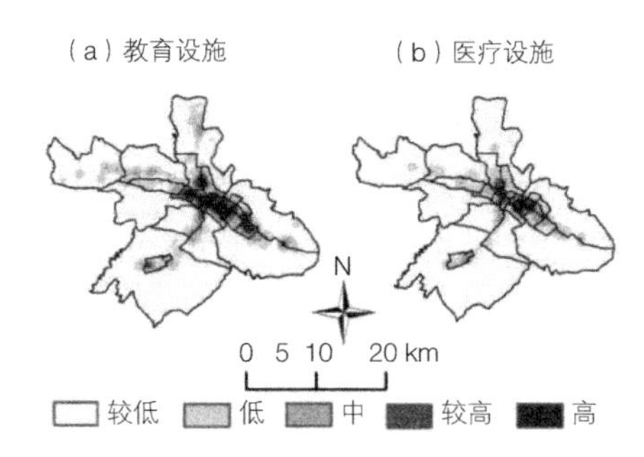


**图 8—75　2019 年西宁市教育设施和医疗设施空间分布**

位于主城区边缘的保障房居民，他们认为在搬迁保障房后住房环境质量有了明显改善，但周边设施缺乏给生活带来了困扰。在保障房的建设过程中周边都留有商铺，但在我们调研时只有少数在营业，且数量、档次、品质无法与市中心居住小区相比。多数居民反映目前存在购物场所少、买东西贵、孩子上学远、医疗机构少、公交车少等问题，由空间边缘化导致生活设施资源的空间剥夺，给他们的生活带来了诸多不便。

“我们这个小区住的人特别多，公交车辆数量不多，等待的时间比较长，每天早上上班时间公交站人特别挤，挤上去根本无座位。这边便利店也少，年轻人上班时间固定，没时间去别的地方购物，就附近商店凑合着买。”

——百韵华居住户

（3）职住空间变化带来城市通勤效率的下降

城市转型与空间重构必然带来职住空间的变化。居住郊区化、就业岗位变化、交通设施的发展等因素对居民通勤空间均会产生较大的影响。

在调查中我们发现，居民对居住小区周边交通设施的满意度评价比较好，政府近年来通过对公交车辆的补充、更新及路线的优化调整，确实给广大居民出行带来了快捷和便利。但根据百度地图《2020 年度中国城市交通报告》，2020 年西宁市的交通拥堵指数全国排第 70 名，通勤高峰拥堵指数为 1.397，与 2019 年相比拥堵程度在上升。这也是我们生活在这个城市真正感受到的一个社会问题：交通拥堵确实给居民的日常生活带来诸多不方便。虽然居民对交通设施的满意度高，但受“十”字形河谷地貌的影响，各个城区连接的重点路段成为交通拥堵的重点区域，通勤路线可替代性差，造成居民通勤效率差。如南川东路，属各区域通往城南新区的必经之路，上下班时间道路非常拥堵。再如海湖大道，属于城西区、海湖新区通往城北生物园区的交通要道，交通拥堵非常严重。

此外，保障房居民的通勤距离最长，他们因低学历、低技术，工作无法随着居住区的变化一起调整，只能忍受着“被动”的职住分离。城市边缘的保障房以建设量或覆盖面为主要目标，较少考虑周边就业岗位的布局。同时，据我们调查发现，保障房周边公交车数量较少，居民等待时间过长，影响其通勤时间。

（4）传统邻里交往弱化、心理安全感降低

邻里关系是在居住过程中自然产生的一种与情感有关的联系，它是一种简单而丰富的人际交往形式。简单是因为建立起这种联系基本原因仅仅是他们居住在同一个相对独立的空间范围内，丰富是指通过这一个简单的起点可以衍生出多种复杂的交往内容（张雪伟，2007）。计划经济时期，在“单位制”的影响下，邻里关系以相同的职业为基础，以传统的“地缘、亲缘、业缘”型为主，邻里关系往往有几代人的积累，邻里间既是同事又是邻居，相互之间知根知底，邻里关系既稳定又亲密；自住房商品化以来，原有居住模式被打破，邻里网络也由熟悉的同事变为来自社会不同组织的陌生群体，邻里观念趋向淡化，邻里感情逐渐不被重视，传统地缘型、亲缘型、业缘型邻里关系受到冲击，邻里关系构建的基础被冲淡，熟悉程度和信任度下降。

在西宁市 21 个小区中，虽然有 41.26% 的居民与邻居经常交往，但仅有 11.76% 的居民遇到困难时会找邻居帮忙，邻里交往频繁的主要为老年人居多的单位小区和民族群体集聚较多的居住小区。近些年来单位小区虽然有“外来”群体侵入，但本单位退休职工居住的也比较多，传统“业缘”型的邻里关系维系较好。民族群体集聚较多的居住小区基于其宗教信仰、风俗习惯以及相同的价值取向，加上“亲缘型”和“业缘型”的邻里关系导致其有氛围厚重的睦邻传统（陈肖飞，2013）。在商品房中，不同单位、不同职业、不同身份甚至不同城市、国籍的群体成为邻里（张雪伟，2007），复杂的邻里关系使得邻里陌生感在短时间内难以消除，彼此之间戒备较强。保障房大部分为公租房，租户较多，居民人员结构较复杂，且西宁市保障房建设年代较晚，邻里间不认识的较多。因此，改善和提升邻里关系也成为西宁市社会空间重构过程中需解决的一大问题。

（5）养老设施单一、养老服务不足

相对于青海省其他地方，西宁市气候温和、海拔较低，又有优质的养老资源以及单位福利房政策，吸引了省内各州县退休人员前来养老，西宁市养老形势非常严峻。

通过对 21 个居住小区的调查发现，西宁市自“15 分钟幸福生活圈”实施以来，各个社区的养老设施及服务得到了很大的完善与提升，但根据老年群体反映，部分社区养老设施及服务还存在以下问题：①老年活动室设施简陋。一间屋子应对老年人所有的活动，老年活动室存在“一室多用”“场地面积有限”“挂牌不开放”等问题。②老年群体应急呼叫装置单一。在实地调研过程中，我们确实发现有老人听不到、看不着，且亲人都不在身边或无亲人，他们的应急呼叫设备仅是手机，安装简易的应急呼叫装置非常必要。③养老服务种类较少。对于老年群体不仅需要物质设施的供给，更需要精神层面的充实和满足，尤其是独身老人、空巢老人，部分老年人子女不在身边甚至远在省外，聚少离多。在采访过程中发现，闲聊是多数老年人打发无聊生活的主要方式，社区提供的精神服务仅仅是“上门聊天”，且部分老年人并不知晓养老服务的内容。目前多数社区已开设老人餐桌和老人食堂，但其他诸如家庭护理、家政服务、医疗巡诊、医疗咨询、健康知识普及、安全常识教育等方面的服务相对较少。

"老年人活动比较少，你看看我们这些老头老太太，除了下象棋、打扑克、聊天，没有其他事情可以做。"

——青塘小镇住户

"我早上和晚上会去跳广场舞，其余时间就是和同龄人坐在小区里闲聊天，这已经成为退休后生活的一部分了。"

——海宏壹号 A 区住户



### 8.5.2 西宁市社会空间的优化策略

（1）倡导邻里同质、社区混合的居住模式

居住空间的物理邻近可以维系不同群体的社会关系，促进不同群体的沟通交流，有助于社区融合与公共服务设施的公平，因而居住混合政策被认为是近年来各国政府应对居住分异问题的重要策略。混合模式即"邻里同质、社区混合"，即通过在小规模邻里同质前提下社区层面不同阶层混合居住的方法，达到社区不同阶层群体相互交流和融合的目的（张祥智，2017）。混合居住模式在实施过程中，应注意以下问题：

在混合社区建设方面，应倡导保障性住房的配建模式，即在商品房社区中配建保障性住房（丁旭，2013）。近些年来西宁市大量新建商品房，且同质商品房集聚趋势越来越明显，尤其是海湖新区成为高品质、高房价的集聚地，成为高收入阶层的居住地标。而西宁市保障房区位偏远，出现贫困群体集中分布的"典型性问题特征"。为更好地提升不同群体的社会融合度，可根据城市不同的区位与建设项目有差别地实施政策，如市区小规模项目，可采用资金补偿的方式实行配建比。城市主城区其他地段的商品房开发建设项目中，可按照规定比例建设公共租赁房以保证保障房的均匀布局。还可以在城市更新改造时，适当提高危旧房的改善标准，尽量减少城市原住居民的外迁，维持原有区域的生态网络。

在混合社区群体组成结构方面，要保证各阶层群体的均衡分布，避免入住群体收入差距过大。研究表明当社区内中等收入群体的比重高于 50%，或者高收入群体的收入水平维持在低收入群体收入的 4 倍左右时，社区内不同群体间紧张和冲突的社会关系可以达到缓解（单文慧，2001）。另外，不同群体入住后的支付能力也不尽相同，政府作为管理者应重视不同收入群体间的融合路径，例如提供一定的社区管理岗位和公共服务岗位，增加低收入群体的融入感和获得感（窦小华，2011）。

除此之外，最根本的还是要解决低收入群体的收入问题。对低收入群体精准把脉，找到穷根，精准施策，对症下药。首先，扶贫必扶智，治贫先治愚。教育是阻断贫困代际传递的根本，所以要重视对下一代的基础教育，要确保低收入群体子女入学渠道的畅通，可以加入社会因素、市场力量去保证教育资源的充足供给。其次，提升职业技能和拓宽就业网络。针对不同行业、不同技能需求的岗位，由政府召集，企业参与，免费深度培训，在城市中打造诸如"食品、泥瓦、快递、出租"等专业团体，充分利用新媒体平台扩宽居民的就业渠道。低收入群体在提高收入的同时，有更多的机会接触到不同社会阶层的群体，参与社会交往，逐渐形成职业的社会认同。同时，鼓励居民自主创业，财政适当倾斜，激发市场活力。

（2）精准化供给社区公共服务设施

针对目前西宁市生活设施结构性供给失衡问题，要精准化供给社区生活设施，可以从以下几方面入手：

遵循社区公共服务设施规划的方法。2018 年发布的《城市社区规划设计规范标准》提出社区生活圈的规划思路，兼顾服务设施的可达性，遵循便民、利民的发展理念，以“社区”为中心，提出 5 分钟、10 分钟和 15 分钟生活圈，社区和居住街坊应分别根据居住人口规模设置相应的配套设施，将步行可达范围内的城市环境纳入考量范畴（于一凡，2019），这也是西宁市提出“15 分钟生活圈”的由来。但在具体实施过程中，要注意在更小时间和空间范围内，对不同居民基本生活需求的考量，针对西宁市不同社区不同群体的实际需求，有针对性地配置公共服务设施。

充分发挥市场调节和政府调控的作用，平衡城市不同区域公共设施的结构性供给。老旧城区面临的主要问题是居住环境的旧、挤、差，绿地面积相对较少。由于经济回报低，市场自发调节在老城区作用不强，只能在政府的投入和支持下，通过给老旧楼房加装电梯、增加公共停车场所、增加绿地面积等措施更新公共服务设施。城市边缘社区面临的主要问题是公共服务设施的基础供给不足，主要体现在公共设施的缺、远、差，城市边缘社区多数为中低收入群体，规划起点低，对居民就医、入学、休闲娱乐、交通设施等方面本身投入不足，只有依靠政府主导为主，市场自发调节为辅，增加涉及医疗、教育、交通及餐饮等基本民生方面的服务供给；城市新区中高收入群体集聚较多，主要体现在需求的高、精、全，要充分发挥市场调节为主、政府调控为辅的策略，满足中高收入群体对生活设施的需求。

居住区生活设施供给还可以发挥开发商、企业和新兴技术等多主体力量（贺建雄，2018）。开发商可以针对公共服务设施供给不足的现状，自建托儿所、幼儿园、医疗诊所等设施，在增加住房卖点的同时，既解决了居民的就业，也满足了住户的需求。鼓励企业根据市场需求积极配置社区生活设施，弥补生活设施数量不足、质量差、规模小等短板，积极发展民办教育培训、医疗卫生、生活服务等项目。此外，随着互联网的发展，智能量贩机、无人超市、可移动健身房以及迷你图书馆等高科技产物也可运用到社区中，在一定程度上可以缓解公共设施短缺的现状。

（3）合理规划交通路网，提高通勤效率

职住空间变化引起的职住分离是所有城市发展中均不可回避的问题，职住分离是城市规划、交通效率、就业地分布、住房供给以及居民个体属性等共同作用的结果，不同社会属性群体依据自身的经济条件及需求选择居住空间和就业地点。合理引导职住空间发展，提高通勤效率可以从以下几个方面入手：

针对西宁市特殊的“十”字形河谷地貌，科学规划和扩建现有路网，充分利用交通大数据，保障重点时段、重点路段的主干道通行，提高交通管理的智能化水平。同时，增加城市路网密度以提升居民通勤效率。

针对单位居住地与办公用地分离带来的职住空间变化，可以继续发挥单位通勤车的作用，不过需要根据职工的工作时间及工作性质适当增减通勤车数量及频次。

进一步完善保障房周边的交通服务（公交车是居民出行的主要方式），增加车次，调整发车点和运行路线，减少换乘时间，提高通勤效率。

（4）构建新的和谐邻里关系

针对居民邻里观念淡化、传统邻里关系弱化、心理安全感降低等问题，可以实施以下策略：

完善现有基层社区组织。建立社区、物业、业主委员会、志愿者协会四方联动的组织机构，从居民的基本生活服务、紧急事件处理、深层次发展需求等方面多维度提升社区居民邻里关系的和谐程度。建议吸收部分退休干部作为社区基层组织核心层成员，他们普遍拥有较高的文化水平和服务意识，一般有着较大的影响力和感召力，在执行工作时容易被群众理解和接受，能从整体上考虑不同群体的利益及多元需求。

重点关注不同人群差异化的空间需求，保证各类型空间能够提供相对有效的活动领域（曾文，2015；李乐梅，2019）。对于老年群体，活动空间范围较小但种类丰富，如晨练、广场舞、棋类活动、交谈、晒太阳和静坐等。因此老年人活动场地设计应在遵循安全性、舒适性和可达性的原则上考虑场地多样化用途的设计；中青年群体更注重交往的私密性，设计场地时要着重考虑独立空间的设置，满足他们的安全感和领域感，同时增加他们与社区其他邻里接触的机会；儿童除了要满足游乐需求外，还需要考虑场所的安全、位置等因素。总之，要尽量为社区不同社会属性的群体提供一切交往的可能性。西宁市萨尔斯堡居住小区为居民提供了不同类型的交流场所（图 8—13、图 8—56），如儿童活动场地、迷你聊天室、长凳及书吧等公共场所，这些公共设施的布局可以为其他社区提供借鉴。

# 第九章　结论与展望 NINE

## 9.1 主要结论

城市社会空间结构是一个宏大的、包罗万象的复杂命题，本书选取西宁市这个青藏高原特殊背景下的河谷型城市作为研究对象，尝试探索在自然地理条件和社会发育程度与中东部城市具有显著差异的城市，其社会空间结构演变规律及特征。主要结论如下：

### 9.1.1 西宁市社会空间分异格局演变

西宁市社会空间结构的形成经历了三个阶段，分别为 1949—1978 年以“机关干部集聚区、少数民族集聚区、农业人口集聚区和工人集聚区”为主体的社会空间结构，1979—1999 年以“机关干部及服务人员集聚区、少数民族集聚区、农业人口集聚区和工人集聚区”为主体的社会空间结构和 2000 年以来以“机关干部、服务人员及老年群体集聚区、少数民族集聚区、高收入及外来群体集聚区、低收入群体集聚区以及老年人口集聚区”为主体的结构。自然条件及历史发展是西宁市社会空间结构形成的物质基础，制度因素、规划因素、经济因素、社会及个人因素对西宁市社会空间结构的形成分别起着促进、引导、推动和加速作用。

从计划经济时期到市场经济时期，居民从以单位和身份为主的社会分异转化为以职业和收入为主的社会分异，具体表现特征如下：

（1）少数民族居住区类型趋向稳定

经济体制改革产生大量的剩余劳动力和青藏高原的生态移民，民族群体在城市中进一步集聚，这里主要指回族群体。随着职业和收入分异的加大，回族群体内部居住分异特征也非常显著，但在宗教文化和生活习惯的影响下，主要集聚在清真大寺周边，且集聚规模不断扩大。

（2）机关干部居住区演变为以中等收入群体为主体的混合居住区

老城区部分经济条件较好的行政事业单位居民为追求更好的居住环境质量选择在城市其他区域购房，而部分具有消费能力的年轻家庭由于工作及子女教育等原因迁入老城区。部分居民为享受老城区优质、丰富的生活设施仍选择居住在原地，尤其是已退休的老年群体。同时老城区商业设施繁华，不少开发商看中其重要价值开发高档社区，吸引了不少高收入群体。随着老城区商业市场的不断壮大、就业机会的增多，吸引了更多第三产业从业人员集聚，老城区混合功能不断提升。

（3）工人居住区演变为老年群体居住区

原先工人居住区多数位于主城区边缘，位置较为偏远，他们中有经济能力的群体为追求住房质量或享受更优质、便捷的生活设施已迁出原址，留下的多数为老年群体，形成了老年群体集聚区。

（4）农业群体集聚区演化为高收入及外来群体集聚区和低收入群体集聚区

新区开发和主城区边缘的保障房占用了大量农业用地，南川新区、城南新区和海湖新区高规格、高质量的居住小区吸引了西宁市本地、青海省各州县甚至青海省外的高收入群体购房，形成高收入及外来群体集聚区；而被征用地的农民和低收入群体一起被安排在主城区边缘政府修建的保障房，形成了低收入群体集聚区。

### 9.1.2 西宁市社会空间分异与重构总体特征及问题

可概括为如下几个方面：

（1）西宁市社会空间分异是城市物质空间与居民社会阶层相互作用的过程

在房价的"过滤"和社会经济属性差异的"分选"机制作用下，西宁市居住空间分异特征明显，表现为居住区位、房屋价格、建筑样式、内部配套设施、绿化环境、物业管理及周边设施等方面的差异。

（2）在居住空间分异的影响下，居民行为空间分异明显

通勤距离的增加导致通勤时间和通勤方式的变化，职住分离现象呈现增加趋势，并出现跨区域通勤现象。高收入群体追求精神层次的享受，方式多样化，倾向于去高等级、消费型场所，人际交往特征明显。低收入群体以基本物质需求为基础，精神生活层次低且单一，多以耗时性为主，在低等级、非消费型的场所比重较大。中心城区生活设施可达性高，居民行为空间范围小。城市边缘居民因生活设施匮乏要付出更多的时间和金钱成本。老年人口、少数民族人口较多的小区居民邻里互助程度高。

（3）通过人与空间的相互作用，居民感应空间分异显著

居民对小区绿化程度、住房室内大小和住房户型满意度较高，对物业服务、治安管理、卫生管理、设施维修及住房质量的满意度较低，对小区周边交通设施、休闲设施和教育设施的满意度较高，对商购餐饮设施、医疗设施及养老设施的满意度较低。少数民族聚居小区及老旧单位房居民邻里交往较多，建设年代较晚的小区邻里交往少。居住环境的满意度评价受到居民社会属性、小区区位、居住时间以及住房属性的影响。

（4）社会空间结构具有滞后性

在西宁市，单位制居住区大量留存和延续影响了社会空间重构的进程。西宁市具有相对优越的地理环境，生态驱动造成的人口流动在西部高原城市社会空间的重构中占有重要地位，更新了以政策驱动、经济驱动为主的社会区主因子演变分析理论。西宁市是少数民族聚居的现代城市，不同族群的宗教文化固化了社会空间，使得少数民族在社会空间中呈现出"边界"效应。

（5）西宁市社会空间结构的形成机制

西宁市社会空间结构是在地理环境因素、经济因素、政策因素、社会因素及个人因素等多重因素的相互作用下形成的。地理基础是社会空间结构形成的基础，政府因素直接塑造社会空间结构，经济因素推动社会空间结构的形成，社会和个人因素加速社会空间结构的形成。

（6）西宁市社会空间存在的主要问题

西宁市社会空间存在的主要问题即社会空间分异带来城市发展的“马太效应”，包括居住空间重构带来公共服务设施供给结构性失衡，职住空间错位导致城市通勤效率下降，传统邻里关系淡化，心理安全感降低，养老设施单一和养老服务针对性不足等。针对上述问题，提出如下优化策略：倡导邻里同质、社区混合的居住模式，精准化供给社区公共服务设施，正确引导职住平衡，构建新的和谐邻里关系，完善养老设施、提升养老服务。

### 9.1.3 城市空间扩张与社会空间结构响应与重构机制



西宁市城市社会空间结构形成是多因素且复杂的过程。西宁市社会空间结构的形成是建立在其地理基础之上，通过政府因素、经济因素、社会及个体因素等共同作用而形成的。

（1）城市地理环境是城市社会空间结构形成的物质基础

西宁市是典型的高原河谷型城市，城市空间规模受地形影响和限制非常大，只能沿河流两岸发展，这是西宁市社会空间结构形成的空间基础。西宁市作为青藏高原河谷型城市和区域性中心城市，因相对优越的自然地理条件和较为完善的生活服务设施而成为青海省乃至青藏高原人口最密集的地区，许多在州县工作的领导干部、普通民众（包括部分牧民）都在西宁购房置家，对其社会空间结构的形成产生了重要影响。

（2）政策因素塑造城市社会空间结构的形成

城市规划及相关的空间发展政策安排和引导着城市的发展，城市规划直接塑造城市社会空间结构。旧城改造使得经济基础较好的群体迁至区位及环境较好的市中心或新城中高档社区，经济基础较差的群体因无力承担市中心高房价被迫迁往城市边缘价格较低的安置房或其他住房，与保障房社区中的低收入群体一起形成低收入群体集聚区；城市新区（城南新区和海湖新区）、经济技术开发区、行政区划调整（湟中区及湟源县划归西宁）及机构单位搬迁（城中区政府、西宁五中），这些举措在拓宽城市空间范围的同时，使得各类经济要素迅速集聚，重大基础设施、企业、财力及人力资本的进入，导致城市内部人口数量与结构的变化，促使新社会阶层产生。土地制度改革使得土地级差效益发挥作用，加上住房制度改革激发房地产投资热潮，西宁市各区域房价差异明显，城西区和海湖新区最高，城北区次之，城中区和城东区较低。户籍制度改革导致西宁市外来流动人口大幅增长，一部分个体私营企业者、管理人员、专业及技术人员在西宁购房安家，成为中高收入阶层已融入本地城镇居民，一部分低收入的非技术、服务人员及工人群体租房居住在市中心的城中村或城市主城区边缘，形成了以地缘和亲缘为纽带的低收入群体集聚区。

（3）经济因素推动城市社会空间结构的形成

多样化的资金来源是城市旧城改造、新区开发、基础设施完善以及房地产市场发展的经济保障，引起城市内部空间置换与重组。西宁市城市建设资金来源渠道较为多样，除了政府财政支出，还有贷款、债券、利用外资、集体筹资以及其他资金等。产业结构与布局发生调整，对就业人口的构成及其空间流动产生深刻的影响，带动了居住郊区化、工业郊区化和商业郊区化。交通设施的不断完善，不断吸引周边各州县居民定居生活，给城市发展增添了不少活力，也带来交通沿线居住空间和商业空间的升值，进一步拉开了城市社会空间结构的骨架，推动城市社会空间结构的演变。

（4）社会及个人因素加速城市社会空间结构的形成

西宁市社会老龄化程度不断加剧，相对优质的养老资源及单位福利房政策，吸引了青海省内各州县老年群体来西宁养老，加上本地人口的自然加龄，对社会空间结构产生了重要影响。市场经济体制下，居民因职业和收入引起的社会经济地位分异更加明显，进而将居民分化成不同的社会阶层，不同社会阶层和处于不同生命周期的居民在自身经济能力、家庭需求和兴趣爱好等因素的综合考虑下选择城市内不同区位与类型的小区居住，选择不同的行为方式与行为空间类型，经历着居住空间分化、行为空间的多样化与分化，同时会形成不同的空间感知评价。感知评价会引起居民的迁居行为进而影响行为空间的分异，也会促成居民行为空间场所的选择进而引发对居住空间的筛选。

改革开放之前，受计划经济体制下单位制的影响，城市呈现相对均质化的社会空间结构。改革开放后，市场机制在塑造城市空间方面逐渐发挥主导作用，土地使用制度改革、住房分配制度改革、户籍管理制度的松动等都促使社会空间结构发生显著变化，城市异质化特征显著，社会极化和空间分异日益显现。面对分异引起的资源不均、社会冲突、空间破碎化等问题，迫切需要加强对城市社会空间结构的研究。

### 9.1.4 西宁城市空间扩张及社会空间响应的理论

可概括为如下几个方面：

（1）城市郊区化趋势明显

西宁市作为青藏高原河谷型城市和区域性中心城市，因相对优越的自然地理条件和较为完善的生活服务设施而成为青海省乃至青藏高原人口最密集的地区，对社会空间结构的形成产生了重要影响。土地制度的改革，促使土地“退二进三”功能的置换，引起人口结构和就业空间的变化，也促进了居住郊区化。和中国其他大城市一样，西宁市郊区化无论在形式上还是在强度上都在继续发展。所不同的是，西宁市郊区化的时间较晚，强度较小，方向也有所不同。许多大城市在 20 世纪 90 年代开始郊区化，如北京。西宁市郊区化则是在 2000 年国家西部大开发战略实施之后，是随着西宁市城南新区（2001 年）、海湖新区（2007 年）、多巴城市副中心等新城区的规划建设开始出现明显的郊区化趋势。

（2）地形对西宁城市空间结构的形成及社会空间结构分异具有更显著的影响

西宁市社会空间结构既不是单纯的同心圆形式，也不是单纯的扇形，而是受河谷地形限制和河流阻隔影响形成的“多核心结构 + 圈层结构”的综合模式。城市中心是中心商业区，这里往往是城市商业、社会和文化生活的焦点，分布有全市规模最大、等级最高的商场、金融中心机构，以及标志性的广场等。

（3）西宁市人口、产业及社会空间分异及相互作用具有河谷城市的典型特征

与其他城市一样，城市中心区是全市人口密度最大的地段。与平原地区城市不同的是，西宁市属于河谷型城市，城市郊区化方向不是向四周扩散，而是受制于河谷形态制约，沿着河谷呈条带状向外扩张，沿河谷展布，具有典型的带状延伸特征。城市中心的变迁具有典型的“蛙跳型”特点，受行政和规划影响显著。旧中心区居住比较拥挤，交通流量大，交通拥堵严重，开始出现居住人口外迁态势。新中心区居住人口迁入态势明显。新、旧中心区地价、住宅价格、房租价格都是较高的，是综合性的商业、办公和居住混合地带。

近郊区紧靠城市中心区外围，是人口集聚和增长最快的区域，也是新的城市中心选址和形成的首选区域。由于新的城市中心在城市规划方面相对老城区做得更好，基础设施更完善，如由于地下空间较好地开发利用，一般不存在停车难的问题，交通网络比老城区更科学合理，建筑样式和住宅结构比老城区更好，因此成为高收入群体居住首选，这里以居住和商业功能为主。

远郊是工业集中分布区域，也是蔬菜、建材、家具等批发市场较为集中的区域，居住群体以低收入群体和老年退休群体为主。

远郊的外围，即都市圈外缘是农业地带，也是人口密度最低的地带。

（4）西宁市少数民族集聚程度不同

受宗教、民族风俗习惯和民族禁忌的影响，西宁市回族集聚程度最高，居住地也十分稳定，一直在西宁市城东区。其他少数民族较为分散，集聚态势不明显。

（5）区域中心城市腹地范围大小和腹地区域特点对中心城市社会空间结构具有重要影响

西宁市是青藏高原区域中心城市，青海省省会。青海省大部分地区属于高海拔区域，严酷的自然环境成为许多经济条件较好的州县居民在西宁市购置房产，节假日到西宁度假休闲的重要动力。这一现象造就了西宁市周一早晨出城的交通拥堵高峰和周五晚上进城的交通拥堵高峰。州县居民在西宁居住的现象对西宁市社会空间分异具有重要作用，形成了“玉树小区”等藏族集聚小区。

（6）城市居民迁居与城市空间扩张密切相关

城市空间扩张受地形限制，从市中心沿河谷向外延伸。迁居的空间过程整体呈现从老城中心到新城中心，从市中心到近郊的趋势比较明显。迁居的动因主要是居民为改善居住条件的主动搬迁、老城区（包括城中村）城市更新和改造被动搬迁、由于城市化导致的近郊拆迁而出现的被动变迁。计划经济时期，中国实行了近50年的住房实物分配制度对城市社会空间结构具有根深蒂固的影响。传统的住房实物分配制度下，由政府投资建房、再由单位分配给本单位职工，或由单位自建住宅然后分配给本单位职工（冯健，2004）。为了最大效益地安排生产与生活，单位一般以职住接近的原则组织居住空间（柴彦威，2000）。在这种自上而下的力量的作用下，城市社会空间结构具有典型的计划经济时期特征，居民职住一致或接近，通勤距离小，通勤时间短，单位居住区居民与单位职工基本一致。同一单位居住条件差异小，邻里熟悉程度高，邻里交往多。随着住房制度改革的深入，人们收入的提高，人们的居住观念和购房行为发生很大

转变，市场机制发生作用，居民购房的自主性以及区位选择的灵活性大大增强，单位制下的职住一致或接近现象被打破，职住分离、不同单位人员混杂居住现象明显。在多样化资金来源的保障下，政府加大旧城改造、新区开发的力度，促进旧的社会空间的瓦解和新社会阶层的产生，交通设施的发展进一步拉开城市社会空间结构的骨架，为居住空间的郊区化提供了可能。此外，随着市场经济体制的不断完善、产业结构的调整及收入分配方式的多样化，以职业和收入为标志的社会分异现象日益突显。高收入群体可以按照自己的偏好及需求自由选择社区，低收入群体因无力支付市中心或新区高昂的房价被迫迁往或安置在城市边缘区，整个社会呈现一种“同质集聚、异质分离”的住房特征。但是，许多计划经济时期老旧单位社区依然存在，西宁市社会空间结构具有计划经济和市场经济的双重色彩。

（7）城市社会空间分异与重构往往是多重因素共同作用的结果

从社会空间重构机制上看，国家土地制度、住房制度和户籍管理制度的变革，区域中心城市的集聚作用和城市化的推进，城市产业结构调整、规划调控和区域发展方式的转变、城市的空间扩张，以及居民的职业分化、经济收入水平的提高、消费方式的变化和居住观念的变化等，交织在一起，共同推动了城市社会空间结构的分异与演变。户籍制度的改革带动大量流动人口涌入城市，在城市特定区域形成流动人口集聚区。住房制度的改革使得不同阶层根据自己的能力及需求重新配置，迫使社会空间按照市场规律发生重构，是在地理环境基础之上，通过政策因素、经济因素、社会及个人因素相互作用的结果，是自上而下的国家政策、制度和居民个人和家庭自下而上自由选择这二者共同作用的结果。

## 9.2 展望

### 9.2.1 城市空间扩张方面

本研究基于不同时期城市规划资料、地图、遥感影像等资料，通过研究近70年西宁市城市空间扩张动态及机制，分析西宁市近70年来（1954—2020）的城市扩张的过程及特点，探讨西宁市建成区变化的空间过程及其原因与机制，并对未来西宁市城市空间扩张进行预测和优化，取得了较好的研究结果，一定程度上实现了城市空间扩张理论在高原河谷型城市的突破。同时，本研究回答了西宁市空间是如何扩张的、西宁市的空间扩张受到哪几个方面的因素影响、应该怎么进行城市空间扩张等问题，期望为西宁市未来发展提供理论依据。

从研究内容看，通过多期地理空间数据对高原河谷型城市空间扩张的过程和机制进行了分析。通过分析空间扩张过程、形成机制以及对未来进行预测并提出优化建议，探究高原河谷型城市空间扩张路径，模拟了西宁市未来的空间范围和边界。从研究方法看，本研究通过经验主义的方法论对西宁市的空间扩张进行了分析，同时运用交叉学科的方法，利用城市规划学、遥感科学等方法对西宁市未来城市空间扩张进行预测。从研究结果看，本研究利用多情境模拟西宁市未来城市空间扩张的边界，对西宁市空间扩张及未来的发展做出预测，期望对相关部门提供决策参考。同时，本研究构建了高原河谷型城市空间扩张逻辑框架，试图通过西宁市的案例总结了高原河谷型城市空间扩张的一般规律。

本研究主要探讨了西宁市二维平面上的扩张，西宁市是一个高原河谷型城市，随着城市更新和新城区建设，城市地下空间开发越来越受到重视，西宁市城市的体积和三维空间上的扩张特征是未来研究的重要命题。“体积城市”（The volumetric city）理论的提出使我们应该更加关注摩天大楼和地下空间对城市发展的影响，需要理解除了平面扩张外其他空间的增长所产生的价值。在城市的平面空间中，人和事物在平面上集聚和迁移的同时，在物理空间的垂直坐标上也进行着流动和集聚，垂直空间的开发逐渐被城市政策所吸收。一方面，垂直空间的开发在城市美学上被人们所认可；另一方面，垂直空间的开发能够一定程度上扩大财政收入，利用“创造”空间的方式吸引投资，扩大自己的利润。西宁市也越来越重视垂直空间的开发，如海湖新区的地下空间和人行步道，在便民利民的同时也丰富了海湖新区整体的商业结构；又如西宁站附近的地下空间，利用地下空间很好地疏解了周边交通，分离人车流向，也为未来地下商业的开发奠定了基础设施建设的基础。未来城市的空间扩张不仅要探索城市在水平面上的扩张，还可以探究垂直方向扩张的路径。高原河谷型城市空间扩张过程中还应该关注城市空间扩张效应问题。高原河谷型城市缺乏后备用地，扩张潜力低，更需要加强对扩散效应的研究，实现高效扩张。以典型的高原河谷型城市西宁市为例，西宁市作为青藏高原中心城市对人流、信息流有集聚效应，吸引着青海省乃至青藏高原区域的要素向其集中。因此应该关注在人口集聚过程中城市空间扩张中的土地承载力问题，以此实现高原河谷型城市空间高效扩张。此外，本研究聚焦的内容为高原河谷型城市空间扩张与机制，以西宁市为例具有借鉴意义。城市空间扩张过程中不仅要关注人口的增长和用地的扩张，还需要关注建筑城市化的速度和城市风貌的改变。西宁市作为中国园林绿化先进城市、全国文明城市、国家森林城市，具有较良好的城市风貌，在探究高原河谷型城市空间扩张一般性规律的同时还可以加强对比研究，探究西宁市城市空间扩张的特殊性，取其精华，推动其他高原河谷型城市的空间扩张。

在空间尺度方面，本研究虽然考虑了现阶段西宁市城市发展的水平，将研究区域限定在西宁市主城区，即西宁市的城西区、城东区、城中区和城北区，未来随着城市化的持续进行，西宁市次中心的发展，西宁市的城市空间扩张将会超出现阶段的主城区范围，因此研究市域范围乃至涵盖西宁周边地区的城市空间扩张特征，对于讨论西宁市自然环境承载力具有重要意义，关系到西宁市可持续发展，这是一个重要命题。随着西宁市城市建设的持续进行和主城区的扩张，可用的建设用地越来越少，用地空间越来越紧张，西宁市城市的建成区范围将突破原有的主城区范围，若将西宁市的城市行政边界也视为领域的话，未来可以对城市空间扩张和多维领域互相作用进行探讨，加强对城市空间扩张与行政区划调整二者之间互动关系的研究同样是一个重要命题。数据来源方面，本研究在探索城市空间扩张的范围方面选用了遥感数据和历版西宁市城市总体规划的土地利用现状数据，后续的相关分析较多选用了遥感数据。一方面是因为遥感数据可以通过长时段且选取时间点的方式监测城市扩张的范围，具有较强的可操作性；另一方面由于受收集的西宁市总体规划资料的影响，本研究选用了 1954 年、1959 年、1981 年、1995 年以及 2001 年的西宁市城市总体规划的现状用地作为分析，呈现出时间点过于接近，且 20 世纪 80 年代和 90 年代城市扩张变化不明显的特征。但是遥感数据仍有一定程度上的弊端，通过遥感提取的方式会使城市建成区的范围显得破碎。本研究运用图像分析的辅助操作，极大地缓解了这个现象对后续分析带来的弊端，但仍保留了一定的破碎痕迹。总的来说，以遥感图像为主要的数据来源不影响本研究分析的科学性。在西宁市城市空间扩张的机制和预测方面，本研究由于计算机性能的限制将栅格的像元大小进行了扩大，采用了 60m×60m 的栅格进行空间模拟，这在一定程度上降低了相关分析的准确性。但是相关分析仍具有一定的代表性，能够印证西宁市扩张的机制和未来发展的方向，不影响本研究的结果。

城市空间扩张的国际国内比较同样具有重要研究价值。2020 年中国常住人口城镇化率达到 63.89%，从城镇化的一般规律来看，一个国家城镇化率在 30%—70% 是城镇化速度比较快的时期，从当前城镇化水平来看，中国城镇化仍然处在较快发展区间。快速城市化将引发城市空间的快速变动及重构（冯健，2021）

从世界范围比较来看，当前中国超过 60% 的城镇化水平已经高于 55.3% 的世界平均水平，但距离发达国家 81.3% 的城镇化程度还有一定的差距，尤其是 2020 年美国的城镇化率达到 95%。西宁市城市化的发展既符合世界城市化的一般规律，又深深地打上了中国城市经济社会制度背景的烙印，同时还具有不同于国际国内一般特点的个性特色。2020 年西宁常住人口城镇化率达到 78.63%，这一数字高于世界和中国的一般水平，更高于青海省的平均水平（2020 年青海省常住人口城镇化水平达到 60.08%），未来西宁市城镇化水平将达到多少？城镇化的速度将如何变化？青海省人口向西宁市集聚的态势将如何演变？这些问题将如何影响西宁城市空间扩张，值得深入研究。

### 9.2.2 城市社会空间结构方面

城市社会空间结构是一个多要素的、纷繁复杂、包罗万象、开放的系统，具有复杂性、动态性、多变性、突变性、不确定性及自适应性等特征。本研究尝试采用实证研究为主的方法，采用综合—分解—综合的复杂系统一般研究范式，对西宁市社会空间的分异格局、特征、典型模式、形成机理、问题与优化进行了较全面的研究，并结合西宁市的地理环境、经济发展水平及社会文化特征挖掘了西宁城市社会空间重构过程中的特殊性，这是本研究的出发点和重点之一。但城市社会空间自身的复杂性及其变化的不确定性给研究带来了挑战，我们的研究难免有所疏漏，许多问题有待进一步深入和完善。西宁市城市社会空间结构问题未来还需进一步开展研究的问题及方向如下：

在时间尺度上，本研究基于国家自然科学基金项目开展研究，社会空间结构研究相关的社会调查数据（包括问卷调查和访谈等）时间上主要集中于 2018—2019 年，未能展开长时间周期的对比分析，期望未来长期关注这一问题，进行比较分析，更有利于发现社会空间的重构特点和变化特征。

在空间尺度上，本研究仅开展了西宁市主城区社会空间演变的个案研究，未来在青藏高原范围内或国内、国际视野内，进行更大空间范围内的城市社会空间比较研究，有助于发现更一般规律及社会空间演变与重构的区域分异。此外，对于城乡过渡带——城市郊区及广大乡村地区社会空间及其演变同样具有重要研究价值，对于城乡社会空间的比较研究及城乡融合发展有重要意义。

在研究方法上，本研究以实证研究为主，采用社会调查、因子生态分析等相对传统的方法，这些方法在城市人口社会行为属性特征及空间分布特征等数据获取上存在耗费时间多、经费多、获取难度大、不确定性大、代表性有限等不足，未来随着智慧城市、人工智能、大数据等技术方法不断进步与发展，如何突破现有研究方法的局限性，创设更有效的研究方法是一个重要研究领域。如何挖掘和有效利用相关部门既有城市社会空间监测数据，如手机信令、交通等部门的城市监测数据、百度等网络地图实时数据等，完善相关政策和制度体系同样具有重要研究价值。

在理论探究和研究深度上，有待进一步深化。本研究在城市空间扩张、城市社会空间演变的理论梳理及机制分析上，进行了初步尝试。城市社会空间系统是一个动态系统，对于城市空间扩张、城市经济空间、城市社会空间动态协同演变及相互关系的分析，是本研究的薄弱之处。如何对这些方面进行有效分析，城市社会空间需要怎样的研究范式，是未来学术界的重要话题。显然，我们还需要更长时间的研究素材，对更多案例城市开展研究，才能系统总结和探讨中国城市社会空间演变的区域分异特征及一般规律，构建具有中国特色的城市社会地理学。这将是学术界任重道远的议题。

# 参考文献


[1] 柴彦威，胡智勇，仵宗卿．天津城市内部人口迁居特征及机制分析 [J]. 地理研究，2000，19（4）：391—399.

[2] 柴彦威，周一星．大连市居住郊区化的现状、机制及趋势 [J]. 地理科学，2000（2）：127—132.

[3] 柴彦威．以单位为基础的中国城市内部生活空间特征结构——兰州市实证研究 [J]. 地理研究，1996，15（1）：30—38.

[4] 陈才．区域经济地理学 [M]. 北京：科学出版社，2001.

[5] 陈体标．经济结构变化和经济增长 [J]. 经济学，2012（4）：1053—1074.

[6] 董文丽，李王鸣．气候与城市人口密度的关联性研究 [J]. 城市规划，2017（7）：35—42.

[7] 杜德斌，崔裴，刘小玲．论住宅需求、居住选址与居民分异 [J]. 经济地理，1996，16（1）：82—90.

[8] 杜德斌．加拿大城市住户居住选址行为研究——以多伦多都市普查区和蒙特利尔都市普查区为例 [J]. 世界地理研究，1997（1）：58—65.

[9] 方创琳，王振波，刘海猛．美丽中国建设的理论基础与评估方案探索 [J]. 地理学报，2019，74（4）：619—632.

[10] 冯健，周一星．北京都市区社会空间结构及其演化 [J]. 地理研究，2003，22（4）：465—483.

[11] 冯健，周一星．郊区化进程中北京城市内部迁居及相关行为——基于千份问卷调查的分析 [J]. 地理研究，2004，23（2）：227—242.

[12] 冯健，周一星．中国城市内部空间研究进展 [J]. 地理科学进展，2003，26（3）：304—314.

[13] 冯健．转型期中国城市内部空间重构 [M]. 北京：科学出版社，2004.

[14] 高更和，李小建．产业结构变动对区域经济增长贡献的演变研究 [J]. 地理与地理信息科学，2005，21（5）：61—62.

[15] 高金龙，陈江龙，袁丰，等．南京市区建设用地扩张模式、功能演化与机理 [J] 地理研究．2014．33（10）：1892—1907.

[16] 顾朝林，C. 克斯特洛德．北京社会极化与空间分异研究 [J]. 地理学报，1997，52（5）：385—393.

[17] 顾朝林，C. 克斯特洛德．北京社会空间结构影响因素及其演化研究 [J]. 城市规划，1997（4）：12—15.

[18] 顾朝林，王恩儒，石爱华．“新经济地理学”与经济地理学的分异与对立 [J]. 地理学报，2002，57（2）：500—504.

[19] 顾朝林，王法辉，刘贵利．北京城市社会区分析 [J]. 地理学报，2003，58（6）：917—936.

[20] 郭华，蔡建明．河南省县域经济空间演化格局及机制分析 [J]. 中国人口·资源与环境，2010，20

(11): 129—130.
[21] 胡秀红. 城市富裕阶层的研究 [D]. 北京：中国科学院地理研究所，1998.
[22] 黄怡. 住宅产业化进程中的居住隔离——以上海为例 [J]. 现代城市研究，2001（4）: 40—43.
[23] 蒋芳，刘盛和，袁弘. 北京城市蔓延的测度与分析 [J]. 地理学报，2007（6）: 649—658.
[24] 李九全，王兴中. 中国内陆大城市场所的社会空间结构模式研究——以西安为例 [J]. 人文地理，1997，12（3）: 9—15.
[25] 李王鸣，叶信岳，孙于. 城市人居环境评价——以杭州城市为例 [J]. 经济地理，1999，19（4）: 38—43.
[26] 李小建. 西方社会地理学中的社会空间 [J]. 地理译报，1987（2）: 63—66.
[27] 李昕，文婧，林坚. 土地城镇化及相关问题研究综述 [J]. 地理科学进展，2012，31（8）: 1042—1049.
[28] 李志刚，吴缚龙，卢汉龙. 当代我国大都市的社会空间分异——对上海三个社区的实证研究 [J]. 城市规划，2004，28（6）: 60—67.
[29] 刘旺，张文忠. 国内外城市居住空间研究的回顾与展望 [J]. 人文地理，2004，19（3）: 6—12.
[30] 刘玉亭. 中国转型期城市新贫困问题研究——社会地理学视角的南京实证分析 [D]. 南京：南京大学，2003.
[31] 刘云刚，王丰龙. 政治地理学中的领域概念辨析 [J]. 人文地理，2019，34（1）: 14—19.
[32] 刘长岐. 北京居住空间结构的演变研究 [D]. 北京：中国科学院地理与资源研究所，2003.
[33] 卢为民. 大都市郊区住区的组织与发展——以上海为例 [M]. 南京：东南大学出版社，2002.
[34] 陆大道. 区位论及区域分析方法 [M]. 北京：科学出版社，1988.
[35] 陆大道. 区域发展与空间结构 [M]. 北京：科学出版社，1995.
[36] 陆玉麒，董平. 中国主要产业轴线的空间定位与发展态势——兼论点—轴系统理论与双结构模式的空间耦合 [J]. 地理研究，2004，23（4）: 525—527.
[37] 鹿化煜，安芷生，王晓勇，等. 最近 14Ma 青藏高原东北缘阶段性隆升的地貌证据 [ J ]. 中国科学 D 辑地球科学，2004，34（9）: 855—864.
[38] 雒占福. 基于精明增长的城市空间扩展研究——以兰州市为例 [D]. 兰州：西北师范大学，2004.
[39] 马永俊，何平. 新城市主义与现代住区规划 [J]. 城市问题，2006（8）: 31—33.
[40] 宁越敏，查志强. 大都市人居环境与优化研究——以上海为例 [J]. 城市规划，1999（6）: 15—20.
[41] 潘秋玲，王兴中. 城市生活质量空间评价研究——以西安市为例 [J]. 人文地理，1997（3）: 29—37.
[42] 钱宏胜，杜霞，梁亚红. 河南省产业结构演变的城镇化响应研究 [J]. 地域研究与开发，2017（1）: 24—26.
[43] 青海省地质矿产局. 青海省区域地质志 [M]. 北京：地质出版社，1991.
[44] 邱良友，陈田. 外来人口聚集区土地利用特征与形成机制 [J]. 城市规划，1999，23（4）: 19—23.
[45] 饶小军，邵晓光. 边缘社区：城市族群社会空间透视 [J]. 城市规划，2001，25（9）: 47—51.
[46] 宋迎昌，武伟. 北京外来人口集聚特点、形成机制及其调控对策 [J]. 经济地理，1998（1）: 71—75.
[47] 孙峰华，王兴中. 中国城市生活空间及社区可持续发展研究现状 [J]. 地理科学进展，2002，21（5）:

491—499.

[48] 唐承丽，李建香，李发俊．湖南省经济空间结构演变及工业化主导因素分析 [J]. 人文地理，2008（1）: 57—58.

[49] 唐相龙．“精明增长”研究综述 [J]. 城市问题，2009（8）: 98—102.

[50] 田文祝．改革开放后北京城市居住空间结构研究 [D]. 北京：北京大学，1997.

[51] 王春兰，杨上广，顾高翔，何骏．上海市人口分布变化——基于居村委数据的分析 [J]. 中国人口科学，2016（4）: 113—125.

[52] 王进寿，张开成，王占昌，等．西宁盆地深部构造与地震 [J]. 高原地震，2006（3）: 16—24.

[53] 王劲峰，祝功武．清末民初时期北京城市社会空间的初步研究 [J]. 地理学报，1999，54（1）: 69—76.

[54] 王茂军．大连城市内部环境评价构造与空间分析 [J]. 地理科学，2003，23（1）: 87—94.

[55] 王茂军．大连市城市内部居住环境评价的空间结构——基于面源模型的分析 [J]. 地理科学，2002，21（6）: 753—762.

[56] 王伟武．杭州城市生活质量的定量评价 [J]. 地理学报，2005，60（1）: 151—157.

[57] 王侠，孔令达．对南京低收入住区空间发展的几点思考 [J]. 现代城市研究，2004（5）: 53—58.

[58] 王兴中，王非．国外城市社会居住区域划分模式 [J]. 国外城市规划，2001（3）: 31—32.

[59] 王兴中，张宁．中国大城市康体保护空间研究——以西安为例 [J]. 经济地理，2004，24（3）: 364—369.

[60] 王兴中．当代国外对城市生活空间评价与社区规划的研究 [J]. 人文地理，2002，17（6）: 1—5.

[61] 王兴中．中国城市社会空间结构研究 [M]. 北京：科学出版社，2000.

[62] 王智勇．产业结构、城市化与地区经济增长——基于地市级单元的研究 [J]. 产业经济研究，2013（5）: 23—34.

[63] 沃尔特・克里斯塔勒．德国南部中心地原理 [M]. 北京：商务印书馆．1998.

[64] 吴传钧．论地理学的研究核心——人地关系地域系统 [J]. 经济地理，1991（3）: 1—6.

[65] 吴传清．马克思主义区域经济理论研究 [M]. 北京：经济科学出版社，2006.

[66] 吴骏莲，顾朝林，黄瑛，等．南昌城市社会区研究——基于第五次人口普查数据的分析 [J]. 地理研究，2005，24（4）: 611—619.

[67] 吴骏莲．南昌市社会区分异研究——基于第五次人口普查数据的分析 [D]. 南京：南京大学，2003.

[68] 吴启焰，张京祥，朱喜钢，等．现代中国城市居住空间分异机制的理论研究 [J]. 人文地理，2002，17（3）: 26—30.

[69] 吴启焰．城市社会空间分异的研究及其进展 [J]. 城市规划汇刊，1999（3）: 21—24.

[70] 吴启焰．大城市居住空间分异研究的理论与实践 [M]. 北京：科学出版社，2001.

[71] 吴士锋，王文红，吴小曼，等．新常态下京津冀会展产业空间结构优化及经济增长研究 [J]. 河北企业，2016（4）: 47—48.

[72] 西宁市地方志编纂委员会．西宁市志・地理志 [M]. 西宁：青海人民出版社，2014.

[73] 西宁市人民政府，西宁印象：交通 [DB/OL].（2022—06—09）[2022—03—10]. https：//www. xining. gov. cn/zjxn/xngk/shfz/jt/202102/t20210201_72944. html.

[74] 邢兰芹，王慧，曹明明 . 1990 年代以来西安城市居住空间重构与分异 [J]. 城市规划，2004，28（6）：68—73.

[75] 许学强，胡华颖，叶嘉安 . 广州社会空间结构的因子分析研究 [J]. 地理学报，1989，44（4）：385—396.

[76] 许学强，朱剑如 . 现代城市地理学 [M]. 北京：高等教育出版社，1988.

[77] 虞蔚 . 上海中心城环境地理分析 [J]. 城市规划汇刊，1986（1）：36—42.

[78] 虞蔚 . 城市环境地域分异研究——以上海中心城为例 [J]. 城市规划汇刊，1987（2）：54—62.

[79] 虞蔚 . 城市社会空间的研究与规划 [J]. 城市规划，1986（6）：25—28.

[80] 约翰・R. 肖特：城市与自然正在重新连接 [DB/OL].（2022—12—29）[2023—01—26]. https：//www. thepaper.cn/newsDetail_forward_21281355.

[81] 张兵 . 我国城市住房空间分布重构 [J]. 城市规划汇刊，1995（2）：37—40.

[82] 张兵 . 关于城市住房制度改革对我国城市规划的若干影响 [J]. 城市规划，1993（4）：11—15.

[83] 张若雪 . 人力资本、技术采用与产业结构升级 [J]. 财经科学，2010（02）：66—74.

[84] 张文忠，刘旺，李业锦 . 北京城市内部居住空间分布与居民居住区位偏好 [J]. 地理研究，2003，22（6）：751—759.

[85] 张文忠，刘旺，孟斌 . 北京市区居住环境的区位优势度分析 [J]. 地理学报，2005，60（1）：115—121.

[86] 张文忠，刘旺 . 北京市住宅区位空间特征研究 [J]. 城市规划，2002，26（12）：86—89.

[87] 张文忠，刘旺 . 西方城市居住区位决策与再选择模型的评述 [J]. 地理科学进展，2004，23（1）：89—95.

[88] 张文忠，孟斌，吕昕，等 . 交通通道对住宅空间扩展和居民住宅区位选择的作用——以北京市为例 [J]. 地理科学，2004，24（1）：6—13.

[89] 张文忠 . 城市居住区位选择的因子分析 [J]. 地理科学进展，2001，20（3）：268—273.

[90] 张晓平，刘卫东 . 开发区与我国城市空间结构演进及其动力机制 [J]. 地理科学，2003（2）：142—149.

[91] 张鑫，朱春燕 . 中新经济走廊南崇经济带产业集聚与空间结构优化研究 [J]. 郑州航空工业管理学院学报，2017，35（1）：9—13.

[92] 张耀军，刘沁，韩雪 . 北京城市人口空间分布变动研究 [J]. 人口研究，2013（6）：54—63.

[93] 张越，叶高斌，姚士谋 . 开发区新城建设与城市空间扩展互动研究——以上海、杭州、南京为例 [J]. 经济地理，2015，35（2）：84—91.

[94] 张中华 . 论产业结构、投资结构与需求结构 [J]. 财贸经济，2000（1）：13—17.

[95] 赵光辉 . 人才结构与产业结构互动机理及相关政策研究 [D]. 武汉：武汉理工大学，2006.

[96] 周春山，陈素素，罗彦 . 广州市建成区住房空间结构及其成因 [J]. 地理研究，2005，24（1）：77—87.

[97] 周春山，刘洋，朱红 . 转型时期广州市社会区分析 [J]. 地理学报，2006，61（10）：1046—1056.

[98] 周春山 . 城市人口迁居理论研究 [J]. 城市规划汇刊，1996（3）：34—40.

[99] 曾菊新 . 空间经济系统与结构 [M]. 武汉：武汉出版社，1996.

[100] 曾文，张小林，向梨丽，等 . 2000—2010 年南京都市区人口空间变动特征研究 [J]. 地理科学，2016，36（1）：81—89.

[101] 周一星，孟延春 . 中国大城市的郊区化趋势 [J]. 城市规划汇刊，1998，4（2）：22—27.

[102] 周一星，王榕勋，李思名，等 . 北京千户新房迁居户问卷调查报告 [J]. 规划师，2000，16（3）：86—95.

[103] Andres Duany，Elizabeth Plater—Zyberk. *The Second Coming of The American Small Town* [J]. Wilson Quarterly，1992，16（Winter）：19—48.

[104] Barbash N.B.，Gutnov A.E. *Urban Planning Aspect of the Spatial Organization of Moscow（an Application of Factorial Ecology）*[J]. *Soviet Geography：Review and Transition*，1980，21：557—574.

[105] Theodore W. Schultz. *Investment in human capital* [J]. *American Economic Review*，1961，51（1）：1—17.

[106] Brand R.R. *The Spatial Organization of Residential Areas in Accra，Ghana，with Particular Reference to Aspects of Modernization* [J]. *Economic Geography*，1972，48（3）：284—298.

[107] Burgess E.W. *The Growth of the City：An Introduction to a Research Project* [M]//Park R.E.，Burgers E.W.，McKenzie R.D.，et al. The City. Chicago：University of Chicago Press，1925.

[108] Burgess E.W. *Residential Segregation in American Cities* [J]. *Annals of American Academy of Political and Social Science*，1928，140：105—115.

[109] Calthorpe，Peter. *The Next American Metropolis：Ecology，Community，and the American Dream* [M]. New York：Princeton Architectural Press，1993.

[110] Congress for New Urbanism. *Charter of new Urbanism* [M]. Charleston，South Carolina，Congress for New Urbanism，1996.

[111] Daily G. C.，Matson P. A.，Vitousek P. M. *Ecosystem services supplied by soil* [M]//Daily G. C.，ed. Nature's Services：Societal Dependence on Natural Ecosystems. Washington，D.C.：Island Press，1997：113—132.

[112] Dangschat J.，Blasius J. *Social and spatial disparities in Warsaw in 1978：an application of correspondence analysis to a "socialist" city* [J]. *Urban Studies*，1987（24）：173—191.

[113] Dantzig G.B.，Saaty T.L. *Compact City：A Plan for a Liveable Urban Environment* [M]. Freeman and Company，San Francisco，1973.

[114] Lee E. *A theory of migration* [J]. *Demography*，1966（3）：47—57.

[115] Fang X. M.，Fang Y.H.，Zan J.B.，et al. *Cenozoic magneto stratigraphy of the Xining Basin，NE Tibetan Plateau，and its constraints on paleontological，sedimentological and tectonomorphological evolution* [J]. *Earth Science Reviews*，2019，190：460—485

[116] Friedmann M. *Regional Development Policy：A Case Study of Venezuela* [M]. The MIT Press，1996：

103—105.

[117] Fujita M. *Economics of agglomeration: cities, industrial location, and regional growth* [M]. Press syndicate of the university of Cambridge, 2002.

[118] Herbert D.T. *Principle Component Analysis and British Studies of Urban Social Structure.* [J]. *Professional Geographer*, 1968, 20: 280—283.

[119] Herbert D.T. *Urban Geography—A first Approach* [M]. Chichester: New York, David Fulton Publishers, 1982.

[120] Johnston R.J., Poulsen M.F., Forrest J. *And Did the Walls Come Tumbling Down? Ethnic Residential Segregation in Four U.S.Metropolitan areas 1980—2000* [J]. *Urban Geography*, 2003, 24 (7): 560—581.

[121] Knox P. *Urban Social Geography: An Introduction* [M]. Longman, Harlow. 1982.

[122] Knox P., Pinch S. *Urban Social Geography—An Introduction* [M]. Fourth Edition. Englewood Cliffs, NJ: Prentice Hall, 2000.

[123] Le Bourdais C., Beaudry M. *The Changing Residential Structure of Montreal: 1971—1981* [J]. *The Canadian Geographer*, 1988, 32 (2): 98—113.

[124] Lee L., Struyk R. *Residential mobility in Moscow during the transition* [J]. *International Journal of Urban and Regional Research*, 1996, 20: 656—670.

[125] Matějů P., Večerník J., Jeřábek H. *Social structure, spatial structure and problems of urban research: the example of Prague* [J]. *International Journal of Urban and Regional Research*, 1979, 3 (2): 181—202.

[126] Moore E.G. *Comment on the Use of Ecological Models in the Study of Residential Mobility in the City* [J]. *Economic Geography*, 1971, 47: 1, 73—85.

[127] Mozolin M. *The Geography of Housing Values in the Transformation to a Market Economy: A Case Study of Moscow* [J]. *Urban Geography*, 1994, 15 (2): 107—127.

[128] Newling B. E. *The Spatial Variation of Urban Population Densities* [J]. *Geographical Review*, 1969, 59 (2): 242—252.

[129] Parr J.B., O'Neill G.J. *Aspects of the Lognormal Function in the Analysis of Regional Population Distribution* [J]. *Environment and Planning A*, 1989, 21 (7): 961—973.

[130] Peter Katz. *The New Urbanism: Toward An Architecture of Community* [M]. McGraw-Hill, Inc., 1994.

[131] Rajan R.G.,ZingalesL. *Financial Dependence and Growth* [J]. *Social Science Electronic Publishing*,1996,88 (3): 559—586.

[132] Rees P. *Concepts of Social Space: Toward an Urban Social Geography* [M]// Berry B., Horton F. Geographic Perspectives on Urban System: With Integrated Readings. Englewood Cliffs, N.J., Prentice-Hall, 1970: 306—394.

[133] Robert J.B., XavierSala-i-Martin. *Public Finance in Models of Economic Growth* [J]. *The Review of Economic Studies*, 1992 (59): 645—661.

[134] Robert W. Burchell, SahanMukherji. *Conventional Development Versus Mange Growth: The Costs of Sprawl* [J].

*Research and Practice*, 2003, 93, ( 9 ): 1534—1540.

[135] Romer P.M. *Increasing Returns and Long–run Growth* [J]. *Journal of Political Economy*, 1986, 94 ( 5 ): 1002—1037.

[136] Ruoppila S., Kahrik A. *Socio—economic residential differentiation in post—socialist Tallinn* [J]. *Journal of Housing and the Built Environment*, 2003, 18: 49—73.

[137] Salins P.D. *Household Location Patterns in American Metropolitan Areas* [J]. *Economic Geography*, 1971, 47: 234—248.

[138] Sweitzer J., Langaas S. *Modelling population density in the Baltic States using the Digital Chart of the World and other small scale data sets* [C]//Gudelis V, Povilanskas R., RoepstorffA ( eds ) . *Coastal conservation and management in the Baltic region, proceedings of the EUCC-WWF conference: Riga–Klaipeda–Kaliningrad*, May 1994: 257—267.

[139] Szelényi I. *Urban Inequalities under State Socialism* [M]. New York: Oxford University Press, 1983.

[140] S ў kora L. *Processes of Socio-spatial Differentiation in Post-communist Prague* [J]. *Housing Studies*, 1999, 14: 679—701.

[141] Söderbom M., Teal F. *Openness and human capital as sources of productivity growth: an empirical investigation* [R]. CSAE WPS, Department of Economics, University of Oxford, 2003.

[142] Weber A. 工业区位论 [M]. 李刚剑，等，译 . 北京：商务印书馆，1997.

[143] Weclawowicz G. *The structure of socioeconomic space in Warsaw: 1931 and 1970: A case study in factorial ecology* [M]//Frence R A, Hamilton F. The Socialist City: Spatial Structure and Urban Policy. Chichester, UK: John Wiley, 1979: 387—423.

[144] Weil D. N. *Accounting for the effect of health on Economic Growth* [Z]. NBER Working Paper, No.11455, 2001.

[145] Woods R. *Theoretical population geography* [M]. Longman, 1982.

[146] Yamaguchi Takashi. *The social areas of Sapporo: A factorial ecology* [C]//Kabory Iwao. Symposium on the "Urban Growth in France and in Japan", Tokyo, 18—30 September 1976. Tokyo Japan: Japan Society for the Promotion of Science, 1978: 133—146.